Python 从入门到精通

微课视频

广州市薯条橙子信息科技有限公司 陈政强 ◎ 编著

人民邮电出版社

北京

图书在版编目（CIP）数据

Python从入门到精通 / 陈政强，广州市薯条橙子信息科技有限公司编著. -- 北京：人民邮电出版社，2022.8
ISBN 978-7-115-54728-6

Ⅰ. ①P… Ⅱ. ①陈… ②广… Ⅲ. ①软件工具－程序设计 Ⅳ. ①TP311.561

中国版本图书馆CIP数据核字(2020)第159406号

内 容 提 要

这是一本 Python 零基础入门的实战型教程，介绍的是当下计算机编程领域颇为流行的 Python 语言。全书内容包括 Python 的必备基础、Python 的交互模式、变量/内存地址/变量命名、数据类型与结构、字符串、列表、元组、字典、集合、控制语句、函数、文件操作、面向对象/类、异常处理、并发编程、模块、数据库与网络编程、错误调试与单元测试、版本控制工具等内容。另外，为了让读者能学以致用，本书最后一章安排了"项目开发实训"，主要包含爬虫和 Web 搜索系统的开发。

书中穿插了"编程小知识""笔者有话说"等内容，请读者不要略去这些内容，它们可以帮助读者了解和理解编程过程中的一些原理、技巧和经验。

本书适合作为计算机相关专业 Python 语言程序设计课程的教材，也可以作为程序开发人员的参考书。注意，本书内容是基于 Windows 10 操作系统（64 位）和 Python 3.7 编写的。

◆ 编　著　陈政强　广州市薯条橙子信息科技有限公司
　　责任编辑　张丹阳
　　责任印制　马振武

◆ 人民邮电出版社出版发行　北京市丰台区成寿寺路 11 号
　　邮编 100164　电子邮件 315@ptpress.com.cn
　　网址 https://www.ptpress.com.cn
　　北京隆昌伟业印刷有限公司印刷

◆ 开本：787×1092　1/16
　　印张：32.75　　　　　　　　　2022 年 8 月第 1 版
　　字数：1034 千字　　　　　　　2022 年 8 月北京第 1 次印刷

定价：99.80 元

读者服务热线：(010)81055410　印装质量热线：(010)81055316
反盗版热线：(010)81055315
广告经营许可证：京东市监广登字 20170147 号

前言

Python是一门跨平台的编程语言，例如，将在Windows系统下编写的Python程序移植到类UNIX系统中时，在版本兼容的情况下，不需要修改任何代码。Python语言借鉴了C语言的语法设计，同时结合了ABC语言的优秀特性——面向非专业程序员、简单和语法优美。这让Python在开发者社区中流行起来。虽然Python有让不少初学者难以捉摸的代码强制缩进规则，但对于习惯了代码缩进的开发者来说，这其实是Python有别于其他语言的一个很大的优点。

近几年随着大数据、AI等技术的流行，Python逐渐在各类编程语言中崭露头角，在编程语言排行榜中也一直名列前茅。相比C/C++、Java等编程语言，Python语言学习梯度较平，易学易用，且适用于多类开发领域，如大数据分析、机器学习、计算机视觉等。不仅如此，Python还有着良好的社区开发氛围，所以Python能得到越来越多的计算机编程爱好者的青睐，且越来越流行，也是情理之中。

如何学习编程

初学编程时，读者应对所学的知识建立整体的认识，先学其构架，再探究细节。学一门编程语言，无外乎学习以下5个部分：基本语法、数据类型、数据结构与算法、并发设计和网络编程。建立了整体的认识，了解其大体构架，就大致知道如何学习编程语言了。

以Python学习为例，初学者或普通程序员欲往上进阶，大致需要完成以下4步。

第1步：夯实计算机理论基础。

第2步：精学Python。

第3步：选择一个特定的技术领域，如Web开发、大数据、机器学习、深度学习、计算机视觉或自然语言处理等。

第4步：努力提升自己，精通自己选择的领域。

如何学习Python

学习Python并不等同于学习一个软件，这是一个领域的技术，需要循序渐进、步步为营，切不可择一点而努力。

- **先学其构架，再探究细节**

学得怎么样，从细节里见真知。知识的细节很能突显出一个人的功底扎不扎实。以Python中的变量为例，多数初学者知道怎么定义一个Python变量，可变量到底是什么，问其本质，却鲜有初学者答得出。

- **夯实基础，方有进阶之路**

许多初学者在学习过程中往往追求速度，恨不得三五天内学完本书全部内容，结果是欲速则不达，最后学得零零散散，不甚系统，近乎什么都没学会。大部分初学者之所以迷茫，概因基础不牢。基础若不牢，何以构建知识的高楼大厦？所以长时间困在原地，止步不前！

不只初学者，不少工作几年的程序员也有同样的困扰：学着学着就迷茫了，工作好几年后突然意识到只能做一些低阶的开发工作，不知道接下来该做什么，亦不知该如何进一步提高个人水平。因此，在学习的时候，切忌急功近利，一定要打下扎实的基础，再开始下一个环节的学习。下面介绍打好基础的方法。

- **学习的6个阶段**

（1）快速地学习。在这个阶段只学其轮廓、大概，在脑海里建立起对这门课程的感性认识，只需建立起感性认识，即了解这门课程大概需要学什么。

（2）细究这门课程的来源及历史。通过了解其产生过程、历史，建立起对这门课程的兴趣。例如，Python的发展历史，人工智能的几次大起大落。

（3）为学习这门课程制订学习计划。例如，希望花3个月时间学完，那么对这3个月时间进行细分，计划出哪个时间段该学什么，然后严格按照计划执行。在笔者过往的学习过程中，有时一天学习好几门课程，一本书甚至计划好了一天该看多少页。另外，若这一阶段遇到学习上的难点，可以果断跳过。

（4）学以致用。在这个阶段就是将学过的知识付诸实践。

（5）针对性地学习知识的难点。到了这个阶段，就得问一下自己，还有哪里是没有彻底学明白的，没学明白就继续学。

（6）重复式的学习。学习不是一劳永逸的事，高手都是经历了成千上万次的磨炼才有了现在的成绩。

本书内容

全书一共20章，主要结构为"基础理论学习+课后习题+程序实战+项目开发实训"。对于基础理论的介绍，全书以让读者易于理解为写作前提；对于程序实战知识的介绍，以新颖的"街霸"游戏、影视中的"超杀女"等为故事背景来设计实战小程序；对于项目开发实训的介绍，则以常用的Python Web后端框架Tornado，以及全文搜索引擎Elasticsearch等作为实训项目。

另外，全书穿插了不少"编程小知识"，帮助初学者掌握编程的一些规则和理解专业术语的含义。同时，也加入了"笔者有话说"模块，这些内容都是笔者多年来的编程经验总结，希望对读者有一些帮助。

全书程序实战和项目开发实训均配有源代码和教学视频，获取方法请参考"资源与支持"页。

作者寄语

首先，感谢人民邮电出版社数字艺术分社的邀请。对于我来说，编程可能是一个命中注定的缘分，很荣幸能借此机会分享十多年编程经验。

学习很考验一个人的毅力。长时间地学习，很容易磨灭一个人的学习热情。在这十多年时间里，我见过不少人半途而废，也见过一部分人从对编程的好奇转变为对编程的厌恶。我想告诫读者的是，如果打算投身计算机编程这个领域，那么就要做好长期学习的准备，以及提早做好职业规划。

我很相信缘分。你遇见过的人、做过的选择，都会在岁月的流转中给你带来影响。如果没有当初的选择，我就不会有现在写作这本书的机缘。这本书写得并不完美，不少地方还有待完善。承认自己的不足，并改进不足的地方，这样才能不断精进，更上一层楼。希望读者能够一直保持对学习的热爱，克服学习上的难关，奋勇向前。

资源与支持

本书由异步社区出品，社区（https://www.epubit.com/）为你提供相关资源和后续服务。

配套资源

书中部分实例的源代码
重要知识点、编程实例，以及程序实战的教学视频
可供读者自学和教师教学使用的 PPT 课件
Python 编程基础训练题库及参考答案
Python 面试模拟题及参考答案
系统学习 Python 的建议

要获得以上配套资源，请在异步社区本书页面中点击"配套资源"，跳转到下载页面，按提示进行操作即可。注意：为保证购书读者的权益，该操作会给出相关提示，要求输入提取码进行验证。

提交勘误

作者和编辑尽最大努力来确保书中内容的准确性，但难免会存在疏漏。欢迎您将发现的问题反馈给我们，帮助我们提升图书的质量。

当您发现错误时，请登录异步社区，按书名搜索，进入本书页面，单击"提交勘误"，输入勘误信息，单击"提交"按钮即可（见右图）。本书的作者和编辑会对您提交的勘误进行审核，确认并接受后，您将获赠异步社区的 100 积分。积分可用于在异步社区兑换优惠券、样书或奖品。

扫码关注本书

扫描右侧二维码，您将会在异步社区微信服务号中看到本书信息及相关的服务提示。

与我们联系

我们的联系邮箱是 szys@ptpress.com.cn。如果您对本书有任何疑问或建议，请您发邮件给我们，并请在邮件标题中注明本书书名，以便我们更高效地做出反馈。

如果您有兴趣出版图书、录制教学视频，或者参与图书翻译、技术审校等工作，可以发邮件给我们；有意出版图书的作者也可以到异步社区在线提交投稿（直接访问 www.epubit.com/contribute 即可）。

如果您所在学校、培训机构或企业，想批量购买本书或异步社区出版的其他图书，也可以发邮件给我们。

如果您在网上发现有针对异步社区出品图书的各种形式的盗版行为，包括对图书全部或部分内容的非授权传播，请您将怀疑有侵权行为的链接发邮件给我们。您的这一举动是对作者权益的保护，也是我们持续为您提供有价值的内容的动力之源。

关于异步社区和异步图书

"异步社区"是人民邮电出版社旗下 IT 专业图书社区，致力于出版精品 IT 图书和相关学习产品，为作译者提供优质出版服务。异步社区创办于 2015 年 8 月，提供大量精品 IT 图书和电子书，以及高品质技术文章和视频课程。更多详情请访问异步社区官网 https://www.epubit.com。

"异步图书"是由异步社区编辑团队策划出版的精品 IT 专业图书的品牌，依托于人民邮电出版社近 40 年的计算机图书出版积累和专业编辑团队，相关图书在封面上印有异步图书的 LOGO。异步图书的出版领域包括软件开发、大数据、AI、测试、前端、网络技术等。

目录

教学视频　10个　16分钟

第1章 快速掌握Python必备基础...015

1.1 安装 Python 016
1.1.1 在 Windows 系统中安装 Python 016
1.1.2 在 Linux 系统中安装 Python 016

1.2 Python 程序的编写与运行 018
1.2.1 磁盘文件 helloworld.py 019
1.2.2 Python 解释器 019
1.2.3 程序的字节码 019
1.2.4 内存与 CPU 019
1.2.5 输出到命令行 020
1.2.6 技术总结 020

1.3 代码中的注释 020
1.3.1 单行注释 020
1.3.2 多行注释 021
1.3.3 编码注释 021
1.3.4 技术总结 021

1.4 Python 中的字符串 021

1.5 变量 022

1.6 表达式 022
1.6.1 赋值表达式 023
1.6.2 输出表达式的值 023

1.7 语句 023
1.7.1 条件控制语句 023
编程实例：判断计算表达式 024
1.7.2 循环控制语句 025
编程实例：判断计算结果 025
1.7.3 空语句 026
1.7.4 课后习题 026

1.8 函数 026
1.8.1 使用 def 定义函数 026
1.8.2 Python 中的冒号 027

1.8.3 课后习题 028

1.9 Python 中的类与对象 028
1.9.1 定义一个类 028
1.9.2 技术总结 029
1.9.3 课后习题 029

1.10 Python 中的关键字 029

1.11 Python 中的代码缩进 030
1.11.1 Python 代码缩进规则 030
1.11.2 代码强制性缩进的意义 031

1.12 初识 Python 模块 031
1.12.1 Python 中的模块 031
1.12.2 Python 模块导入的基本语法 032
1.12.3 Python 的内置模块 032
1.12.4 Python 中的模块查找 033
1.12.5 技术总结 033
1.12.6 课后习题 033

1.13 程序实战：你好世界 033
1.13.1 第 1 个 Python 程序 033
1.13.2 选择一个代码编辑器 034
1.13.3 运行程序 034
1.13.4 代码逐行讲解 035
1.13.5 课后习题 036

教学视频　1个　2分钟

第2章 神奇的Python交互模式...037

2.1 三言两语说交互 038

2.2 神奇的 Python 交互模式 038
2.2.1 进入交互模式 038
2.2.2 在交互模式执行算术运算 038
2.2.3 在交互模式中执行函数调用 039
编程实例：在 10 秒内快速打印九九乘法表 039

2.3 在交互模式使用 help() 函数 039
　2.3.1 help() 函数的用法 039
　2.3.2 查看 Python 中的关键字 040
　2.3.3 查看 Python 中的内置对象 040
2.4 向交互模式说再见 040
2.5 技术总结 040
2.6 课后习题 040

教学视频　4 个　6 分钟

第3章 变量/内存地址/变量命名...041

3.1 变量 042
　3.1.1 变量的基本属性 042
　3.1.2 变量的定义 042
　3.1.3 变量的作用域 043
3.2 内存地址 045
3.3 变量命名 045
　3.3.1 变量命名举例 045
　3.3.2 变量命名风格 045
3.4 技术总结 046
3.5 课后习题 046
3.6 程序实战：爱恨无间 046
　3.6.1 预备知识 046
　3.6.2 爱恨无间 047

教学视频　3 个　10 分钟

第 4 章 数据类型与结构..........049

4.1 数据类型 050
　4.1.1 Python 中的数据类型 050

　4.1.2 技术总结 053
　4.1.3 课后习题 053
4.2 让数据动起来 053
　4.2.1 Python 中的运算符 053
　4.2.2 运算符优先级及结合性 057
　4.2.3 技术总结 058
　4.2.4 课后习题 058
4.3 浅析数据结构 059
　4.3.1 认识数据结构 059
　4.3.2 为什么需要学习数据结构 060
　4.3.3 Python 中的基本数据结构 060
　4.3.4 技术总结 061
　4.3.5 课后习题 061
4.4 初识 ADT 与面向对象 061
　4.4.1 ADT 061
　4.4.2 面向对象 062
　4.4.3 技术总结 062
　4.4.4 课后习题 062
4.5 程序实战：KO 街霸 062
　4.5.1 预备知识 062
　4.5.2 KO 街霸 064

教学视频　12 个　23 分钟

第 5 章 Python 中的字符串....067

5.1 快速理清字符串 068
　5.1.1 字符编码简介 068
　5.1.2 常用的字符编码 068
　5.1.3 Python 字符串的默认编码 069
　5.1.4 字符串的编码与解码 070
　5.1.5 转义字符 070
　5.1.6 技术总结 072
　5.1.7 课后习题 072

5.2 字符串常用操作符 072
- 5.2.1 + 操作符：拼接字符串 073
- 5.2.2 * 操作符：字符串的乘法运算 073
- 5.2.3 [] 操作符：索引访问 073
- 5.2.4 [:] 操作符：切片字符串 074
- 5.2.5 in 操作符：查找子串 074
- 5.2.6 % 操作符：格式化字符串 075
- 5.2.7 技术总结 075
- 5.2.8 课后习题 075

5.3 字符串常用操作函数 075
- 5.3.1 获取字符串的长度 075
- 5.3.2 字符串的大小写操作 076
- 5.3.3 删除字符串中的空白字符 076
- 5.3.4 字符串的查找 076
- 5.3.5 字符串的字符统计 077
- 5.3.6 字符串的子串替换 077
- 5.3.7 字符串的拆分 077
- 5.3.8 字符串的前缀与后缀 077
- 5.3.9 查看字符串方法的详细描述 078
- 5.3.10 课后习题 078

5.4 字符串的格式化 078
- 5.4.1 使用格式化符号进行格式化 079
- 5.4.2 使用 format() 函数进行格式化 080
- 5.4.3 技术总结 081
- 5.4.4 课后习题 081

5.5 程序实战：被嫉妒的春丽 081

教学视频　2个　8分钟

第 6 章 Python 中的列表 085

6.1 列表类型详解 086
- 6.1.1 列表的定义 086
- 6.1.2 技术总结 087
- 6.1.3 课后练习 088

6.2 列表的常用操作符 088
- 6.2.1 [] 操作符：列表的索引访问 088
- 6.2.2 [:] 操作符：列表的切片 089
- 6.2.3 + 操作符：列表的加法运算 089
- 6.2.4 * 操作符：列表的乘法运算 089
- 6.2.5 列表的关系运算 090
- 6.2.6 in 操作符：查找元素 090
- 6.2.7 技术总结 090
- 6.2.8 课后习题 091

6.3 列表的常用操作方法 091
- 6.3.1 列表的添加 091
- 6.3.2 列表的查找 092
- 6.3.3 列表的修改 093
- 6.3.4 列表的删除 093
- 6.3.5 与列表有关的其他操作方法 094
- 6.3.6 查看列表方法的定义 094
- 6.3.7 技术总结 095
- 6.3.8 课后习题 095

6.4 程序实战：神月流格斗 095
- 6.4.1 字典结构 095
- 6.4.2 神月流格斗 096

教学视频　4个　10分钟

第 7 章 Python 中的元组 101

7.1 元组类型详解 102
- 7.1.1 元组的定义 102
- 7.1.2 元组的解包 104
- 7.1.3 元组与列表 104
- 7.1.4 技术总结 105
- 7.1.5 课后习题 105

7.2 元组的常用操作符 105
- 7.2.1 [] 操作符：元组的索引访问 106
- 7.2.2 [:] 操作符：元组的切片 106
- 7.2.3 + 操作符：元组的加法运算 106
- 7.2.4 * 操作符：元组的乘法运算 107
- 7.2.5 元组的关系运算 107
- 7.2.6 in 操作符：查找元素 107
- 7.2.7 技术总结 108
- 7.2.8 课后习题 108

7.3 元组的常用操作方法 108
  7.3.1 元组的查找 108
  7.3.2 查看元组方法的定义 109
  7.3.3 技术总结 109
  7.3.4 课后习题 109
7.4 程序实战：刚拳奥义 109
  7.4.1 了解冒泡排序 109
  7.4.2 利用元组解包实现元素值的交换 110
  7.4.3 列表推导式 111
  7.4.4 代码编写 111

教学视频　3个　8分钟

第 8 章 Python 中的字典 113

8.1 字典类型详解 114
  8.1.1 字典的定义 114
  8.1.2 字典中的键名与键值 118
  8.1.3 字典的存储顺序与输出顺序 119
  8.1.4 技术总结 120
  8.1.5 课后习题 120
8.2 字典的常用操作方法 120
  8.2.1 字典的查找 120
  8.2.2 字典的修改 122
  8.2.3 字典的添加 123
  8.2.4 字典的删除 124
  8.2.5 查看字典方法的定义 125
  8.2.6 技术总结 126
  8.2.7 课后习题 126
8.3 使用字典进行格式化 126
  8.3.1 格式化的方式 126
  8.3.2 使用字典进行格式化操作的优点 128
  8.3.3 技术总结 128
  8.3.4 课后习题 128
8.4 程序实战：再见街霸 129
  8.4.1 折半查找 129
  8.4.2 代码编写 129

教学视频　3个　9分钟

第 9 章 Python 中的集合 133

9.1 集合类型详解 134
  9.1.1 集合的定义 134
  9.1.2 集合中的键类型 136
  9.1.3 集合键的输出顺序 136
  9.1.4 集合的意义 136
  9.1.5 技术总结 137
  9.1.6 课后习题 137
9.2 集合的常用操作方法 137
  9.2.1 集合的查找 137
  9.2.2 集合的添加 138
  9.2.3 集合的删除 140
  9.2.4 集合的交集 / 并集 / 差集 / 补集 141
  9.2.5 查看集合方法的定义 143
  9.2.6 技术总结 143
  9.2.7 课后习题 143
9.3 使用字典或集合实现更快的查找 ... 143
  9.3.1 时间复杂度 144
  9.3.2 使用时间复杂度对查找性能进行度量 144
  9.3.3 使用字典或集合更快地查找 145
  9.3.4 技术总结 146
  9.3.5 课后习题 146
9.4 程序实战：搜索小萝莉 146
  9.4.1 基于词典的正向匹配算法 146
  9.4.2 代码编写 147

教学视频　8个　17分钟

第 10 章 Python 中的控制语句 ... 149

10.1 Python 中的控制语句 150
  10.1.1 Python 中的控制语句类型 150
  10.1.2 技术总结 151
  10.1.3 课后习题 151
10.2 条件控制 151

10.2.1 if/elif/else 152
10.2.2 条件控制结构的语法 152
10.2.3 条件控制结构的嵌套 156
10.2.4 三目运算符 157
10.2.5 技术总结 157
10.2.6 课后习题 158

10.3 循环控制 158

10.3.1 for 循环语句 159
10.3.2 while 循环语句 161
10.3.3 循环语句的嵌套 161
10.3.4 使用 for 循环来执行列表推导式 162
10.3.5 技术总结 163
10.3.6 课后习题 163

10.4 转向控制 163

10.4.1 break 语句：跳出循环 164
10.4.2 continue 语句：从头再来 165
10.4.3 return 语句：返回当下 166
10.4.4 技术总结 166
10.4.5 课后习题 166

10.5 程序实战：搜索玩家数据 166

10.5.1 搜索的 3 个过程 166
10.5.2 为什么需要倒排索引 167
10.5.3 TF-IDF 167
10.5.4 enumerate 类型 167
10.5.5 搜索 hit girl 168

教学视频 7 个   17 分钟

第 11 章 Python 中的函数 173

11.1 Python 函数详解 174

11.1.1 什么是函数 174
11.1.2 函数的定义 175
11.1.3 Python 的函数命名规范 177
11.1.4 位置参数与关键字参数 178
11.1.5 引用类型参数 179
11.1.6 函数的参数默认值 180
11.1.7 函数的"多个"返回值 180
11.1.8 函数中的局部变量 181
11.1.9 在函数体中修改全局变量 182
11.1.10 函数的意义 182
11.1.11 技术总结 183
11.1.12 课后习题 183

11.2 Python 函数的可变参数 183

11.2.1 将实参收集为元组 184
11.2.2 将实参收集为字典 185
11.2.3 混合使用 * 与 ** 185
11.2.4 *args 与 **kwargs 186
11.2.5 对实参进行解包 187
11.2.6 技术总结 188
11.2.7 课后习题 189

11.3 lambda 表达式 189

11.3.1 什么是 lambda 表达式 189
11.3.2 用 lambda 定义匿名函数 190
11.3.3 技术总结 191
11.3.4 课后习题 191

11.4 函数装饰器 191

11.4.1 定义装饰器 192
11.4.2 技术总结 196
11.4.3 课后习题 196

11.5 Python 中的常用内置函数 196

11.5.1 数学运算函数 197
11.5.2 字符处理函数 204
11.5.3 类型相关函数 205
11.5.4 技术总结 206
11.5.5 课后习题 206

11.6 程序实战：递归搜索 207

11.6.1 什么是递归函数 207
11.6.2 在递归函数中返回值 208
11.6.3 执行递归函数的代价 208
11.6.4 带缓存的递归搜索 209

教学视频 4 个   11 分钟

第 12 章 文件操作 213

12.1 浅说文件与 I/O 214

12.1.1 文件的命名与路径 214
12.1.2 文本文件与二进制文件 215

12.1.3 文件 I/O	216
12.1.4 技术总结	216
12.1.5 课后习题	216

12.2 Python 文件读 / 写详解 216
12.2.1 文件的打开	217
12.2.2 在 Python 中进行文件读 / 写	219
12.2.3 技术总结	224
12.2.4 课后习题	224

12.3 JSON 文件序列化 224
12.3.1 JSON 语法格式详解	224
12.3.2 JSON 序列化	225
12.3.3 JSON 反序列化	227
12.3.4 JSON 文件的应用场景	228
12.3.5 技术总结	229
12.3.6 课后习题	229

12.4 程序实战：英雄花名册 230
12.4.1 Excel 中的工作表	230
12.4.2 安装 xlsxwriter	230
12.4.3 xlsxwriter 模块用法简介	230
12.4.4 编写代码	231

教学视频 7 个 15 分钟

第 13 章 面向对象 / 类 237

13.1 细说面向对象 238
13.1.1 面向过程	238
13.1.2 面向对象	239
13.1.3 技术总结	242
13.1.4 课后习题	242

13.2 类的定义与抽象 242
13.2.1 class 关键字	243
13.2.2 类名 / 类属性 / 类方法	243
13.2.3 对象方法 / 对象属性	246
13.2.4 类的构造函数	248
13.2.5 类的静态方法	249
13.2.6 类方法 / 对象方法 / 静态方法的区别	251
13.2.7 将属性与方法隐藏	252
13.2.8 魔术属性与魔术方法	254
13.2.9 类的继承	262
13.2.10 Python 中的 super 类与 MRO	268
13.2.11 技术总结	273
13.2.12 课后习题	273

13.3 可迭代对象与迭代器 274
13.3.1 可迭代对象：＿ ＿iter＿ ＿	274
13.3.2 迭代器：＿ ＿next＿ ＿	275
13.3.3 iter() 方法与 next() 方法	276
13.3.4 技术总结	277
13.3.5 课后习题	277

13.4 类装饰器与属性装饰器 277
13.4.1 类装饰器	277
13.4.2 属性装饰器：property	283
13.4.3 技术总结	285
13.4.4 课后习题	285

13.5 Python 中的反射函数 286
13.5.1 反射函数 "四剑客"	286
13.5.2 技术总结	286
13.5.3 课后习题	286

13.6 程序实战：正义联盟 287
| 13.6.1 设计模式 | 287 |
| 13.6.2 代码编写 | 289 |

教学视频 4 个 9 分钟

第 14 章 Python 异常处理 293

14.1 Python 中的异常 294
14.1.1 异常的输出	294
14.1.2 技术总结	294
14.1.3 课后习题	295

14.2 Python 中的异常类型 295
14.2.1 对异常进行归类	295
14.2.2 Python 中的常见异常	295
14.2.3 技术总结	296

14.3 Python 中的异常处理 296
| 14.3.1 try、except 语句 | 296 |
| 14.3.2 抛出指定异常 | 299 |

14.3.3 finally 语句 300	15.3.2 线程间的通信与同步 339
14.3.4 with 语句 301	15.3.3 线程安全 339
14.3.5 自定义异常 302	15.3.4 Thread 类 339
14.3.6 技术总结 303	编程实例：使用 Thread 定义两个线程 340
14.3.7 课后习题 303	15.3.5 线程通信 341

14.4 程序实战：决战荒原狼 303

第15章 Python中的并发编程 ...311

15.1 并发编程 312

15.1.1 理解并发 312
15.1.2 理解并行 313
15.1.3 并发与并行的区别 314
15.1.4 Python 中的并发编程 314
15.1.5 技术总结 315
15.1.6 课后习题 315

15.2 进程 316

15.2.1 进程的状态 316
15.2.2 进程的地址空间 317
15.2.3 进程的父子关系 318
15.2.4 守护进程 318
15.2.5 进程间的通信 318
15.2.6 进程间的同步 319
15.2.7 multiprocessing 包 319
15.2.8 Process 模块 319
编程实例：使用 Process 定义两个子进程 320
15.2.9 Pipe 模块 321
编程实例：使用管道进行进程间通信 322
15.2.10 Queue 模块 324
编程实例：使用队列进行进程间通信 325
15.2.11 互斥锁 327
15.2.12 信号量 332
15.2.13 进程池 334

15.3 线程 338

15.3.1 进程与线程的区别 338

15.3.6 互斥锁与信号量 343
15.3.7 条件变量：Condition 模块 345
编程实例：协调生产者和消费者 345
15.3.8 线程池 348
编程实例：计算数字的平方 348
15.3.9 Python 中的 GIL 349

15.4 协程 350

15.4.1 生成器 350
15.4.2 生成器的异常处理 352
15.4.3 生成器与协程 354
15.4.4 技术总结 355
15.4.5 课后习题 356

15.5 同步 I/O 与异步 I/O 356

15.5.1 同步 I/O 356
15.5.2 异步 I/O 357
15.5.3 I/O 多路复用 358
15.5.4 I/O 密集型与计算密集型 359
15.5.5 高性能 asyncio 359
编程实例：asyncio 并发 364
15.5.6 技术总结 365
15.5.7 课后习题 365

15.6 程序实战：KO 街霸（升级版）...365

第16章 Python 模块详解 369

16.1 模块 / 属性 / 作用域 370

16.1.1 .py 文件就是一个模块 370
16.1.2 模块的属性及导入方法 370
16.1.3 模块的作用域 371
16.1.4 技术总结 371

16.1.5 课后习题 371

16.2 import 的导入机制 372
- 16.2.1 sys.modules 372
- 16.2.2 模块的查找 372
- 16.2.3 模块的编译 374
- 16.2.4 模块的运行 375
- 16.2.5 模块的导入 375
- 16.2.6 技术总结 376
- 16.2.7 课后习题 376

16.3 Python 中的包 376
- 16.3.1 __init__.py 377
- 16.3.2 绝对导入与相对导入 379
- 16.3.3 使用包组织项目结构 381
- 16.3.4 技术总结 382
- 16.3.5 课后习题 382

16.4 Python 中的常用标准模块 382
- 16.4.1 系统相关模块 382
- 16.4.2 时间处理模块 384
- 16.4.3 随机数模块 385
- 16.4.4 命令行模块 385
- 16.4.5 技术总结 386
- 16.4.6 课后习题 386

16.5 Python 中的 pip 387
- 16.5.1 pip 常用命令 387
- 16.5.2 技术总结 388
- 16.5.3 课后习题 388

教学视频　4个　17分钟

第 17 章　Python 数据库与
　　　　　 网络编程 389

17.1 数据库简介 390
- 17.1.1 简单的文件存储 390
- 17.1.2 DBMS 391

17.2 关系型数据库与 NoSQL 391
- 17.2.1 关系型数据库 391
- 17.2.2 NoSQL 393

17.3 MySQL 安装与使用 394
- 17.3.1 安装 MySQL 394
- 17.3.2 创建数据库 397
- 17.3.3 使用数据库 397
- 17.3.4 在数据库中创建数据表 397
- 17.3.5 MySQL 中的函数 404
- 17.3.6 MySQL 中的事务 405

17.4 在 Python 中使用 MySQL 406
- 17.4.1 MySQLdb 的 connect() 方法 406
- 17.4.2 数据库连接对象的 commit() 方法 .. 406
- 17.4.3 数据库连接对象的 cursor() 方法 ... 406
- 17.4.4 游标对象的 execute() 方法 406
- 17.4.5 游标对象的 executemany() 方法 407
- 17.4.6 游标对象的 fetchone() 方法 407
- 17.4.7 游标对象的 fetchall() 方法 407
- 17.4.8 游标对象的 close() 方法 407

编程实例：员工信息管理系统 407

17.5 Redis 简介与使用 412
- 17.5.1 认识 Redis 412
- 17.5.2 字符串类型常用命令 413
- 17.5.3 哈希类型常用命令 416
- 17.5.4 列表类型常用命令 417
- 17.5.5 集合类型常用命令 419
- 17.5.6 有序集合类型的常用命令 421
- 17.5.7 Redis 的数据库 423

17.6 在 Python 中使用 Redis 423
- 17.6.1 连接到 Redis 423
- 17.6.2 字符串类型的常用操作方法 424
- 17.6.3 哈希类型的常用操作方法 425
- 17.6.4 列表类型的常用操作方法 425
- 17.6.5 集合类型的常用操作方法 426
- 17.6.6 有序集合类型的常用操作方法 426

编程实例：带数据缓存的员工信息管理系统 ... 426
- 17.6.7 技术总结 432
- 17.6.8 课后习题 433

17.7 网络编程 433
　17.7.1 网络协议：TCP/IP 433
　17.7.2 网络协议：HTTP 435

17.8 socket 编程 439
　17.8.1 socket 模块常用方法 439
　17.8.2 socket 对象常用方法 439
　17.8.3 socket 编程的核心流程 440
　编程实例：客户端与服务端的通信 441

17.9 HTTP 编程 445
　17.9.1 HTTPServer 类 445
　17.9.2 BaseHTTPRequestHandler 类 445
　编程实例：简易的 HTTP 服务器 446
　17.9.3 技术总结 450
　17.9.4 课后练习 450

教学视频　8个　12分钟

第18章 错误调试与单元测试...451

18.1 错误调试（debug）............... 452
　18.1.1 使用 print() 函数 452
　18.1.2 输出异常信息 453
　18.1.3 使用断言：assert 454
　18.1.4 使用调试工具 PDB 455
　18.1.5 使用日志工具来进行调试 458
　18.1.6 技术总结 458
　18.1.7 课后习题 459

18.2 日志记录 459
　18.2.1 日志的级别 459
　18.2.2 日志的滚动 459
　18.2.3 logging 模块 460
　编程实例：日志滚动 464
　18.2.4 技术总结 467
　18.2.5 课后习题 467

18.3 单元测试 467
　18.3.1 unittest 简介 467
　18.3.2 指定方法的执行顺序 469

18.3.3 跳过用例方法的执行 471
　18.3.4 技术总结 472
　18.3.5 课后习题 472

第19章 版本控制工具——git...473

19.1 版本控制 474
　19.1.1 什么是版本控制 474
　19.1.2 版本控制工具 474

19.2 git 475
　19.2.1 认识 git 475
　19.2.2 安装 git 475
　19.2.3 git 的基本用法 477
　19.2.4 git 工作流程 478

19.3 GitHub 479
　19.3.1 注册一个 GitHub 账号 479
　19.3.2 为 GitHub 配置 SSH 密钥 479
　19.3.3 发布项目到 GitHub 481

教学视频　2个　10分钟

第20章 项目开发实训 483

20.1 基于 GitHub API 的爬虫项目...484
　20.1.1 爬虫程序的核心流程 484
　20.1.2 GitHub 开发者 API 484
　20.1.3 项目的目录组织 485
　20.1.4 爬取 GitHub 点赞数最多的项目 485

20.2 基于 Tornado、Elasticsearch
　　　的 Web 搜索系统 493
　20.2.1 使用 Tornado 快速搭建 HTTP 服务器 ... 493
　20.2.2 Elasticsearch 简介 496
　20.2.3 前端开发快速入门 498
　20.2.4 项目的目录组织 512
　20.2.5 制作 Web 搜索系统 513

第 1 章

教学视频 10 个　16 分钟

快速掌握 Python 必备基础

Python 必备基础
- Python 的安装
  - 在 Windows 中安装 Python
  - 在 Linux 中安装 Python
- Python 程序的编写与运行
  - 磁盘文件
  - Python 解释器
  - 程序的字节码
  - 内存与 CPU
  - 输出到命令行
- Python 中的代码注释
  - 单行注释
  - 多行注释
  - 编码注释
- Python 中的字符串
  - 什么是字符串
  - 单引号、双引号、三引号
- 变量 / 表达式 / 语句 / 函数
  - 什么是变量
  - 什么是表达式
  - 什么是语句
  - 什么是函数
- Python 中的类与对象
  - 什么是类
  - 什么是对象
- Python 中的关键字
  - 什么是关键字
  - Python 中的关键字
- Python 中的代码缩进
  - IndentionError
  - 代码缩进规则
- Python 中的模块
  - 什么是模块
  - 模块的导入语法

1.1 安装 Python

本节主要介绍如何在Windows和Linux中安装Python。

1.1.1 在 Windows 系统中安装 Python

下面介绍在Windows环境中安装Python的方法。

01 进入Python官网，然后单击Downloads（下载）导航菜单，在下拉菜单中选择Windows，接着单击右侧的Python按钮（本书中为Python 3.7.4），下载Python安装包，如图1-1所示。

02 使用鼠标右键单击安装程序，选择以管理员身份运行安装包，单击Install Now按钮安装Python，如图1-2所示。安装界面如图1-3和图1-4所示。

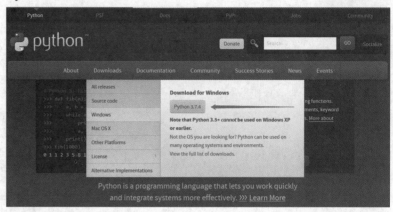

图 1-1

图 1-2

图 1-3

图 1-4

> 📄 **笔者有话说**
> 选中Add Python 3.7 to PATH复选框是为了将Python解释器加入系统环境变量，以便在后续的Python开发中直接在"命令提示符"（业内称Windows命令行，后续均如此描述）中执行Python脚本。环境变量是系统运行环境的一系列参数，如这里的系统环境变量是PATH，PATH保存了与路径相关的参数，系统在路径查找中会对PATH保存的路径进行搜索。

03 测试Python是否安装成功。按Windows键（在部分键盘上为Win）并输入cmd，打开Windows命令行，输入python -V，命令行界面中会显示Python的版本信息，即表示安装成功，如图1-5所示。

图 1-5

1.1.2 在 Linux 系统中安装 Python

笔者的Linux系统版本是CentOS。Linux系统会默认安装Python，但版本为Python 2.7。下面以源码安装的形式来安装Python 3.7.4。

第 1 章 快速掌握 Python 必备基础

01 打开Python的源码包下载页面，选择Python 3.7.4，如图1-6所示。

02 向下滑动页面，选择Gzip格式的Python源码压缩包，如图1-7所示。

图 1-6

图 1-7

03 将Gzip压缩包下载到Linux系统，使用Linux的tar命令进行解压。笔者的压缩包文件为Python-3.7.4，解压的命令为tar -xvzf python-3.7.4。解压后的目录为Python-3.7.4，在终端中输入命令cd python-3.7.4，进入目录，如图1-8所示。

图 1-8

> **笔者有话说**
>
> 初学者需要在一定程度上熟悉Linux系统，即会使用常用命令。例如，ls命令其实是英文单词list的缩写，有"列出"的意思。如果想知道ls命令更多的含义及用法，可以查阅官方文档。
>
> 这里简单说明一下Linux中的configure与make命令。
>
> configure是Linux中的脚本配置工具，主要用于对源码的当前安装环境进行检测，若检测无误，会在当前目录生成一个供源码编译的Makefile脚本文件。
>
> make是Linux系统中的编译安装工具，主要用于解释执行Makefile文件中的脚本命令和编译命令。

04 在当前目录Python-3.7.4中执行./configure命令，输出内容如图1-9所示。

> **笔者有话说**
>
> 使用configure命令生成Makefile文件时，可以使用--prefix参数来指定Python的安装目录，语法形式为--prefix="安装目录的路径"。如果不指定这个参数，在Linux中默认安装路径为/usr/local。

图 1-9

05 configure命令执行结束后，会在当前目录中生成一个Makefile文件，输入make命令源码编译Python，如图1-10所示。

图 1-10

017

06 编译成功后，执行sudo make install命令安装Python。若不指定安装目录，则默认安装目录为/usr/local，对应的Python解释器则安装于/usr/local/bin目录下。输入/usr/local/bin/python3.7 -V，输出结果如图1-11所示。

```
[snow@izwz95rwf4phqmnhvin3txz Python-3.7.4]$ /usr/local/bin/python3.7 -V
Python 3.7.4
[snow@izwz95rwf4phqmnhvin3txz Python-3.7.4]$
```

图1-11

07 为安装的Python设置软链接。Python可以以绝对路径的方式来执行，如第6步中的/usr/local/bin/python3.7，但每次输入一大段路径来执行Python显得太麻烦，这时可以考虑为安装的Python设置软链接（类似于Windows的快捷方式）。输入以下命令为Python设置软链接，其中，pip是Python的包管理工具，后续章节中会进行详细讲解。

执行下列命令给Python设置软链接：

ln -s /usr/local/python3/bin/python3.7　　/usr/bin/python3

在ln命令中，是将左边的路径设置为右边路径的软链接。/usr/bin目录已经添加至Linux的环境变量PATH中，所以执行python3相当于执行/usr/bin/python3。

pip是Python的包管理工具，执行下列命令为pip设置软链接。

ln -s /usr/local/python3/bin/pip3.7　　/usr/bin/pip3

1.2 Python 程序的编写与运行

现代计算机基于冯·诺依曼体系，由运算器、控制器、存储器、输入设备和输出设备五大部分组成，这是它的硬件组成部分。冯·诺依曼体系结构如图1-12所示。计算机使用者是不能直接操作这些硬件的，需要通过操作系统来访问这些硬件，操作系统是一种复杂的软件。

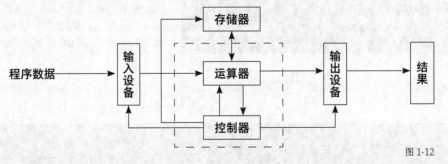

图1-12

Windows是大众熟知的计算机操作系统，平常使用的办公软件、浏览器和音/视频播放软件等都是运行在操作系统这个容器中的，而与硬件交互的工作都是由操作系统完成的。

总之，计算机系统由硬件和操作系统构成，在这两者的共同作用下，程序员编写的程序才得以在计算机中运行。下面主要介绍Python程序是如何在计算机中运行的。

> **笔者有话说**
>
> 在本节的内容中，初学者只需大概了解Python程序在计算机中的运行过程即可，先建立一个整体的认识。这是一个很有效的学习方法。

1.2.1 磁盘文件 helloworld.py

Python文件以.py作为扩展名。在计算机桌面上创建一个TXT文本文件，然后输入以下代码，编写完代码后，直接将文件名修改为helloworld.py。

```python
# 以下代码必须顶格
print("hello world")
```

文件helloworld.py是保存在磁盘中的文本文件，与用记事本创建的.txt文件并无本质区别。现代计算机基于冯·诺依曼体系，它只能理解二进制数据，Python程序代码是文本字符，是不能直接在计算机中运行的，所以需要借助某种翻译器，将Python源代码翻译成能被计算机理解的二进制指令。其中，安装的Python解释器就是一种程序源代码翻译器。

> **编程小知识**
> 二进制数据是用0和1两个数码来表示的数，它的基数为2。现代计算机系统基于冯·诺依曼体系，使用的是二进制编码系统。

1.2.2 Python 解释器

解释器（Interpreter）本质上是一种计算机程序，这类程序将程序员用编程语言编写的代码一行一行地翻译成字节码，字节码最终被翻译成机器指令，然后才能在计算机系统中运行。

解释器是逐行解释运行程序代码的，不会一次将整个程序转译，每次运行程序时都要先转成另一种语言再运行，因此解释器的程序运行速度比较缓慢。

这里以1.2.1小节中的Python代码来举例，其执行流程如下。

第1步：Python将代码print("hello world")转译成字节码。
第2步：将字节码载入内存。
第3步：Python逐条执行内存中的Python字节码。

> **笔者有话说**
> 解释器的程序运行速度缓慢是相对于编译器来说的。编译器也是一种计算机程序。相比解释器的逐行运行，编译器有一个编译过程，通过这个编译过程，一次性将全部程序源代码转译成能被计算机执行的机器指令。Python是解释型语言，而C语言是广为开发者所知的编译型语言。

1.2.3 程序的字节码

字节码是Python程序的中间形式，一条Python语句会对应多条字节码指令。这里不细究字节码指令的具体形式，打一个简单的比方让初学者理解：假设print("hello world")被转译后的字节码指令为a,b,c，那么Python解释器会逐条执行a,b,c这些指令。

1.2.4 内存与 CPU

helloworld.py程序是通过计算机中的输入设备（键盘）将代码逐行输入文件中的。在执行这个Python程序前，它被保存在硬盘中。读者已经知道，计算机由运算器、控制器、存储器、输入设备和输出设备组成，硬盘就是计算机的外存储器。有外存储器当然也有内存储器，常说的内存就是内存储器。

不论是解释器还是编译器，待执行的指令最终被载入计算机内存中。CPU通过控制器从内存中读取指令，再执行算术运算和逻辑运算。

> **编程小知识**
> 内存：计算机中的程序都是在内存中运行的，内存也被称为内存储器或主存储器，其存储的是程序中的数据和指令。
> CPU：中文释义为中央处理单元，是计算机的核心部件，负责执行计算机指令，主要由运算器和控制器构成。

1.2.5 输出到命令行

在执行完Python程序后，屏幕上会显示结果，如图1-13所示。CPU在执行完Python源程序转译后的机器指令以后，将存储在内存中的数据"hello world"字符串读取到CPU的寄存器中，再从寄存器中复制到输出设备（显示器），就能在屏幕上显示hello world的输出结果。

> **编程小知识**
> 寄存器是CPU的寄存器阵列，这些寄存器用于在内存与CPU之间暂存数据。

图 1-13

1.2.6 技术总结

本节主要包含以下6个重要的知识点，请读者多加巩固。

①现代计算机基于冯·诺依曼体系，由运算器、控制器、存储器、输入设备和输出设备五大部分组成。

②Python是一种解释型语言，Python解释器先将Python源程序转译成Python字节码，再逐行解释执行字节码指令。

③计算机只能理解二进制数据，程序员编写的代码需要转译成二进制指令才能被执行。

④硬盘是计算机的外存储器，存储了程序源代码；内存是计算机的内存储器，计算机中的程序都是在内存中运行的。

⑤CPU是计算机的核心部件，主要由运算器和控制器构成，负责执行计算机指令。

⑥CPU将内存中的数据复制到输出设备中，这样才能在显示器等终端设备中看到程序的输出结果。

1.3 代码中的注释

注释用于对某一段代码的含义或逻辑作文字性的描述。注释的内容会被编译器或解释器忽略。程序员在编写代码的过程中通常会写注释，目的是增强代码的可读性。

1.3.1 单行注释

Python规定使用字符#来表示单行注释。单行注释，顾名思义，只能用来注释一行。

```
# 这是 Python 中的单行注释，注释的内容会被解释器忽略
```

> **笔者有话说**
> 程序员应该养成写注释的习惯。写注释可以增强代码的可读性，方便后期的软件维护。例如，编写完一个函数，一段时间后需要对这个函数进行功能上的修改，这就是维护。

1.3.2 多行注释

在Python中使用一对英文的三引号'''或"""来表示多行注释。多行注释，顾名思义，可以用来注释多行内容。

```
'''
这是 Python 中的多行注释，与单行
注释一样，注释的内容会被 Python 解释器忽略。
多行注释的内容必须在成对的三引号里面。
'''
```

```
"""
这也是多行注释
"""
```

1.3.3 编码注释

初学者在编写Python代码时，喜欢用汉字来进行注释。在Python 2.x版本中，脚本文件的字符编码默认为ASCII码。如果在源程序中使用非ASCII字符来进行注释，Python解释器在解析时会抛出语法错误的异常信息。在Python 3.x版本之后，脚本文件的字符编码默认为UTF-8编码，可以直接使用汉字进行注释。

在文件头部加一行编码注释，Python解释器会按指定的编码方式对源程序进行解析。

编码注释有以下两种写法。

```
# coding=encoding_name
```

```
# -*- coding:encoding_name -*-
```

其中，encoding_name表示具体的编码字符集。例如，指定源程序的字符集为UTF-8编码，则写法如下。

```
# -*- coding:utf-8 -*-
```

> **编程小知识**
> 对于Python 2.x版本，在对Python源程序指定UTF-8编码时，汉字能正常显示，初学者只需简单地在文件头加一行"# -*- coding:utf-8 -*-"即可。

1.3.4 技术总结

本节主要包含以下两个重要的知识点，请读者多加巩固。

①注释用于对某一段代码的含义或逻辑作文字性的描述，注释的内容会被编译器或解释器忽略。在Python中使用#符号作单行注释，使用一对英文的三引号'''或"""作多行注释。

②在文件头中进行编码注释，可以指定特定的编码。

1.4 Python 中的字符串

字符串是由数字、下画线和字母等字符组成的一串字符，Python中的字符串必须由英文的引号括起来。这里的英文引号主要为单引号（'）、双引号（"）和三引号（'''或"""）。用单引号或双引号括起的是单行字符串，使用三引号可以定义多行字符串。

```
# 用单引号括起的单行字符串
'123abc'
```

```
# 用双引号括起的单行字符串
"123abc"
```

```
# 用三引号括起的多行字符串
"""
123
abc
"""
```

> 📝 **编程小知识**
> 字符串在Python语言中是一种数据类型。对于名称、描述性的内容，都可以使用字符串。

1.5 变量

扫码看视频

变量，顾名思义，是变化的量，它好比一个存放数据的容器，这个容器有特定的容量。变量变化的不是变量本身，而是这个容器中的数据。程序员可以用变量这个容器存放这段内存的数据，也可以存放那段内存的数据，至于能存放多大的数据，取决于这个容器的大小。

> 📝 **编程小知识**
> 程序中的数据存放在内存中，内存的基本单位是字节。如某个变量的大小是4字节，那么这个容器最多只能存放4字节大小的数据。

在Python中使用赋值操作符 "=" 定义变量。Python中的变量是一个存放内存地址的容器，内存的地址对应的是数据在内存中的字节编号。为了引用这个变量，我们要为变量命名。Python是一种动态类型的脚本语言，在运行时才进行类型解析，变量的类型取决于变量所指向对象的类型。

①定义字符串变量。

```
# 使用 "=" 操作符来定义变量
name = "张三"
# 定义了一个字符串变量，变量名为 name，以后使用这个变量时，通过变量名 name 来引用
```

②定义整数类型的变量。

```
number = 1314
```

③定义浮点数类型的变量。

```
number = 2019.1314
```

1.6 表达式

表达式表示一个求值的过程，它会产生一个值。例如，1+2就是一个表达式，它表达的是一个算术运算，结果为3。

表达式亦可由任意的单一表达式组合成复合表达式。例如，常见的数学运算表达式，可以用括号把每个子表达式括起来：1+(2+3)-(4-5)。

1.6.1 赋值表达式

使用"="来直接定义变量,实际上使用的是赋值表达式(语句),"="操作符在编程语言中常用作赋值运算符。

> **编程小知识**
> 赋值的过程,即把"="操作符右边的值赋给"="操作符左边的变量。

1.6.2 输出表达式的值

print()是Python的内置函数,可以将表达式的值输出到终端。print()函数的基本语法如下。

```
print(value,sep='')
```

其中,value表示输出的值,sep表示输出的值之间的分隔符。可以同时输出多个表达式的值,值以逗号进行分隔。

实例代码

```
# 输出一个表达式的值
print(1+2)
# 输出多个表达式的值,并通过参数 sep 来指定分隔符
print(1+2,3*4,sep='#')
```

1.7 语句

语句是一个指令块,表示的是一段代码的执行过程。与表达式不同的是,语句通常是没有值的,而表达式一定会产生一个值。举个简单的例子:a = 1 + 2,这条语句表示将表达式1+2的结果赋值给变量a。

1.7.1 条件控制语句

在程序中,经常需要根据某种条件来对代码的执行过程进行控制。大多数编程语言提供了一些控制语句来实现这样的控制过程。

在Python中使用if关键字来定义条件控制语句。所谓条件控制,即当条件发生时,就执行相应的操作。例如,如果明天下雨,那么我会待在家里,否则我会出去爬山。这里,"明天下雨"是一个条件,"明天不下雨"也是一个条件,用编程语言来进行翻译,可以写出如下伪代码。

```
if 明天下雨:
    待在家里
else:
    出去爬山
```

> **编程小知识**
> 伪代码,简言之即不能运行的代码,常以自然语言等来描述编程语言中的逻辑过程。

以上伪代码中的else语句表示"否则"的意思，它表达的是"明天不下雨"这个条件。另外，可以同时设立很多条件：如果明天下雨或者刮大风，那么我会待在家里，否则我会出去爬山。

```
if 明天下雨 or 刮大风：
    待在家里
else:
    出去爬山
```

以上伪代码中的or是逻辑运算操作符，用来连接多个条件，表示多个条件中只要其中一个为真即可。逻辑运算符and表示多个条件中，所有条件必须同时满足。

下面继续添加条件：如果明天下雨或者刮大风，那么我会待在家里；如果明天既不下雨又不刮大风，但是气温很高，那么我会去维多利广场购物；否则我会去爬山。

```
if 明天下雨 or 刮大风：
    待在家里
elif 明天气温很高：
    去维多利广场购物
else:
    出去爬山
```

以上伪代码中的 elif 是else if的简写，表示"否则，如果"的意思，elif 表达的是在if中的条件不满足的情况下，再根据 elif 的条件进行判断，如果条件满足就执行相应的操作。

在Python中通过elif来表达分支条件时，必须先有if才能有elif，这也是符合现实生活中的语义的。不管是if 还是elif，它们后面的表达式必须能转换为逻辑上的真或假，Python解释器根据表达式的值来判断条件的真假，条件为真就执行相应的指令，条件为假则继续判断其他的条件分支。

Python中的关键字True用来表示条件中的真值，False表示条件中的假值。False等价于数学中的0值，True是非0值。表达式的值如果为0或空值，那么表达式的值就是False，否则就是True。

编程实例：判断计算表达式

实例代码

```
# 定义 a 变量
a = 1
# 定义 b 变量
b = 2
if a+b < 0:
    """
    （1）下面的代码与首行保持缩进，程序中的缩进空格数保持统一
    （2）在 1.11 节会对 Python 代码的缩进进行讲解
    """
    print("a+b < 0")
elif a+b < 3:
    # 注意代码缩进
    print("a+b < 3")
else:
    # 注意代码缩进
    print("a+b >=3")
```

代码解析

"<"是关系运算符，表示逻辑上的小于，print()是Python中的内置函数，将内容输出到终端。代码中定义了变量a的值为1，变量b的值为2。

Python解释器在执行以上代码时，主要做了以下4步操作。

（1）计算表达式a+b的值，a+b的值等于3。

（2）计算表达式3<0的值，值为假，故不会执行a+b<0下面的代码。

（3）继续判断分支条件elif中的表达式3<3的值，值为假，同样不会执行a+b<3下面的代码。

（4）else语句表示除上述条件之外的条件：a+b不小于0、不小于3，那a+b的值一定是大于或等于3的，故程序会执行else语句下的代码，即print("a+b >= 3")。

1.7.2 循环控制语句

扫码看视频

循环结构从字面上来理解，是重复运动的结构。昼夜交替是一种循环结构：从白天到晚上，再从晚上到白天，如此周而复始，生生不息。

编程中的循环结构，即重复执行某一段代码的程序结构。在Python中使用while或for关键字来定义循环控制结构。while结构同if结构一样，后面接表达式，表达式的值如果为真，则会一直执行while结构中的代码。

本节以while做实例演示，伪代码如下。

```
while True:
    "我爱 Python"
```

在该例子中，程序会不断输出while 结构中的"我爱Python"。通过Python中的关键字break可以退出循环结构。

```
while True:
    # 代码与首行保持缩进
    "我爱 Python"
    break
```

添加break语句后，输出一次"我爱Python"，就退出了循环。

编程实例：判断计算结果

实例代码

```
a = 1
b = 2
while a+b < 0:
    # 代码与首行保持缩进
    print("a+b < 0")
print("a + b > 0")
```

代码解析

在这段代码中，定义了变量a的值为1，变量b的值为2。Python解释器在执行以上代码时主要做了以下3步操作。

（1）计算表达式a+b的值，a+b的值等于3。

(2) 计算表达式3 < 0的值，值为假，故不会循环执行while结构下面的代码：print("a+b < 0")。

(3) Python解释器最终执行的代码是print("a +b > 0")。

1.7.3 空语句

在Python中用pass来表示空语句。空语句，顾名思义，即不包含任何语句。使用空语句是为了保持程序结构的完整性，起占位符的作用。

1.7.4 课后习题

请读者完成以下4题。

(1) 定义一个字符串变量，然后判断这个字符串值的真假。如何定义一个输出值为假的字符串？

(2) 定义一个输出值非0的表达式。

(3) 将描述"如果明天天气好并且我有空，那我就去爬山，否则，我得忙工作的事"转换成if语句的伪代码描述。

(4) 将描述"如果学好了Python，那我会一直从事Python的开发工作"转换成while语句的伪代码描述。

1.8 函数

函数就是一个代码块，也是一个语句块。为了引用变量，需要为变量命名，同样，为了引用这个代码块，也需要对这个代码块进行命名。这里的命名可以理解为函数名。

可以将函数类比为一个从输入到输出的转换器，函数的输入对应的是传递给函数的参数，在函数头中定义参数。而定义从输入到输出的转换逻辑要在函数体中进行。函数的基本属性为函数名、函数头和函数体。

> 笔者有话说
>
> Python提供了匿名函数。所谓的匿名函数，指的是无函数名的代码块，通常为了引用这个代码块，需将匿名函数赋值给变量，再通过这个变量来执行这个匿名函数。

扫 码 看 视 频

1.8.1 使用 def 定义函数

使用def定义函数的语法如下。

```
def 函数名(参数列表)：
    函数体
    return 返回值
```

参数列表指的是包含多个参数名的列表，参数之间以逗号进行分隔，如参数1,参数2,参数3。参数列表可以为空，表示不需要传递任何参数。

函数体中的return是返回的意思，表示返回值给函数的调用方。return语句不是必需的，定义函数时，可以不用返回值给调用方。

下面根据Python函数的定义语法，定义一个输入值为整数、输出值为输入值2倍的函数。

```
def double(number):
```

```
    # 代码需保持空格缩进
    return number * 2
```

在该函数定义中，函数名为double，参数为number，返回值为number的2倍。例如：

```
result = double(2)
```

程序运行结果为4。double(2)表示执行这个函数，2是实际传的参数，对应于函数定义时的参数number。

1.8.2 Python 中的冒号

在使用条件控制语句、循环控制语句，以及定义函数时，语句后面必须加上一个英文的冒号（:），否则程序会出现语法错误的异常信息。

正确的条件控制结构

```
if True:
    pass
else:
    pass
```

错误的条件控制结构

```
if True
    pass
else
    pass
```

正确的循环控制结构

```
while True:
    pass
```

错误的循环控制结构

```
while True
    pass
```

正确的函数定义

```
def function_name():
    pass
```

错误的函数定义

```
def function_name()
    pass
```

1.8.3 课后习题

(1) 定义一个函数,此函数有两个参数,返回值为参数之和。

(2) 定义一个函数,此函数有一个参数,在函数中判断参数的真假情况,如果参数值为真就返回1,否则返回0。

(3) 定义一个函数,此函数带两个参数,假设分别为a、b,在函数中判断a与b的大小,并返回较大的那个。
提示:">"是Python中的关系运算符,关系运算符左边的操作数称为左操作数,右边的称为右操作数。使用">"操作符,可以判断左操作数是否大于右操作数。

1.9 Python 中的类与对象

类是面向对象程序设计中的概念,也是一种抽象的数据类型。程序员可以通过类自定义数据类型。对数据类型进行抽象是指对该数据类型的共有属性和行为进行概括。

1.9.1 定义一个类

在Python中使用class关键字来定义一个类,基本语法如下。

```
class class_name:
    def __init__(self):
        pass
```

class_name表示定义的类名,即为定义的数据类型取一个名称,class class_name下面的为类体,在类体中可以定义该数据类型的属性和操作方法。类体中的__init__()函数表示该类的初始化函数,对类进行实例化时,Python会自动执行该初始化函数。实例化是指获取该数据类型的一个具体实例,该具体实例称为类的对象。

__init__()方法中的self参数是必需的,表示实例化后的对象。为对象添加属性使用"self.属性名"的语法,例如添一个name属性,属性值为Backer: self.name = "Backer"。

下面定义一个学生类,表示学生这种数据类型,在学生类的初始化函数中指定一个name参数,表示学生的姓名;在学生类中定义一个study()方法,表示该学生类型的学习行为,方法中的self参数是必需的,表示实例化后的对象。在方法中可以通过self来引用对象的属性。

实例代码

```
class Student:
    def __init__(self, name):
        self.name = name
    def study(self, course):
        print(self.name, "study", course)
```

对类进行实例化类似于函数调用,使用"类名()"的形式来进行实例化,()中需传递初始化函数__init__()中的参数(self除外),访问对象的属性或方法使用"对象名."进行访问。

对类进行实例化

```
class Student:
    def __init__(self, name):
```

```
        self.name = name

# 对 Student 类进行实例化
student = Student("Backer")
# 使用"对象名."来访问 student 对象的 name 属性
print(student.name)
# 使用"对象名."来访问 student 对象的 study() 方法
student.study("English")
```

程序输出

```
Backer
Backer study English
```

1.9.2 技术总结

本节主要包含以下3个重要的知识点，请读者多加巩固。

①类是一种抽象的数据类型，通过类，程序员可以自定义数据类型。
②类中的__init__()方法为类的初始化函数，对类进行实例化时，Python会自动调用该构造函数。
③Python中的self表示类实例化后的对象。

1.9.3 课后习题

（1）什么是类？什么是抽象？
（2）定义一个Student类，在__init__()中分别指定name和age参数，将其设置为对象的属性。
（3）在第（2）题的基础上，在Student类中定义一个output()函数，然后将name与age输出。提示：在构造函数中定义的属性，在类体中的方法中可以通过self来进行引用。

1.10 Python 中的关键字

关键字亦称保留字，按保留字的字面意思来解释可能更容易理解——保留字就是保留给Python用的关键字。Python也是程序员编写的软件，编写者已经预先使用这些关键字作其他用途了，如果程序员再使用这些关键字，可能会产生冲突。图1-14所示为Python 3.7的预定义关键字。

```
Here is a list of the Python keywords.  Enter any keyword to get more help.

False               def                 if                  raise
None                del                 import              return
True                elif                in                  try
and                 else                is                  while
as                  except              lambda              with
assert              finally             nonlocal            yield
break               for                 not
class               from                or
continue            global              pass
```

图1-14

在定义变量名、函数名和类名等时，应当避免使用Python中的关键字来进行命名，否则Python解释器会抛出语法错误的异常。

1.11 Python 中的代码缩进

Python是一门既有趣又易学的语言，学会Python可以做许多有趣的事。例如，写个爬虫程序爬取短视频应用程序中的短视频。Python的语法简单，学习梯度较平，对编程初学者很友好，但Python也并非完全没有缺点。

Python是一种解释型语言，相对于C/C++等编译型语言来说，运行较慢。此外，Python对代码采取的强制性缩进规则，对于部分初学者来说是比较严格的。初学者在掌握Python的代码缩进规则之前，很容易导致IndentationError异常，从而不知所措。

实例代码

```
# __date__ = "2019-09-02"
name=" 张三 "
def main():
        print("hello")
                print("world")
main()
```

在执行这段程序时，Python会抛出一个IndentationError异常。

> **笔者有话说**
>
> 按照如下步骤操作可重现IndentationError异常。
> （1）在D盘创建main.py文件，并将上述代码写到文件中。
> （2）按Windows键，输入cmd命令，进入Windows命令行，在命令行中输入d:，按回车键进入D盘，然后在命令行中输入python main.py。

1.11.1 Python 代码缩进规则

Python对代码采取了强制性的缩进，程序员在写Python程序时必须按其缩进规则来编写代码，否则程序在运行时会报错，抛出IndentationError的错误异常。以下是Python中的代码缩进规则。

（1）缩进必须有空格。
（2）全局对象或全局语句中的首行没有缩进，必须顶格。
（3）同一层次的语句须缩进相同的空格数。
（4）子级层次的语句与父级层次的语句必须有缩进。
（5）单行注释可以随意缩进，多行注释与同层次的代码缩进相同。

下面通过实例代码来加深对Python代码缩进规则的记忆和理解。

```
    # __date__ = "2019-05-08"        # 单行注释可随意缩进
GREETINGS = "hello world"            # 定义了一个全局变量，必须顶格


def main():                          # 在 Python 中使用 def 来定义函数
    """
    (1) 多行注释与同层次的代码保持相同的缩进
    (2) 与下方执行 print() 函数的代码处于同一层级
    """
    print("hello world")             # 与 def 语句是子级与父级的关系，必须进行缩进
    print(GREETINGS)                 # 与上行中的 print() 是同级关系，缩进相同的空格数
    if 0 == 0:
        # print("0-0") 与上行中的 if 语句是子级与父级的关系，必须进行缩进
```

```
        print("0-0")

main()                          # 必须顶格
```

需要注意的是,在Python开发者社区中,通常按照4个空格来缩进。

> **笔者有话说**
>
> 键盘上的Tab键输出的是空白字符,它在计算机系统中的编码与空格的编码是不一样的,一些集成开发环境(IDE)或编辑器自动将Tab键的输出转化为4个或8个空格,读者在使用集成开发环境时可能需要进行额外配置,否则会带来移植上的问题。最佳的做法是在需要缩进的地方只用空格键来输入空格,这样就不会出错。

1.11.2 代码强制性缩进的意义

Python通过代码缩进来规范代码的书写格式,区分代码的逻辑层次。在适应并熟悉了Python的代码缩进规则以后,程序员写的代码会变得整齐美观。

切记,编写Python程序必须遵守其代码缩进规则,否则其会抛出IndentationError异常。

1.12 初识 Python 模块

学习是有梯度的。在初学编程时务必先建立对编程概念的感性认识,不要把过多的时间虚耗在对复杂概念的抽象理解上。所谓感性认识,就是依托于你的想象力,把生活中的经验与编程概念结合起来。

先建立起对编程的感性认识,能激发出对学习的兴趣,而后再逐步加深对概念的理解。

学习是一个渐进的过程,也是一个重复的过程。这本节中,笔者从生活中的例子出发来讲解Python中的模块。

1.12.1 Python 中的模块

用文本编辑器打开一个Python文件,常会在文件头部看到这样几行代码:

```
import module1
import module2
```

import单词有"导入"的含义,而位于其右侧的正是Python中的"模块","import+空格+模块名"意为从当前源文件中导入某个模块。模块的英语单词是module,对于初学者来说模块这一概念可能有点抽象。

编程中的许多概念都源于生活经验,模块亦然。以手机为例,摄像头是它的一个组件,按键也是它的一个组件,各种基础组件共同组装成一部手机,这里的手机组件即模块,如图1-15所示。

在Python中,读者可以把要实现的一系列功能通过变量、函数和类等工具写成一个模块。关于变量、函数和类等,在后续的章节中会进行详细讲解,这里只需要知道有这些概念即可。

图1-15

模块可以重复使用，这是它的一个很重要的意义。再次以手机为例，手机的按键或其他部件如果损坏了，我们可以换个新的部件继续使用。

Python程序员会把模块写到文件中，Python文件以.py为扩展名，但.py对Python来说并不是必需的（这里不过多地阐述这类逻辑概念），.py对于用户的意义就是当人们看到以.py为扩展名的文件时会想到这是Python文件。

> **笔者有话说**
>
> 本书的第16章有关于模块的进一步描述，笔者会一步一步地教读者实现一个自定义的模块。本节只起一个引领的作用，让读者对模块有一个直观的印象。

1.12.2 Python 模块导入的基本语法

在当前的Python文件中，如果需要使用其他模块的功能，需要进行模块的导入。在Python中使用import语句来实现模块的导入。导入模块主要有以下3种形式。

- **一次性导入整个模块：import 模块名**

  os是Python中的内置模块，如需一次性导入整个os模块，可以采用以下语法：

```
import os
```

- **导入模块下的子模块：from 模块名 import 子模块名**

  例如，path是os模块下的子模块，如需导入path模块，可以采用以下语法：

```
from os import path
```

  split 是path模块下的一个方法模块，如只需导入split模块，可使用成员操作符"."来导入。

```
from os.path import split
```

  from os.path import split表示从os模块中的path模块中导入split模块。

- **为导入的模块取一个别名**

  使用as关键字可以为导入的模块取别名。继续以os模块为例，为导入的os模块取别名Windows，代码如下。

```
import os as Windows
```

  为os模块下的path取别名Windows_path，代码如下。

```
from os import path as Windows_path
```

1.12.3 Python 的内置模块

在安装Python时，会同时安装一系列基础模块。Python的内置模块是为节省开发者时间而预先编写的一系列基础组件。当开发者需要使用某个内置模块时，直接使用"import"导入相应模块即可。

1.12.4 Python中的模块查找

Python默认会在当前目录中进行模块查找,如果找不到,会在指定路径中进行模块的查找,通过PYTHONPATH环境变量可配置模块的查找路径。所有的模块查找路径都保存在sys模块的path属性中。

1.12.5 技术总结

本节主要包含以下4个重要的知识点,请读者加以巩固。

①使用"import 模块名"的语法来导入一个模块。

②模块的一个很重要的意义在于它可以被重复使用,也就是所谓"复用"。

③Python文件常以.py为扩展名,我们通过函数、类等工具将要实现的功能以模块的形式写到Python文件。

④Python的环境变量为PYTHONPATH。

1.12.6 课后习题

(1) 谈谈你对模块的理解。

(2) Python中的内置模块sys有一个getsizeof()方法,请你写一行代码,只导出sys模块下的getsizeof()方法。

(3) 写一行代码,为os.path模块下的getsize()方法取一个别名。

(4) 查找相关资料,然后描述os模块与sys模块的功能。

1.13 程序实战:你好世界

扫码看视频

不少打算从事程序开发的人找不到入门之法,所谓难者不会,概因找不到好老师细心教你。在写出第1个Python程序hello world之前,读者必须按照1.1节中的内容对Python解释器进行安装。这里以Windows环境来进行程序的编写。

1.13.1 第1个Python程序

第1个Python程序为向屏幕输出字符串"hello world",程序代码如下。

```
# __author__ = 薯条老师

def main():
    print("hello world")
if __name__ == "__main__":
    main()
```

1.13.2 选择一个代码编辑器

编写程序之前，得有个代码编辑器。常用的编辑器主要有Notepad++和PyCharm，前者是一款轻量工具，后者是一款IDE工具，包含了更加丰富的功能，稍显笨重。下面分别教大家下载和安装Notepad++和PyCharm。

- **Notepad++**

Notepad++是 Windows操作系统下的一个文本编辑器，有完整的中文版界面。Notepad++支持语法高亮显示，不仅可以用来制作一般的纯文字说明文件，还十分适合编写计算机程序代码。读者可到Notepad++官方网站的下载页面中下载该编辑器，下载后直接双击文件安装即可。Notepad++界面如图1-16所示。

图 1-16

- **社区版 PyCharm**

PyCharm是专为Python开发的IDE工具，提供了诸多功能，以帮助程序员提升开发效率，如调试、语法高亮、代码跳转、自动完成、智能提示等。PyCharm分为商业版和社区版，商业版是收费的，社区版面向Python社区的学习人员，其提供的功能与商业版并无太大区别。一般来说，社区版即可满足程序员的开发需求。

读者可到JetBrains公司的官方网站下载PyCharm。单击Community下的DOWNLOAD按钮即可下载社区版PyCharm，如图1-17所示。下载完毕后，双击安装即可。PyCharm界面如图1-18所示。

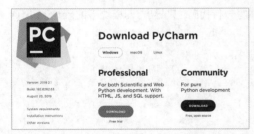

图 1-17

图 1-18

1.13.3 运行程序

从一开始学编程时，就得有一个目录组织的概念。清晰的目录结构有助于对项目的整体维护，这是作为一个程序员最基本的素养，读者须谨记在心。

（1）在D盘创建python-learning目录，打开这个目录，创建chapter1目录，然后在chapter1目录中创建一个名为helloworld.py的文件，如图1-19所示。

（2）双击打开helloworld.py文件，原样输入以下代码，红色箭头处示意必须有空格缩进（一般缩进4个空格），如图1-20所示。

图 1-19

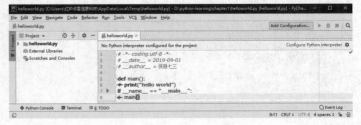

图 1-20

实例代码

```python
# __author__ = 薯条老师

def main():
    print("hello world")
if __name__ == "__main__":
    main()
```

> **笔者有话说**
>
> 注意，代码中的__name__和__main__两侧是两根下画线。写完这个程序后，想让它运行，务必按照以下步骤来执行这个Python程序。
> （1）按Windows键，输入cmd命令，按回车键，进入Windows的命令行界面。
> （2）输入d: 再按回车键，以切换到D盘。
> （3）输入cd python-learning，进入创建的python-learning目录。
> （4）在python-learning目录中执行python helloworld.py命令。
> 按以上4步操作以后，若看到hello world输出在终端，则表示程序执行成功。笔者会在1.13.4小节对程序源代码进行逐行解释。

> **编程小知识**
>
> Windows系统使用盘符来对磁盘进行标识，如C盘的盘符C:、D盘的盘符D:。要在命令行中进行磁盘的切换，可直接输入对应的盘符，然后按回车键，例如，从C盘切换到D盘，命令为d:。在磁盘内部进行切换使用cd命令加对应的路径，例如，在D盘中切换到python-learning目录，命令为cd python-learning。

1.13.4 代码逐行讲解

下面用代码编辑器打开上一小节创建的helloworld.py，并对代码进行逐行讲解。

```python
# __author__ = 薯条老师
```

这里的#字符在Python中是用来作注释的，是单行注释，多行注释使用3个英文的单引号'或双引号"将待注释的内容括起来，举例如下。

```python
# 单行注释
'''
多行
注释
'''

"""
多行
注释
"""
```

注释的内容会被Python解释器忽略。有良好编程习惯的程序员通常都会写注释，加注释是为了提供一些代码之外的信息，其他人通过这些信息可以知道程序的编写日期、程序的作者、函数的功能、复杂的逻辑描述，等等。

当解释器读到注释字符时，会略过接下来的内容，直到读到下一个注释字符为止，也就是说解释器只翻译除注释之外的内容。

实例代码

```python
def main():
    print("hello world")
```

此处的def实为英语单词define的简写，define有"下定义，规定"的意思，是一个动词，在Python中使用def来定义函数。函数包含函数头和函数体，函数头又包含函数名和参数列表，函数体是用来实现函数功能的代码块。

> **知识超链接**
> 对函数定义还不是很熟悉的读者，可以复习1.5~1.8节中的变量、表达式、语句和函数等内容。

在我们定义的这个函数中，函数名为main，函数体中执行了内置的print()函数，读者可以将main自行改写为其他函数名来进行测试。

print()是Python的内置函数。所谓内置函数，就是在Python中预先写好的函数，可直接调用。print("hello world") 语句的功能即为执行print()函数，将hello world输出到屏幕上。

我们也可以将数字或其他数据类型输出到屏幕上，如 print(666)、print(2019.888) 等，读者可以自行改写helloworld.py文件，然后测试输出其他类型的数据。

笔者会在后面对函数单独进行讲解，初学者需要做的是按照书中的内容反复练习，直到熟练为止，如果没有达到熟练的程度，那就不要开始学习下一节内容。

实例代码

```python
if __name__ == "__main__":
    main()

"""
注意：__name__ 与 __main__ 前后都是双下画线
"""
```

__name__是Python中的一个系统变量，保存了当前模块的完整名称，"=="是逻辑运算符，用于判断两侧的量是否相等。

这一段代码在逻辑上表示如果系统变量__name__的值等于"__main__"，就执行main()这个函数。

main()函数已经在前面定义过，这个函数的函数体为执行print()函数，给print()函数传递"hello world"字符串参数，print()函数会把 hello world输出到屏幕上。

能否不加 if__name__ == "__main__":呢？

答案是肯定的，读者可以自行将这一行删掉，再将main()左移到行首。1.12节中已对模块进行简单介绍，在Python中每个.py文件都可以作为一个模块，请读者牢记以下知识点。

如果当前模块是直接执行的，__name__的值就为"__main__"；如果当前模块被导入其他模块，__name__的值就为模块名字，模块名字是创建的文件名（不包含.py）。

1.13.5 课后习题

(1) 尝试改写main()函数名为其他的函数名。

(2) 改写helloworld.py，输出10个阿拉伯数字到屏幕上。

第 2 章

教学视频　1 个　2 分钟

神奇的 Python 交互模式

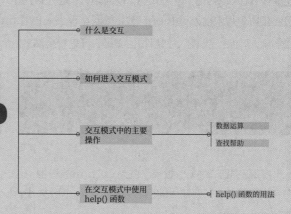

2.1 三言两语说交互

交互即互动。举一个浅显的例子：在社交软件里给人发消息，对方收到消息后回复消息，以作出相应的反馈，这就是所谓互动。

互动不只是人与人之间的交流、沟通，人与机器之间也能产生互动。例如，计算机向用户提供一个交互接口或界面，使得用户与计算机之间可以产生互动。用户打开浏览器上网，在搜索引擎中输入一个关键词并按回车键，网页上呈现的内容就是计算机程序给人提供的反馈信息。

常见的人与机器的互动还有在ATM机中取款，或者在苹果手机上召唤智能语音助手Siri，等等。

2.2 神奇的 Python 交互模式

本节主要介绍Python交互模式的使用方法和相关代码编写模式。

2.2.1 进入交互模式

扫码看视频

Python中的交互模式本质上是一个命令行程序，它向程序员提供了一个交互界面，程序员可以在这个界面里做许多神奇的事，例如在10秒内快速打印九九乘法表。读者按照以下几个步骤操作，即可进入Python的交互模式，如图2-1所示。

01 按Windows键，输入cmd，按回车键，进入Windows的命令行界面。

02 在命令行中输入python，然后按回车键进入Python的交互模式。

03 输入"你好，世界"，然后按回车键，可以看到图2-2所示的输出结果。

图2-1　　　　　　　　　　　　　　　　图2-2

图2-2中的"你好，世界"就是Python解释器对输入做出的反馈，当用户按回车键后，Python会对输入的内容进行解析，只要输入的内容符合Python语法，Python就会解析、执行，得到相应的输出。

> **笔者有话说**
>
> 笔者输入的用双引号括起来的是Python中的字符串类型，读者可以尝试将双引号去掉，看看Python会给你什么样的反馈。字符串类型是Python的内置类型，更多与数据类型相关的介绍会在后续的内容中逐渐展开。

2.2.2 在交互模式执行算术运算

可以直接在交互模式中执行算术运算，这里先简单介绍一下Python中常用的算术运算符+、-、*、和/，分别对应于数学上的加、减、乘和除。图2-3所示为在交互模式中进行1+1、1*1、1-1和1/1的算术运算。以此类推，读者可以在交互模式中尝试其他的算术运算。

图2-3

2.2.3 在交互模式中执行函数调用

在交互模式中能直接调用函数，以内置函数print()为例，如图2-4所示。

读者可以惊奇地发现直接在交互模式中输入"你好，世界"与用print()函数打印的"你好，世界"十分相似，唯一的不同点在于print()打印的内容没有引号。有没有引号对于用户来说并没有区别，对程序员来说，带引号的输出表示字符串类型。

图 2-4

编程实例：在 10 秒内快速打印九九乘法表

下面使用Python中的for循环语句打印九九乘法表。

实例代码

```
for i in range(1, 10):
    for j in range(i):
        j += 1
        print('%d*%d=%-3d'% (i, j, i*j), end=' ')
    print(' ')
```

将这段代码输到Python的交互模式中，如图2-5所示。在输入的过程中，须注意Python中的代码缩进。输入完毕后按回车键，即可看到图2-6所示的九九乘法表。

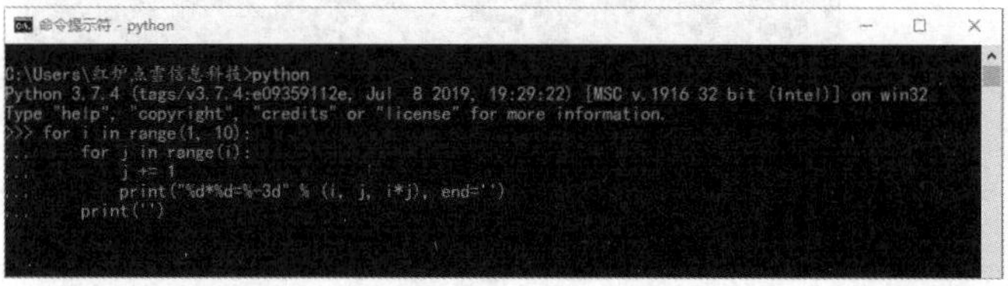

图 2-5

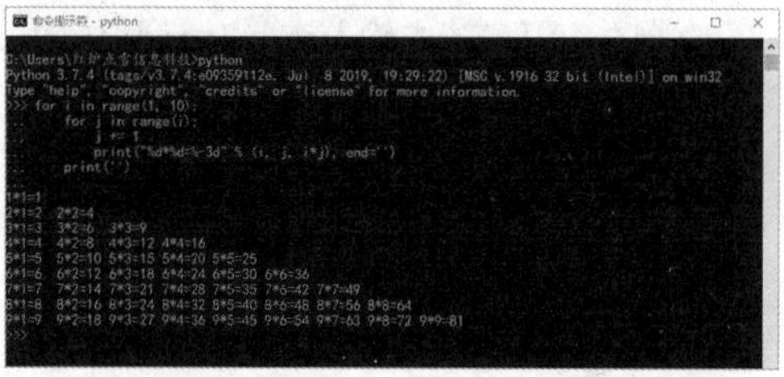

图 2-6

2.3 在交互模式使用 help() 函数

Python中的交互模式提供了方便的查找功能，通过内置函数help()，可以查阅函数、模块、类型和属性等的详细信息。

2.3.1 help() 函数的用法

在执行help()函数进行特定的查找时，需要给help()函数传递参数。参数传递有两种形式：字符串类型和参数对象名。语法形式为help(字符串类型参数)或help(对象名)。

字符串类型参数通常是Python中预定义的关键字、属性名和模块名等；对象名参数可以是Python中内置的全局变量、函数名和已导入的模块名，也可以是用户自定义的对象名（变量名、函数名等）。

> **笔者有话说**
>
> 在交互模式中直接执行help()，不传递任何参数时，会进入help模式，此时直接输入待查阅的属性名或对象名，即可执行相应的查阅。在help模式中执行quit命令可退出help模式。

2.3.2 查看 Python 中的关键字

在交互模式中输入help("keywords")，可以输出Python中预定义的关键字，如图2-7所示。

以Python中的关键字False为例，使用help查看关于False关键字的详细描述。在交互模式中输入help("False")，可以看到图2-8所示的输出结果。

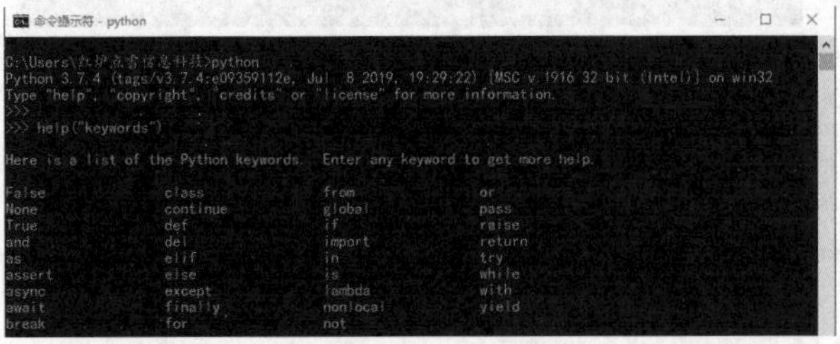

图2-7　　　　　　　　　　　　　　图2-8

help输出的内容若超出当前的页面，可在页面底部看到一行-- More --的提示，表示还有更多内容，读者可以按回车键以查阅更多内容，或输入q退出当前的help视图。

2.3.3 查看 Python 中的内置对象

以内置函数print()为例，print对应的是该函数的名字，直接在交互模式中输入help(print)，即可查看该函数的信息，如图2-9所示。

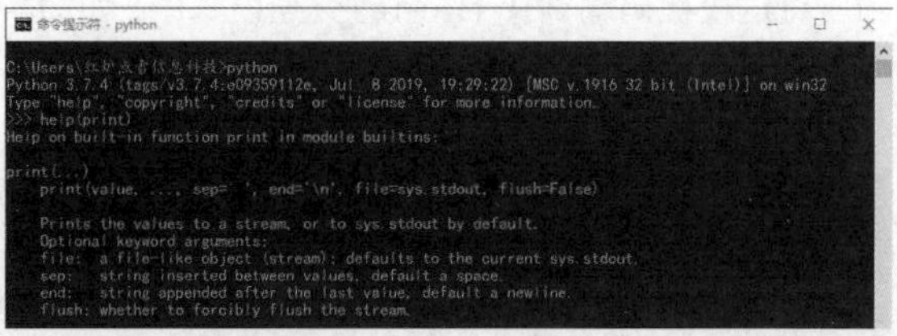

图2-9

2.4 向交互模式说再见

随着后续内容的慢慢展开，读者可以看到在交互模式中更多有意思的操作，现在需要好好消化目前的学习内容。

到了对交互模式说再见的时候了，在交互模式中执行exit()或quit()函数可以退出交互模式，返回到Windows的命令行。

2.5 技术总结

本章内容比较简单，请读者掌握以下3个重要的知识点。

① 交互即互动，人与机器可以产生互动。

② 在Python的交互模式中可以进行算术运算等复杂操作。

③ 执行exit()或quit()函数可退出Python的交互模式。

2.6 课后习题

(1) 在交互模式中计算今年是否闰年，先用文字描述算法过程，再尝试以Python代码的形式写到交互模式中。

(2) 进入help模式，查阅Python内置模块os的用法。提示：在Python中导入模块可以使用"import 模块名"指令，如导入os模块的指令为import os。

第 3 章

教学视频 4个 6分钟

变量 / 内存地址 / 变量命名

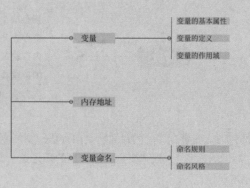

3.1 变量

读者可以把变量理解为一个容器,这个容器的容量大小是有限制的。我们用字节作为单位来对这个容器的大小进行度量,如某个变量有4字节、8字节或16字节,那么其能容纳的就分别是4字节、8字节和16字节大小的数据。一言以蔽之,变量是用来装数据的容器。

> **编程小知识**
>
> 字节的英文名称为byte,简写为B,它是计算机进行数据处理的基本单位。读者对手机的内存肯定很熟悉,买手机时会关注手机的内存有多大,如手机内存为16GB,这里的GB就是吉字节。1024字节等于1KB,1024KB又等于1MB,1024MB=1GB。64GB=64×1024×1024×1024字节。

所谓变量,当然是变化的量,但变化的只是这个容器里的东西,即变化的是变量的值,而非变量本身。在CPython(Python的另一种解释器)中,变量是一个存储内存地址的容器。与变量相对的是直接量,直接量是程序中直接使用的数据值,比如整数1,小数2.0,字符串"开心"。

3.1.1 变量的基本属性

变量的基本属性有变量名称、变量的地址和变量的值。变量名称是定义变量时为它取的名称,通过变量名可以引用这个变量。在定义变量时,Python解释器会为其分配内存,变量的地址对应的是变量在计算机内存中的地址。

Python中的变量值理解起来会稍微有点复杂,CPython中的变量存储的是对象的内存地址,这里的变量值严谨地说是变量指向的值。读者可按以下两步逐步理解变量的值,如图3-1所示。

(1)通过变量存储的内存地址找到对应的内存块。
(2)变量指向的值就是存储在这个内存块中的数据。

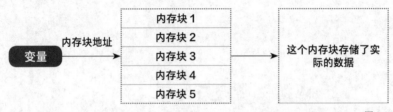

图 3-1

在图3-1中,变量存储的内存地址是内存块3,那么内存块3中存储的就是这个变量指向的值。读者需要注意的是,在后面的内容中,提到变量的值时指的都是这个变量指向的值。读者可通过图3-2所示的思维图快速了解变量的基本属性。

图 3-2

> **笔者有话说**
>
> CPython中的变量是一个存储内存地址的容器,如无特殊说明,本书中的Python解释器均指CPython。注意与变量本身的地址区别开来,就如同仓库可以存放东西,但仓库本身也是有它的地址的。

扫码看视频

3.1.2 变量的定义

在Python中使用赋值操作符"="来定义变量。例如:

```
super_star = "张三"
print(super_star)
```

这段代码中定义了一个字符串变量，变量名为super_star。在print()函数中，通过变量名super_star对变量进行引用，执行print()函数后，输出变量的值"张三"。

如何查看变量保存的地址呢？Python提供了一个内置函数id()，读者可以在交互模式中查阅id()函数的定义和用法，如图3-3所示。

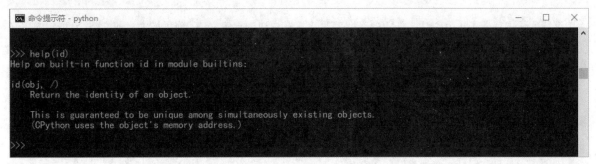

图 3-3

输出结果显示，id()是一个内置函数，返回对象的标识值。这个标识值是一个整数，Python保证这个标识值在此对象的生命周期内是唯一且恒定的。在CPython中，这个标识值即对象的内存地址。

通过此输出结果，我们也可知道id()函数的用法为id(obj,/)，obj表示对象名，在实际使用时，只需传递对象名即可。

现在通过内置函数id()查看变量super_star的标识值（内存地址），如图3-4所示，id()函数输出的就是变量super_star所指向的对象的标识值。

```
>>> super_star = "刘德华"
>>> id(super_star)
22630544
```

图 3-4

> **笔者有话说**
>
> 内存地址与机器相关，在同一台机器里，Python保证了这个标识值在此对象的生命周期内是唯一且恒定的，读者在自己的计算机上获取Python的变量标识值时，会得到不同的地址。

3.1.3 变量的作用域

扫码看视频

作用域是指变量的作用范围，超出其作用范围，则不能对变量进行引用。在Python中，变量的作用域可分为局部作用域和全局作用域。

- **局部作用域**

局部作用域是指在函数体或类体中定义的变量，作用范围为函数或类（对象）内部。

> **知识超链接**
>
> 对函数与类还不是很熟悉的读者，可以复习1.5~1.8节中的变量、表达式、语句和函数，以及复习1.9节Python中的类与对象。

- **全局作用域**

1.12节介绍了模块的概念，一个Python文件被视为一个模块。全局作用域是指在模块内部定义的变量，作用范围为当前文件。

实例代码

```
GREETING = "hello"
```

```python
if __name__ == "__main__":
    module_name = "__main__"
    print(GREETING)
    print(module_name)
```

这段代码中定义了一个GREETING变量，它是直接在模块内部定义的，作用域为当前文件，if语句中定义了module_name变量，它的作用域该如何判断？凡是在函数体或类体之外定义的变量，其作用域都为全局作用域，可以在其他代码中引用。

Python是一种解释型语言，只有执行到变量定义的语句时，该变量才被定义。

实例代码

```python
if 0 > 1:
    # Python 解释器不会执行该行代码, 0 > 1 为假
    greeting = "hello world"
else:
    state = "exciting!"

if __name__ == "__main__":
    print(state)
    print(greeting)
```

该程序在执行过程中会抛出异常，提示greeting变量未定义，因为表达式0>1为假，Python解释器并没有执行到greeting变量定义的代码。state变量的值能正常输出，在后面的代码中可直接引用。如果模块内部和函数、类体中出现了同名的变量，则局部变量会覆盖全局变量。

实例代码

```python
def output():
    # 在函数内部定义了同名的变量 state
    state = "so sad!"
    # 在函数内部可以访问全局作用域的变量 greeting
    print(greeting, state)

if __name__ == "__main__":
    greeting = "hello world"
    state = "exciting!"
    output()
```

程序输出

```
hello world so sad!
```

> **笔者有话说**
>
> 在进行代码测试时，需要将程序写到Python文件中，然后进入Windows命令行，切换到代码所在的目录。例如，程序文件test.py在D盘，先按Windows键，输入cmd进入命令行，再切换到D盘，然后在命令行中执行 python test.py。至于如何在Windows命令行中进行目录切换，可以复习1.13节中介绍的内容。

3.2 内存地址

什么是内存地址？大家都知道手机有内存条，内存条里存储了许多的数据，那么CPU如何取出内存中的数据呢？

这里先不讲高深的概念，只打个简单的比方。城市街区都有编号，如某某街某某号，这里的某某街某某号就是地址，同样在手机或者其他设备中，内存中的字节也按顺序进行了编号，此编号就是内存的地址，CPU要取出内存中的数据得先获得这个编号，再从这个编号对应的内存中取出数据。

读者可以把这个线性表想象成手机中的内存条，每一格就是一个字节，格子的编号就是这个字节在内存条中的地址。

1	2	3	4	5	6	7	8	9

3.3 变量命名

初学者进入编程世界后，经常会定义变量。定义一个变量时需要为变量命名，变量命名要遵循命名规则。请读者牢记以下规则。

（1）变量名称通常是英文字母、数字和下画线（_）的组合。
（2）变量名称的首字符不能是数字。
（3）变量名称不能使用系统预定义的关键字，且不能包含特殊字符。

> **编程小知识**
> 在交互模式中输入help("keywords")可以查看系统预定义的关键字。在Python 3版本中可以使用汉字等非英文字符对变量进行命名。

在Python中，变量名是区分大小写的。例如，Name和name表示两个不同的变量。

3.3.1 变量命名举例

正确的变量命名：name, title, _1ok。
错误的变量命名：1one, ?what, while。
下面解释为什么这些变量名非法：1one的首字符是数字，?what的首字符是特殊字符，while是Python中的关键字。

> **编程小知识**
> 定义的变量名一旦不符合命名规则，系统就会抛出语法错误异常。

3.3.2 变量命名风格

这里所说的命名风格是指若干经典变量命名方法，主要介绍常用的3种变量命名风格：驼峰式命名法、混合式命名法和下画线式命名法。

（1）驼峰式命名法：单词的首字母都大写，如HelloWorld。
（2）混合式命名法：变量的首个单词全小写，其他单词的首字母都大写，如helloWorld。

(3) 下画线命名法：顾名思义，就是用下画线将单词连接起来，如hello_world。

> **笔者有话说**
>
> Python的模块名、类名等都有约定俗成的命名风格，在后续的内容中会进行讲解。需要额外说明的是，在参与团队开发时，尽量保持统一的命名风格和编程风格，这样既方便同事阅读代码，提升开发人员的合作效率，又能消除一些潜在的句法歧义，增强代码的可读性、可维护性。

3.4 技术总结

本章主要包含以下5个重要的知识点，请读者加以巩固。

① Python中的变量是一个存储内存地址的容器。
② 可使用内置函数id()查看系统给变量分配的标识值（地址）。
③ 内存地址是连续且按序排列的。
④ 常用的3种变量命名风格：驼峰式命名法、混合式命名法、下画线式命名法。
⑤ 在企业开发中，变量的命名风格须保持统一。

3.5 课后习题

(1) 在交互模式中定义一个字符串变量，并查看它的标识值。
(2) 在交互模式中定义一个非法变量，并查看系统抛出的错误信息。
(3) 分别用驼峰式命名法、混合式命名法、下画线式命名法定义一个变量。
(4) 说说你对Python变量的理解。

3.6 程序实战：爱恨无间

下面通过一个程序实战来巩固本章所学知识，实战的主题如下。

爱是什么？没有原因，没有理由，爱是初见时的怦然心动。
爱也是短暂的、伤感的，所以追着追着，就追不到了。
等到繁华落尽、铅华洗净，我们还能追忆起一生中最美好的爱恋吗？

扫码看视频

3.6.1 预备知识

在进行代码编写之前，先来学习一下预备知识，以便更有效率地学习。

- **内置函数 input()**

本程序实战需要使用到Python中的内置函数 input()，通过input()函数可以获取用户的输入。这里的输入是指从计算机输入设备（键盘、鼠标等）输入的内容。进入交互模式，输入help(input)，可以查看input()是函数的用法，如图3-5所示。

```
>>> help(input)
Help on built-in function input in module builtins:

input(prompt=None, /)
    Read a string from standard input.  The trailing newline is stripped.

    The prompt string, if given, is printed to standard output without a
    trailing newline before reading input.

    If the user hits EOF (*nix: Ctrl-D, Windows: Ctrl-Z+Return), raise EOFError.
    On *nix systems, readline is used if available.
```

图 3-5

> **笔者有话说**
>
> 建议初学者养成英文阅读的习惯，勤学英语，遇到不认识的单词就去查，用个小本子记下来，日积月累，在潜移默化中提高自己的英语阅读水平。初学者从Python抛出的错误提示信息中也可以进行英语学习，编程语言中的变量名、函数名等也常以英语单词来进行命名。想把编程学好，需要具备一定的英文基础。

input()函数返回从标准输入设备输入的数据，数据的类型是字符串。prompt参数表示提示信息。在交互模式中演示input()函数的用法，如图3-6所示。

```
>>> value = input("输入关键字:")
输入关键字:python
>>> value
'python'
>>>
```

图 3-6

这里执行了input()函数，提示信息为"输入关键字"，函数的返回值为从键盘输入的'python'字符串。

- **算术运算 / 关系运算**

算术运算就是进行数学上的算术运算。本程序实战中用到的运算符为"+="，这是一个复合运算符，表示将数据相加，再赋值给变量。例如，a+=5等价于a = a+5，表示将变量a中的值与5相加，然后赋值给变量a。

关系运算就是比较大小。本程序实战中用到的关系运算符主要有以下两个。

"!="表示不等于。

"<="表示小于等于。

3.6.2 爱恨无间

请读者按照以下步骤进行操作。

01 在D盘的python-learning目录中创建chapter3目录。

02 在D:\python-learning\chapter3目录中创建love_and_hate.py文件，并输入以下代码来模拟恋爱中的爱恨关系。

实例代码

```
# -*- coding:utf-8 -*-
# __filename__ = "love_and_hate.py"
# __author__ = "薯条老师"
# __date__ = "2019-05-11"
```

```python
def main():
    # 定义一个love变量，表示对你的爱意百分百
    love = 100
    # 执行while循环，不断重复执行下面的代码
    # 初学者在编写代码时，须注意代码的缩进规则
    while True:
        # 执行input()函数获得键盘的输入内容
        answer = input(" 你还爱我吗 ?\n")
        if answer != " 爱 ":
            # "!="的逻辑意义为不等于，如果输入的内容不为"爱"，就减10分
            love -= 10
            print(" 你没以前爱我了，你对我的爱意只剩 {}".format(love))
            # 如果love的值小于等于50分就退出循环
            if love <= 50:
                print(" 你知道英语中的分手怎么拼吗？ b-r-e-a-k! up !!!")
                # Python中使用break退出循环
                break
        else:
            print(" 你对我还有爱意，不要嫌我啰唆！ ")
    print(" 绵绵恨意，滔滔不息因你而起，take my breath away!")

if __name__ == "__main__":
    main()
```

03 进入Windows命令行，切换到目录D:\python-learning\chapter3，执行python love_and_hate.py命令，输出结果如图3-7所示。

图 3-7

第 4 章

教学视频　3 个　10 分钟

数据类型与结构

数据类型与结构
- 数据类型
  - 简单数据类型
  - 特殊的 None 类型
  - 变量类型与数据类型
  - 数据类型的转换
- 数据运算
  - 赋值运算
  - 算术运算
  - 关系运算
  - 逻辑运算
  - 成员运算
  - 标识运算
- 数据结构
  - 逻辑结构
  - 存储结构

4.1 数据类型

前面对变量进行了通俗的解释。变量是用来装数据的容器，这里的数据是有类型的。

物以类聚，可以把具有相同物理属性或社会属性的事物进行归类。数据亦然，可以把具有相同性质的数据进行归类，例如数学中的奇数、偶数、自然数和整数。对数据进行归类时，给数据定义的类型名称就是所谓的数据类型。

4.1.1 Python 中的数据类型

本节主要介绍数据类型的特点和基本属性。

- **简单数据类型**

Python中的简单数据类型有整型、浮点型和布尔型。列表、元组、字典、集合等复合数据类型不在本节的讲述范围之内，在后续的章节中会对各类复合数据类型及其操作方法进行单独讲解。

所谓整型可以简单理解为常说的整数，浮点型就是小数，布尔型就是逻辑上的真或假，在Python中可以直接使用关键字True 来表示真，用False 表示假。

这些数据类型在Python中对应的类型名如下。

```
{
    整型 =>int,
    浮点型 =>float,
    布尔型 =>bool
}
```

整型在Python中的类型名称是int，浮点型对应的是float，布尔型对应的是bool。通过Python的内置函数type()可以获得数据的类型，执行type()函数时，直接传递对象名即可。

进入Python的交互模式，分别输入type(2019)、type(2019.1314)、type('hello world')、type(True)、type(False)，输出数据类型名，如图4-1所示。

```
C:\Users\红炉点雪信息科技>python
Python 3.7.4 (tags/v3.7.4:e09359112e, Jul  8 2019, 19:29:22) [MSC v.1916 32 bit (Intel)] on win32
Type "help", "copyright", "credits" or "license" for more information.
>>> type(2019)
<class 'int'>
>>> type(2019.1314)
<class 'float'>
>>> type('hello world')
<class 'str'>
>>> type(True)
<class 'bool'>
>>> type(False)
<class 'bool'>
```

图 4-1

从图4-1中可以看到<class '类型名'>格式的输出，用单引号括起来的即为相应的类型名。

> **笔者有话说**
>
> 单词class的意思为类、类别，类的实例为对象。在Python中一切皆对象，int是对象，float是对象，甚至连函数都是对象。

- **特殊的 None 类型**

Python中有一个特殊的None类型，值为恒定的None值。None在Python中是一个关键字，表示值为空。进入交互模式，查看None所对应的类型，如图4-2所示。

```
>>> type(None)
<class 'NoneType'>
>>>
```

图 4-2

从图4-2中可以看到，None所对应的类型为NoneType。在Python中，None值只与None值相等。

> **编程小知识**
>
> None表示的语义是空值，凡表示值为空值时，都可以用None来赋值。

- **变量类型与数据类型**

笔者再次重申这个概念：变量是用来装数据的容器。在CPython中，变量这个容器存储的是对象在内存中的地址。所谓的变量类型，指的是变量所指向的对象的类型。观察图4-3所示的代码。

```
>>>
>>> variable = 2019
>>> type(variable)
<class 'int'>
>>>
>>> variable = 2019.1314
>>> type(variable)
<class 'float'>
>>>
>>> variable = 'hello world'
>>> type(variable)
<class 'str'>
>>>
>>> variable = True
>>> type(variable)
<class 'bool'>
>>>
>>> variable = False
>>> type(variable)
<class 'bool'>
```

图 4-3

从图4-3中可以看到，定义了一个变量variable，并赋整型值2019。调用type(variable)函数时，输出的类型名是int。然后将浮点值2019.1314赋值给变量variable，再次执行type(variable)时，输出的类型名变成了float。从输出可以分析出，变量的类型实质是变量所指向对象的类型。

- **数据类型转换**

在Python中，数据类型可以相互转换，常说的将小数取整，其实就暗含类型转换的意思，即将浮点型转换为整数。数据类型的转换主要分为显式类型转换和隐式类型转换。

显式类型转换

使用"类型名()"的语法来进行显式类型转换，请看下面的例子。

```
# 1. 将浮点型转换为整型
money = 66.66
money = int(money)

# 2. 将字符串类型转换为浮点型
money = "66.66"
money = float(money)

# 3. 将整型转换为布尔型
number = 0
```

```python
number = bool(number)

# 4. 将浮点型转换为字符串型
number = 2019.1314
number = str(number)

# 5. 将布尔型转换为整型
number = int(True)
```

读者可以参照以上例子进行灵活使用，重复练习直至掌握为止。在数据类型的转换过程中，需要格外注意的是，字符串型转换为数值型（整型或浮点型）时，其字符串内容必须是有效的数字，数字前后可以存在空白字符，不能包含非数字字符（正/负号及空白符除外），否则系统会抛出异常。观察图4-4所示的代码，尝试将字符串"123hello"和"12 3"显式转换为整型时，系统抛出了错误信息。

```
>>> number = int("123hello")
Traceback (most recent call last):
  File "<stdin>", line 1, in <module>
ValueError: invalid literal for int() with base 10: '123hello'
>>> number = int("12 3")
Traceback (most recent call last):
  File "<stdin>", line 1, in <module>
ValueError: invalid literal for int() with base 10: '12 3'
```

图 4-4

字符串前后存在空白字符时，在数字是有效数字的前提下，类型转换会正常进行。如图4-5所示，字符串" 123 "转换为整型，数据类型转换成功。

```
>>> number = int(" 123 ")
>>> type(number)
<class 'int'>
>>>
```

图 4-5

> **编程小知识**
> 空格字符、水平制表符和换行符等统称空白字符，空白符通常起间隔作用。

隐式类型转换

所谓隐式数据类型转换，是指数据类型间无须通过"类型名()"的语法，即可自动进行类型转换，继续看例子。

```
value = 1 + True    # value 的值为 2, 此时布尔变量 True 自动转换为整型值 1
value = 1 + False   # value 的值为 1, 此时布尔变量 False 自动转换为整型值 0
value = 1 + 2.0     # 1 是整型, 2.0 是浮点型, value 的值是 3.0, 整型 1 自动转换为浮点型 1.0
```

隐式数据类型转换的一般规则如下。

（1）整型与布尔型可以进行自动转换，非0整型值对应布尔型变量True，0值对应布尔型变量False。布尔型变量True可以隐式转换为整型值1，False隐式转换为整型值0。

浮点型与布尔型之间也是类似的转换方式，浮点值0.0对应布尔变量False，非0值对应布尔型变量True。布尔型变量True可以隐式转换为浮点值1.0，False隐式转换为浮点值0.0。

（2）整型或浮点型与布尔型进行混合运算时，布尔型会被隐式转换为整型或浮点型。

（3）整型与浮点型进行混合运算时，整型会被隐式转换为浮点型。

（4）空值隐式转换为布尔型False，非空值隐式转换为布尔型True。

这里的空值即值为空，没有包含任何数据，如None值、空字符串等。

> **编程小知识**
> 空字符串就是引号内不包含任何内容，如""。

4.1.2 技术总结

本节主要包含以下5个重要的知识点。

① 对数据进行归类，给数据定义的类型名称就是数据类型。
② Python中的简单数据类型有整型、浮点型、布尔型。
③ 布尔型就是逻辑上的真或假。
④ 使用"类型名()"的语法来进行显式类型转换。
⑤ 0值或空值隐式转换为布尔型False，非空值或非0值隐式转换为布尔型True。

4.1.3 课后习题

（1）在交互模式中计算1*False及1/True的值，并且输出值的类型。
（2）定义一个包含有效数字的字符串变量、一个整型变量和一个浮点型变量，然后将3个变量相加求和，要求最终输出的值的类型为整型。
（3）常用的空白字符有哪些？分别阐述这些空白字符的作用。
（4）定义变量number=2，简单描述使用print()函数输出变量number指向的值的过程。
（5）了解一下布尔型变量的应用场景。
（6）在什么时候需要使用None值来给变量赋值？

4.2 让数据动起来

在Python中定义变量，然后给变量这个容器装上数据。但只对变量进行定义是毫无意义的，以存钱为例，我们不能只是往银行里存钱，还要适时把钱取出来投资或消费，这样钱才能流动起来。钱如果不能流动，则形同废纸。银行好比变量这个容器，钱好比变量中的数据。

同样的道理，我们要让数据流动起来。所谓数据的流动就是先从内存中取出数据，然后让数据参与运算。因此，要先掌握Python中的运算符。

> **笔者有话说**
> 后续章节中提及的变量中的值，指的都是从变量保存的内存地址中取出对应的数据。

4.2.1 Python 中的运算符

运算符是编程语言中用来让数据参与数值运算或逻辑运算的符号。Python中的运算符主要有6类：赋值运算符、算术运算符、关系运算符、逻辑运算符、成员运算符和标识运算符。

在学习运算符之前，读者要先理解什么是操作数。简言之，操作数就是参与运算操作的数。以加法运算为例，必须有两个数才能构成一个最小单元的加法运算，参与加法运算的这两个数就是操作数，运算符左边的数称为左操作数，运算符右边的数称为右操作数。某些特定的运算符只需要一个操作数，如逻辑运算中的非运算。

- **赋值运算符**

赋值，顾名思义，就是将内存中的值赋予某个变量。为了实现赋值运算，需借助赋值运算符：=。赋值的过程是将赋值运算符右边的值赋给运算符左边的变量。

第1次赋值也叫作初始化,在Python中,通过赋值运算来定义一个变量。例如,定义number变量,并且初始化为1,然后将整型值2赋给变量number。

```
# 定义一个 number 变量, 初始值为 1
number = 1
# 将 2 赋给变量 number
number = 2
```

> **编程小知识**
> 在Python中,使用变量前必须先定义。

- **算术运算符**

算术运算,顾名思义,是进行数学上的运算。表4-1所示为Python中的算术运算符。

表4-1 Python 中的算术运算符

算术运算符	描述
+	加法:将左操作数和右操作数相加
-	减法:用左操作数减去右操作数
*	乘法:将左操作数和右操作数相乘
/	除法:用左操作数除以右操作数,结果为浮点型
//	整除:用左操作数除以右操作数,结果为整型
%	求余:计算左操作数除以右操作数的余数
**	求幂:计算左操作数的右操作数次幂

实例代码

```
a = 5           # 定义变量 a, 值为 5
b = 2           # 定义变量 b, 值为 2
c = a + b       # 取出变量 a 与变量 b 的值, 然后进行加法运算, 将值赋给 c, c 的值为 7
c = a - b       # 减法运算, c 的值为 3
c = a * b       # 乘法运算, c 的值为 10
c = a / b       # 除法运算, c 的值为 2.5
c = a // b      # 整除运算, c 的值为 2
c = a % b       # 求余运算, c 的值为 1
c = a ** b      # 求幂运算, c 的值为 25
```

将数字除以对应的基数并求余,可以计算出数字的每一位。对于个位数来说,基数为1;对于十位数来说,基数为10;对于百位数来说,基数为100,以此类推。

实例代码

```
number = 123
# 与 100 进行整除运算, 得到百位数
print(" 百位数为 :", int(number//100))

# 除以 100 求余, 得到后两位数
number = number % 100
# 除以 10 取整, 得到十位数
print(" 十位数为 :", int(number//10))

# 除以 10 求余
```

```
number = number % 10
# 与 1 进行整除运算，得到个位数
print(" 个位数为 :", number//1)
```

输出结果

```
百位数为：1
十位数为：2
个位数为：3
```

赋值运算符可以和算术运算符组合成复合运算符。以加法为例，a+=3中的"+="运算符即复合运算符，a+=3等价于 a=a+3。其他算术运算符与此类似，读者可以自行在交互模式中进行练习。

```
a = 5
a += 3
```

- **关系运算符**

关系运算主要用于比较左、右操作数的大小，关系运算的结果为布尔型。表4-2所示为Python中的关系运算符。

表 4-2 Python 中的关系运算符

关系运算符	描述
==	相等：比较左右操作数是否相等
!=	非等：比较左右操作数是否不相等
>	大于：比较左操作数是否大于右操作数
<	小于：比较左操作数是否小于右操作数
>=	大于等于：比较左操作数是否大于等于右操作数
<=	小于等于：比较左操作数是否小于等于右操作数

实例代码

```
a = 2
b = 1
c = (a == b)    # 比较 a 与 b 的值是否相等，c 的值为 False
c = (a != b)    # 比较 a 与 b 的值是否不相等，c 的值为 True
c = (a > b)     # 比较 a 是否大于 b，c 的值为 True
c = (a < b)     # 比较 a 是否小于 b，c 的值为 False
c = (a >= b)    # 比较 a 是否大于等于 b，c 的值为 True
c = (a <= b)    # 比较 a 是否小于等于 b，c 的值为 False
```

- **逻辑运算符**

逻辑运算用来判断逻辑上的真或假。Python中的逻辑运算符为and、or和not。

and表示逻辑与运算，条件必须同时满足，即当操作数的值都为True时，结果才为True。

or表示逻辑或运算，条件只满足其一即可，即当操作数的值只要有一个为True，结果就为True。

not表示是逻辑非运算，即条件的对立面，非真就是假，非假就是真。

逻辑运算的短路逻辑

所谓短路逻辑，即在进行逻辑运算时，一旦符合短路逻辑条件，就立即停止表达式后面的逻辑运算。这里的短路逻辑条件，即逻辑与运算中只要其中一个操作数为假，就停止运算，输出最后一次参与运算的操作数；逻辑或运算中只要其中一个操作数为真，就停止计算，输出最后一次参与运算的操作数。

实例代码

```
# 1. 逻辑与运算中的短路逻辑
value = 1 and 0 and 2
"""
0 为假值，所以会在操作数为 0 的位置处停止运算，
故最后一次参与运算的操作数为 0，value 值为 0
"""

value = "C++" and "" and "Python"
"""
空字符串 "" 为假值，所以会在操作数为 "" 的位置处停止运算，
故最后一次参与运算的操作数为 ""，value 值为 ""
"""

# 2. 逻辑或运算中的短路逻辑
value = "" or "Python" or "C++"
"""
空字符串为假值，第一次为真值的操作数为 "Python"，
所以会在操作数为 "Python" 的位置处停止运算，故 value 值为 "Python"
"""

value = not "" or "Python" or "C++"
"""
空字符串 "" 为假值，not 表示的是条件的对立面，非真就是假，非假就是真，
所以表达式 not "" 为真值
"""

value = not "" and 0 or "Python" and "C++"
"""
value 的输出为："C++"
读者可按照以下步骤来进行理解：
(1) 计算表达式 not "" and 0，输出为 0，所以表达式等价于
0 or "Python" and "C++"
(2) 计算表达式 0 or "Python"，输出为 "Python"，所以表达式等价于
"Python" and "C++"
(3) 表达式 "Python" and "C++" 是一个逻辑与运算，最后一次参与运算的操作数是 "C++"，
故最终的值为 "C++"
"""
```

- **成员运算符**

　　成员运算符主要用于判断元素是否在某一个集合之内。Python字符串是一个包含若干字符的集合，使用in运算符可以判断子串是否存在于主串中，返回值为布尔型，如果元素存在于集合中，就返回True，否则返回False。

实例代码

```
substring = "hello"
```

```
masterstring = "hello world"
value = substring in masterstring      # "hello" 存在于 "hello world" 中，value 为 True
```

- **标识运算符**

在Python中可以通过内置函数 id()来获取对象的身份标识，这里的身份标识即对象所在的内存地址。Python中的标识运算符为is，用于判断左右操作数是否具备同样的标识，返回值为布尔型。

Python中的标识运算符的功能是判断标识值是否相等，而关系运算中的"=="功能是判断值是否相等。标识运算符可与逻辑非运算符not进行组合，表示标识值是否不相等，组合的形式为is not。

实例代码

```
>>> a = -5
>>> b = -5
>>> a is b
True
>>> a = 257
>>> b = 257
>>> a is b
False
>>> a = "hello"
>>> b = "hello"
>>> a is b
True
>>> a = " 我 "
>>> b = " 我 "
>>> a is b
False
>>> None is None
True
```

以上代码在交互模式下执行。Python对较小的整数和英文的短字符串进行了缓存，所以它们具有相同的标识值。Python默认把-5～256的较小整数进行缓存，故代码中的257与257虽然值相等，但标识值却不相等，返回False。同理，字符串"我"与"我"虽然相等，但标识值并不相等，"我"并不是"我"。在Python中，None是一个特例，因为只存在一个None对象，所以其标识值一定相等。

4.2.2 运算符优先级及结合性

在一个表达式中只有单个运算符是无所谓优先级的，优先级是指同时存在多个运算符时，系统会优先执行哪种运算。

而结合性指的是表达式存在多个运算符时的运算顺序。Python中运算符的结合性分为两种：左结合和右结合，左结合是指从左往右按序进行计算，右结合则是从右往左进行计算。

下面以一个简单的数学运算式1+2*3-4为例解释一下优先级与结合性。

在运算式1+2*3-4中，存在3个运算符：+、*和-。在数学运算中，算术运算是从左往右进行结合的，乘法运算的优先级高于加法和减法。所以，表达式1+2*3-4在从左往右运算的过程中，会优先做乘法运算，由于2*3的值是6，故表达式1+2*3-4等价于1+6-4，这体现了乘法的高优先级的特性。

继续根据左结合性来进行运算，由于加、减法的优先级是相同的，故在表达式1+6-4中，先计算1+6或者先计算6-4，都不会影响最终的计算结果，表达式的值为3。

在Python中，数据运算按优先级从高到低进行排列，依次为：算术运算、关系运算、逻辑运算、成员运算、标识运算和赋值运算。

除了赋值运算是右结合以外，其他的运算都为左结合，左结合符合人的理解习惯。下面举个赋值运算的例子，以帮助读者理解右结合性。

实例代码

```
a = 1
b = 2
c = 3
a = b = c
```

在这段代码中，定义了变量a，值为1；定义了变量b，值为2；定义了变量c，值为3。在赋值语句a = b = c中，由于结合性是从右往左，故先将c的值赋值给变量b，再将变量b的值赋值给变量a，最终变量a、b、c的值都为3。

如果赋值运算是左结合，变量a与b的值分别为多少？Python解释器会先将变量b的值赋值给变量a，再将变量c的值赋值给变量b，最终变量a的值为2，变量b的值为3。

在实际开发中，无须记住这些运算符的优先级，可以通过()来强制优先级，即用()括住时优先级是最高的。继续以表达式1+2*3-4为例，由于乘法的优先级最高，所以会优先计算2*3，我们将1+2用()括起来，以优先计算1+2，表达式变为(1+2)*3-4，表达式的最终结果为5。

4.2.3 技术总结

本节主要包含以下6个重要的知识点。
① 只对变量进行定义是毫无意义的，还得让变量中的值参与运算。
② Python中的6类运算符：赋值运算符、算术运算符、关系运算符、逻辑运算符、成员运算符和标识运算符。
③ 使用变量前必须先定义。
④ 所谓的短路逻辑即在进行逻辑运算时，一旦符合短路逻辑条件，就立即停止表达式后面的逻辑运算。
⑤ Python中运算符的结合性分为两种：左结合和右结合。除了赋值运算是右结合以外，其他的都为左结合。
⑥ 使用()来强制优先级。

4.2.4 课后习题

（1）初始化一个浮点型变量，然后将整型值赋给这个变量。
（2）定义一个整型变量，值初始化为1；定义一个字符串变量，值初始化为2。在交互模式中比较它们的大小，查看系统的输出信息。如果出错，尝试用其他方法进行解决。
（3）以优先级和结合性的角度来描述算术表达式1*3-2/5+3的计算过程。
（4）谈谈你对逻辑运算中短路逻辑的理解。
（5）为什么在编程语言中，需要规定运算符的优先级和结合性？
（6）为什么使用变量前必须先定义？

（7）任何复杂的运算都是对各类基本的运算进行组合，请尝试用关系运算、算术运算、逻辑运算等组合成一个复杂的表达式，并描述其计算过程。

（8）水仙花数是指一个三位数，它每一位数字的3次幂之和等于它本身。请用已学的知识，描述判断一个三位数是否为水仙花数的算法过程。

4.3 浅析数据结构

在生活中细心观察，会发现许多事物都具有结构性的特征。图4-6所示为一棵树的外部结构。所谓结构，简言之即组成部分，图4-6中的树是由树根、树干、树枝、树叶所组成的。人体有自身的结构，一台计算机有自身的结构，数据当然也有自身的结构。只要读者留心观察，会发现结构是无处不在的。

图4-6

4.3.1 认识数据结构

数据结构在计算机编程中是一门既基础又重要的课程，读者务必在以后的进阶学习中继续深入地学习这门课程。现在来看一下数据结构的定义：数据结构是指数据成员相互之间存在一种或多种特定关系的数据元素的集合。概念乍看起来很复杂，下面对其进行分解。

（1）数据结构是数据元素的集合，可以把数据结构看成容纳数据对象的容器。
（2）在这个数据集合或容器中，数据元素相互之间存在一种或多种特定的关系。
（3）数据元素之间的关系主要是线性的和非线性的关系。

> 📝 笔者有话说
> 对复杂的概念进行分解，这是一种很有效的学习方法。

- **线性关系的结构**

观察图4-7和图4-8所示的结构示意图，它们都是线性结构，这也是逻辑上的线性结构。两图的区别在于前者在逻辑上是连续的一条线，在计算机地址空间中对应的是一块连续的内存；后者在逻辑上也是一条线，但在计算机中却不是连续存储的，圆形节点对应的是计算机中的一块内存，箭头对应的是下一个内存块的地址，内存块之间以内存地址进行逻辑上的连接。

图4-7

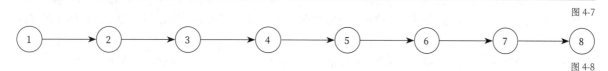

图4-8

所谓逻辑上的连接，意指并不存在物理的连接媒介。它与物理连接有本质上的区别，物理连接是实打实的点对点的连接，通俗地说就是看得见、摸得着的。如网线通过网口与计算机连接，就是物理上的连接。

因此，图4-7所示的结构为计算机中的顺序存储结构，图4-8所示的结构为链式存储结构，两者都是线性结构，区别为前者在计算机内存空间中是连续顺序存储的，读者可以把它理解为内存块是连续的。

1	2	3	4	5	6	7	8	9

而链式存储就是内存地址不连续的线性存储，每个节点分为两部分，除了数据部分，还有下一个节点的地址。对于初学者来说，这些概念可能会有点难以理解，这涉及数据结构这门课程的知识，初学者只需要在脑海中想象出这种线性的逻辑关系即可。

- **非线性关系的结构**

非线性结构就是指这种数据结构在逻辑上不是一条直线，它是曲的、折的或分叉的。图4-9所示的结构是非线性结构的一种，它看起来是不是很像一棵树？

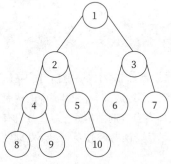

图 4-9

其实这就是棵树，只不过是棵倒长的树。这种树形的结构在数据结构中叫二叉树。所谓的二叉，就是每个节点最多有两个子节点，如编号为1的节点的子节点是2和3，编号为3的节点的子节点是6和7，编号为5的节点只有10这一个子节点。当然，更有三叉树、多叉树等，都是一样的原理。

还有比树结构更复杂的非线性结构，这里不再讲述，读者如有兴趣，可以自行学习数据结构这门课程。

4.3.2 为什么需要学习数据结构

程序员在计算机中编程，编程的核心就是处理数据。在处理数据的过程中，要想更优、更快地进行数据处理，就需要了解数据结构。在数据结构的基础上设计出相应的算法，可以加快数据的处理过程。

这里举一个数据结构中经典的折半查找的例子：在顺序存储结构中，可以预先对数据集合中的数据进行排序，以加快数据的查找过程。对于下列数据集合，在排序前，如果要找到5这个值，那么要从61开始，一个一个地遍历向下查找，要找9次。

| 61 | 1 | 11 | 22 | 35 | 26 | 6 | 33 | 5 |

先对它进行升序排序。

| 1 | 5 | 6 | 11 | 22 | 26 | 33 | 35 | 61 |

此时的数据是有序的，我们从中间位置处开始查找，中间位置的值为22，22大于5，因为此时的数据是升序排列的，那么中间位置后面的数据就无须再查，只需查找中间位置前面的数据，如此不断重复这一过程，这样就加快了数据的查找。

读者可以继续发挥想象力，思考一下如果此时的数据集合中有100万条数据，查找速度如何？

4.3.3 Python 中的基本数据结构

Python中常用的数据结构类型有列表list、元组tuple、字典dict和集合set。这些都是Python内置的基本数据结构，程序员可以使用这些数据结构类型来定义变量。后续的章节会对Python内置的基本数据结构做单独讲解。

前面所说的数据结构——线性结构和非线性结构，指的是这些数据结构类型的底层实现方式。这里将数据结构作为独立的一节来介绍，目的是先让初学者对数据结构这门课程有个感性的认识。读者在以后的进阶学习中，会深入学习Python数据结构类型的底层实现，届时需要结合数据结构的知识来加以理解。

4.3.4 技术总结

本节主要包含以下4个重要的知识点。
① 数据结构是指数据成员相互之间存在一种或多种特定关系的数据元素的集合。
② 学会对复杂的概念进行分解。
③ 数据结构的逻辑结构：线性结构和非线性结构。
④ 数据在计算机内存中的存储方式：顺序存储、链式存储。

4.3.5 课后习题

（1）举几个生活中具有结构性特征的例子，并描述它们的组成结构。
（2）什么是数据结构？程序员为什么要学习数据结构？
（3）请用文字描述折半查找算法的查找过程。

4.4 初识 ADT 与面向对象

Python是一门完全面向对象的编程语言，在理解面向对象的基本概念之前，需要先理解ADT。ADT即所谓的抽象数据类型。

4.4.1 ADT

ADT是Abstract Data Type的英文缩写，翻译成中文，即抽象数据类型。在计算机系统中，对某一个概念进行抽象，指的是对包含某一共性的事物进行逻辑上的定义和概括。所谓抽象数据类型，是对数据类型进行抽象，读者可以从以下3个方面来理解。
（1）定义了一种数据对象，这个数据对象是包含特定数据类型的集合。
（2）定义了数据元素之间的关系。
（3）定义了对数据元素的操作方法。
例如，Python中的字符串就是一种抽象数据类型，可以把字符串看作包含各类Unicode字符的集合，集合中的字符是一种线性的关系，通过字符串ADT提供的方法，可以对字符串进行操作。

实例代码

```
string = "人生苦短，Python 是岸"
character = string[0]
position = string.find("Python")
```

这段代码中定义了字符串变量string，可以通过Python字符串类型提供的[]方法来访问字符串中的字符，通过find()方法来查找子串的位置。

4.4.2 面向对象

Python是一门面向对象的语言。不少初学者往往被面向对象这一逻辑概念搞得晕头转向，概因其理论过于抽象。

在搞懂什么是面向对象之前，我们先来回顾ADT，其定义包含的主要内容有"定义了一种数据类型，定义了对数据元素的操作方法"。

面向对象是ADT理论的一种实践方法，通过ADT的定义，可以很容易地理解什么是面向对象。

（1）ADT定义了一种抽象数据类型，在面向对象中，定义了一种叫作"类"的抽象数据类型。

（2）ADT定义了对数据元素的操作方法，面向对象中的"类"定义了对对象的操作方法。

因此，面向对象中的"类"是对对象的抽象，那么什么是抽象？

抽象即概括和归类，这里以猫和狗来举例。猫和狗本不是一家，但如果对它们进行归类，则它们都是动物。动物就是对猫和狗的抽象，而猫和狗就是"动物"这一类别的具体的对象。如果对狗进行抽象呢？那么很显然，阿拉斯加、柯基和萨摩耶就是"狗"这一类别的具体的对象。对猫进行抽象亦是同样的道理。

在Python中，一切皆对象，字符串是对象，函数也是对象，后面即将登场的列表、元组、字典和集合等也是对象。

> **笔者有话说**
>
> 本节以ADT为引，逐步引领读者对面向对象产生感性的认识，学习编程需要循序渐进，在后续的章节中会继续对面向对象进行详细讲解。

4.4.3 技术总结

本节主要包含以下4个重要的知识点。

① ADT即抽象数据类型。

② 所谓的抽象数据类型，是对数据类型进行抽象。

③ 面向对象中定义了一种叫作"类"的抽象数据类型。

④ Python是一门面向对象的语言，在Python中一切皆对象。

4.4.4 课后习题

简单描述你对面向对象的理解。

4.5 程序实战：KO 街霸

本节使用童年游戏"街霸"来进行程序实战训练。

4.5.1 预备知识

在进行代码编写之前，需要读者理清需要用到的知识。

扫码看视频

- **随机数**

  在写出本节的程序前，需要先了解什么是随机数。随机指的是一种不确定性，很多人都玩过骰子，摇完骰子后出现的点数就是一种随机数。我们在摇骰子的过程中是无法确定出现的点数的，但是可以用概率来进行度量，骰子一共有6个面，每个面上的点数出现的概率是一样的，也就是1/6。

  在 Python 中，使用内置模块 random 来获取和生成随机数。在使用模块之前，要先导入模块到当前环境，在Python中直接使用"import 模块名"的语法来导入模块，如导入random模块，使用import random即可。

- **sleep() 函数**

  sleep()函数用来挂起当前程序的运行，给sleep()函数传递特定的秒数（秒数可以为浮点型），表示让当前程序休眠特定的时间。本程序实战用sleep()函数来模拟倒计时效果。sleep()函数是在time模块中定义的，所以使用sleep()函数时需要先导入time模块。

- **列表**

  4.3节已对数据结构进行了浅显的介绍，同时也提到了Python中的基本数据结构有列表、元组、字典和集合。本节使用列表来进行程序的编写。

  列表是一种复合数据结构类型。Python中数据结构类型的定义方法有对象定义法和直接定义法。对象定义法使用"类型名()"的语法来进行定义，直接定义法使用类型名的别名符号来进行定义。具体例子见代码实例。表4-3所示为列表类型名与类型别名。

表 4-3 列表类型名与类型别名

数据结构类型	类型名	类型别名
列表	list	[]

- **列表的索引访问**

  在Python中可以对列表类型进行索引访问。索引值必须为整型数字，索引从0开始，负数索引表示从末尾开始数起，例如，-1表示访问倒数第1个，-2表示倒数第二个；索引值必须小于列表长度，否则会抛出访问越界异常。

实例代码

```
# 使用直接定义法定义一个有值列表
numbers = [1,2,3,4]
# 可以对列表的元素进行索引访问，索引从 0 开始
numbers[0]
```

这段代码定义了一个列表变量numbers，numbers一共有4个元素，正索引分别为0、1、2、3，0索引对应的是元素1，1索引对应的是元素2，以此类推。也可以通过负数索引来进行访问，负数索引以-1作为起始，表示从末尾开始数起，如-1对应的是元素4，-2对应的是元素3。

关于更多与列表相关的知识，会在后续的章节中进行介绍，读者在本程序实战中只需掌握列表的索引访问即可。

- **使用 in 操作符判断元素是否在列表内**

  可以直接使用in操作符来判断元素是否在列表内，返回值为布尔型。

实例代码

```
# 使用直接定义法来定义一个有值列表
numbers = [1,2,3,4]
if 1 in numbers:
        print("1 在列表 numbers 中 ")
else:
        print("1 不在列表 numbers 中 ")
```

4.5.2 KO 街霸

请读者按照以下步骤来进行程序的编写与运行。

01 在D盘的python-learning目录中创建 chapter4目录，在chapter4目录中创建ko_street_fighter.py 文件，并输入以下代码，模拟春丽如何使用中国古拳法挑战街霸维加。

```python
# __author__ = " 薯条老师 "

# 导入 random 模块，执行 random 模块中的 choice() 方法来随机获取列表中的元素
import random
# 导入定时器，本程序使用定时器来实现倒计时效果
import time
'''
STRATEGIES 使用直接定义法来定义一个列表，保存系统随机出的格斗策略
'''
STRATEGIES = [" 原地蹲防 "," 失误 "," 暴血连段 "," 失误 "," 伤害修正 "," 鬼步 "," 失误 "," 波升 "," 回血 "," 必杀 "]
chunli_kungfu = [" 气功拳 "," 旋转踢 "," 百裂脚 "," 霸山天升脚 "]

def fight():
    # 定义整型变量 fighter，用来保存街霸的血量
    fighter = 100
    # 定义整型变量 chunli，用来保存春丽的血量
    chunli = 100

    # 对战倒计时
    print("3")
    time.sleep(1)
    print("2")
    time.sleep(1)
    print("1")
    time.sleep(0.2)
    print("Fight!")
```

```python
# 执行 while 循环，不断重复执行下面的代码
while True:
    # 街霸或春丽其中一人血量为 0 时就退出战斗
    if fighter <= 0 or chunli <= 0:
        break
    # 执行 input() 函数获得键盘的输入内容
    kungfu = input("\n#-- 输入以下数字指令来挑战街霸维加 :\n<0> 气功拳 <1> 旋转踢 <2> 百裂脚 <3> 霸山天升脚 \n")
    # 将输入的字符串类型转换为整型，在输入时必须输入有效的数字，否则会抛出异常
    # 对于异常的处理，会在后续的章节中进行介绍
    kungfu = int(kungfu)
    # 定义布尔型变量 is_valid_attack 用来判断春丽是否采取了有效攻击
    is_valid_attack = True
    # 如果用户输入的值在 0 到 4 之间，说明输入了正确的攻击指令
    if kungfu in[0,1,2,3]:
        print(" 你对街霸使出了 {}".format(chunli_kungfu[kungfu]))
    else:
        # 否则表示输入的指令错误，攻击无效
        is_valid_attack = False
        print(" 春丽，这是在战斗，请输入正确的战斗指令！ ")
    # 使用 random 模块中的 choice() 函数来随机选择列表里的值
    strategy = random.choice(STRATEGIES)
    if strategy == "失误":
        print(" 街霸在对战中反击失误 !")
    else:
        print(" 街霸在对战中对你使用了 {}".format(strategy))
    time.sleep(2)
    # 使用 in 运算符来查找 STRATEGIES 是否在列表中
    if strategy in [" 原地蹲防 ", " 回血 ", " 鬼步 "]:
        if strategy == " 回血 " and fighter < 100:
            fighter += 5
    elif strategy == " 失误 " and is_valid_attack:
        fighter -= 10
    elif strategy == " 伤害修正 ":
        fighter -= 5
    elif strategy == " 必杀 ":
        chunli -= 20
    else:
        chunli -= 10
    time.sleep(2)
    print("\n-*- 春丽现在的血量 :{0} 维加现在的血量 :{1} -*-".format(chunli, fighter))
```

```
    if chunli <= 0:
        print(" 春丽，你战败了！ ")
    else:
        print(" 维加，我今天终于把你打败，父亲泉下有知，可以瞑目了！ ")

if __name__ == "__main__":
    fight()
```

02 进入Windows命令行，切换到D盘python-learning下的chapter4目录，执行python ko_street_fighter.py，开始运行当前程序，如图4-10所示。

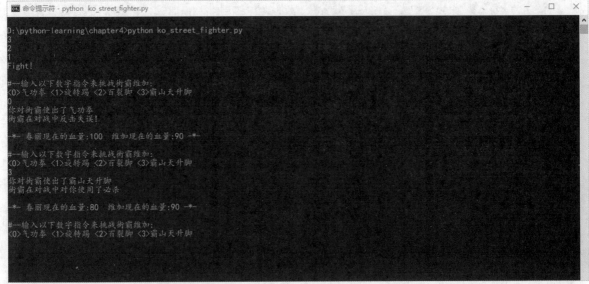

图 4-10

第 5 章

教学视频 12 个 23 分钟

Python 中的字符串

- Python 中的字符串
  - 字符串类型：str
    - 什么是字符串
    - 字符的编码
    - 字符串的默认编码
    - 字符串的编码与解码
  - 常用操作符
    - + 操作符：拼接字符串
    - * 操作符：字符串的乘法
    - [] 操作符：索引访问
    - [:] 操作符：字符串切片
    - in 操作符：查找子串
    - % 操作符：字符串格式化
  - 常用操作函数
    - 获取字符串长度：len
    - 字符串的大小写操作：lower、upper
    - 删除空白字符：strip
    - 查找子串：find
    - 子串统计：count
    - 子串替换：replace
    - 字符串拆分：split
    - 字符串的前缀与后缀：startswith、endswith
  - 字符串格式化
    - % 操作符
    - format() 函数

5.1 快速理清字符串

字符串，顾名思义，就是一串字符，在浏览器或书本中看到的数字、字母、文字，以及键盘上的@、#、$等符号都是字符。在Python中用英文的单引号'或双引号"把一串字符括起来就是一个字符串。

在Python中，字符串类型是一种顺序存储的序列结构，序列结构在计算机中对应的是一段连续的内存。例如，字符串"python"在内存中的存储结构如下，即为一段连续的内存，其中每个格子代表一个内存块，内存块中存储的是字符对应的数字编码，?表示后续的内存块存储的是未知的数据。

| p | y | t | h | o | n | ? | ? | ? |

通过Python中的内置函数ord()，可以查看对应字符的数字编码。进入交互模式，通过ord()函数来分别获取字符串"python"各组成字符的数字编码，如图5-1所示。在得到字符的数字编码以后，可以通过chr()函数将数字编码转换为对应的字符，如图5-2所示。

图 5-1

图 5-2

5.1.1 字符编码简介

在计算机中，每一个字符都有它特定的编码。所谓的编码是指用特定的数字编码表示字符。举个简单的例子：用1代表字符a，用2代表字符b。同样，也可以用其他的数字来表示字符a和字符b，不同的表示方法即代表着不同的编码方法。

最早的字符编码为ASCII码，这种编码使用一个字节来表示一个字符，是单字节编码。一个字节能表示的范围是0～255，也就是说单字节编码最多只能表示256个字符。

> **编程小知识**
> 1字节等于8bit，这里的bit中文名为位，在计算机中用二进制数来表示每一位。二进制以2为基数，一个字节最多能表示2^8-1大小的数据，两个字节则为$2^{16}-1$，以此类推。

读者可以想象一下，常用汉字有几千个，所以这种ASCII码是无法表示汉字等其他字符的。为了满足需要，又出现了多字节编码。注意，GBK编码用两个字节来表示一个汉字。

5.1.2 常用的字符编码

本节介绍4种常用的字符编码集，读者可以了解一下。

- **ASCII**

  ASCII码是一种使用7个或8个二进制位进行字符编码的方案，最多可以包含256个字符。基本的 ASCII 字符集共有128个字符，其中有96个可打印字符，包括常用的字母、数字、标点符号等，还有32个控制字符，如图5-3所示。

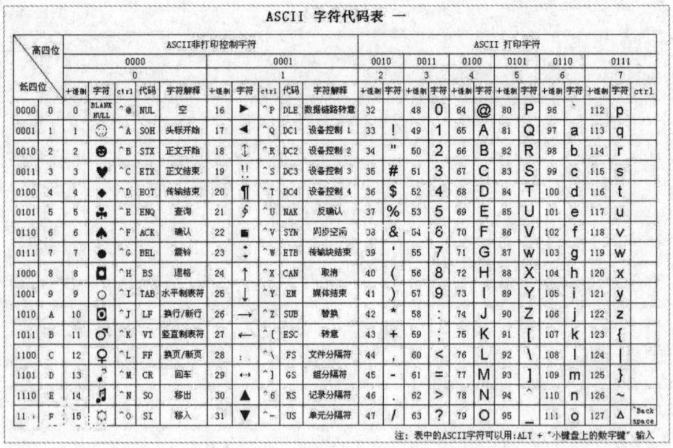

图 5-3

- **Unicode**

    Unicode 是为了解决传统字符编码方案的局限性而产生的，它为每种语言中的每个字符设定了统一并且唯一的二进制编码，编号范围为0x000000~0x10FFFF。Unicode编码的形式为在数字码（十六进制）前面加上"U+"，例如"爱"的Unicode编码是U+7231。

- **UTF-8**

    UTF-8是一种针对Unicode的可变长度字符编码，不同于Unicode编码采用固定长度的字节数来表示字符，UTF-8使用的字节数是可变的。例如，ASCII字符在UTF-8编码中仍使用一个字节来进行编码，对于汉字等字符使用的是3个字节来进行编码。

- **GBK**

    GBK编码是汉字编码字符集，采用的是单双字节变长编码，英文字符使用单字节编码，完全兼容ASCII码，汉字采用双字节编码。

5.1.3 Python 字符串的默认编码

在Python中，字符的默认编码是Unicode，也就是说Python中的字符串是Unicode字符串。通过字符串类型的encode()方法，可以获取字符串以特定编码方式编码后的字节码。在交互模式中进行图5-4所示的操作。

图 5-4

以上定义了字符串变量name，值为汉字字符"我"，在encode()方法中分别传递了以下4类编码参数。

（1）传递"unicode-escape"，获取字符串的Unicode字节码。

（2）传递"utf-8"，获取字符串的UTF-8字节码。

（3）传递"gb2312"，获取字符串的GB2312字节码。

（4）传递"gbk"，获取字符串的GBK编码。

> **编程小知识**
>
> encode()方法输出的字节编码是十六进制形式的，十六进制在数学中是一种逢16进1的进位制。一般用数字0~9和字母A~F（或a~f）表示，其中，A~F表示10~15。

读者可以继续尝试输入其他的编码方式，查看系统输出什么样的信息。

最后一行代码通过执行type(name.encode("gbk"))可以知道encode()的输出是bytes类型，感兴趣的读者可以在交互模式中输入help("bytes")来查看bytes类型的定义和使用方法。

5.1.4 字符串的编码与解码

扫码看视频

前面学习了字符编码,字符编码是指用特定的数字来对字符进行表示。那么,如何对编码后的字符进行解码?

解码就是将相应的数字编码转换为对应的字符。Python中的bytes数据类型提供了一个decode()方法来对编码后的字节进行解码。在交互模式中输入图5-5所示的代码。

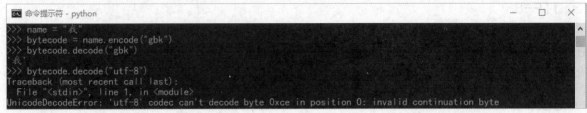

图5-5

以上定义了字符串变量name,值为汉字字符"我",在交互模式中可以进行以下几步操作。

01 执行字符串类型的encode()方法,获取字符串变量name的GBK字节码,然后将GBK字节码赋值给变量bytecode。

02 对bytes类型变量bytecode使用decode()方法来解码,传递的编码参数是"gbk",此时能正常解码,输出为汉字"我"。

03 对bytes类型变量bytecode使用decode()方法来进行解码,传递的编码参数是"utf-8",此时系统抛出了错误信息,提示UTF-8编/解码器不能正常解码。

在分析这个错误之前,先来总结一下正确的编/解码过程。

01 使用enocde()方法来获取Unicode字符的字节码,它的输出是bytes类型。

02 执行bytes类型的decode()方法将bytes类型转换为Unicode字符。

03 encode()方法与decode()方法的编码方式必须一一对应。

在交互模式中,最后一行代码之所以报错,是因为编码方式UTF-8不能兼容GBK,导致编/解码器不能正确解码。

5.1.5 转义字符

转义字符就是由反斜杠符"\"和数字或字母等字符构成的特殊字符。通常在编程语言中使用转义字符来表示字符集中定义的字符,例如ASCII字符集中的控制字符及回车换行等字符。表5-1所示为常见的转义字符。

表5-1 常见转义字符

转义字符	意义	ASCII 码值(十进制)
\a	响铃 (BEL)	007
\b	退格 (BS),将当前位置移到前一列	008
\f	换页 (FF),将当前位置移到下页开头	012
\n	换行 (LF),将当前位置移到下一行开头	010
\r	回车 (CR),将当前位置移到本行开头	013
\t	水平制表 (HT)(跳到下一个 Tab 位置)	009
\v	垂直制表 (VT)	011
\\	代表一个反斜线字符	092
\'	代表一个单引号(撇号)字符	039
\"	代表一个双引号字符	034
\?	代表一个问号	063
\0	空字符	000

转义字符还有一个重要的用途——避免产生歧义。例如，定义了一个字符串变量，在Python中字符串是用单引号或双引号括起来的，如果想要在字符串中包含引号，该怎么表示呢？

这时可以通过转义字符来表示，例如，"\""表示的就是一个包含英文双引号的字符串。如果没有转义字符，系统无法识别用户究竟定义的是一个包含引号的字符串，还是一个三引号。使用转义字符可以实现许多有用的特性。

使用换行符输出多行

```
# 在定义的字符串中加入换行符
greeting = "hello\nworld"
print(greeting)
```

输出结果

```
hello
world
```

使用退格符实现输入的退格效果

```
# 在定义的字符串中加入退格符
value = input(" 请输入您的姓名 :___\b\b\b")
```

输出结果如图5-6所示。

图 5-6

在特定的应用场景下，需要禁止对字符进行转义，在字符串前加上r前缀可以实现这样的功能。

实例代码

```
string = "\""         # string 中包含转义字符
print(string)         # 输出的值为 "

string = r"\""        # 在字符串前加上 r 前缀，防止字符转义
print(string)         # 输出的值为 \"
```

输出结果

```
"
\"
```

实例代码

```
dir_path = "d:\nosqls\redis"
print(dir_path)
```

输出结果

```
d:
ediss
```

实例代码

```
dir_path = r"d:\nosqls\redis"
print(dir_path)
```

输出结果

```
d:\nosqls\redis
```

5.1.6 技术总结

本节主要包含以下10个重要的知识点。

① 字符串就是一串字符。
② 字符串是一种顺序存储的序列结构。
③ 使用ord()函数可查看字符的数字编码，使用chr()函数可将数字编码转换为对应的字符。
④ 编码是指用特定的数字码来对字符进行表示。
⑤ 最早的字符编码为ASCII码，这种编码使用一个字节来表示一个字符。
⑥ 常用的编码字符集：ASCII、Unicode、UTF-8、GBK。
⑦ Python中的字符串默认编码为Unicode。
⑧ 在Python中通过Unicode字符串的encode()方法来获取字节编码，通过bytes类型的decode()方法对字节码进行解码。
⑨ 转义字符有一个很重要的用途：避免产生歧义。
⑩ 在字符串前加上r前缀，可以防止Python对字符进行转义。

5.1.7 课后习题

（1）获取汉字"爱"的数字编码，并将数字编码转回对应的字符。
（2）为什么需要制定编码字符集？
（3）在交互模式中定义一个字符串变量，并分别获取它的Unicode编码、UTF-8编码和GBK编码。
（4）在Python中如何将一个GBK编码的字节码转为UTF-8编码？请写出你的编/解码过程。
（5）在什么情况下，解码时会出现乱码？
（6）定义一个包含单引号、双引号、反斜杠字符的字符串。
（7）定义一个字符串，如果想在字符串中输出制表符该怎么做？

5.2 字符串常用操作符

本节主要介绍字符串类型常用的操作符，如表5-2所示。

表5-2 字符串常用操作符

字符串操作符	描述
+	对字符串进行拼接
*	重复输出字符串

续表

字符串操作符	描述
[]	按索引访问字符串中的字符
[:]	对字符串进行切片
in	字符串成员操作符，判断子串是否包含于主串中
not in	字符串成员操作符，判断子串是否不包含于主串中
%	对字符串进行格式化

5.2.1 + 操作符：拼接字符串

"+"操作符用来实现字符串的拼接功能。操作语法：字符串1 + 字符串2。

实例代码

```
a = "hello"      # 定义字符串变量 a，值为 "hello"
b = "world"      # 定义字符串变量 b，值为 "world"
c = a + b        # 将 a 与 b 进行拼接，然后赋值给变量 c，c 的值为 "hello world"
print(c)
```

输出结果

```
helloworld
```

5.2.2 * 操作符：字符串的乘法运算

"*"操作符用来对字符串进行重复输出，操作语法：字符串 * 整型数。

实例代码

```
# 定义字符串变量 a
a = "a"
a = a * 3
print(a)
```

输出结果

```
aaa
```

5.2.3 [] 操作符：索引访问

使用 [] 操作符可以对字符串进行索引访问，操作语法为[索引值]，索引值必须为整型数。正索引从0开始，负索引表示从末尾开始数起，例如，-1表示访问倒数第1个，-2表示倒数第2个。正索引必须小于字符串长度，否则会抛出访问越界异常。

在下列字符串中，P的索引值是0，y的索引值是1，t的索引值是2，以此类推。下面来看看字符串索引访问的代码。

P	y	t	h	o	n

实例代码

```
# 1. 定义字符串变量 a，值为 "Python"
a = "Python"

# 2. 访问字符串中的第一个字符，b 的值为 'p'
b = a[0]

# 3. 访问字符串中的第三个字符，c 的值为 't'
c = a[2]

# 4. 访问字符串的倒数第一个字符，d 的值为 'n'
d = a[-1]

# 5. 访问越界，引发异常
e = a[12]
```

5.2.4 [:] 操作符：切片字符串

使用切片操作符[:]可对字符串进行切片操作，":"前后传递索引值。所谓的切片就是将前索引与后索引之间的内容截断，索引区间遵循左闭右开原则。操作语法如下。

（1）[前索引值:后索引值]，如[0:2]，表示截取索引0到索引2（不包括索引2）之间的值。
（2）前索引的值可不填，即[:后索引]，此时前索引的值等于0。
（3）后索引的值可不填，即[前索引:]，此时后索引的值等于字符串的长度。
（4）前后索引的值同时不填，即[:]，此时前索引的值等于0，后索引的值等于字符串的长度。

实例代码

```
a = "Python"      # 定义字符串变量 a，值为 "Python"
b = a[0:1]        # 截取索引 0 到索引 1 之间的字符，值为 'P'
c = a[0:3]        # 截取索引 0 到索引 3 之间的所有字符，值为 'Pyt'
d = a[0:-1]       # 截取索引 0 到倒数第一个之间的所有字符，值为 'Pytho'
e = a[:]          # 即相当于 [0:6]，即截取索引 0 到索引 6 之间的所有字符，值为 'Python'
```

5.2.5 in 操作符：查找子串

使用in成员操作符可判断子串是否存在于主串内，若存在，则返回值为布尔型True，否则返回False。not in与in相反，即判断子串是否不在主串内，返回的结果为布尔型。

实例代码

```
a = "python"              # 定义字符串变量 a，值为 "python"
b = "py"                  # 定义字符串变量 b，值为 "py"
```

```
c = "q"                        # 定义字符串变量 c，值为 "q"
result = b in a                # 字符串 "py" 存在于字符串 "python" 内，返回值为 True
result = c not in a            # 字符串 "q" 不存在于字符串 "python" 内，返回值为 True
```

5.2.6 % 操作符：格式化字符串

使用格式化操作符%可对字符串进行格式化。关于字符串的格式化，将在5.4节中进行专门讲解。

5.2.7 技术总结

本节主要包含以下3个重要的知识点。

① 索引从0开始，负数索引表示从末尾开始数起。
② 索引值必须在有效范围内，否则会抛出访问越界异常。
③ 切片就是将前索引与后索引之间的内容截断，索引区间遵循左闭右开原则。

5.2.8 课后习题

（1）定义3个字符串变量，然后对它们进行拼接。
（2）定义一个长度为10的字符串变量，然后将它的前3个字符与末尾3个字符进行拼接。
（3）定义一个长度为11的字符串变量，然后将中间的3个字符重复输出3次。
（4）查找相关资料，找到获取字符串长度的方法。
（5）在对字符串进行索引访问时，从内存的角度来分析，索引越界访问时可能会出现什么问题？

5.3 字符串常用操作函数

本节主要介绍字符串的常用操作函数，使用这些函数可以对字符串进行一系列操作。

扫码看视频

5.3.1 获取字符串的长度

len(str)函数主要用于返回字符串str的长度。

实例代码

```
string = "hello world"
length = len(string)           # length 的值为 11
```

 编程小知识

后续章节中的"."符号是成员操作符，表示该数据类型的成员。例如，str.lower()表示字符串类型中的lower()方法。

5.3.2 字符串的大小写操作

str.lower()函数用于返回字符串的小写形式，大小写仅限于英文字符。
str.upper()函数用于返回字符串的大写形式，大小写仅限于英文字符。
str.islower()函数用于判断字符串是否为小写，返回值为布尔型。
str.isupper()函数用于判断字符串是否为大写，返回值为布尔型。

实例代码

```
a = "Python"              # 定义字符串变量 a，指向的值为 "Python"
b = a.lower()             # 返回字符串 a 的小写形式，变量 b 指向的值为 "python"
c = a.upper()             # 返回字符串 a 的大写形式，c 的值为 "PYTHON"
result = a.islower()      # 返回值为 False，字符串 a 中包含大写的字母
result = b.islower()      # 返回值为 True，字符串 b 中包含的字母全为小写
result = c.islower()      # 返回值为 False，字符串 c 中包含的英文字母全为大写
```

5.3.3 删除字符串中的空白字符

str.strip()函数用于删除字符串首尾的空白字符。
str.lstrip()函数用于删除字符串首部的空白字符，这里的l对应的是英文单词left。
str.rstrip()函数用于删除字符串尾部的空白字符，这里的r对应的是英文单词right。

实例代码

```
a = " hello world "
b = a.strip()             # 此时 b 的值为 "hello world"
b = a.lstrip()            # 此时 b 的值为 "hello world "
b = a.rstrip()            # 此时 b 的值为 " hello world"
```

5.3.4 字符串的查找

find()函数用于从左到右查找子串第一次出现的位置，如果查找成功，则返回子串在主串中的索引，否则返回值为-1。

rfind()函数用于从右到左查找子串第一次出现的位置，如果查找成功，则返回子串在主串中的索引，否则返回值为-1。

实例代码

```
a = " 我想要学 Python，好好学下 Python"
position = a.find("Python")     # position 的值为 4
position = a.rfind("Python")    # position 的值为 15
position = a.find("c++")        # position 的值为 -1
```

> **编程小知识**
> 这里的索引值同字符串索引访问中的索引值，索引值从0开始数起。

5.3.5 字符串的字符统计

str.count(sub_str)函数用于统计子串的数量,若没有相应的子串,则返回0。

实例代码

```
a = " 我喜欢 Python, 可是不知道该怎么学 Python"
how_many_Pythons = a.count("Python")
# 在字符串变量 a 中统计子串 Python 的数量
# how_many_Pythons 的值为 2

how_many_b = a.count("b")
# how_many_b 的值为 0
```

5.3.6 字符串的子串替换

str.replace(sub_str, dst_str) 函数将字符串中的子串替换为其他的字符串,sub_str代表要替换的子字符串,dst_str代表替换后的字符串。

实例代码

```
a = " 我喜欢 Python, 可是不知道该怎么学 Python"
# 将变量 a 中的 Python 替换为 C++
b = a.replace("Python", "C++")
# 此时 b 的输出为 " 我喜欢 C++, 可是不知道该怎么学 C++"
```

5.3.7 字符串的拆分

str.split(sep=None, maxsplit=-1)函数使用 sep作为分隔字符串,返回由sep字符串分隔后的字符串列表。如果给出了 maxsplit,则最多进行 maxsplit 次拆分。如果 maxsplit 未指定或为-1,则不限制拆分次数。sep 参数可能由多个字符组成,如 '1@@2@@3'.split('@@')将返回 ['1', '2', '3']。

实例代码

```
a = "a$$b$$c"
b = a.split("$")      # b 的值为 ['a', '', 'b', '', 'c']
C = a.split("$$")     # b 的值为 ['a', 'b', 'c']
```

> **笔者有话说**
> 字符串类型执行split()函数后的输出类型为列表,读者可以在学完列表类型后,再返回理解这个split()函数。

5.3.8 字符串的前缀与后缀

str.startswith(prefix)函数用于判断字符串是否以prefix子串作为前缀,返回值为布尔型。
str.endswith(suffix)函数用于判断字符串是否以suffix子串作为后缀,返回值为布尔型。

实例代码

```
a = "hello world"
b = a.startswith("hello")      # 变量a以"hello"作为前缀，返回值为True
b = a.endswith("world")        # 变量a以"world"作为后缀，返回值为True
b = a.startswith("b")          # 变量a不以字符串"b"作为前缀，返回值为False
```

5.3.9 查看字符串方法的详细描述

打开交互模式，通过help()方法来查看字符串方法的详细描述，以str.endswith()方法为例，直接输入help("str.endswith")，可以获取关于endswith()方法的详细描述，如图5-7所示。

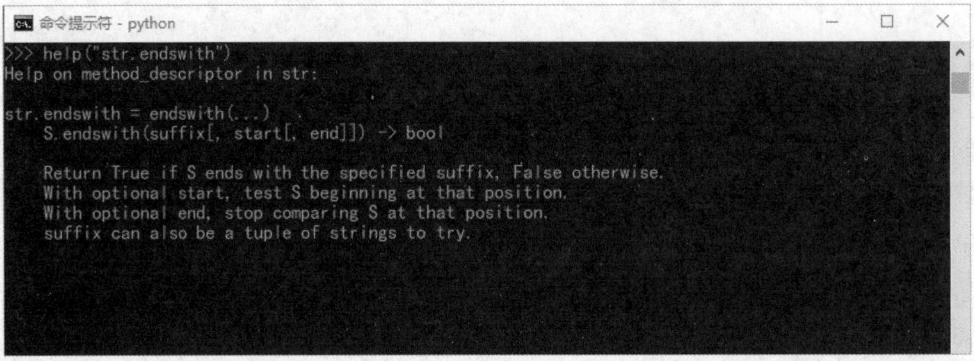

图 5-7

5.3.10 课后习题

（1）在交互模式中查看字符串常用函数的定义及用法。
（2）执行input()函数获取键盘的输入，并删除首尾的空白字符。
（3）定义一个字符串变量，判断其大小写情况。
（4）定义一个函数，使其具有与replace()函数相似的功能，函数带3个字符串类型参数，假设参数名分别为str1、str2、str3，在函数体中判断str2是否存在于str1中，如果存在就将str1中的str2替换成str3，只需替换一次，返回值为str1。
（5）定义一个函数，使其具有与count()函数相似的功能，函数带两个字符串类型参数，假设参数名分别为str1、str2，返回值为str2在str1中出现的次数。

5.4 字符串的格式化

什么是字符串的格式化？

举个例子，假设有一个字符串"{0}{1}{2}"，想让{0}位置处输出为整数，{1}位置处输出为字符串，{2}位置处输出为浮点数，则格式化后输出的字符串为"整数字符串浮点数"。这样以特定的格式对字符串进行输出，就是字符串格式化。

5.4.1 使用格式化符号进行格式化

表5-3所示为Python中常用的格式化符号。

表5-3 常用的格式化符号

字符串格式化符号	描述
%d	格式化为整数
%f	格式化为浮点数,可指定小数的精度
%s	格式化为字符串
%e	以科学记数法格式化为浮点数
%g	根据值的大小来采用 %e 或 %f 来进行格式化

> **笔者有话说**
>
> 如果想了解更多的格式化符号,可以查阅Python官方文档。本节内容的主要目的是引领读者入门,掌握核心概念和学习方法。读者在理解基本原理和基本操作之后可以进行进一步的学习。

在Python中使用%操作符配合格式化符号来对字符串进行格式化,格式化语法为:字符串 % (格式化内容,…)。字符串包含相应的格式化符号,括号里面的格式化内容与格式化符号一一对应。

实例代码

```
# 定义一个字符串,字符串中包含了格式化符号
string = " 我学习 %s 已经有 %d 天了 "
formatted_string = string % ("Python", 30)
# formatted_string 的值为 " 我学习 Python 已经有 30 天了 "

formatted_string = string % ("Python", 30.55)
'''
formatted_string 的值为 " 我学习 Python 已经有 30 天了 "
先将浮点数 30.55 转换为整型 30,再进行格式化输出
'''
```

这里定义了一个字符串变量,变量中包含了%s和%d格式化符号。格式化的内容须与格式化符号一一对应,例如,%s对应的是字符串"Python",%d对应的是整数30。

浮点数与整数相互间可以进行隐式数据类型转换,所以以上实例代码能正常运行。如果不能进行隐式转换,则必须进行显式的数据类型转换,否则会报错。

实例代码

```
# 定义一个字符串,字符串中包含了格式化符号
string = " 我学习 %s 已经有 %d 天了 "
formatted_string = string % ("Python", "30")
# 代码报错,字符串类型不能隐式转换为整型


formatted_string = string % ("Python", int("30"))
# 使用显式类型转换,代码能正确运行
```

- **对浮点数指定小数精度**

操作语法：%m.n f。这里的m指的是最小总宽度，总宽度包含小数点，如果格式化内容的宽度不足m位，则会在格式化输出中补空格。n指的是小数点后的位数，当小数点后的位数大于n时会进行四舍五入。

实例代码

```
string = "%9.2f"
# 定义了一个字符串，格式化为浮点数，总宽度至少为 9 位
# 格式化后的字符串，总宽度最少为 9 位，小数点后面最多 2 位

formatted_string = string % (123.456)
# 此时 formatted_string 的输出为 "   123.46"，进行了四舍五入
# 在 "   123.46" 中空格的宽度是 3，123.46 的宽度是 6，总宽度为 9
```

- **万能格式化符号：%s**

不同的数据类型在遇到格式化字符%s时会被统一格式化为字符串。

实例代码

```
string = "%s"
formatted_string = string % (True)      # formatted_string 为 "True"
formatted_string = string % (1)         # formatted_string 为 "1"
formatted_string = string % (1.0)       # formatted_string 为 "1.0"
```

5.4.2 使用 format() 函数进行格式化

format()函数主要通过位置占位符和关键词占位符对字符串进行格式化，这里仅介绍前者。在后续的章节中，在学习字典类型时会介绍通过关键词占位符对字符串进行格式化的方法。

语法形式：{格式化内容的位置索引}。

实例代码

```
string = " 我是学 {0} 呢还是学 {1}"
formatted_string = string.format("Python", "C++")
'''
在 format 中，"Python" 对应的位置索引是 0，C++ 对应的是 1
formatted_string 的输出为 " 我是学 Python 呢还是学 C++"
'''

string = " 我是学 {1} 呢还是学 {0}"
formatted_string = string.format("Python", "C++")
'''
此时 formatted_string 的输出为 " 我是学 C++ 呢还是学 Python"
'''
```

另外，格式化内容的位置索引可以为空，此时根据format中值的先后顺序进行格式化。

实例代码

```
string = " 我是学 {} 呢还是学 {}"
formatted_string = string.format("Python", "C++")
# 此时 formatted_string 的输出为 " 我是学 Python 呢还是学 C++"
```

5.4.3 技术总结

本节主要包含以下5个重要的知识点。

① 以特定的格式对字符串进行输出，就是字符串格式化。
② Python中常用的字符串格式化操作符为%。
③ 使用%m.n对浮点数指定小数的精度，m指的是最小总宽度，总宽度包含小数点；n指的是小数点后的位数，小数点后的位数大于n时会进行四舍五入。
④ 不同的数据类型在遇到格式化字符%s时会被统一格式化为字符串。
⑤ 使用format()函数对字符串进行格式化，主要有位置占位符和关键词占位符两种方式。

5.4.4 课后习题

（1）什么情况下需要进行字符串格式化？
（2）使用%操作符与format()函数进行字符串格式化的区别是什么？

5.5 程序实战：被嫉妒的春丽

扫码看视频

本实战的灵感来自于猜数字这种古老的密码破译类型的益智小游戏，一般由两个人或多个人玩。在电视节目中也经常能看到这类简单的猜数字游戏。参赛者报出自己猜的数字，主持人会回应大了还是小了，如果参赛者报的数字大了，那么在下一轮的猜数字环节中，会往较小的数字上去猜，反之会往较大的数字上去猜，直到猜中为止。

请读者按照以下步骤进行程序的编写与运行。

01 在D盘的python-learning目录中创建chapter5目录，然后在chapter5目录中创建 jealous_karin.py文件，并输入以下代码。

```
# -*- coding:utf-8 -*-

# __filename__ = " jealous_karin.py.py"
# __author__ = " 薯条老师 "
# __date__ = "2019-05-26"


import random        # 导入 random 模块，用来获取随机数
import time          # 导入 time 模块，用来进行倒计时的模拟
```

```python
# 定义 letters 变量，用来保存神月卡琳写给春丽的一封信
# 春丽只学过一天的 HTML
# 她只知道在 a 标签的 mailto 中可以写邮箱地址

letters = '''
给庶民春丽的一封信：

我的神月流格斗技无懈可击。

我是神月大家族的 karin，你上次与维加的街霸挑战赛，一切费用由我们神月集团赞助，
我们已经看到了你的不凡实力。维加在饮弹之前，向我们透露了你父亲的一个不为人知的秘密，
这个秘密事关你父亲的荣誉！
来吧，在街霸擂台挑战赛中将我打败！

破解系统中的密码，找到我信件中的邮箱地址，你才有资格在擂台上对本小姐进行挑战。
你只有十次机会破解密码，如果失败，我会将你父亲的秘密公告天下。

<address>
Written by <a href="mailto:street_fighter@karin****.com">karin</a>.<br>
Visit us at:<br>
Box 564, california<br>
USA
</address>
'''

# 定义 reply 变量，用来保存春丽给神月的回信
reply = '''
我已破解了系统的密码 :{0}，这是你信中的邮箱地址 :{1}。
如你所说，我是一个庶民，但高贵的你也只有靠口舌才能彰显你的高贵。
神月卡琳，我不会让已安睡的父亲再次承受不白之冤，
为了父亲的荣誉，我会在街霸挑战赛中将你打败！
'''

def main():
    '''
    :return:void
    '''

    # 使用 print() 函数来打印 letters 的内容，模拟打开信件的动作
    print(letters)
    time.sleep(2)

    # 使用 random 模块的 randint() 函数来获取 0～100 的一个随机数，作为系统密码
    the_correct_code = random.randint(0, 100)
```

```python
# 使用 time 模块中的 sleep() 函数来模拟倒计时效果
print("3")
time.sleep(1)
print("2")
time.sleep(1)
print("1")
print("-*-###  你好，庶民春丽，我们赐给你十次机会来破解密码！ ###-*-")

# 定义 count 变量来保存破解密码的次数
count = 0
while True:
    '''
    读者在输入时必须输入有效的数字，否则会抛出异常
    对于异常的处理，会在后续的章节中进行介绍
    '''
    # 定义 code 变量，用来保存春丽输入的数字密码
    code = input("* 请输入你的数字密码 :__\b\b")
    code = int(code)
    """
    破解系统密码，实质是对猜数字游戏进行了模拟
    """
    if code == the_correct_code:
        print(" 春丽，你成功地破解了数字密码！ ")
        # 执行 break 退出循环
        break
    elif code > the_correct_code:
        print(" 春丽，你输入的数字密码太大了 ")
    else:
        print(" 春丽，你输入的数字密码太小了 ")

    # 每破解一次密码，count 的值递增 1
    count += 1
    if count == 10:
        # 输入 10 次密码以后，还未猜中，则执行 break 退出循环
        break

if code == the_correct_code:
    # 计算字符串 mailto: 在 letters 中的起始索引
    mailto_index = letters.find('mailto:')
    # 计算信件中邮箱地址后面的 " 在 letters 中的位置索引
    quote_index = letters.find('"', mailto_index)
    # 对 letters 变量执行切片操作截取信件中的邮箱地址
    karin_mail = letters[mailto_index+len("mailto:"):quote_index]

    # 使用 format() 对春丽回信的内容进行格式化
```

```
            print(reply.format(code, karin_mail))
        else:
            print(" 可怜的春丽，我们已经将秘密公告天下，你的父亲将受世人唾弃！ ")

        time.sleep(3)

if __name__ == "__main__":
    main()
```

02 进入Windows命令行，切换到目录D:\python-learning\chapter5，执行python jealous_karin.py命令，输出结果如图5-8所示。

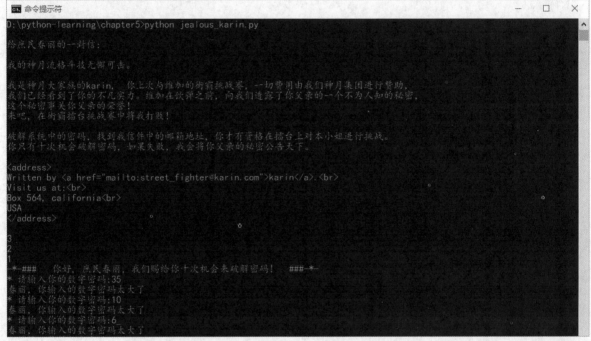

图 5-8

第 6 章

教学视频　2个　8分钟

Python 中的列表

Python 中的列表
- 列表类型：list
  - 什么是列表
  - 列表的定义
- 常用操作符
  - +操作符：拼接列表
  - *操作符：列表的乘法
  - []操作符：索引访问
  - [:]操作符：列表切片
  - in 操作符：查找元素
  - 关系运算符：关系运算
- 常用操作方法
  - 列表的添加：append/insert/extend
  - 列表的查找：index/count
  - 列表的修改：[]操作符
  - 列表的删除：pop/remove/clear
  - 列表的长度：len

6.1 列表类型详解

Python中的列表是一种复合数据类型,同字符串的结构一样,列表也是一种顺序存储的序列结构。Python中的列表在计算机中的存储结构如下,它是以一段连续的内存来存储的,其中每个格子代表一个内存块。

1	'a'	2.0	'b'	'c'	True	3	4.0	False

不同于字符串存储的都是一个个的字符,在列表中可以存储多种类型的数据,如整型、字符串型、浮点型、布尔型甚至列表型,以及后续的章节中将要介绍的字典类型、集合类型等数据。

总之,列表无所不包。究其原理,还要回到内存地址上。Python中的列表类型实际存储的是各数据在内存中的地址。虽然数据类型各异,但它们的地址都是一样的类型,所以列表能存储各种类型的数据。

> **笔者有话说**
> 初学编程时,不要把数据的地址想象得很复杂,数据地址本质上只是编号而已,编号是数值,自然也是数据。初学者只需简单地把列表理解为一种能存储各种数据类型的容器。学习不是只学一遍,它是一个重复学习的过程,读者在后续的学习中可以回过头来学习,以加深对复杂概念的理解。

6.1.1 列表的定义

扫码看视频

在Python中使用对象定义法和直接定义法来对列表进行定义。对象定义法使用"类型名()"的语法形式来进行定义,直接定义法使用类型名的别名符号来进行定义,可以直接在列表中赋值。列表类型在Python中对应的类型名是list,类型别名符号为[]。

在交互模式中输入help(list),可以查看列表类型的描述及定义,如图6-1所示。list类型是内置的序列结构类型,list(iterable=())是列表类型的构造方法。如果没有指定参数,会创建一个空的列表。在构造函数中传递一个可迭代的对象(iterable)时,会创建一个有值的列表。

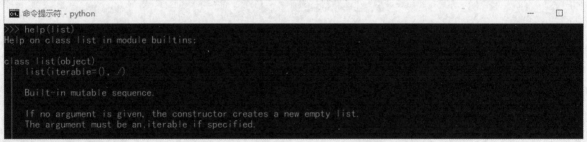

图6-1

- **什么是可迭代对象?**

简单地说,可迭代对象是一种可以对数据集合中的元素进行遍历的结构。以字符串类型为例,字符串是一种序列结构,也是一种存储各类字符的数据集合,字符串中的字符是可以逐个遍历的,字符串就是一种可迭代的对象。列表本身也是一种可迭代结构,可以对列表中的元素进行遍历。

> **编程小知识**
> 读者可以将Python中的简单数据类型(整型、浮点型和布尔型)理解为原子类型,不能再进行分割,当然就不能对它们进行遍历。Python中的简单数据类型都是不可迭代的。

- **列表定义的方法**

(1) 对象定义法。

对象定义法是使用列表类型的构造方法定义。列表的构造方法是list(iterable=()),iterable表示可迭代对象,在列表中不传值时,定义的是空列表。

实例代码

```
# 定义一个空列表变量
list_variable = list()

# 传递整型值给列表的构造函数
list_variable = list(1)
# 整型值是不可迭代的对象,系统抛出类型错误异常

# 传递字符串类型参数,定义一个有值的列表
list_variable = list("Python")
print(list_variable)

# 列表也是一种可迭代结构
new_list = list(list_variable)
print(new_list)
```

输出结果

```
['P','t','h','o','n']
['P','t','h','o','n']
```

(2) 直接定义法。

直接定义法是使用操作符[]对列表进行定义,列表中的元素以逗号进行分隔。

定义语法:列表类型变量 = [元素,元素,元素,…],元素可以是Python中的任何数据类型。

实例代码

```
list_variable = [1, 'a', 2.0, 'b', 'c', True, 3, False, 4.0]
print(list_variable)
```

实例代码

```
[1,'a', 2.0, 'b','c', True, 3, False, 4.0]
```

6.1.2 技术总结

本节主要包含以下6个重要的知识点。

① Python中的列表类型是一种复合数据类型,也是一种顺序存储的序列结构。
② Python中的列表类型可以存储各种类型的数据。
③ Python中的列表定义方法有对象定义法和直接定义法。
④ 可迭代对象是一种可以对数据集合中的元素进行遍历的结构。

⑤ Python中的简单数据类型整型、浮点型、布尔型都是不可迭代的对象。
⑥ 字符串、列表都是可迭代的对象。

6.1.3 课后练习

（1）描述字符串类型与列表类型的异同。
（2）使用直接定义法定义一个空列表。
（3）使用对象定义法定义一个列表型变量，传递的参数类型为列表。
（4）使用直接定义法定义一个列表型变量，要求列表中的元素包含列表。
（5）图片是一种二维结构，假设图片的大小为3行4列，如下所示。其中每个格子中的数据表示图片的像素值。请用列表类型定义这样的一种二维结构。提示：列表中可以存储列表。

255	255	255	255
1	1	1	1
100	100	100	100

6.2 列表的常用操作符

表6-1所示为列表类型的常用操作符。

表 6-1 列表类型的常用操作符

列表的常用操作符	描述
[]	对列表进行索引访问
[:]	对列表进行切片操作
+	对列表进行相加运算
*	对列表进行重复输出
>、==（等关系运算符）	对列表进行关系运算
in	判断元素是否在列表中

6.2.1 []操作符：列表的索引访问

使用[]操作符可对列表进行索引访问，操作语法为[索引值]。索引值必须为整型数字，正索引从0开始，负索引表示从末尾开始数起，如-1表示访问倒数第1个，-2表示倒数第二个。

实例代码

```
# 定义列表变量 list_variable
list_variable = [1,'2', True, [3,'4',False]]


element=list_variable[0]          #element 值为 1
```

```
element=list_variable[-1]        #element 值为 [3,'4',False]
element=list_variable[-1][-1]    #element 值为 False
```

以上代码定义了一个列表类型变量list_variable，列表的最后一个元素为列表类型。

使用list_variable[-1]获取的是列表的最后一个元素：[3,'4',False]。

list_variable[-1][-1]实际做了以下两步操作。

（1）执行list_variable[-1]，获得元素[3,'4',False]。

（2）[3,'4',False][-1]表示获取列表[3,'4',False]的最后一个元素，值为False。

6.2.2 [:] 操作符：列表的切片

使用切片操作符[:]可以对列表进行切片操作，":"前后传递索引值，索引区间遵循左闭右开原则，对列表执行切片后的值仍然是列表对象。操作语法如下。

（1）操作语法为[前索引:后索引]，如[0:1]表示截取索引0到索引1（不包括索引1）之间的值。
（2）前索引的值可不填，即[:后索引]，此时前索引的值等于0。
（3）后索引的值可不填，即[前索引:]，此时后索引的值等于列表的长度。
（4）前后索引的值同时不填，即[:]，此时前索引的值等于0，后索引的值等于列表的长度。

实例代码

```
# 定义列表变量 list_variable
list_variable = [1,'2',True, [3,'4',False]]

result=list_variable[0:1]    # 截取索引 0 到索引 1 之间的元素，值为 [1]
result=list_variable[0:3]    # 截取索引 0 到索引 3 之间的所有元素，值为 [1,'2']
result=list_variable[:-1]    # 截取索引 0 到倒数第一个元素之间的所有元素，值为 [1,'2',True]
new_list=list_variable[:]    # 相当于 [0:4]，即截取索引 0 到索引 4 之间的所有元素
```

6.2.3 + 操作符：列表的加法运算

列表的加法运算可以把两个列表中的元素合并到一个新的列表中。

实例代码

```
# 1. 定义列表变量 a，值为 [1,2,3]
a = [1,2,3]

# 2. 定义列表变量 b，值为 [4,5,6]
b = [4,5,6]

# 3. 将列表 a 与列表 b 相加
c = a + b            # c 的值为 [1,2,3,4,5,6]
```

6.2.4 * 操作符：列表的乘法运算

"*"操作符用于对列表进行重复输出，操作语法：列表 * 整型数字，输出的值仍为列表类型。

实例代码

```
# 定义列表类型变量 a
a = [1,2,3]
a = a * 3                # a 的值为 [1,2,3,1,2,3,1,2,3]
```

6.2.5 列表的关系运算

使用关系运算符对列表进行关系运算，输出的值为布尔型。

实例代码

```
# 定义列表类型变量 a
a = [2]

# 定义列表类型变量 b
b = [1,3,99,100]

# 比较列表变量 a 与列表变量 b 的大小
value = a > b              # value 的值为 True
```

列表的关系运算是按顺序进行比较的，这里的按顺序比较是从列表的第1个元素开始，逐元素进行比较。只有在元素值相同，元素的顺序也相同的情况下，两个列表才相等，否则以元素先后的大小关系来确定列表的大小关系。

在以上代码中，虽然列表a只有一个元素，但是列表a中的首元素大于列表b中的首元素，Python会直接判定列表a大于列表b，即使列表b中后面的元素都比2大。

6.2.6 in 操作符：查找元素

使用in成员操作符可判断元素是否存在于列表中，若存在，则返回值为布尔型True，否则返回False。

not 操作符与in 操作符可以组合成复合运算操作符，用于判断元素是否不存在于列表中，返回的结果为布尔型。

实例代码

```
list_variable = [1,'2',True, [3,'4',False]]
b = '1'                              # 定义字符串变量 b, 值为 "1"
value = b in list_variable           # value 的值为 False
value = int(b) in list_variable      # value 的值为 True, 这里先将 b 中的值转换为整型, 1 存在于列表中, 故返回 True
value = 3 in list_variable           # value 的值为 False
```

这里定义的列表类型变量list_variable中的元素[3,'4',False]是一个列表，它作为一个整体，所以在判断元素3是否存在于列表中时，返回值为False。

6.2.7 技术总结

本节主要包含以下3个重要的知识点。

① 使用[]操作符可对列表进行索引访问，索引值必须为整型数字。正索引从0开始，负数索引表示从末尾开始数起，如-1表示访问倒数第一个，-2表示倒数第二个。

② 使用分片操作符[:]对列表进行切片操作，":"前后传递索引值，索引区间遵循左闭右开原则，对列表执行切片后的值仍然是列表类型。

③ 列表的关系运算是按顺序进行比较的，这里的按顺序比较是从列表的第1个元素开始，逐元素进行比较。只有在元素相同，元素的顺序也相同的情况下，两个列表才相等，否则以元素先后的大小关系来确定列表的大小关系。

6.2.8 课后习题

（1）定义3个列表变量，然后将它们相加。

（2）定义一个包含10个元素的列表变量，截取字符串的前3个元素为作为子串a，截取字符串的末尾3个元素作为子串b，将子串a与子串b相加。

（3）定义一个包含为11个元素的列表变量，然后将中间的3个元素重复输出3次。

（4）定义一个列表变量list_variable = [1,'2',True,[3,'4',False]]，假如使用in操作符判断3是否存在于列表中时，返回值为True，该怎样实现？请写出你的算法描述。

（5）列表中关系运算是逐元素按序比较的，请阐述以这种方式进行比较的合理性。

6.3 列表的常用操作方法

本节主要介绍列表的操作方法，与前面类似，主要是通过相关语法来完成。

6.3.1 列表的添加

list.append(object)方法用于在列表的末尾添加值，object参数可以是任意的数据类型，无返回值。

实例代码

```
# 定义列表变量 list_variable
list_variable = []

list_variable.append(1)              # list_variable 的值为 [1]
list_variable.append(2.0)            # 在列表的末尾添加值，list_variable 的值为 [1,2.0]
list_variable.append([True])         # 在列表的末尾添加列表 [True]，list_variable 的值为 [1,2.0, [True]]
```

list.insert(index, object)方法用于在列表指定索引index的前一个位置插入值object，object参数可以是任意的数据类型，无返回值。如果index的值大于列表中的最大索引，效果等同于list.append()方法。

实例代码

```
# 定义列表变量 list_variable
list_variable = []
```

```
list_variable.insert(100, 9)
'''
在索引值 100 前面插入值 9，100 大于列表中的最大索引，效果等同于 list.append() 方法
此时 list_variable 的值为 [9]，长度为 1，最大索引值为 0
'''

list_variable.insert(0, 8)
'''
在索引值 0 前面插入值 8，此时 list_variable 的值为 [8,9]，长度为 2，最大索引值为 1
'''

list_variable.insert(-1, 7)
'''
在索引值 -1 前面插入值 7，索引值 -1 表示倒数第一个元素，即表示在倒数第一个元素前面插入值 7
此时 list_variable 的值为 [8,7,9]，长度为 3，最大索引值为 2
'''
```

list.extend(iterable_object)方法用于在列表的末尾添加值，无返回值。不同于list.append()方法的是，list.extend()方法只接收可迭代的对象，会将可迭代对象中的元素逐一添加到列表中。

实例代码

```
# 定义列表变量 list_variable
list_variable = []

list_variable.extend(1)            # 整型值 1 不是可迭代对象，系统抛出类型错误异常
list_variable.extend("Python")     # list_variable 的值为 ['p','y','t','h','o','n']
```

读者务必注意append()方法与extend()方法的区别，前者是将元素作为一个整体添加到列表中，后者会将可迭代对象中的所有元素逐一添加到列表中。请看下面的代码，以理解两者的区别。

实例代码

```
# 1. 定义列表变量 a
a = []
a.append([1,2,3])
#[1,2,3] 作为一个整体被添加到列表 a 中，a 的值为 [[1,2,3]]

# 2. 定义列表变量 b
b = []
b.extend([1,2,3])
#[1,2,3] 中的元素被逐一添加进列表 b 中，b 的值为 [1,2,3]
```

6.3.2 列表的查找

list.index(value, [start, [stop]])方法用于查找元素值value在列表中的索引，start表示查找的起始位置，

stop表示查找的结束位置（闭区间，不包括stop）。start的默认值为0，stop的默认值为列表的长度。元素不存在时会抛出异常，在使用此方法时，可以先用in操作符判断元素是否在列表中。

实例代码

```
numbers = [1, 2, 3, 4, 5]
index = number.index(1)           # index 的值为 0，默认从索引位置 0 处开始查起
index = number.index(2,1)         # 从索引位置 1 处开始查起，index 的值为 1
index = number.index(2,2)         # 从索引位置 2 处开始查起，元素不存在，抛出异常
index = number.index(4,2,4)       # 在索引位置 2 到索引位置 4 的一段区间内查找元素 4，index 的值为 3
```

list.count(value)方法用于查找元素值value在列表中出现的次数，当元素值value不存在时，返回0。

实例代码

```
numbers = [1, 2, 3, 4, 2]
count = numbers.count(2)          # 元素 2 在列表中出现了两次，count 的值为 2
count = numbers.count(5)          # 列表中没有元素 5，count 的值为 0
```

6.3.3 列表的修改

使用[]符号可对列表中的元素值进行修改。操作语法：列表[索引值] = 值。索引值必须小于等于列表中的最大索引，否则会抛出访问越界异常；索引为负值时，绝对值须小于等于列表的长度。

实例代码

```
numbers = [1, 2, 3, 4, 5]         # 列表的长度为 5，最大索引值为 4
numbers[numbers.index(2)] = 3
'''
先用 index() 方法查找元素 2 在列表中的索引，然后将索引位置处的内容修改为 3
numbers 最终的值为 [1,3,3,4,5]
'''

numbers[5] = 5                    # 索引值 5 大于 numbers 的最大索引 4，系统抛出异常信息
numbers[-6] = 5                   # 索引值 -6 的绝对值大于 numbers 的长度 5，系统抛出异常信息
```

6.3.4 列表的删除

list.pop([index])方法用于删除指定索引index对应的元素值，index的值默认为列表的最大索引值，返回值为被删除的列表元素。index的值必须在列表有效的索引范围内，否则会抛出异常。

实例代码

```
numbers = [1, 2, 3, 4, 5]
number = numbers.pop()            # 删除列表末尾的元素，number 的值为 5，numbers 的值为 [1,2,3,4]
number = numbers.pop(0)           # 删除列表索引位置 0 的元素，number 的值为 1，numbers 的值为 [2,3,4]
numbers.pop(10)                   # 索引值 10 大于列表中的最大索引值，系统抛出异常信息
```

list.remove(value)方法用于删除列表中首次出现的元素值value，无返回值。

实例代码

```
numbers = [1,2,1,2,3,4,5]
numbers.remove(1)
'''
删除列表 numbers 中的第一个元素值 1
numbers 值为 [2,1,2,3,4,5]
'''
```

list.clear()方法无参数，无返回值，用于清空列表中的所有元素。

实例代码

```
numbers = [1,2,1,2,3,4,5]
numbers.clear()
'''
清空列表 numbers 中的所有元素
numbers 为空列表：[]
'''
```

6.3.5 与列表有关的其他操作方法

len(list_object)方法用于获取列表的长度。

实例代码

```
numbers = []
len(numbers)                        # 此时为空列表，输出为 0

numbers.extend([1,2,3,4,5])
len(numbers)                        # 输出为 5
```

在列表中的元素类型全为字符串时，可以通过字符串的str.join(list)方法将列表中的元素组成以str作为分隔符的字符串。

实例代码

```
numbers = ["1","2","3"]
"@".join(numbers)                   # 输出为 1@2@3
```

6.3.6 查看列表方法的定义

读者可以打开交互模式，在交互模式中通过help()方法来查看列表方法的详细描述，以list.remove()方法为例，直接输入help(list.remove)，可以获取关于列表remove()方法的详细描述，如图6-2所示。

图 6-2

6.3.7 技术总结

本节主要包含以下两个重要的知识点。

① list.index(value, [start, [stop]])方法用来查找元素value在列表中的索引。元素不存在时会抛出异常。使用此方法时，可以先用in操作符判断元素是否存在于列表中。

② 列表中的元素类型全为字符串时，可以通过字符串的str.join(list)方法将列表中的元素拼接成以特定分隔符进行分隔的字符串。

6.3.8 课后习题

（1）在交互模式中查看列表常用方法的定义及用法。

（2）定义一个整型变量，假设变量名为a，接着定义一个列表变量，将变量a添加到这个列表中。查看变量a及列表中该元素的id值，你发现了什么规律？

（3）列表的remove()方法只能删除第一次出现的元素，请你定义一个函数，参数为待删除的元素，在函数体中利用in操作符及循环结构将列表中的特定元素值全部删除。

6.4 程序实战：神月流格斗

本节主要通过程序实战来练习列表的操作。当然，在操作之前，还需要了解一些其他知识。

6.4.1 字典结构

Python中的字典是一种键值结构，用来表示键名与键值的映射关系。读者可以把字典简单地理解为图书的目录索引结构。

在Python中字典的类型名为dict。同列表一样，字典也可以使用对象定义法和直接定义法来进行定义。本节采用直接定义法来定义。字典在Python中的别名符号是{}，使用{键名:键值}的语法来定义有值的字典。每一个键-值对在字典中称为一个item，item之间用逗号进行分隔，如{键名1:键值1, 键名2:键值2}。

实例代码

```
dict_variable = {}              # 定义一个空字典
tutorial = {" 遇见 Python(20)": 20 }
```

```
'''
定义字典变量 tutorial
键名是 Python 教程章节名称，键值是 Python 教程章节所对应的页码
'''

# 定义的字典包含多个键 – 值对
tutorial = {"遇见 Python(19)": 18, "遇见 Python(20)": 20}
```

定义完字典类型以后，通过字典的"变量名[键名]"的语法来获取键名所对应的键值。

实例代码

```
# 通过字典的"变量名 [ 键名 ]"的语法来获取键名所对应的键值
value = tutorial["遇见 Python(19)"]
print(value)                    # 输出为 18
```

这里字典变量名为tutorial，键名为"遇见Python(19)"，键值为18。下面介绍字典结构的keys()方法。

通过执行字典类型的keys()方法，可以返回一个包含所有键名的可迭代对象，继续以前面的代码来举例。

实例代码

```
import random
# 使用"类型名()"的类型转换语法来进行显式类型转换
# 在这里将包含所有键名的可迭代对象转换为列表类型
keys_in_list = list(tutorial.keys())
# 使用 random 模块的 choice() 方法来随机获取列表中的元素
random_key = random.choice(keys_in_list)
```

扫码看视频

6.4.2 神月流格斗

请按照以下步骤来进行项目的代码编写与运行。

01 在D盘的python-learning目录中创建chapter6目录，然后在chapter6目录下创建fight_the_moon.py文件，并输入以下代码。

```
# __filename__ = "fight_the_moon.py"
# __author__ = " 薯条老师 "


import random                    # 导入 random 模块
import time                      # 导入 time 模块，使用模块中的 sleep() 方法来模拟倒计时
'''
定义全局字典变量来保存春丽和神月卡琳的格斗技
```

```
    键为招数名称，值为招数对应的伤害值
    其中"超必杀"的键值表示"超必杀"最多使用的次数
    "超必杀"的伤害统一为 20
"""
KARIN_KUNGFU = {
            "红莲拳": 5,
            "红莲崩掌": 10,
            "红莲歼破": 15,
            "暴血连段": 15,
            "红莲奥义": 15,
            "超必杀 - 神月流 霸道六式": 3
        }


CHUNLI_KUNGFU = {
            "龙星落": 5,
            "气功拳": 5,
            "旋转踢": 10,
            "百裂脚": 10,
            "霸山天升脚": 10,
            "超必杀 - 千翼气功掌": 2
        }


def main():
    karin = 100                      # 定义整型变量 karin，用来保存神月卡琳的血量
    chunli = 100                     # 定义整型变量 chunli，用来保存春丽的血量
    # 定义整型变量 super_harms 来保存"超必杀"招数的伤害值
    super_harms = 20
    # 对战倒计时
    print("3")
    time.sleep(1)
    print("2")
    time.sleep(1)
    print("1")
    time.sleep(0.2)
    print("Fight!")
```

```python
# 循环语句，不断重复执行下面的代码
while True:
    # 春丽或神月卡琳其中一人血量为 0 时退出循环
    if chunli <= 0 or karin <= 0:
        break

    # 1. 执行字典的 keys() 方法，获取字典的所有键
    # 2. 使用 list 类型来进行显式类型转换，将键值对象转换为列表 [键 1, 键 2]
    # 3. 执行 random 模块的 choice() 方法随机获取键名，即春丽或卡琳的招数
    chunli_strategy = random.choice(list(CHUNLI_KUNGFU.keys()))
    karin_strategy = random.choice(list(KARIN_KUNGFU.keys()))

    # 随机获取 0 到 11 之间的数字，再与 2 进行取模运算
    random_key = random.randint(0, 11) % 2

    # random_key 为偶数时表示春丽先发起攻击，否则表示神月卡琳先发起攻击
    if random_key != 0:
        print("-- 春丽对神月卡琳使用了 {}，神月卡琳使用 {} 进行了回击 ".
            format(chunli_strategy, karin_strategy))
    else:
        print("-- 神月卡琳对春丽使用了 {}，春丽使用 {} 进行了回击 ".
            format(karin_strategy,chunli_strategy))

    if chunli_strategy.find("超必杀") != -1:
        # 如果春丽使用的 "超必杀"，则直接减去卡琳的血量
        harm = super_harms - KARIN_KUNGFU[karin_strategy]
        karin -= harm
        CHUNLI_KUNGFU[chunli_strategy] -= 1
        if CHUNLI_KUNGFU[chunli_strategy] == 0:
            # 表示已使用完"超必杀"次数，使用字典的 pop() 方法将键删除
            CHUNLI_KUNGFU.pop(chunli_strategy)

    elif karin_strategy.find(" 超必杀 ") != -1:
        # 如果卡琳使用的"超必杀"，则直接减去春丽的血量
```

```python
            harm = super_harms - CHUNLI_KUNGFU[chunli_strategy]
            chunli -= harm
            KARIN_KUNGFU[karin_strategy] -=1
            if KARIN_KUNGFU[karin_strategy] == 0:
                # 表示已使用完"超必杀"次数，使用字典的 pop() 方法将键删除
                KARIN_KUNGFU.pop(karin_strategy)
            print(" 神月卡琳 ( 女王三段笑 ):Ah~~ho~ho~ho~ho~")
        else:
            # 如果春丽或卡琳都没有使用"超必杀"，就按伤害值大小来减去对应的血量
            harm = CHUNLI_KUNGFU[chunli_strategy] - KARIN_KUNGFU[karin_strategy]
            # 春丽的伤害值大，就减去卡琳的血量
            if harm > 0:
                karin -= harm
            else:
                # 卡琳的伤害值大，就减去春丽的血量，此时的 harm 为负数
                chunli += harm
                print(" 神月卡琳 ( 女王三段笑 ):Ah~~ho~ho~ho~ho~")

        if chunli < 0:
            chunli = 0
        if karin < 0:
            karin = 0

        print("*--- 春丽的血量 :{0}, 神月卡琳的血量 :{1}---*\n\n".format(chunli, karin))
        time.sleep(3)

    if chunli <=0:
        print(" 春丽被神月卡琳击败，奄奄一息，擂台上再次响起了神月卡琳标志性的女王三段笑 :"
            "Ah~~ho~ho~ho~ho~\n 卡琳随后纵身而去！ ")
    else:
        print(" 神月卡琳被春丽击倒在地，春丽突然一跃而起，飞向擂台下的幕后黑手 ......")

if __name__ == "__main__":
    main()
```

02 进入Windows命令行，切换到目录D:\python-learning\chapter6，执行python fight_the_moon.py 命令，输出结果如图6-3所示。

图 6-3

第 7 章

Python 中的元组

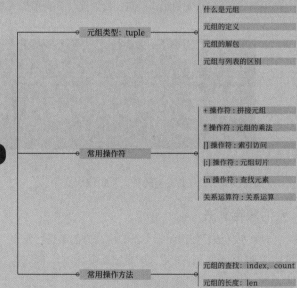

7.1 元组类型详解

元组在Python中的类型名是 tuple，tuple 是个英语单词，有"元组"和"数组"的意思。元组即包含一组元素的数据集合，它与列表的存储结构是相同的，都是一种顺序存储的序列结构，在计算机中对应的也是一块连续的内存。

列表与元组的区别在于：列表是动态的、可变的，元组是静态的、不可变的。这里的可变指的是可以对列表中的数据进行添加、修改或删除。而Python限定了不能对元组进行元素的添加、修改和删除。

> **编程小知识**
> Python中的字符串、列表、元组都是一种顺序存储的序列结构。

7.1.1 元组的定义

在Python中可使用对象定义法和直接定义法对元组进行定义。对象定义法使用"类型名()"的语法形式来进行定义，直接定义法使用类型名的别名符号来进行定义，可以直接在元组中赋值。元组类型在Python中对应的类型名是tuple，类型别名符号为()。

在交互模式中输入help(tuple)，查看元组类型的描述及定义，如图7-1所示。元组类型是内置的序列结构类型。tuple(iterable=())是元组类型的构造方法，如果没有指定参数，会创建一个空元组。在构造函数中传递一个可迭代的对象（iterable）时，会创建一个有值的元组。

图 7-1

元组的定义方法主要有两种，下面依次介绍。

- **对象定义法**

对象定义法是使用元组类型的构造方法来进行定义，元组的构造方法为tuple(iterable=())。iterable表示可迭代对象，不传值时，定义的是空元组。

实例代码

```
# 定义一个空元组变量
tuple_variable = tuple()
print(tuple_variable)
```

输出结果

```
()
```

下面介绍定义有值元组的方法。这里分别使用字符串类型、列表类型和元组类型来定义一个有值的元组。注意，定义空元组是毫无意义的，因为Python中的元组是静态的，即定义完元组以后，不能对元组执行元素的添加、修改和删除操作。

实例代码

```
# 1. 字符串是可迭代对象
tuple_variable = tuple("Python")
print(tuple_variable)

# 2. 列表是可迭代对象
tuple_variable = tuple([1,2,3])
print(tuple_variable)

# 3. 元组是可迭代对象
tuple_variable = tuple(tuple([4,5,6]))
print(tuple_variable)
```

输出结果

```
('P','y','t','h','o','n')
(1,2,3)
(4,5,6)
```

- **直接定义法**

  直接定义法是使用操作符()来对元组进行定义，元组中的元素以逗号进行分隔。

  定义语法：元组类型变量 = (元素,元素,元素,…)，元素可以是Python中的任何数据类型。

实例代码

```
tuple_variable = (1, 'a', 2.0, 'b', 'c', True, 3, False, 4.0)
print(tuple_variable)
```

输出结果

```
(1,'a', 2.0, 'b','c', True, 3, False, 4.0)
```

注意，当定义的元组中只包含一个元素时，必须加上一个逗号。

实例代码

```
tuple_variable = (1,)
print(tuple_variable)
```

输出结果

```
(1,)
```

如果不加逗号，代码tuple_variable = (1)等价于tuple_variable = 1，此时的tuple_variable是一个整型变量，而非元组。另外，直接定义法的快捷方式是定义时无须加上小括号。

实例代码

```
tuple_variable = 1,2
```

同样，当元素只有一个时，必须在后面加上逗号。如果不加逗号，tuple_variable = 1就是一个赋值操作，定义的是一个整型变量。

7.1.2 元组的解包

元组的解包（unpack）是指在利用元组对变量进行赋值时，将元组拆开，按从左到右的顺序对变量进行赋值。

实例代码

```
tuple_variable = 1,2,3
a,b,c = tuple_variable
print(a,b,c)
```

输出结果

```
1 2 3
```

元组解包时，赋值运算符左边的变量必须与元组的元素一一对应，否则会抛出异常信息。例如，元组tuple_variable中有3个元素，赋值运算符左边只出现两个变量，在程序的执行过程中会抛出异常信息。

实例代码

```
tuple_variable = 1,2,3
a,b = tuple_variable
print(a,b,c)
```

7.1.3 元组与列表

初学者在学习元组时可能会感到困惑：既然有了列表，为什么还需要元组这种数据类型？虽然列表和元组都是一种顺序存储的序列结构，列表的功能完全涵盖了元组的功能，但两者还是有区别的。

回顾列表与元组的区别：列表是动态的，而元组是静态和只读的。重点就在于元组的"静态"和"只读"属性，这是元组很重要的语义特征。在生活中只要符合这种语义特征的，Python程序员都应当使用元组这种数据类型。以"周"为例，一周只有固定的7天，不会少也不会多，可以使用列表来保存一周的时间。

实例代码

```
week = ["星期日","星期一","星期二","星期三","星期四","星期五","星期六"]
```

虽然使用列表来保存一周的时间是可行的，却不符合生活中的逻辑，因为列表是动态的，意味着可以随时对列表中的值进行修改、添加和删除。下面代码中week的输出为["星期七","星期二","星期三","星期四","星期五","星期六","星期八"]。

实例代码

```
week = ["星期日","星期一","星期二","星期三","星期四","星期五","星期六"]
week[0] = "星期七"              # 将星期日修改为星期七，程序能正常运行
week.append("星期八")           # 在一周里添加星期八，然而没有星期八的说法
week.remove("星期一")           # 从一周里删除掉星期一
```

下面使用元组来保存一周的7天，代码如下。

实例代码

```
week = ("星期日","星期一","星期二","星期三","星期四","星期五","星期六")
```

一旦对元组中的元素进行修改，程序就会抛出类型错误异常。

实例代码

```
week = ("星期日","星期一","星期二","星期三","星期四","星期五","星期六")
week[0] = "星期七"          # 程序在执行过程中报错，不能对元组的值进行修改
```

综上对比，在可以同时使用列表和元组来定义变量的情况下，如果定义的变量符合"静态"和"只读"这样的特性，就应当使用元组，否则使用列表。

> **笔者有话说**
>
> 程序设计是一门艺术，从细节中见真知，希望读者能在以后的学习中认真地对待自己写的代码，变量命名是否规范，变量含义、代码逻辑是否符合语义等，从而不断提升个人的编程水平。

7.1.4 技术总结

本节主要包含以下3个重要的知识点。

① 元组是一种顺序存储的序列结构。

② 列表是动态的，元组是静态的，不能对元组执行元素的添加、修改、删除操作。

③ 当定义的变量符合"静态、只读"这样的特性时，就应当使用元组，否则应当使用列表。

7.1.5 课后习题

（1）使用直接定义法定义一个空元组。
（2）说明列表与元组的区别，并说明什么情况下应当使用列表，什么情况下应当使用元组。
（3）分别定义字符串型变量、列表型变量、元组型变量，然后进行两两间的类型转换，查看转换后的输出。

7.2 元组的常用操作符

元组类型常用的操作符如表7-1所示。

表7-1 元组类型的常用操作符

操作符	描述
[]	对元组进行索引访问
[:]	对元组进行切片操作
+	对元组进行相加运算
*	对元组进行重复输出
>、==（等关系运算符）	对元组进行关系运算
in	判断元素是否在元组中

7.2.1 [] 操作符：元组的索引访问

使用[]操作符可对元组进行索引访问，操作语法为 [索引值]，索引值必须为整型数字，索引从0开始，负数索引表示从末尾开始数起，例如-1表示访问倒数第1个，-2表示倒数第2个。

实例代码

```
# 定义元组变量 tuple_variable
tuple_variable = (1,'2', True, (3,'4',False))

tuple_variable[0]            # 值为 1
tuple_variable[-1]           # 值为 (3,'4',False)
tuple_variable[-1][-1]       # 值为 False
```

代码解析

（1）这里定义了一个元组类型变量tuple_variable，元组的最后一个元素为元组类型。
（2）使用tuple_variable[-1]获取的是元组的最后一个元素(3,'4',False)。
（3）tuple_variable[-1][-1]实际做了以下两步操作：① 执行tuple_variable[-1]，获得元素(3,'4',False)；② (3,'4',False)[-1]表示获取元组(3,'4',False)的最后一个元素，值为False。

7.2.2 [:] 操作符：元组的切片

使用切片操作符[:]可以对元组进行切片操作，":"前后传递索引值，索引区间遵循左闭右开原则，对元组执行切片后的值仍然是元组类型。下面介绍操作语法。
（1）操作语法为[前索引:后索引]，如[0:1]表示截取索引0到索引1(不包括索引1) 之间的值。
（2）前索引的值可不填，即[:后索引]，此时前索引的值等于0。
（3）后索引的值可不填，即[前索引:]，此时后索引的值等于元组的长度。
（4）前后索引的值同时不填，即[:]，此时前索引的值等于0，后索引的值等于元组的长度。

实例代码

```
# 定义元组变量 tuple_variable
tuple_variable = (1,'2', True, (3,'4',False))

tuple_variable[0:1]   # 截取索引 0 到索引 1 之间的元素，值为 (1,)
tuple_variable[0:3]   # 截取索引 0 到索引 3 之间的所有元素，值为 (1,'2',True)
tuple_variable[:-1]   # 截取索引 0 到倒数第一个元素之间的所有元素，值为 (1,'2',True)
tuple_variable[:]     # 相当于 (0:4)，即截取索引 0 到索引 4 之间的所有元素，值为 (1,'2',True, (3,'4',False))
```

7.2.3 + 操作符：元组的加法运算

元组的加法运算是把两个元组中的元素合并到一个新的元组中。

实例代码

```
# 1. 定义元组变量 a, 值为 (1,2,3)
a = (1,2,3)

# 2. 定义元组变量 b, 值为 (4,5,6)
b = (4,5,6)

# 3. 将元组 a 与元组 b 相加
c = a + b              # c 的值为 (1,2,3,4,5,6)
```

7.2.4 * 操作符：元组的乘法运算

"*"操作符主要用于对元组进行重复输出，操作语法：元组 * 整型数字，输出的值仍为元组类型。

实例代码

```
# 定义元组类型变量 a
a = (1,2,3)
a = a * 3              # a 的值为 (1,2,3,1,2,3,1,2,3)
```

7.2.5 元组的关系运算

使用关系运算符可以对元组进行关系运算，输出的类型为布尔型。注意，元组的关系运算也是逐元素按顺序进行比较的，同列表的关系运算是一样的原理。

实例代码

```
# 定义元组类型变量 a
a = (2,)

# 定义元组类型变量 b
b = (1,99,100)

# 比较元组变量 a 与元组变量 b 的大小
value = a > b          # value 的值为 True
```

7.2.6 in 操作符：查找元素

使用 in 成员操作符来判断元素是否存在于元组中，若存在，则返回值为布尔型 True，否则返回 False。no 操作符与 in 操作符可以组合成复合运算操作符，用于判断元素是否不存在于元组中，返回的结果为布尔型值。

实例代码

```
tuple_variable = (1,'2', True, (3,'4',False))
b = '1'                          # 定义字符串变量 b, 值为 "1"
value = b in tuple_variable      # value 的值为 False

value = int(b) in tuple_variable
# value 的值为 True, 这里先将 b 中的值转换为整型，1 存在于元组中，故返回 True

value = 3 in tuple_variable      # value 的值为 False
```

此处元组类型变量tuple_variable中的元素(3,'4',False)作为一个整体，在判断元素3是否存在于元组中时，返回值为False。

7.2.7 技术总结

本节主要包含以下3个重要的知识点。

① 使用[]操作符可对元组进行索引访问，索引值必须为整型数字。正索引从0开始，负数索引表示从末尾开始数起，如-1表示访问倒数第一个，-2表示倒数第二个。

② 使用切片操作符[:]对元组进行切片操作。":"前后传递索引值，索引区间遵循左闭右开原则，对元组执行切片后的值仍然是元组类型。

③ 元组的关系运算也是逐元素按序进行比较的，同列表的关系运算是一样的原理。

7.2.8 课后习题

（1）定义3个元组变量，然后将它们相加。

（2）定义一个包含10个元素的元组变量，截取元组的前3个元素作为元组a，截取元组的末尾3个元素作为元组b，将元组a与元组b相加。

（3）定义一个包含为11个元素的元组变量，然后将中间的3个元素重复输出3次。

7.3 元组的常用操作方法

因为元组是静态的，所以不存在编辑和修改的操作，本节主要介绍元素的查找方法。

7.3.1 元组的查找

tuple.index(value, start=0, stop=2147483647)方法用于查找元素值value在元组中的索引。start表示查找的起始位置，stop表示查找的结束位置（闭区间，不包括stop）。start的默认值为0，stop的默认值为2147483647。元素不存在时会抛出异常，在使用此方法时可以先用in操作符判断元素是否在元组中。

实例代码

```
numbers = (1, 2, 3, 4, 5)
index = number.index(1)          # index 的值为 0，默认从索引位置 0 处开始查起
index = number.index(2,1)        # 从索引位置 1 处开始查起，index 的值为 1
```

```
index = number.index(2,2)       # 从索引位置2处开始查起, 元素不存在, 抛出异常
index = number.index(4,2,4)     # 在索引位置2到索引位置4的一段区间内查找元素4, index的值为3
```

tuple.count(value)方法用于查找元素值value在元组中出现的次数，元素值value不存在时，返回0。

实例代码

```
numbers = (1, 2, 3, 4, 2)
count = numbers.count(2)        # 元素2在元组中出现了两次, count的值为2
count = numbers.count(5)        # 元组中没有元素5, count的值为0
```

7.3.2 查看元组方法的定义

读者可以打开交互模式，通过help()方法来查看元组方法的详细描述，以tuple.index()方法为例，直接输入help(tuple.index)，可以获取关于元组index()方法的定义，如图7-2所示。

图 7-2

7.3.3 技术总结

本节主要包含以下两个重要的知识点。

① Python中的元组是一种只读的数据类型，不能对元组执行修改、删除等操作。

② 元组的常用操作方法主要为查找操作，通过tuple.index()方法查找元素在元组中的索引，通过tuple.count()方法查找元素在元组中出现的次数。

7.3.4 课后习题

（1）执行元组的index()方法查找元素的索引，当元素不存在时，如何避免出现异常？

（2）请用文字描述元组的count()方法的实现过程。

7.4 程序实战：刚拳奥义

扫码看视频

本节主要对元组的相关操作进行程序实战练习，请读者在预备知识中理清思路，然后使用代码去验证。

7.4.1 了解冒泡排序

在4.3.2小节中，笔者举了一个简单的例子：对顺序结构的数据集合进行排序，然后利用折半查找算法快速

查找元素。本节向大家介绍数据结构中最经典的排序算法之一：冒泡排序算法。利用冒泡排序算法，可以将序列结构中的值从无序变成有序。

所谓排序，既可以按元素值从小到大进行排列，也可以从大到小进行排列，前者称为升序，后者称为降序。

冒泡排序的过程与海水的冒泡过程很相似，故名冒泡排序。海水在冒泡的过程中是由小气泡逐渐变成大气泡的，小气泡变成大气泡的过程可以理解为气泡与相邻气泡的交换过程：如果相邻位置处前面的气泡比自己小，就相互交换位置，否则就不交换。

假设有一组无序的气泡，编号值表示气泡的大小。

| 9 | 2 | 5 | 1 | 3 | 4 | 6 | 8 | 7 |

（1）气泡9比气泡2要大，所以气泡9被交换到了气泡2的位置，气泡2被交换到了气泡9的位置。

（2）气泡9再与气泡5进行比较。气泡9比气泡5大，所以它们交换位置。

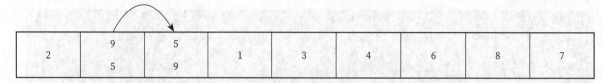

（3）在这样相邻气泡的比较过程中，气泡9最终被交换到了尾部的位置。

| 2 | 5 | 1 | 3 | 4 | 6 | 8 | 7 | 9 |

通过上述过程，最大的气泡9被交换到了尾部位置，然后继续在剩下的8个气泡中重复这样的交换过程，就实现了冒泡排序。注意，n个元素两两比较（相邻元素的比较），最多比较$n-1$次。

7.4.2 利用元组解包实现元素值的交换

操作语法：a,b = b,a。

在以上赋值语句中，赋值符两边按先后顺序一一对应地进行交换，例如左边的a对应于右边的b，左边的b对应于右边的a。交换过程中先将赋值符右边变量b的值赋给左边的变量a，再将右边的a变量的值赋给变量b，以实现元素值的交换。

实例代码

```
a = 1
b = 2
a,b = b,a            # 此时 a 的值为 2, b 的值为 1
```

同理，使用形如a,b=b,a的语法也可以进行两个以上元素值的两两交换。

实例代码

```
a = 1
b = 2
c = 3
a,b,c= b,c,a         # 此时 a 的值为 2, b 的值为 3, c 的值为 1
```

7.4.3 列表推导式

列表推导式是Python提供的创建列表的一种方法,基本语法形式为[element for element in iterable_object]。element表示从可迭代对象iterable_object中迭代的元素。

实例代码

```
numbers = [number for number in (1,2,3,4,5)]
print(numbers)
```

输出结果

```
[1,2,3,4,5]
```

7.4.4 代码编写

在D盘的python-learning目录中创建chapter7目录,在 chapter7中创建secret_of_punches.py 文件,并输入以下代码。

```python
#-*- coding:utf-8 -*-
# __filename__ = "secret_of_punches.py"
# __author__ = "薯条老师"
# __date__ = "2019-09-08"

import random                  # 导入 random 模块,用来获取随机数

# 定义 bubble_sort() 函数,用来实现冒泡排序,函数的输入是一个列表
def bubble_sort(kungfu_codes):
    """
    :param kungfu_codes: 这里的 kungfu_codes 是函数的输入,表示师傅刚拳的奥义密码分布
    :return: 将师傅刚拳的奥义密码排序,然后获取最大的奥义密码
    """

    # 执行 Python 的内置函数 len() 来获取列表的长度
    kungfu_codes_size = len(kungfu_codes)
    # 列表一共有 kungfu_codes_size 个元素,那么最多进行 kungfu_codes_size-1 轮比较

    # 定义变量 compare_loops 用来保存比较的轮数
    compare_loops = 0

    # compare_loops < kungfu_codes_size-1 的比较操作会生成一个布尔型值
    # compare_loops >= kungfu_codes_size-1 时会自动退出循环
    while compare_loops < kungfu_codes_size-1:

        # 定义变量 index 用来保存气泡的索引,索引值会不断递增
        # 这样才能实现相邻气泡比较的逻辑
        index = 0


        # 这里的 compare_loops 表示比较轮数,在第一轮比较完成后,
        # 剩下的元素要比较 kungfu_codes_size-1-compare_loops 次,
        # 读者可以按照 7.4.1 小节的内容自行推导
```

```python
        while index < (kungfu_codes_size-1-compare_loops):
            # 相邻气泡两两比较
            if kungfu_codes[index] > kungfu_codes[index+1]:
                # 如果当前气泡大于前面的气泡，则交换位置
                kungfu_codes[index], kungfu_codes[index+1] = kungfu_codes[index+1], kungfu_codes[index]
            index += 1
        compare_loops += 1

def compute_punches(codes):
    """
    :param codes: 随机的奥义值
    :return: 返回一个元组类型
    元组的格式：(min_, median, max_)，分别表示最小值、中值、最大值
    """
    length_of_codes = len(codes)
    if length_of_codes <= 0:
        return 0,0,0

    # 执行冒泡排序对杂乱的奥义值进行排序
    bubble_sort(codes)

    if length_of_codes % 2 == 0:
        # 如果列表大小为偶数，则取出中间的两个数，再算平均值
        median = (codes[int(length_of_codes/2-1)] +codes[int(length_of_codes/2))/2
    else:
        # 如果列表的大小为奇数，则直接取出中间的数
        median = codes[int(length_of_codes/2)]

    # 以元组的形式返回刚拳奥义值的最小值、中值、最大值，元组的静态类型非常适合存储静态数据
    return (codes[0], median, codes[-1])

def main():
    '''
    :return:void
    '''

    # 在后续章节中介绍循环控制结构的时候，会再次对列表推导式进行讲解
    # 这里使用列表推导式来生成一个从 0 到 1000 的随机数列表，列表一共有 20 个元素
    punches_codes = [random.randint(0, 1000) for _ in range(20)]
    print(" 杂乱的奥义值分布 :{}".format(punches_codes))

    # 利用元组解包，将返回的元组分别赋值给 min_,median,max_ 变量
    min_, median, max _ = compute_punches(punches_codes)
    print(" 已破解的刚拳奥义值 :{} {} {}".format(min_, median, max_))

if __name__ == "__main__":
    main()
```

输出结果

杂乱的奥义值分布 :[809, 163, 461, 951, 450, 21, 441, 366, 78, 801, 561, 626, 530, 74, 611, 141, 409, 21, 749, 97]
已破解的刚拳奥义值 :21 445.5 951

第 8 章

教学视频 3个 8分钟

Python 中的字典

- Python 中的字典
  - 字典类型：dict
    - 什么是字典
    - 字典的定义
    - 字典的键类型
    - 键的输出顺序
  - 操作方法
    - 字典的查找：in 操作符 /get
    - 字典的修改：使用 [] 操作符修改键值
    - 字典的添加：[] 操作符 /setdefault/update
    - 字典的删除：pop, popitem, clear
  - 使用字典进行格式化
    - % 操作符
    - format() 方法
    - ** 操作符

8.1 字典类型详解

打开一本PDF格式的电子书，书中的目录索引与相应章节的一一对应关系就是一种字典结构，如图8-1所示。

电子书的目录索引在字典类型中被称为"键"，单击目录索引后跳转到的相应章节被称为"键值"。字典结构就是键-值对的数据集合，字典中的键-值对以逗号进行分隔。

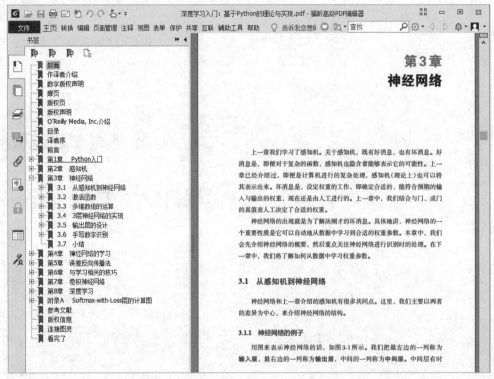

图 8-1

伪代码

字典类型 = { 第 1 章 ->Python 入门 , 第 2 章 -> 感知机 , 第 3 章 -> 神经网络 }

注意，在字典结构中，键是唯一的。具备多个相同的键的字典是重复且无意义的，就好比一本书中不会出现一个以上相同的目录索引，除非出现错误。

使用字典结构能加快对目标值的查找。如果一本书中没有目录，那么读者需要一页一页地往下翻，才能找到想要阅读的内容。

8.1.1 字典的定义

扫码看视频

在Python中可使用对象定义法和直接定义法对字典进行定义。对象定义法使用"类型名()"的语法形式来进行定义，直接定义法使用类型名的别名符号来进行定义，字典类型在Python中对应的类型名是dict，类型别名符号为花括号{}。

在交互模式中输入help(dict)，查看字典类型的描述及定义，如图8-2所示。定义字典的构造方法有4种：dict()、dict(mapping)、dict(iterable)和dict(**kwargs)。

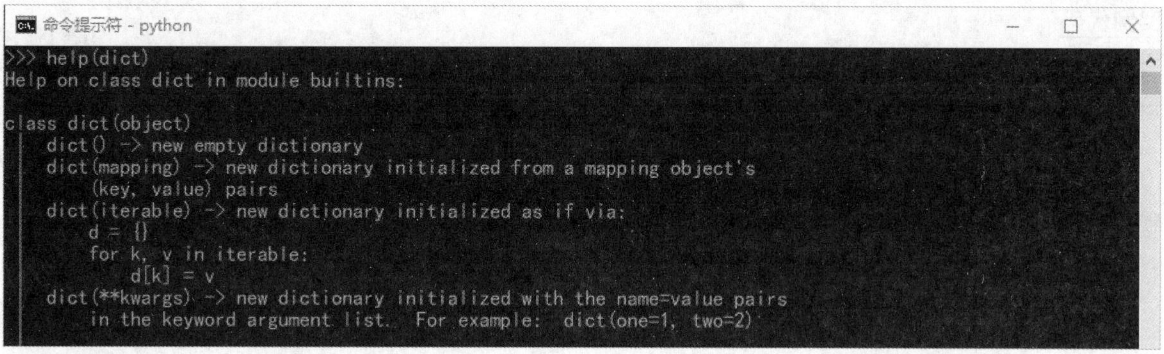

```
>>> help(dict)
Help on class dict in module builtins:

class dict(object)
 |  dict() -> new empty dictionary
 |  dict(mapping) -> new dictionary initialized from a mapping object's
 |      (key, value) pairs
 |  dict(iterable) -> new dictionary initialized as if via:
 |      d = {}
 |      for k, v in iterable:
 |          d[k] = v
 |  dict(**kwargs) -> new dictionary initialized with the name=value pairs
 |      in the keyword argument list.  For example:  dict(one=1, two=2)
```

图 8-2

- **对象定义法**

（1）使用dict()方程可以构造一个空字典。

实例代码

```
dict_variable = dict()
print(dict_variable)
```

输出结果

```
{}
```

（2）使用mapping对象的(key, value)键-值对来构造一个有值的字典对象。mapping对象是一个从键名到键值的映射对象。在Python中可以通过zip()方法构造一个mapping对象，给zip()构造方法传递两个可迭代对象。例如，zip(iter1, iter2)中左边的可迭代对象iter1表示键名，右边的可迭代对象iter2表示键值，iter1中的键名与iter2中的键值一一对应。

实例代码

```
# 使用 zip() 方法定义一个 mapping 对象，[1,2,3] 表示键名，[4,5,6] 表示键值
mapping = zip([1,2,3], [4,5,6])
# 使用 mapping 对象来构造字典对象
dict_variable = dict(mapping)
print(dict_variable)
```

输出结果

```
{1:4, 2:5, 3:6}
```

如果可迭代对象为字符串类型，其代码如下。

实例代码

```
mapping = zip('123', '456')
dict_variable = dict(mapping)
print(dict_variable)
```

输出结果

```
{'1':'4', '2':'5', '3':'6'}
```

如果可迭代对象为元组类型，其代码如下。

实例代码

```
mapping = zip((1,2,3), (4,5,6))
dict_variable = dict(mapping)
print(dict_variable)
```

输出结果

{1:4, 2:5, 3:6}

Python中的字典类型就是一种标准的mapping对象，可以在dict()方法中传递一个字典对象来进行字典的构造。

实例代码

```
# 在zip()方法中传递可迭代的字符串来构造一个mapping对象
mapping = zip('123', '456')
dict_variable = dict(mapping)
# 通过字典对象来构造字典对象
print(dict(dict_variable))
```

输出结果

{'1':'4', '2':'5', '3':'6'}

（3）dict(iterable)方法中的iterable表示可迭代对象，可迭代对象既可以是列表，也可以是元组。可迭代对象存储了每一个键-值对，键-值对以列表或元组的形式存储于这个可迭代对象中。

①可迭代对象是列表的情况。

列表中保存的是列表：[[key,value],[key,value]]。

列表中保存的是元组：[(key,value),(key,value)]。

②可迭代对象是元组的情况。

元组中保存的是列表：([key,value],[key,value])

元组中保存的是元组：((key,value),(key,value))

可迭代对象为列表，列表中的元素为列表，代码如下。

实例代码

```
dict_variable = dict([[1,2], [3,4]])
print(dict_variable)
```

输出结果

{1:2, 3:4}

可迭代对象为列表，列表中的元素为元组，代码如下。

实例代码

```
dict_variable = dict([(1,2), (3,4)])
print(dict_variable)
```

输出结果

{1:2, 3:4}

可迭代对象为元组，元组中的元素为列表，代码如下。

实例代码

```
dict_variable = dict(([1,2], [3,4]))
print(dict_variable)
```

输出结果

{1:2, 3:4}

可迭代对象为元组，元组中的元素为元组，代码如下。

实例代码

```
dict_variable = dict(((1,2), (3,4)))
print(dict_variable)
```

输出结果

{1: 2, 3: 4}

（4）dict(**kwargs)方法采用name=value的关键字参数形式来对字典进行构造，其中name表示键名，value表示键值。name必须符合变量的命名规则，value可为Python中的任意数据类型。

实例代码

```
# 在 dict() 构造方法中，采用 name=value 的形式进行构造
dict_variable = dict(hello='hello',world='world')
print(dict_variable)
```

输出结果

{'hello': 'hello', 'world': 'world'}

采用name=value的关键字参数形式构造字典时，Python会将name作为字符串类型的键名。name表示的键名不能加引号，否则Python会抛出语法错误的异常。

实例代码

```
dict_variable = dict('hello'='world')          #Python 解释器抛出语法错误异常
```

Python解释器在解析'hello'='world'时，将其当作了一个赋值表达式。但value必须是已定义的变量或直接量，否则也会抛出异常信息，例如dict(hello = world)，Python解释器将world视为一个变量，而这个变量在前面并没有定义。这时，可以预先定义一个值为'world'的变量，这样程序就能正常运行。

实例代码

```
value = 'world'
dict_variable = dict(hello= value)
print(dict_variable)
```

输出结果

{'hello': 'world'}

- **直接定义法**

直接使用字典的别名符号{}来对字典进行定义，在{}中键-值对以英文的逗号进行分隔，键名与键值以英文的冒号进行分隔。

实例代码

```
book = {}                # 使用直接定义法定义一个空字典
book = {"第一章": 1, "第二章": 5}
print(book)
```

输出结果

{"第一章":1, "第二章":5}

8.1.2 字典中的键名与键值

扫码看视频

字典中的键名类型必须是静态的、只读的，否则会引发类型错误。迄今为止学过的数据类型中，内置的简单数据类型都是只读的，复合数据类型中的字符串、元组是静态的，列表、字典等则是动态的。

实例代码

```
book = {["第一章"]:1}     # 非法定义，键必须是只读的，列表是动态类型
book = {("第一章"):1}     # 合法定义，元组是只读的
```

将变量作为字典中的键名时，遵循的也是同样的规则，即变量指向的值类型也必须是静态的、只读的。

实例代码

```
name = "Backer"
age = 32
person = {name:age}
print(person)
```

输出结果

{'Backer': 32}

读者也许会有疑问：为什么键名必须是静态的数据类型？

使用字典是为了进行快速的查找，假设有一张数据表，表中存储了待查找的数据，数据在表格中都有对应的编号。为了执行快速查找，只需要知道编号就可以了，如图8-3所示。

数据编号1	数据1
数据编号2	数据2
数据编号3	数据3
数据编号4	数据4
数据编号5	数据5

图8-3

字典中的键名就是这个数据编号的助记符。Python通过哈希函数来计算键名所对应的数据编号。通过哈希函数计算得到的值，称为哈希值。

> **编程小知识**
>
> 哈希（hash）函数又称为散列函数，函数的输入可为任意长度，函数的输出则为固定长度。通常来说，哈希函数的输出所占的空间会远小于输入的长度，这种从输入到输出的转换又被称为压缩映射。计算键名的哈希值，就是将字典中的键名转换为对应的数据编号。

如果键名是静态和不可变的，就能保证通过哈希函数计算时得到的都是相同的哈希值。如果键名是动态的数据类型，意味着在这个数据类型的生命周期内，它的值是变化的，这就不能保证计算得到的是相同的哈希值。因此，键名必须是静态的数据类型，以保证其哈希值的唯一性。当然，字典中的键值可以为任意数据类型。

实例代码

```
book = {"title":"遇见 Python", "price":89, "Chinese": True}
print(book)
```

输出结果

```
{'title': "遇见 Python", "price": 89, "Chinese":True}
```

8.1.3 字典的存储顺序与输出顺序

在Python 3.6版本前，字典键的输出顺序为随机输出。自Python 3.6版本起，字典键按其插入的先后顺序输出。Python中的字符串、列表与元组是顺序存储结构，元素的输出顺序与元素在表中的先后顺序一致。

实例代码

```
numbers = [1,2,3,4]
print(numbers)
```

输出结果

```
[1,2,3,4]
```

这里定义了一个列表变量numbers，列表值的输出顺序与元素在表中的先后顺序是一致的。

在Python 3.6版本之前，字典中键的输出顺序为随机输出。

实例代码

```
book = {"title":"遇见 Python", "price":89, "Chinese": True}
for key in book:
    print(key, book[key])
```

可能的输出结果

```
title 遇见 Python
Chinese True
price 89
```

自Python 3.6版本起，字典键的输出顺序与键名的插入顺序一致。

输出结果

title 遇见 Python
price 89
Chinese True

8.1.4 技术总结

本节主要包含以下5个重要的知识点。

① 字典结构是类似于目录索引的数据结构，是一个存储键-值对的集合。
② 不同于列表、元组等类型的序列结构，Python中的字典结构在计算机中是以无序、顺序表的方式进行存储的。
③ 字典中的键名是唯一的，键名的数据类型必须是静态的、只读的。
④ Python中的整型、浮点型、布尔型、字符和元组等都是只读的，列表、字典是动态的数据类型。
⑤ 字典中的键值可以为任意数据类型。

8.1.5 课后习题

（1）分别使用对象定义法和直接定义法来定义字典。
（2）谈谈你对字典的理解，生活中哪些事物类似字典这种结构？
（3）什么场合下应当使用字典类型？
（4）为什么字典中的键名必须是静态的数据类型？在Python中，哪些数据类型是静态的？
（5）谈谈你对静态数据类型、动态数据类型的理解。

8.2 字典的常用操作方法

本节主要介绍字典的常用操作方法，主要体现在数据的增、删、查、改上。

8.2.1 字典的查找

本小节主要介绍5种字典的查找形式。

- **查找字典的键是否存在：in、not in**

语法：键名 in 字典对象。返回值为布尔型，True表示键名存在，False表示键名不存在。逻辑运算符 not 与成员操作符in进行组合，与in相反，表示不存在。

实例代码

```
book = {"第一章": 1, "第二章": 3}
result = "第一章" in book          # 返回值 result 的值为 True
result = "第三章" in book          # 返回值 result 的值为 False
result = "第三章" not in book      # 返回值 result 的值为 True
```

- **查找字典的键所对应的键值：[]、dict.get(key, default=None)**

　　[]语法：字典对象[键名]。如果键名不存在，会引发键名不存在的异常。

实例代码

```
book = {"第一章": 1, "第二章": 3}
print(book["第一章"])              # 输出为 1
print(book["第三章"])              # 键 "第三章" 不存在，引发异常

# 先判断键名是否存在于字典对象中
# 如果存在，则打印键值
if "第一章" in book:
    print(book["第一章"])
else:
    print("键名第一章不存在")
```

　　字典的get()函数使用语法：dict.get(key, default=None)，表示获取键名key对应的键值，若键名不存在，则返回一个默认的键值或自定义的键值，默认的键值为None。

实例代码

```
book = {"第一章": 1, "第二章": 3}
book.get("第一章")                 # 键名 "第一章" 存在，直接返回键值 1
book.get("第三章", 25)             # 键名 "第三章" 不存在，返回自定义的键值 25
book.get("第四章")                 # 键名 "第四章" 不存在，返回默认的键值 None
```

- **查找字典的所有键名：dict.keys()**

　　keys()函数语法：dict.keys()。其功能是返回所有键名，返回值是一个dict_keys对象。

实例代码

```
book = {"第一章": 1, "第二章": 3}
keys_of_book = book.keys()
type(keys_of_book)
```

输出结果

```
<class 'dict_keys'>
```

　　在这段代码中，字典的keys()方法返回的是一个dict_keys对象，如何输出里面的每一个键值呢？
　　dict_keys是可迭代的对象，list或tuple类型的构造方法可接收一个可迭代对象，我们可以通过list()或tuple()方法将dict_keys转换为列表或元组对象。

实例代码

```
book = {"第一章": 1, "第二章": 3}
keys_of_book = list(book.keys())
print(keys_of_book)
keys_of_book = tuple(book.keys())
print(keys_of_book)
```

输出结果

['第一章','第二章']
('第一章','第二章')

- **查找字典中的所有键值：dict.values()**

  values()函数语法：dict.values()。其功能是返回所有键值，返回值同样为一个dict_values对象。

实例代码

book = {"第一章": 1, "第二章": 3}
values_of_book = list(book.values())
print(values_of_book)

输出结果

[1,3]

- **查找字典的所有键-值对：dict.items()**

  items()函数语法：dict.items()。其功能是返回所有键-值对，返回值为一个dict_items对象。dict_items保存的是形如[(键名,键值),(键名,键值)]格式的键-值对对象，dict_items也是一个可迭代的对象。

实例代码

book = {"第一章": 1, "第二章": 3}
pairs_of_book = list(book.items())
print(pairs_if_book)

输出结果

[('第一章', 1), ('第二章', 3)]

8.2.2 字典的修改

Python中字典的键是只读的，不能对键名进行修改，只能修改键名对应的键值。

- **修改字典的键值：[]**

  []语法：dict[键名] = 新的键值。

实例代码

book = {"第一章": 1, "第二章": 3}
book["第一章"] = 0
print(book["第一章"])

输出结果

0

如果键名不存在，则会创建一个新的键-值对。

实例代码

```
book = {"第一章": 1, "第二章": 3}
book["第三章"] = 5
print(book)
```

输出结果

{'第一章': 1, '第二章': 3, '第三章': 5}。

修改字典键值时，会执行以下操作。
(1) 查找键名是否存在。
(2) 如果键名存在，则直接修改键名对应的键值。
(3) 如果键名不存在，会在字典中插入一个新的键-值对(key, value)。

8.2.3 字典的添加

本小节主要介绍字典的3种添加操作。

- **添加新的键值：[]**

  []语法：dict[新键名] = 键值。如果键名已存在，则修改已有的键名所对应的键值。

实例代码

```
book = {"第一章": 1, "第二章": 3}
book["第三章"] = 5                    # 键名不存在，字典会插入一个新的键-值对("第三章", 5)
print(book)
```

输出结果

{'第一章':1,"第二章":3,"第三章":5}

- **dict.setdefault(key, default=None)**

  如果键名key已存在，则获取已有的键所对应的键值，否则会创建一个新的键名，新键名的默认键值为None。该方法返回值为键名所对应的键值。

实例代码

```
book = {"第一章": 1, "第二章": 3}
# 键名"第一章"存在于字典中
value_of_key = book.setdefault("第一章")
print(value_of_key)
```

输出结果

1

实例代码

```
value_of_key = book.setdefault("第三章")
print(value_of_key)
```

输出结果

None

键名"第三章"不存在于字典中，返回None。

实例代码

```
value_of_key = book.setdefault("第四章", 7)
print(value_of_key)
```

输出结果

7

键名"第四章"不存在于字典中，输出值为用户自定义的键值7。

- **使用字典或可迭代对象来更新字典：dict.update(dict/iterable)**

  update()语法：dict1.update(dict2/iterable)。该方法没有返回值，字典对象dict1被更新。如果键名存在，则字典对象dict1中键名的键值被更新为dict2或可迭代对象中对应的键值；如果键名不存在，则字典对象dict1添加新的键名与键值。

实例代码

```
# 定义 new_book 变量，表示新书的目录
new_book = {"第一章": 1, "第二章": 3, "第四章": 7}
# 定义 old_book 变量，表示旧书的目录
old_book = {"第一章": 1, "第二章": 2, "第三章":5}

# 使用新的字典 new_book 来更新字典对象 old_book
old_book.update(new_book)
print(old_book)
```

输出结果

{'第一章': 1, '第二章': 3, '第三章': 5, '第四章':7}

实例代码

```
# 定义可迭代对象 iterable_object
iterable_object = [("第一章", 1), ("第二章", 3), ("第四章", 7)]
old_book = {"第一章": 1, "第二章": 2, "第三章":5}

# 使用可迭代对象来更新字典对象 old_book
old_book.update(new_book)
print(old_book)
```

输出结果

{'第一章': 1, '第二章': 3, '第三章': 5, '第四章':7}

8.2.4 字典的删除

本小节介绍字典的3种删除方式。

- **删除字典中特定的键名：dict.pop(key)**

    pop()语法：dict.pop(key)。键名key必须存在于字典对象中，否则会抛出键名不存在异常，返回值为键名对应的键值。

实例代码

```
book = {"第一章": 1, "第二章": 3, "第三章": 5}
book.pop("第一章")  # 返回值为1
print(book)
```

输出结果

```
{"第二章": 3, "第三章": 5}
```

- **随机删除字典中的键：dict.popitem()**

    语法：dict.popitem()。返回值为被删除的键-值对，返回的数据类型为一个元组：(键名,键值)。

实例代码

```
book = {"第一章": 1, "第二章": 3, "第三章": 5}

# 随机删除字典 book 中的键
deleted_item = book.popitem()
print(deleted_item)
print(book)
```

输出结果

```
('第二章', 3), {"第一章": 1, "第三章": 5}
```

- **清空字典中所有的键：dict.clear**

    语法：dict.clear()。其功能为清空字典对象中所有的键，字典变成一个空字典。

实例代码

```
book = {"第一章": 1, "第二章": 3, "第三章": 5}
book.clear()
print(book)
```

输出结果

```
{}
```

8.2.5 查看字典方法的定义

读者可以打开交互模式，通过help()方法来查看元组方法的详细描述，以dict.clear()方法为例，直接输入help(dict.clear)，可以获取关于字典clear()方法的定义，如图8-4所示。

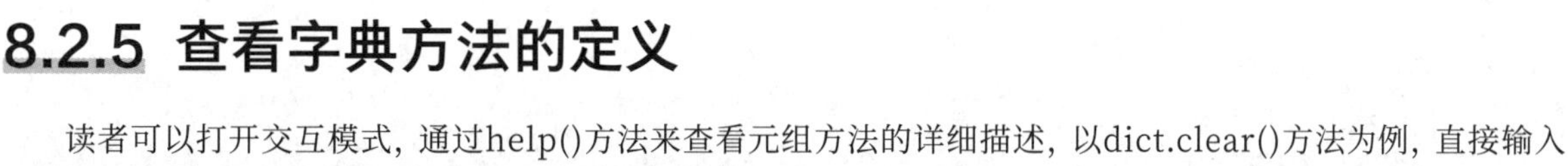

```
>>> help(dict.clear)
Help on method_descriptor:

clear(...)
    D.clear() -> None.  Remove all items from D.
```

图 8-4

8.2.6 技术总结

本节主要包含以下3个重要的知识点。

① 字典结构的常用操作方法归类：查找、修改、添加和删除。

② 使用[]操作符来获取键值，若键名不存在，会抛出异常。通常使用字典的get()方法来进行查找，这样可以避免键名不存在的异常发生。

③ 字典的keys()方法返回的是一个dict_keys对象，values()方法返回的是一个dict_values对象，items()方法返回的是dict_items对象，它们都是可迭代对象，可以作为列表或元组构造方法中的构造参数。

8.2.7 课后习题

（1）生活中的哪些事物比较类似于字典这种数据结构，试举出3个例子。

（2）使用in操作符及[]操作符来实现dict.get()方法的功能。

（3）说明使用[]操作符对键值进行修改时的主要逻辑。

（4）定义一个函数，假设参数分别为dict_object key、value, key表示键名，value表示键值，实现类似dict.setdefault()的功能。

（5）什么时候应该使用字典类型？试比较字典类型与列表、元组等序列结构类型的异同。

8.3 使用字典进行格式化

5.4节介绍了字符串的格式化。在字符串的格式化操作中，可以使用操作符%与字符串的format()方法对字符串进行格式化。在使用format()方法对字符串进行格式化时，主要有位置占位符和关键词占位符两种方式。本节主要介绍如何使用字典进行格式化。

8.3.1 格式化的方式

使用字典进行格式化操作时，是通过关键字占位符的方式来进行格式化。这里的关键字占位符即字典中的键名，键名出现在待格式化的字符串中。在对字符串进行格式化时，Python解释器将字符串中的键名访问替换为对应的键值。

- **使用"%(字典)"进行格式化**

在介绍利用字典进行格式化前，先举一个使用 %操作符和格式化符号进行字符串格式化的例子。

实例代码

```
string = " 我学习 %s 已经有 %d 天了 "
formatted_string = string % ("Python", 30)
print(formatted_string)
```

输出结果

" 我学习 Python 已经有 30 天了 "

再看用字典来进行格式化的例子。

实例代码

```
params = {"language": "Python", "days": 30}
string = " 我学习 %(language)s 已经有 %(days)d 天了 "
formatted_string = string % (params)
print(formatted_string)
```

输出结果

" 我学习 Python 已经有 30 天了 "

使用字典进行格式化的输出与使用%操作符和格式化符号进行格式化的输出是完全一样的，下面分析一下两者的区别。

第1个例子中的格式化符号"%s"对应于第2个例子中的"%(language)s"，可看出第2个例子中的格式化符号多了"(language)"，这里的language对应的是字典中的键名。同样，"%d"对应的是"%(days)d"，这里的days对应的也是字典中的键名。可以看出，格式化符号依然起格式化的作用，并且限定了格式化的数据类型，只是具体的值由字典中的键值替代。下面可以通过代码来验证。

实例代码

```
params = {"food": " 面包 ", "pocket_money": 16.88}
string = " 我今天买了个 %(food)s，这个月的零用钱只有 %(pocket_money)f 了 "
formatted_string = string % (params)
print(formatted_string)
```

输出结果

" 我今天买了个面包，这个月的零用钱只有 16.88 了 "

- **使用"format(字典)"进行格式化**

（1）给format()方法直接传递字典对象。

实例代码

```
book = {" 第三章 ": 75}
speaking = " 我现在看到第三章了，它在书本中的第 {book[ 第三章 ]} 页 ".format(book=book)
print(speaking)
```

输出结果

我现在看到第三章了，它在书本中的第 75 页

这里的format()格式化输出中，Python解释器将字符串中的模板字符串"{book[第三章]}"替换为字典book中的键名"第三章"所对应的键值75。模板字符串中的字典名与键名须与format()函数中的字典参数一一对应。键名不存在时，Python会抛出键名错误异常。

（2）使用**符号将字典展开。展开后的字典在format()函数中是形如"键名=键值"的形式。

实例代码

```
languages = {"language": "Python"}
speaking = " 我现在正在学 {language}".format(**languages)
print(speaking)
```

输出结果

我现在正在学 Python

在该format()格式化例子中，字典languages在format()中的实际展开形式为format(language="Python")。在格式化输出中，Python解释器将待格式化字符串中的模板字符串{language}替换为对应的键值languages["language"]，输出为Python。

读者也可以使用字典展开的形式对字符串进行格式化。

实例代码

```
speaking = " 我现在正在学 {language}".format(language="Python")
print(speaking)
```

输出结果

我现在正在学 Python

8.3.2 使用字典进行格式化操作的优点

在进行程序设计时，一个很重要的原则是程序的可读性。所谓可读性，即代码的可接受度、可理解度，代码越容易让人理解，表达的意思越明确，则可读性越高。程序良好的可读性体现在很多方面，譬如变量的命名、关键逻辑的注释、代码中的语义描述，等等。使用关键字占位符进行格式化操作，可以增强代码的可读性。

实例代码

```
string = " 这本书售价为 %d"
string = " 这本书售价为 {price}"
```

这里定义了两个字符串变量，第1个字符串变量包含的是格式化符号%，第2个字符串变量包含的是模板字符串{price}。相比于格式化符号%d，模板字符串{price}的可读性更强，在阅读代码时，我们可以马上知道要格式化的是书的价格这个属性。

8.3.3 技术总结

本节主要包含以下4个重要的知识点。

① 可以使用%操作符及format()方法对字符串进行格式化。

② 使用字典进行格式化操作是通过关键字占位符的方式来实现的。这里的关键字占位符即字典中的键名，Python解释器将字符串中的模板字符串替换为对应的键值。

③ 代码越容易让人理解，表达的意思越明确，则可读性越高。

④ 使用关键字占位符进行格式化操作，可以增强代码的可读性。

8.3.4 课后习题

（1）对字符串进行格式化有哪些方法？

（2）使用字典进行格式化有哪些优点？

（3）你比较喜欢哪种格式化方法？为什么？

（4）你如何理解代码的可读性？

8.4 程序实战：再见街霸

本节主要练习字典的程序编写，同样需要读者了解折半查找的原理。

8.4.1 折半查找

4.3.2小节举了一个简单的例子：对顺序存储结构的数据集合进行排序，然后利用折半查找算法快速查找元素。7.4.1小节讲解了冒泡排序。本节继续介绍折半查找算法，以快速查找街霸中的英雄。

所谓折半查找，又叫二分查找，是基于有序集合做分段的查找。以下是一个有序的集合，已知集合的长度为 n，但是不知道集合中的元素值。假设要查找元素值13的索引，现在开始分段查找。

?	?	?	?	?	?	?	?	?	?	?

在集合的中间位置开始分段。此时集合被分成了两段，取出中间位置的值与待查找的元素13进行比较，如果大于13，因为集合是升序的结构，所以右半段的值必然大于中间位置的值，由此可推断待查找的元素只可能存在于左半段区间中，我们只需在左半段区间中进行查找。

左半段 ↓ 右半段

?	?	?	?	?	?	?	?	?	?	?

接下来重复分段查找操作，在剩下的分段中继续从中间位置来进行分段查找。

在查找的过程中，如果元素值与待查找的值相等，则停止查找，否则不断重复分段查找的过程。

折半查找算法的关键点有以下两点。

（1）数据集合必须是有序的顺序存储结构。
（2）不断更新待查的中间位置索引、起始位置的索引、结束位置的索引。

8.4.2 代码编写

在本节的程序实战中，利用冒泡排序及折半查找，根据英雄的伤害值查找特定的街霸英雄。请读者按照以下步骤来进行程序的实操。

01 在D盘的python-learning目录中创建 chapter8目录，同时在chapter8目录中创建bye_street_fighter.py 文件。输入以下代码。

实例代码

```
#-*- coding:utf-8 -*-
# __filename__ = "bye_street_fighter.py"
# __author__ = " 薯条老师 "
# __date__ = "2019-09-09"

# 导入 random 模块，用来获取随机数
import random

# 冒泡排序函数
def bubble_sort(street_fighters):
    '''
    :param street_fighters: 这里的 street_fighters 是函数的输入，保存的是街霸英雄
```

```python
    :return: void
    '''

    # 执行 Python 的内置函数 len() 来获取列表的长度
    fighters_size = len(street_fighters)

    # 定义变量 compare_loops 来保存比较的轮数
    compare_loops = 0

    while compare_loops < fighters_size-1:

        # 定义变量 index 用来保存气泡的索引,索引值会不断递增
        # 这样才能实现相邻气泡比较的逻辑
        index = 0

        while index < (fighters_size-1-compare_loops):
            # 相邻气泡两两比较,这里实际比较的是街霸英雄的武力值
            if street_fighters[index][0] > street_fighters[index+1][0]:
                # 如果当前气泡大于前面的气泡,则互换位置
                street_fighters[index], street_fighters[index+1] = street_fighters[index+1], street_fighters[index]
            index += 1

        compare_loops += 1

# 定义二分查找函数
def binary_search(street_fighters, harm):
    '''
    :param street_fighters: 已排序的列表
    :param harm: 待查的伤害值
    :return: 返回伤害值所对应的街霸英雄
    返回值是一个元组类型,格式举例: (88, {"name": " 春丽 "})
    '''

    # 执行 Python 的内置函数 len() 来获取列表的长度
    fighters_size = len(street_fighters)

    start_index = 0
    end_index = fighters_size -1

    # 将起始位置的索引与结束位置的索引相加,再对 2 进行整除,可得到中间位置的索引
    index = (start_index + end_index) // 2

    # 在循环中会不断更新中间位置 index 的值、起始位置的值、结束位置的值
    # 如果起始索引 start_index 的值比结束索引的值还大,说明已经查完了所有区间
    # start_index 与 end_index 进行关系运算的结果为一个布尔型值
    # 布尔值为真,则继续执行循环代码,布尔值为假,则退出循环
```

```python
    while start_index <= end_index:
        # 如果中间位置的值等于待查的值，则直接返回
        if street_fighters[index][0] == harm:
            # 在函数中使用 return 来返回值
            return street_fighters[index]

        # 如果中间位置的值大于待查找的值
        elif street_fighters[index][0] > harm:
            # 那么从左半段开始查起，此时结束位置的索引变为中间位置的索引
            end_index = index - 1
            # 更新中间位置的索引
            index = (start_index + end_index) // 2
        else:
            # 否则从右半段开始查起，此时起始位置的索引变为中间位置的索引
            start_index = index + 1
            index = (start_index + end_index) // 2

    # 退出循环时未查到，则返回 None 值
    return None

def main():
    '''
    :return:void
    '''

    # 定义一个列表，列表中的元素是元组
    # 元组中第一个元素是街霸英雄的武力值，第二个元素是一个字典
    # 字典的键名是 name，键值是街霸英雄的姓名
    street_fighters = [
                (98, {"name": " 隆 "}),
                (95, {"name": " 刚拳 "}),
                (99, {"name": " 豪鬼 "}),
                (90, {"name": " 维加 "}),
                (88, {"name": " 春丽 "}),
                (85, {"name": " 神月卡琳 "}),
                (87, {"name": " 巴洛克 "})
            ]

    # 使用冒泡排序方法将列表按升序进行排序
    bubble_sort(street_fighters)

    while True:
        # 输入街霸英雄的伤害值，必须输入有效的数字或 quit，否则会抛出异常信息
        user_input = input(" 输入街霸英雄的伤害值 ( 输入 quit 退出查询系统 ):____\b\b\b\b")

        # 如果用户的输入为 quit，则退出街霸英雄的查询系统
```

```
        if user_input.lower() == "quit":
            break

        harm = int(user_input)
        # 使用折半查找算法，查找伤害值为 88 的街霸英雄
        hero = binary_search(street_fighters, harm)
        if hero:
            print(" 伤害值 {} 对应的英雄是 {}".format(harm, hero[1]["name"]))
        else:
            print(" 伤害值 {} 对应的英雄不存在 ".format(harm))

if __name__ == "__main__":
    main()
```

02 进入Windows命令行，切换到目录D:\python-learning\chapter8中，执行python bye_street_fighter.py命令，如图8-5所示。

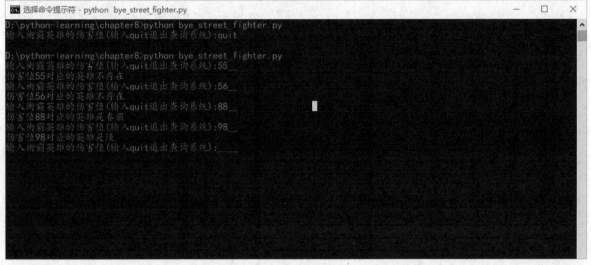

图 8-5

第 9 章

 教学视频 3个 9分钟

Python 中的集合

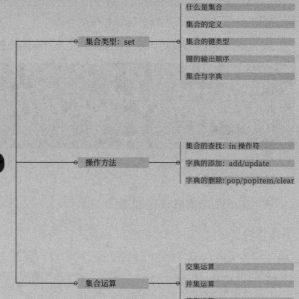

9.1 集合类型详解

前面的章节中曾提及数据集合这个概念。所谓的数据集合就是一个容器,这个容器中装了数据。集合的本质是个容器,凡是能转化为容器这种概念的,都可以称为集合。

在Python中,集合与字典非常相似,它们都用来进行元素的快速查找,只不过集合中只有键,没有键值。字典中的键都是唯一的,集合亦然。由此可知,Python中的集合保存的都是不重复的键。这一点不同于列表和元组,列表和元组可以保存重复的数据。

实例代码

```
numbers = [1,2,3,3]
# 定义了一个列表,列表中可以保存重复的数据
```

可以说,列表也是一种集合,它是广义的集合。本节要介绍的集合类型是Python中的基本数据结构,它保存的是不重复的键。关于这一点,读者要区分开来。

9.1.1 集合的定义

在Python中可使用对象定义法和直接定义法对集合进行定义。对象定义法使用"类型名()"的语法形式来进行定义,直接定义法使用类型名的别名符号来进行定义。集合类型在Python中对应的类型名是set,类型别名符号为花括号{}。

在交互模式中输入help(set),查看集合类型的描述及定义,如图9-1所示。

```
Help on class set in module builtins:

class set(object)
    set() -> new empty set object
    set(iterable) -> new set object

    Build an unordered collection of unique elements.
```

图 9-1

- **对象定义法**

使用set()方法构造一个空的集合。

实例代码

```
set_variable = set()
print(set_variable)
```

输出结果

```
set()
```

使用set(iterable)方法可以给构造方法传递一个可迭代的对象,以此来定义一个有值的集合。

实例代码

```
# 字符串是一种可迭代对象
set_variable = set("123")
print(set_variable)
```

可能的输出结果

{'2', '3', '1'}

注意，集合键的输出顺序是随机的，这点不同于字典，字典键的输出顺序与插入顺序一致。

实例代码

```
# 列表是一种可迭代对象
set_variable = set([1,2,3])
print(set_variable)
```

可能的输出结果

{2, 3, 1}

实例代码

```
# 元组是一种可迭代对象
set_variable = set((1,2,3))
print(set_variable)
```

可能的输出结果

{2, 3, 1}

实例代码

```
# 字典是一种可迭代对象
set_variable = set({1:'a',2:'b', 3:'c'})
print(set_variable)
```

可能的输出结果

{2, 3, 1}

另外，当传递的是字典类型的参数时，Python会将字典中的键逐一添加到集合中。

- **直接定义法**

  直接使用集合的别名符号{}可以对集合进行定义。在{}中，键以英文的逗号进行分隔。

实例代码

```
stars = {' 张三 ',' 李四 ',' 王五 '}
print(stars)
```

输出结果

{' 张三 ',' 李四 ',' 王五 '}

注意，不能使用{}符号来定义空的集合，因为字典的类型别名符号也是{}，使用{}定义的是空字典，而非空集合。

实例代码

```
stars = {}
print(type(stars))
```

输出结果

```
<class 'dict'>
```

从输出结果可知，使用{}符号定义的是一个字典。

9.1.2 集合中的键类型

同字典中的键一样，集合中的键也必须是静态的、只读的，否则会引发类型错误。

目前学过的数据类型中，整型、浮点型、布尔型、字符串和元组都是只读的，列表、字典、和集合都是可变类型。

9.1.3 集合键的输出顺序

集合键的输出顺序是随机的，这一点不同于字典。关于键的输出机制，需要进一步学习Python中的字典及集合类型的底层数据结构——哈希表的实现。

9.1.4 集合的意义

扫码看视频

字典保存的是键-值对，而集合保存的只是键名。通过字典，我们能实现快速的索引查找；通过集合类型，我们同样能快速查找集合中的元素，还能快速地进行数学上的交集、并集、差集等运算。

可以通过字典中的键快速查找键名对应的键值。下面以汉语字典来举例。

实例代码

```
# 定义汉语字典变量
Chinese_dictionary = {" 中 ": 66, " 国 ": 88, " 人 ": 99}
# 在汉语字典中快速查找"中"字的页码
page_no = Chinese_dictionary[" 中 "]
# 在汉语字典中快速查找"国"字的页码
page_no = Chinese_dictionary[" 国 "]
# 在汉语字典中快速查找"人"字的页码
page_no = Chinese_dictionary[" 人 "]
```

从以上代码可看出，字典类型相当于目录式的索引结构。使用in操作符，集合也能快速查找，但只是查找键名是否存在，并不关心键所对应的值。

实例代码

```
# 定义 super_stars 变量，是个集合类型，保存了若干人名
```

```
super_stars = {"张三","李四","王五","小明","小华","小红"}
result = "小芳" in super_stars        # 返回值为 False,小芳不存在于这个 super_stars 集合中
```

从以上代码可以看出,在可以同时使用字典和集合来定义变量进行快速查找的情况下,如果关心的只是键是否存在,那么应当使用集合数据类型,否则应当使用字典。相比字典,集合保存的只是键,所以更节省内存空间,这是集合的意义之一。

9.1.5 技术总结

本节主要包含以下6个重要的知识点。

① 集合的类型名是set,类型别名符号是{}。
② 可以使用对象定义法、直接定义法来对集合进行定义。
③ Python中的集合保存的只是键名,在只需快速查找键是否存在时应当使用集合类型。
④ 迄今为止学过的静态类型:整型、浮点型、布尔型、字符串和元组。Python中的可变类型:列表、字典和集合。
⑤ 集合中的键只能是静态的、不可变的数据类型。
⑥ 集合中的键输出顺序是随机的,字典中的键输出顺序与插入顺序一致。

9.1.6 课后习题

(1) 集合的类型名是什么?分别使用对象定义法和直接定义法来定义集合变量。
(2) 生活中的哪些事物比较类似集合这种数据结构,请至少举出3个例子。
(3) 将你列举的习题(2)中的例子使用Python中的集合类型来进行定义。
(4) 简述字典与集合类型的区别。
(5) 什么场景下应当使用字典?什么场景下应当使用集合?
(6) 迄今为止学过的数据类型中,哪些是可迭代的对象?
(7) 为什么集合中的键必须是静态的数据类型?
(8) 你是怎么理解集合这种数据类型的?

9.2 集合的常用操作方法

集合的操作方法有很多,本节将一一进行详细介绍。

9.2.1 集合的查找

查找集合的键是否存在使用in和not in操作符。操作语法为"键名 in 集合对象"。返回值为布尔型,True表示键名存在,False表示键名不存在。逻辑运算符not与成员操作符in进行组合,与in相反,表示不存在。

实例代码

```
# 定义集合变量 students
students = {" 小明 ", " 小丽 "," 小紫 ", " 小川 "}
result = " 小川 " in students              # 返回值 result 的值为 True
result = " 小美 " in students              # 返回值 result 的值为 False
result = " 小邓 " not in students          # 返回值 result 的值为 True
```

> **笔者有话说**
> 集合中的元素（键）是静态的，不能对其进行修改。集合中的元素相当于字典中的键，但是没有键值。

9.2.2 集合的添加

本节介绍集合的两种添加方法。

- **将键名 key 添加至集合中：set.add(key)**

无返回值。key必须是静态的数据类型，否则Python解释器会抛出类型错误异常。

实例代码

```
# 定义集合变量 students
students = {" 小明 "}
students.add(" 小美 ")
students.add(" 小丽 ")
print(students)
```

输出结果

```
{' 小明 ', " 小美 ", " 小丽 "}
```

注意，key必须是静态的数据类型，否则会报类型错误。

实例代码

```
# 定义集合变量 students
students = {" 小明 "}
students.add([" 小美 "])
```

在这段代码中，给add()函数传递列表类型参数，Python抛出了类型错误，因为集合中的键只支持静态的数据类型。

- **使用可迭代对象来更新集合：set.update(iterable)**

使用Python中的可迭代对象来更新集合中的值。可迭代对象有字符串、列表、元组、字典和集合。

实例代码

```
# 定义 students 变量，表示学生这个集合
students = {" 小明 "}
```

```python
# 传递字符串类型参数
students.update("ABC")
print(students)
```

输出结果

```
{' 小明 ', 'B', 'C', 'A'}
```

实例代码

```python
# 定义 students 变量，表示学生这个集合
students = {" 小明 "}

# 传递列表类型参数
students.update([" 小美 "," 小丽 "])
print(students)
```

输出结果

```
{' 小明 '," 小美 "," 小丽 "}
```

实例代码

```python
# 定义 students 变量，表示学生这个集合
students = {" 小明 "}

# 传递元组类型参数
students.update((" 小美 "," 小丽 "))
print(students)
```

输出结果

```
{' 小明 '," 小美 "," 小丽 "}
```

实例代码

```python
# 定义 students 变量，表示学生这个集合
students = {" 小明 "}

# 传递字典类型参数
students.update({" 小美 ": 85," 小丽 ": 90})
print(students)
```

输出结果

```
{' 小明 '," 小美 "," 小丽 "}
```

实例代码

```python
# 定义 students 变量，表示学生这个集合
```

```
students = {" 小明 "}

# 传递集合类型参数
students.update({" 小美 "," 小丽 "})
print(students)
```

输出结果

```
{' 小明 '," 小美 "," 小丽 "}
```

9.2.3 集合的删除

下面介绍集合的3种删除操作。

- **随机删除集合中的键名：set.pop()**

  集合必须是一个有值的集合，否则会报错，返回值为被删除的键名。

实例代码

```
# 定义集合变量 students，表示学生这个集合
students = {" 小明 ", " 小丽 "," 小紫 ", " 小川 "}
student = students.pop()
print(student)
```

输出结果

```
" 小川 "
```

注意，集合不能是一个空集合，否则会报错。

实例代码

```
# 定义空集合变量 students
students = set()
student = students.pop()
```

执行上述代码时，Python解释器会抛出键错误异常，指示不能对空集合执行pop操作。

- **移除集合中特定的键：set.remove(key)**

  移除集合中的键key，无返回值。待移除的键必须存在于集合中，否则会抛出键名不存在异常。

实例代码

```
# 定义集合变量 students，表示学生这个集合
students = {" 小明 ", " 小丽 "," 小紫 ", " 小川 "}
students.remove(" 小明 ")
print(students)
```

输出结果

```
{" 小丽 "," 小紫 "," 小川 "}
```

实例代码

```
# 定义集合变量 students，表示学生这个集合
students = {" 小明 "," 小丽 "," 小紫 "," 小川 "}
students.remove(" 小美 ")
```

在执行上述代码时，由于键名"小美"不存在于集合中，故抛出键名不存在的异常。

- **清空集合中所有的键：set.clear**

  清空集合对象中所有的键，集合变成一个空的集合。

实例代码

```
# 定义集合变量 students，表示学生这个集合
students = {" 小明 "," 小丽 "," 小紫 "," 小川 "}
students.clear()
print(students)
```

输出结果

```
{}
```

9.2.4 集合的交集/并集/差集/补集

本节主要介绍通过Python中的集合类型来实现数学上的交集、并集、差集和补集运算。

- **交集运算**

  交集指的是获得两个集合中共有的元素，在Python中使用"&"操作符来实现交集运算。

实例代码

```
# 定义集合变量 numbers1
numbers1 = {1,2,3,4,5}
# 定义集合变量 numbers2
numbers2 = {3,4,5,6,7}

# 对两个集合进行交集运算
numbers_inter = numbers1 & numbers2
print(numbers_inter)
```

输出结果

```
{3,4,5}
```

在上述代码中，定义了集合变量numbers1:{1,2,3,4,5,6}和集合变量numbers2:{3,4,5,6,7}，两者共有的元素是3、4、5，做交集运算时得到的结果就为{3,4,5}。

- **并集运算**

  并集指的是将两个集合中的元素进行合并，在Python中使用"|"操作符来实现并集运算。

实例代码

```
numbers1 = {1,2,3,4,5}
numbers2 = {3,4,5,6,7}
# 对两个集合进行并集运算
numbers_union = numbers1 | numbers2
print(numbers_union)
```

输出结果

```
{1,2,3,4,5,6,7}
```

并集运算是将集合中的元素合并到一个新的集合中，因为集合中的键是唯一的，所以计算得到的结果是{1,2,3,4,5,6,7}。

- **差集运算**

差集指的是对两个集合做减法运算，直接用算术运算符"-"来实现差集运算。假设有集合A与集合B，它们的差集是属于A但不属于B的元素的集合。

实例代码

```
numbers1 = {1,2,3,4,5}
numbers2 = {3,4,5,6,7}
# 对两个集合进行差集运算
numbers_difference = numbers1 - numbers2
print(numbers_difference)
```

输出结果

```
{1,2}
```

上述代码中定义的集合变量numbers1的元素为1,2,3,4,5，集合变量numbers2的元素为3,4,5,6,7。numbers1与numbers2的交集是3,4,5，差集运算就是在集合numbers1中减去交集，即{1,2,3,4,5}-{3,4,5}，所以结果为{1,2}。

- **补集运算**

在解释补集的概念之前，先来看一段代码。

实例代码

```
numbers1 = {1,2,3}
numbers2 = {4,5,6}
# 对两个集合进行并集运算
numbers_union = numbers1 | numbers2
# 此时 numbers_union 为 {1,2,3,4,5,6}

# 对集合 numbers_union 和 numbers1 进行差集运算
numbers_difference = numbers_union - numbers1
print(numbers_difference)
```

输出结果

```
{4,5,6}
```

上述代码中计算得到的numbers_difference就是集合numbers1对于numbers_union的补集。补集是差集的特例，假设有集合A和B，要计算B集合对于A集合的补集，B集合中的元素必须被包含于集合A中。

注意，补集可以是空集。

实例代码

```
numbers1 = {1,2,3}
numbers2 = {1,2,3}
empty_set = numbers1 - numbers2
# 此时 numbers1 - numbers2 的结果为空集 set()
```

9.2.5 查看集合方法的定义

读者可以打开交互模式，通过help()方法来查看集合方法的使用及描述，以set.remove()方法为例，直接输入help(set.remove)，可以获取集合remove()方法的定义，如图9-2所示。

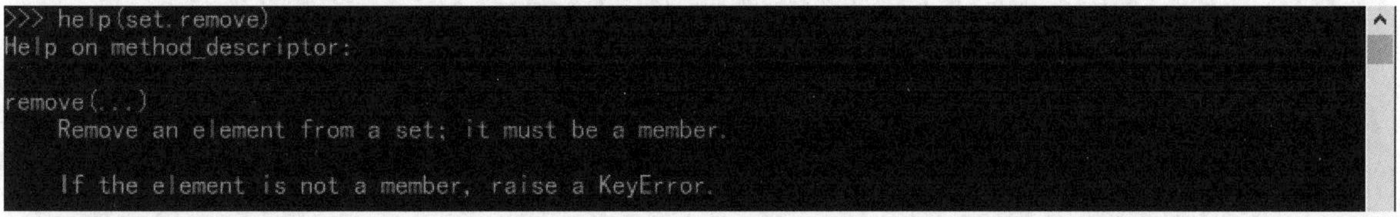

```
>>> help(set.remove)
Help on method_descriptor:

remove(...)
    Remove an element from a set; it must be a member.

    If the element is not a member, raise a KeyError.
```

图 9-2

9.2.6 技术总结

本节主要包含以下4个重要的知识点。

① 集合结构的常用操作方法归类：查找、修改、添加、删除。
② 可以使用集合类型做数学上的交集、并集、差集和补集运算。
③ 补集是差集运算的特例。
④ 集合中的元素（键）是静态的，不能对其进行修改。集合中的元素相当于字典中的键，但是没有键值。

9.2.7 课后习题

（1）使用直接定义法定义两个集合变量，再计算它们的交集、差集和补集。
（2）集合中的键为什么不可以修改？
（3）使用集合的remove()方法时，如果键不存在会抛出异常信息，可以通过什么方式来避免键名不存在的异常发生？

9.3 使用字典或集合实现更快的查找

使用字典或集合可以进行更快的查找。这里的更快是相对于列表或元组来说的，从它们的底层数据结构来看，列表和元组是一种顺序存储的序列结构。例如：

1	'a'	2.0	'b'	'c'	True	3	4.0	False

假设要在列表或元组中查找某一个元素是否存在，在数据无序的前提下，程序需要从头到尾进行遍历查找，假设待查的元素位于尾部，那么程序要全部遍历一次才能查找到。

为了加快这种顺序存储结构的查找过程，我们可以先让数据集合中的元素有序，然后利用折半查找等算法进行快速查找。那么怎么对查找过程的快慢进行度量？

9.3.1 时间复杂度

为了对算法的运行时间进行度量，数据结构中引入了时间复杂度这个概念。所谓时间复杂度，是对程序的执行时间，用数学上的函数来进行估计。

函数是从输入到输出的转换。时间复杂度函数的输入是数据集合的大小，假设数据集合的大小为n，那么时间复杂度就是关于n的函数。常用的时间复杂度有常数复杂度、对数复杂度、线性复杂度和平方复杂度，n是数据集合的大小，假设关于n的时间复杂度函数为f。

伪代码

```
# 第一类，无论输入 n 怎么变，输出永远为 1，在数据结构中叫作常数复杂度
f(n) = 1

# 第二类，输出是关于输入 n 的以 2 为底的对数，叫作对数复杂度
f(n) = log₂n
# 假设 n 为 4, 那么 f(4) = 2

# 第三类，函数的输出与 n 是线性的关系，叫作线性复杂度
f(n) = n
# 假设 n 为 4, 那么 f(4) = 4

# 第四类，函数的输出是输入 n 的平方，叫作平方复杂度
f(n) = n²
# 假设 n 为 4, 那么 f(4) = 16
```

这里假设的输入大小为4，读者也可以多测试几组其他的n值。无论输入值大小如何，这些时间复杂度函数总能满足这样的一种关系：常数复杂度≤对数复杂度≤线性复杂度≤平方复杂度。读者可以先记住这种关系，建立初步的认识。若想进一步学习，读者可以学一下数据结构这门课程。

9.3.2 使用时间复杂度对查找性能进行度量

下面用时间复杂度来度量列表或元组的查找过程。这里再强调一点：时间复杂度度量的是算法在最坏的情况下，需要耗费的执行时间。

前面已提及，要在无序的列表中查找某一个元素，假设列表的大小为n，在最坏的情况下，待查找的元素位于尾部或不存在，那么最多需要查找n次，这显然是一个线性复杂度。

在对无序的列表进行排序以后，使用二分查找算法来进行查找，这是一个对数复杂度。为什么是对数复杂度？

二分查找的本质是分段查找，每次只在数据集合中的一半区间进行查找。举个简单的例子，假设数据集合的大小为8，第一次在中间位置进行查找后，第二次只需在前4个或后4个元素中进行查找。以此类推，每次只在一半的集合区间中进行查找，因此这是一个对数复杂度。

9.3.3 使用字典或集合更快地查找

在Python的底层实现中，对字典或集合中的键进行了高效的映射，这里的映射是指通过哈希的方式，将键与内存哈希表中的编号进行直接映射。这样在查找时就无须与集合中的其他元素进行逐一比较（列表或元组等数据结构的查找方式），Python直接根据待查找的键来计算出键名的哈希值，再取出哈希值的最末几位作为哈希表中的编号，如果编号有效，再比较编号对应的数据块中存储的键名是否相等，如果不相等，说明在哈希的过程中出现了冲突。

Python在出现冲突时会继续从哈希值的特定字节中取出对应的编号，然后从编号对应的数据块中再做一次键名的匹配。图9-3所示为一张简化的哈希表结构，读者可根据此图来理解哈希的查找过程，先计算键的哈希值，从哈希值中取出对应的编号，然后直接从编号对应的内存块中进行查找。

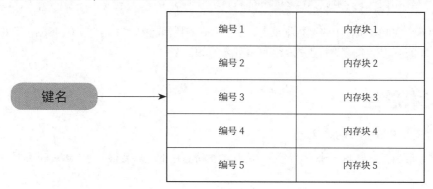

图 9-3

字典或键的映射过程与数据集合的大小无关。从理论上来说，字典或集合的查找时间复杂度是一个常数复杂度，只需计算键名的哈希值，然后直接在数据表中进行查找。

但在实际中，由于多个键名可能映射到哈希表中的同一个编号，会产生冲突，所以对查找的性能会带来一定影响。下面写一段简单的代码来比较列表和集合的查找性能。

实例代码

```
# -*- encoding:utf-8 -*-
# __author__ = "薯条老师"
# __date__ = "2019-09-10"

# 导入 time 模块，执行 time 模块中的 clock() 方法来获取程序的 CPU 执行时间
import time

list_data = []
set_data = set()

# 使用 Python 中的 for 循环结构，分别向列表和集合中添加 100 万个数据
for _ in range(1, 1000000):
    list_data.append(_)
    set_data.add(_)

# 获取在列表中查找前的 CPU 时间
start = time.clock()
```

```
_ = 1000000 in list_data

# 获取在列表中查找后的 CPU 时间
end = time.clock()

# end-start 就为查找过程中所耗费的查询时间
print(" 使用列表查找消耗的 CPU 时间 {}".format(end-start))

start = time.clock()
_ = 1000000 in set_data
end = time.clock()
print(" 使用集合查找消耗的 CPU 时间 {}".format(end - start))
```

运行这段代码，在笔者机器上的运行结果为：使用列表查找消耗的CPU时间0.01486s，使用集合查找消耗的CPU时间0.00025s，使用集合进行查找的速度是列表的59倍左右。

9.3.4 技术总结

本节主要包含以下5个重要的知识点。

① 为了加快顺序存储结构的查找过程，可以先让数据集合中的元素变得有序，然后利用折半查找等算法进行快速查找。

② 时间复杂度是将程序的执行时间用数学上的函数进行估计。

③ 常用的时间复杂度有常数复杂度、对数复杂度、线性复杂度和平方复杂度。

④ 时间复杂度度量的是算法在最坏的情况下，需要耗费的执行时间。

⑤ 在没有出现哈希冲突的情况下，字典或集合中的查找复杂度是常数复杂度。

9.3.5 课后习题

（1）阐述集合类型与字典类型的异同。
（2）为什么字典与集合会比序列型结构查找得更快？

9.4 程序实战：搜索小萝莉

扫码看视频

本节主要针对本章内容并基于词典的正向匹配算法来进行程序实战练习。

9.4.1 基于词典的正向匹配算法

本节教读者写简单的中文分词器，使用中文分词器能将一段文字拆分成一个个的词语。在写出这个中文分词器之前，先介绍一下基于词典的正向匹配算法。

- **基于词典**

所谓基于词典，是指根据词典中的词语来分词，即分出来的词只能出现于词典中。

实例代码

```
# 定义词典集合
dictionary = {" 中国 "," 人 "}
```

这里定义了词典集合dictionary，那么分词的时候就是根据词典集合中的内容来进行分词。例如，将"我是中国人"进行分词，由于词典中只有"中国"和"人"，那么显然，文本只能被分成"中国"和"人"。

怎么把"我"分出来呢？很简单，把"我"加入dictionary这个集合中即可。

实例代码

```
# 定义词典集合
dictionary = {" 中国 "," 人 "," 我 "}
```

- **正向匹配**

正向指在文本中按从左到右的顺序，根据最大的分词宽度进行分词，这里的最大分词宽度是词典中长度最长的词语的长度。匹配是将上一步分词的结果与词典中的词进行匹配。

若匹配成功，则以词的结束位置作为起始位置，继续进行分词匹配。

若匹配失败，则将分词的最大宽度减1，分词的起始位置不变，继续进行正向匹配，直到分词的长度为0。

分词的最大宽度为0以后，将起始位置向前移动一个位置，重复进行上述的分词步骤。假如要分词的文本是"我是中国人"，词典是{"中国", "人"}，显然词典中宽度最长的词为"中国"，其长度为2，现在一步步地将分词算法使用文字来进行描述。

（1）文本输入为"我是中国人"，起始位置为"我"。
（2）以词典中的最大宽度2来进行分词，此时分词的结果为"我是"。
（3）"我是"不在词典中，然后将分词的最大宽度减1，此时分词的最大宽度为1。
（4）以词典中的最大宽度1来进行分词，此时分词的结果为"我"。
（5）"我"不在词典中，将分词的最大宽度减1，此时分词的最大宽度为0。
（6）分词的最大宽度为0以后，将起始位置向前移动一个位置。
（7）此时文本输入为"是中国人"，起始位置为"是"。
（8）重复进行步骤（1）～（7）。

在分词过程中，若匹配成功，则将词的结束位置作为起始位置，继续进行上述的正向匹配。

9.4.2 代码编写

01 在D盘的python-learning目录中创建 chapter9目录，在chapter9目录中创建hit_girl.py 文件，并且输入以下代码。

实例代码

```
# __filename__ = "hit_girl.py"
# __author__ = " 薯条老师 "

# 定义 sentence 变量，我们在代码中会对这段描述进行分词
sentence = '''
hit girl, 正义联盟中的成员, 在联盟中排行第五, 她是一个内心善良又极富正义感的天使。她从小就乐于助人, 匡扶正义, 人人都喜欢 hit girl。
```

```python
'''
# 定义的分词器函数
def cut(text):
    '''
    :param text: 待分词的文本
    :return: 返回分词列表
    '''
    words = []
    # 将 text 变量作为判断条件，如果 text 为空值，则停止循环
    # 在循环中不断对 text 变量进行切片
    while text:
        # 定义 word_not_in_dictionary 布尔型变量，用来判断是否分词成功
        word_not_in_dictionary = True
        # 执行 range() 函数会生成一个整数序列，
        # 读者可以查阅官方文档，来了解 range() 函数的用法
        # 这里的 range() 函数为生成一个倒排序列，如 6,5,4,3,2,1
        for index in range(THE_MAX_LENGTH_OF_WORD, 0, -1):
            # 对文本按最大宽度进行切片
            word = text[:index]
            # 如果切片分出来的词语在词典集合中，就保存到列表 words 变量中，并且退出 for 循环
            # 在集合中进行快速查找
            if word in DICTIONARY:
                words.append(word)
                text = text[index:]
                word_not_in_dictionary = False
                break
        if word_not_in_dictionary:
            # 如果匹配失败，则将文本的起始位置向前移动一个位置，重复进行上述的分词步骤
            text = text[1:]

    return words

if __name__ == "__main__":

    # 在 __main__ 中定义的变量，在其他函数中可以直接引用

    # 定义词典，用来保存分词的词语，读者也可以自行加入其他词语
    DICTIONARY = {" 正义 "," 天使 "," 乐于助人 ", }
    # 词典中最长的词为 " 乐于助人 "，长度为 4
    THE_MAX_LENGTH_OF_WORD = 4
    # 执行 cut() 函数对文本进行分词
    words = cut(sentence)
    print(words)
```

02 进入Windows命令行，切换到目录D:\python-learning\chapter9中，执行 python hit_girl.py命令。

输出结果

['海扁王 ', ' 科洛·莫瑞兹 ', ' 小女孩 ', ' 训练 ']

第 10 章

教学视频 8 个 17 分钟

Python 中的控制语句

- 条件控制
  - 什么是条件控制
  - if/elif/else 语句
  - if 语句的三元运算
- 循环控制
  - 什么是循环控制
  - for 循环结构
  - while 循环结构
- 转向控制
  - 什么是转向控制
  - break 语句
  - continue 语句
  - return 语句

10.1 Python 中的控制语句

这里的控制指的是对程序的执行流程通过某种手段加以控制。在程序的执行过程中，Python解释器从上到下扫描源文件中的内容，扫描的过程中将源代码转译成字节码指令。将字节码指令载入内存以后，再逐条执行。在理解何谓控制语句前，先看个简单的例子。

实例代码

```
greeting = "hello world"
print(greeting)
```

Python 解释器先扫描第一行greeting = "hello world"，这是一个赋值语句。扫描第二行代码，执行print() 函数，print() 函数会将变量greeting指向的内容输出到屏幕。

这是一个从上到下的执行过程，可以想象，即便文件中存在成千上万行代码，程序也是从上到下逐行解析执行的。

在不加以控制的情况下，这样的代码毫无逻辑可言，它只是机械地顺序执行文件中的代码，而不能根据某种状态值来执行相应的操作。

那么有没有一种控制语句，使得我们在编程时可以对程序的执行流程进行控制？这样的控制指令自然是有的，Python中的条件控制语句可以实现这样的操作。可以为代码加条件控制，即当满足什么样的条件时，就执行什么样的操作。

条件表达式的状态值要能转换为逻辑上的真或假。如果状态值为真，就执行相应的操作；状态值为假，就继续判断其他条件。继续看代码实例，以加深理解。

实例代码

```
greeting = "hello world"
# 定义一个 state 变量，用来保存状态值
state = " 开心 "
# 如果 state 指向的值是"开心"，那就执行 print() 函数
if state == " 开心 ":
    print(greeting)
```

输出结果

```
hello world
```

这里定义了一个字符串变量state，使用了Python中的if语句来执行逻辑判断，在代码中判断state的值是否等于"开心"，如果相等就执行if语句下面的代码print(greeting)。

10.1.1 Python 中的控制语句类型

Python中的控制语句主要分为条件控制语句、循环控制语句、转向控制语句。

使用条件控制语句，程序可以根据条件表达式的值来执行相应的操作。迄今为止学过的赋值表达式、算术运算表达式、关系运算表达式和逻辑运算表达式都可以充当条件表达式，单一的变量也能作为条件表达式。

通过循环控制语句，计算机能重复地执行一段程序代码。如果没有循环控制语句，那么程序员会手动编写大量冗余、不必要的代码。Python编程语言是通过break、continue和return关键字来实现转向控制的。在转向控制语句中，使用break语句来跳出循环，循环如果一直运行不退出，就会成为死循环；使用continue语

句可以跳过continue语句后面的代码，转而进入下一轮循环；使用return语句可退出函数的执行并返回特定的值给调用方。

10.1.2 技术总结

本节主要包含以下6个重要的知识点。

① 控制指的是对程序的执行流程通过某种手段加以控制。
② Python解释器从上到下扫描文件的内容，转译成字节码指令，然后逐条执行内存中的字节码指令。
③ 在不加以控制的情况下，Python只是机械地按序执行文件中的代码。
④ 变量、赋值表达式、算术运算表达式、关系运算表达式和逻辑运算表达式都可以充当条件表达式。
⑤ Python中的控制语句，主要分为条件控制语句、循环控制语句和转向控制语句。
⑥ Python编程语言通过break、continue、return等关键字来实现转向控制。

10.1.3 课后习题

（1）什么是控制语句？
（2）Python中的控制语句有哪些？
（3）程序中为什么需要控制语句？
（4）你在生活中见过类似的控制结构吗？请至少举出两个例子。
（5）将习题（4）中的例子转换为Python代码。
（6）哪些表达式可以作为条件表达式？
（7）分别定义空字符串、空列表、空元组和空字典，判断它们的值为真还是为假。整型或浮点类型的0值为真还是为假？
（8）Python通过哪几个关键字来实现转向控制？

10.2 条件控制

人们都喜欢讲"如果"：如果可以再给我一次机会，那我一定会好好珍惜！现在将这段痴人的懊悔，用程序伪代码的形式进行描述。

伪代码

```
机会 = 0
如果 机会 == 1:
    那我一定会好好珍惜她
否则:
    持续懊悔
```

这就是条件控制语句的形式之一。条件控制指的是当某种条件满足时，就执行什么样的操作。条件表达式的状态值会被转换为布尔型，根据布尔型的值为True还是False来判断条件的真假，只有当条件为真时才会执行相应的操作。例如在上述伪代码中，"机会"变量的状态值为0，在关系运算中，显然0与1是不相等的，其转换为布尔型后的结果为假，那么程序只会执行"否则"下面的程序指令：持续懊悔。

10.2.1 if/elif/else

扫码看视频

在Python中使用if、elif和else关键字来实现条件控制。if在英语中有"如果"的意思,表示如果条件成立就执行相应的操作。elif用来实现条件控制的分支结构,这里的分支结构是相对于if语句而言的,表示在if语句的条件不成立的情况下,才在elif分支语句中进行条件判断。else意指在if和elif的条件都不成立的情况下,才执行相应的操作。

注意,条件控制结构中必须有一个if语句,最多有一个else语句,可以有多个elif语句。现在将前面的伪代码翻译成Python代码。

实例代码

```
# 定义整型变量 chance,值初始化为 0
chance = 0
if chance == 1:
    print(" 我一定会好好珍惜她 ")
else:
    print(" 持续懊悔 ")
```

读者须注意Python代码的语法形式,if、else和elif语句是平级的关系,语句后面必须紧跟一个英文的冒号(:),表示一个条件语句块的开始,冒号下方的语句块需与条件语句保持缩进。

> **知识超链接**
>
> 对缩进规则还不是很熟悉的读者,可以复习1.11节"Python中的代码缩进"的内容。

10.2.2 条件控制结构的语法

条件控制结构的语法形式如下。

实例代码

```
if 条件表达式:
    pass
elif 条件表达式:
    pass
else:
    pass
```

条件控制结构非常重要,这里再重申一下。

(1) if用来定义条件语句的主干结构,elif用来定义条件语句的分支结构,在主干结构的条件为假的情况下,会继续在分支结构中判断条件的真假,如果条件为真,就执行相应的操作。条件控制结构中必须有1个if语句,可以定义0个或多个条件分支结构。

(2) 条件表达式的值会转换为布尔型,Python根据布尔值的真假来判断条件的真假。

(3) 这里的表达式主要有赋值表达式、算术运算表达式、关系运算表达式和逻辑运算表达式,变量的值也会转换为布尔型,Python根据布尔型的值来判断条件的真假。

> **编程小知识**
>
> Python中的0值、空值和None值等会被转换为布尔型的False值。
> 0值:整型或浮点类型的0值。
> 空值:空字符串、空列表、空元组、空字典、空集合等。
> None值:在Python中None值只与None值相等,None值转换为布尔型时值为False。

条件控制结构必须存在一个if语句，否则是错误的条件控制结构。

实例代码

```
elif 条件表达式:
  pass
else:
  pass
```

条件控制结构可以存在0个或多个elif语句。

0 个 elif 语句

```
if 条件表达式:
  pass
else:
  pass
```

多个 elif 语句

```
if 条件表达式:
  pass
elif 条件表达式:
  pass
elif 条件表达式:
  pass
elif 条件表达式:
  pass
else:
  pass
```

条件控制结构可以存在0个或1个else语句。

0 个 else 语句

```
if 条件表达式:
  pass
elif 条件表达式
  pass
elif 条件表达式
  pass
```

条件控制结构最多存在1个else语句，否则是非法的条件控制结构。

实例代码

```
if 条件表达式:
  pass
elif 条件表达式:
  pass
else:
  pass
else:
  pass
```

- **根据变量的值来判断条件的真假**

实例代码

```
# 定义布尔型变量 feeling_is_happy
feeling_is_happy = True
if feeling_is_happy:
    # 注意代码缩进
    print("I'm so happy")
else:
    # 注意代码缩进
    print("I'm so unhappy")
```

输出结果

```
I'm so happy
```

变量 feeling_is_happy 的值为 True，if 语句的条件表达式的值为真，所以会执行 if 语句下面的代码 print("I'm so happy")。

- **根据算术运算表达式的值来判断条件的真假**

实例代码

```
a = -1
b = 1
# a+b 的值为 0，数值 0 会被隐式地转换为布尔型 False
if a+b:
    # 注意代码缩进
    print("a+b is true")
else:
    # 注意代码缩进
    print("a+b is false")
```

输出结果

```
a+b is false
```

由于 a+b 的值等于 0，0 转换为布尔型后的值为 False，故执行的是 else 语句下面的代码 print("a+b is false")。

- **根据关系运算表达式的值来判断条件的真假**

实例代码

```
a = -1
b = 1
if a+b > 0:
    # 注意代码缩进
    print("a+b is greater than zero")
# 这里用 elif 来定义分支结构，在条件控制结构中可以定义多个 elif 分支结构
elif a+b < 0:
    # 注意代码缩进
    print("a+b is less than zero")
```

```
# 在 if 和 elif 的条件都为假的情况下，才会执行 else 语句下面的代码块
else:
    # 注意代码缩进
    print("a+b is equal to zero")
```

输出结果

```
a+b is equal to zero
```

由于a+b的值等于0，关系运算表达式0 > 0 与 0 < 0的值显然都为False，故执行else语句下面的代码print("a+b is equal to zero")。

- **根据逻辑运算表达式的值来判断条件的真假**

实例代码

```
a = 1
b = 0
# 使用 or 运算符，变量或表达式的值只要其中一个为真即可
if a or b:
    # 注意代码缩进
    print("a or b is true")
else:
    # 注意代码缩进
    print("a and b are both false")
```

输出结果

```
a or b is true
```

使用or操作符来连接变量或表达式时，变量或表达式的值只要其中一个为真，整个条件表达式的值就为真。变量a的值为1，转换为布尔型后的值为True，故执行if语句下面的代码print("a or b is true")。

实例代码

```
a = 1
b = 0
# 使用 and 运算符，变量或表达式的值必须全为真，条件才为真
if a and b:
    # 注意代码缩进
    print("a and b are both true")
else:
    # 注意代码缩进
    print("a or b is false")
```

使用and操作符来连接变量或表达式时，变量或表达式的值必须全部为真，整个条件表达式的值才为真。变量b的值为0，转换为布尔型后的值为False，故执行的是else语句下面的代码print("a or b is false")。

- **多个变量或表达式组合成复杂的条件表达式**

观察下面的代码。

实例代码

```
# 定义布尔型变量
feeling_is_happy = True
```

```python
a = -1
b = 1

if feeling_is_happy and ( a+b > 0):
    # 注意代码缩进
    print("feeling_is_happy and a+b > 0")
elif feeling_is_happy:
    # 注意代码缩进
    print("feeling_is_happy is true")
elif a+b > 0:
    # 注意代码缩进
    print("a+b > 0")
else:
    # 注意代码缩进
    print("feeling_is_happy is false and a+b <= 0")
```

输出结果

feeling_is_happy is true

a+b的值为0，关系运算表达式0 > 0的值为False，所以Python会跳过if语句，继续判断elif分支条件中表达式的值。第1个elif语句后的条件表达式feeling_is_happy的值为真，故执行该条件分支下面的代码print("feeling_is_happy is true")。

10.2.3 条件控制结构的嵌套

嵌套指的是可以在条件语句下面嵌套条件语句，读者须注意if语句嵌套时的代码缩进。

实例代码

```python
# 定义布尔型变量
feeling_is_happy = True
a = -1
b = 1

# 注意代码的缩进规则
if feeling_is_happy:
    # 注意代码缩进
    print("I'm so happy to do arithmetic exercise!")
    if a+b > 0:
        # 注意代码缩进
        print("a+b is greater than zero")
    elif a+b < 0:
        # 注意代码缩进
        print("a+b is less than zero")
    else:
        # 注意代码缩进
        print("a+b is equal to zero")
else:
```

```
# 注意代码缩进
    print("I'm so sad")
```

输出结果

```
I'm so happy to do arithmetic exercise!
a+b is equal to zero
```

> **笔者有话说**
> 嵌套的深度不宜过深，通常保持在3层以内即可。层数过多会导致代码的可读性变差，代码逻辑难以理解，难以维护。

10.2.4 三目运算符

三目运算符是软件编程中的一种固定格式。在Python中，通过if语句来实现三目运算符。三目运算符的语法格式为expression1 if condition_expression else expression2。

三目运算符的执行逻辑为如果condition_expression条件表达式的结果为真，则返回表达式expression1的值，否则返回表达式expression2的值。

注意，在特定情况下使用三目运算符可以简化if语句的使用。下面是未使用三目运算符的实例代码。

实例代码

```
feeling_is_happy = True
if feeling_is_happy:
    state = "happy"
else:
    state = "unhappy"
```

下面是使用三目运算符的实例代码。

实例代码

```
feeling_is_happy = True
state = "happy" if feeling_is_happy else "unhappy"
```

这两则代码实例实现的是同样的效果，但使用三目运算符的代码看起来更简洁。条件分支比较多时不适合使用三目运算符，读者需根据实际情况来使用。

10.2.5 技术总结

本节主要包含以下6个重要的知识点。

① 所谓条件控制意指在什么条件下就执行什么样的操作。
② 数据或表达式的状态值会被转换为布尔型，用来判断条件的真假。
③ Python通过if、elif和else关键字来实现条件控制。
④ if用来定义条件语句的主干结构，elif用来定义条件语句的分支结构，在主干结构的条件为假的情况下，会在分支结构中继续判断条件的真假；在if与elif的条件都不满足的情况下，会执行else语句下面的代码。
⑤ 在条件控制结构中可以定义0个或多个分支结构，但只能存在一个if或else语句。
⑥ 条件控制语句可以嵌套，嵌套的深度通常保持在3层以内。

10.2.6 课后习题

(1) 什么是条件控制?
(2) Python中使用哪些关键字来实现条件控制?
(3) 讨论条件控制结构的语法形式。
(4) 为什么条件控制结构嵌套的深度不宜过深?
(5) 定义一个函数,参数类型为整型或浮点型,假设参数名分别为a、b、c,返回参数中值最大的那个。

10.3 循环控制

扫码看视频

在讲解何谓循环控制语句前,请读者先看一个示例,感受一下循环语句为什么如此行之有效。
(1) 定义数值集合。通过列表类型来定义一个数值集合。

实例代码

```
# 使用直接定义法来定义一个数值集合
numbers = [1,2,3,4,5,6,7,8,9,10]
```

(2) 逐一取出集合中的元素。对于第(1)步的列表变量numbers,可以通过列表索引访问的方法来逐一访问列表中的元素。

实例代码

```
numbers = [1,2,3,4,5,6,7,8,9,10]
# 通过索引,逐一访问列表中的元素
number = numbers[0]
number = numbers[1]
…
number = numbers[9]
```

> 📝 **编程小知识**
>
> 遍历:逐一访问目标集合中的所有元素。

> 📄 **笔者有话说**
>
> 按照这样的写法,如果列表中有10个元素,程序员要手写10次。如果列表中有1万个甚至更多的元素呢?显然通过这种方式来编写代码是低效且不切实际的。

(3) 使用循环结构。为解决这样的手写低效问题,可以使用Python中的循环结构。通过两行代码就能把列表中的所有元素遍历出来,即使列表中存在上百万个乃至更多的元素,也不在话下。

实例代码

```
numbers = [1,2,3,4,5,6,7,8,9,10]
for number in numbers:
 print(number)
```

> 📝 **编程小知识**
>
> 循环控制:通过编程语言中的循环指令控制代码重复执行的过程。

在Python中，通过for和while 这两个关键字来进行循环控制，可以在交互模式中分别输入help("for")和help("while")来查看它们的定义及用法，如图10-1和图10-2所示。

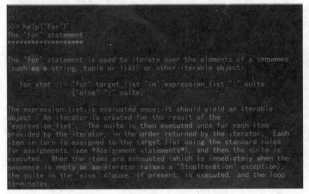

图 10-1

图 10-2

10.3.1 for 循环语句

扫 码 看 视 频

通过Python中的for循环语句可以遍历可迭代对象中的所有元素。这里的可迭代对象主要分为两种类型，一种是序列结构，另一种是通过字典的keys()、values()和items()等方法返回的可迭代对象。

- **遍历序列结构**

for循环语句可以遍历序列结构中的元素，其语法结构如下。注意，在for循环中，else语句不是必需的，在for 循环后接一个else语句表示正常退出循环后执行的代码逻辑。

语法结构

```
for element in sequential_structure:
    # for 循环体中的代码逻辑
else:
    # 正常退出循环后的代码逻辑
```

 编程小知识

正常退出循环：没有通过转向控制语句来退出循环。

知识超链接

关于转向控制语句的相关内容，读者可以预习"10.4 转向控制"内容。

在编写for循环语句时，切记不要遗漏for语句后面的冒号，这是大多数初学者常犯的错误。另外，务必遵循代码的缩进规则。

下面通过一段简短的代码实例来学习for循环结构的用法。注意，在for循环遍历结束后，程序会自动退出循环。

实例代码

```
# 1. 遍历字符串中的所有元素
title = " 遇见 Python"
for character in title:
    print(character)
```

```
# 2. 遍历列表中的所有元素
numbers = [1,2,3,4,5]
for number in numbers:
    print(number)
# 3. 遍历元组中的所有元素
week = ("周一", "周二", "周三", "周四", "周五", "周六", "周日")
for day in week:
    print(day)
```

- **遍历字典/集合中的键**

使用for循环语句可以直接遍历字典或集合中的键。这里的键对应的是字典或集合中的键名,这与遍历序列结构的语法是一样的。

语法结构

```
for key_name in dict_or_set_structure:
    # for 循环体中的代码逻辑
else:
    # 正常退出循环后的代码逻辑
```

下面是一段简短的代码片段,分别定义一个字典变量和集合变量,用for循环来遍历出它们的键名。

实例代码

```
# 1. 遍历字典中的键
book = {"第一章":0, "第二章": 5, "第三章": 10}
for key_name in book:
    print(key_name)
# 2. 遍历集合中的键
stars = {"张三", "王五", "赵六"}
for star in stars:
    print(star)
```

- **遍历从字典返回的可迭代对象**

通过字典的keys()、values()和items()方法可以返回一个可迭代的对象,遍历这个可迭代的对象可以分别访问字典中的键名、键值和键-值对。

实例代码

```
book = {"第一章": 0, "第二章": 5, "第三章": 10}
# 1. 通过字典的 keys() 方法来返回一个可迭代的对象,迭代访问字典中的键名
for key_name in book.keys():
    print(key_name)
# 2. 通过字典的 values() 方法来返回一个可迭代的对象,迭代访问字典中的键值
for value in book.values():
    print(value)
# 3. 通过字典的 items() 方法来返回一个可迭代的对象,迭代访问字典中的键 - 值对
for key_name, value in book.items():
    print("key name is:{} key value is:{}".format(key_name, value))
```

10.3.2 while 循环语句

扫 码 看 视 频

在while循环语句中，Python会自动将表达式的值隐式地转换为布尔型。如果布尔型的值为真，则继续执行循环体中的代码，否则退出循环。这里的else语句同样不是必需的，在while循环后接一个else语句表示正常退出循环后所执行的代码逻辑。

语法结构

```
while 表达式：
    # while 循环体中的代码逻辑
else:
    # 正常退出循环后的代码逻辑
```

这里的表达式同"条件控制"一样，主要为关系运算表达式和逻辑运算等表达式。读者同样要注意while语句后面的冒号和while循环体中的代码缩进。下面通过一个例子来学习while语句的用法。

实例代码

```
# 定义一个布尔型变量
feeling_is_happy = False
while feeling_is_happy:
    # 注意代码缩进
    print("I am so happy")
'''
由于 feeling_is_happy 的值为 False，所以不会执行 while 循环体中的代码，
读者可以尝试将 feeling_is_happy 的值改为 True，
则程序会一直执行循环体中的 print("I am so happy")
'''
```

实例代码

```
a = 5
b = 5
while (a+b) > 0:
    '''
    a+b 的值为 10，显然 10 大于 0，那么 (a+b) 与 0 的比较结果为 True,
    条件为 True，程序会不断执行循环体中的代码
    '''
    print("a+b = {}".format(a+b))
    # 将 a 与 b 的值不断减 1，这样当 a+b 的值小于等于 0 时，会退出循环
    a -=1
    b -=1
```

10.3.3 循环语句的嵌套

同条件控制语句一样，循环语句也可以嵌套，须注意代码的缩进。笔者建议最多嵌套3层，因为嵌套的深度过深会影响程序的执行性能，以及增加代码的复杂度。现在编写一个嵌套的for循环，用于遍历图片中的像素值。

实例代码

```python
# 定义一个二维的列表变量，来表示一张 3 行 3 列的图片
image = [[0, 0, 255], [0, 0, 255], [0, 0, 255]]
for row in image:
    for pixel in row:
        print("pixel is:{}".format(pixel))
```

10.3.4 使用 for 循环来执行列表推导式

所谓列表推导式，即借助for循环语句来生成列表中的元素。

- **列表推导式的语法**

列表推导式只需一行代码，读者先掌握不加if语句的列表推导式，这种语法形式是最简单的：[element for element in iteratable_structure]。这里的iteratable_structure表示一个可迭代的结构。

实例代码

```python
# 使用内置的 range() 函数来生成一个可迭代的数值序列
numbers = [number for number in range(1, 10)]
```

输出结果

numbers 的值为：[1, 2, 3, 4, 5, 6, 7, 8, 9]

- **使用列表推导式生成结构复杂的元素**

使用列表推导式可以生成内置的基本数据类型，也可以生成复合数据类型，如元组和字典。

实例代码

```python
# 1. 列表中的元素是元组
tuple_numbers = [(number, ) for number in range(1, 10)]
# 2. 列表中的元素是字典
dict_numbers = [{number:0 } for number in range(1, 10)]
```

输出结果

tuple_numbers 的值为：[(1,), (2,), (3,), (4,), (5,), (6,), (7,), (8,), (9,)]
dict_numbers 的值为：[{1: 0}, {2: 0}, {3: 0}, {4: 0},{5: 0},{6: 0},{7: 0},{8: 0},{9: 0}]

- **在列表推导式中加上条件判断**

在列表推导式后面加上条件判断，用于对for循环中的元素进行逻辑判断。如果元素值满足某种条件，就加入列表。语法为[element for element in iteratable_structure if statement]。

实例代码

```python
numbers = [number for number in range(1, 10) if number % 2 == 0]
'''
对 for 循环中的 number 进行逻辑判断，if number % 2 == 0 表示判断 number 值是否为偶数，
如果为偶数就加入列表
'''
```

输出结果

numbers 的值为：[2, 4, 6, 8]

- **在列表推导式中嵌套 for 循环**

  在列表推导式中可以对for循环进行嵌套，这与常规嵌套for循环是一样的。

实例代码

```
numbers = [x*y for x in range(1, 3) for y in range(1, 3)]
```

输出结果

numbers 的值为：[1, 2, 2, 4]

 编程小知识

通过"for循环语句+嵌套+条件判断"组合成任意复杂的表达式。笔者不再一一举例，若读者感兴趣，可以自行多做课后练习。

10.3.5 技术总结

本节主要包含以下4个重要的知识点。

① 所谓循环控制即通过编程语言中的循环指令来控制代码重复执行的过程。
② Python中通过for、while这两个关键字来进行循环控制。
③ 循环语句可以嵌套，嵌套的深度最好限制在3层以内。
④ 使用for循环来定义列表推导式。

10.3.6 课后习题

（1）什么是循环控制？
（2）Python中使用哪些关键字来实现循环控制？
（3）说明循环控制结构的语法形式。
（4）写一段代码，要求使用while循环来遍历字符串中的所有字符。与使用for循环相比，它有什么不足？
（5）分别使用列表推导式来生成从1到1000的所有奇数与偶数。
（6）定义一个函数，参数为列表类型，列表中的元素类型为整型，返回所有元素的和。
（7）定义一个函数，参数为元组类型，元组中的元素类型为整型，返回元组中的所有质数。

10.4 转向控制

使用Python中的for和while 关键字，可以编写出一段循环运行的代码。

实例代码

```
# 根据列表推导式，生成10万个元素
numbers = [number for number in range(0,100000)]
# 循环打印列表中的元素
for number in numbers:
    print(number)
```

以上代码从列表变量numbers的元素0开始，从头遍历列表中的所有元素，如果想让程序在遍历到某一个特定的元素时停下来，该怎样操作？在循环执行的代码中加入条件判断，如果遍历的元素是我们要查找的元素时，就让循环停下来。

实例代码

```python
# 根据列表推导式，生成10万个元素
numbers = [number for number in range(0,100000)]
# 假设程序在遍历到 number 等于 1000 时，就让循环停下来
for number in numbers:
    # 使用 if 语句来进行条件判断
    if number == 1000:
        # 如果 number 的值等于 1000，就执行 break 语句让循环停下来
        break
```

这样当number的值等于1000时，循环便停了下来，从而实现转向控制。

所谓转向，即调转方向。在Python中通过break、continue和return 3个关键字来实现转向控制。读者要注意的是，break和continue都只能用于循环体中。读者可以在交互模式中进行验证，如图10-3所示。从Python的错误提示可知，在循环体外使用break或continue语句时，会抛出语法错误异常。

```
>>> break
  File "<stdin>", line 1
SyntaxError: 'break' outside loop
>>> continue
  File "<stdin>", line 1
SyntaxError: 'continue' not properly in loop
```

图 10-3

10.4.1 break 语句：跳出循环

扫码看视频

在Python中使用break语句来跳出循环。直接在循环体中加入break指令，即可退出循环。通常的做法是在循环体中加入条件判断，即当满足条件时，就退出循环。使用break指令退出循环是非正常退出循环，不会执行for循环语句中else分支的代码。

for 循环正常退出的实例代码

```python
# 根据列表推导式，生成100个元素
numbers = [number for number in range(0,100)]
# 在遍历到 number 等于 1000 时，就让循环停下来
for number in numbers:
    if number == 1000:
        # 如果 number 的值等于 1000，就执行 break 语句让循环停下来
        break
else:
    print("there is no 1000 in numbers")
```

输出结果

there is no 1000 in numbers

在上述代码中，程序生成了从0到99的100个元素，而循环体中的条件判断为如果元素值等于1000就退出循环，因为列表中没有1000这个元素，所以条件中的number == 1000会一直为假，即不会执行条件控制下的break指令，最终会正常退出循环。正常退出循环后，会执行else语句下面的代码print("there is no 1000 in numbers")。

for 循环非正常退出的实例代码

```
# 根据列表推导式，生成 100 个元素
numbers = [number for number in range(0,100)]
# 在遍历到 number 等于 50 时，就让循环停下来
for number in numbers:
    if number == 50:
        # 如果 number 的值等于 50，就执行 break 语句让循环停下来
        break
else:
    print("there is no 50 in numbers")
```

此时程序无任何输出。程序生成了从0到99的100个元素，循环体的条件判断为元素值等于50就退出循环，因为列表中有50这个元素，所以当遍历到50时，条件中的number == 50为真，此时会执行条件控制下的break指令，退出循环。非正常退出循环后，不会执行else语句下面的代码print("there is no 50 in numbers")。

10.4.2 continue 语句：从头再来

continue表示跳过循环体中continue语句后面的代码，返回循环体的头部位置开始执行。

实例代码

```
# 根据列表推导式，生成 10 万个元素
numbers = [number for number in range(0,100000)]
# 假设在遍历到 number 等于 1000 时，就让循环停下来
for number in numbers:
    '''
    将遍历到的 number 与 2 进行取模运算，奇数与 2 取模的值为 1，
    也就是说当 number 是奇数时，就跳过循环体中 continue 语句后面的代码，
    继续进行下一次的循环
    '''
    if number % 2 == 1:
        continue

    # 如果 number 为奇数，下面的这些代码都不会执行
    print("{} is even number".format(number))
    # 判断 number 是否等于 1000，如果相等就退出循环
    if number == 1000:
        break
```

10.4.3 return 语句：返回当下

return在英文中有返回的意思，Python中的return语句用于在函数体中结束函数的执行，并返回值给函数的调用方。关于return语句的用法，在介绍函数时会进行详细介绍。

10.4.4 技术总结

本节主要包含以下4个重要的知识点。

① 在Python中通过break、continue和return语句来实现转向控制。
② 通常在循环体中会加入条件判断，当满足条件时，就退出循环。
③ 在循环体中，使用break语句来跳出循环；continue语句表示在循环体中跳过continue语句后面的代码，返回循环体中的头部开始执行。
④ return语句用来退出函数的执行，也可以通过return语句来返回值给调用方。

10.4.5 课后习题

（1）Python中使用哪些关键字来实现转向控制？
（2）写一段代码，遍历列表中的元素，当元素为质数时就退出循环。
（3）写一段代码，遍历列表中的元素，判断当前元素是否为偶数，如果为偶数就执行下一次遍历，否则输出当前的奇数，分别使用if-else和continue语句来进行代码的编写。
（4）与使用if-else语句相比，使用continue语句有什么优点？
（5）定义一个函数，带两个列表类型参数，在函数中比较列表的大小，要求不能使用关系运算符比较列表的大小。

10.5 程序实战：搜索玩家数据

扫码看视频

9.4节的程序实战编写了一个简单的基于词典匹配的中文分词器，可以将一段中文内容进行分词。大家都有使用搜索引擎的经验，例如在百度上进行搜索，按回车键后搜索引擎就会返回我们要查找的内容。本程序实战将编写一个简单的搜索引擎，通过这个搜索引擎，我们可以将带有hit Girl关键词的文章搜索出来。

10.5.1 搜索的3个过程

搜索主要包含以下3个过程。
（1）爬取内容，建立内容数据库。
（2）对数据库中的内容进行分析，并建立倒排索引。
（3）提供查询服务。

爬取内容通常由"爬虫"来负责，这里的"爬虫"不是现实世界中的爬虫动物，它是程序员编写的爬虫程序，可以自动爬取网络中的内容，常见的如爬取网页。本节程序实战将以字符串来表示网站中的网页，在后续的章节中会对爬虫进行详细讲解。

对内容进行分词，读者可以继续沿用9.4节中的简单中文分词器。所谓倒排索引指的是建立关键词与整篇内容的索引。

```
web_page = '''
    hit girl，正义联盟中的成员，在联盟中排行第五，她是一个内心善良又极富正义感的战斗天使。
'''
```

将这段描述进行分词，分词后的结果可能为"正义"、"善良"，这里的倒排索引即将分割出来的关键词与整篇文章进行映射。倒排索引可以用Python中的字典结构来进行描述，建立好的倒排索引如下所示。

实例代码

```
reverse_index = {"正义": web_page, "善良": web_page}
```

10.5.2 为什么需要倒排索引

如果没有倒排索引，那么我们只能在已爬取的整篇内容中逐一进行关键词匹配，这显然是低效的，有了倒排索引后，我们可以先将搜索串进行分词，然后将分词后的关键词直接在倒排索引中进行哈希查找，这大大提高了搜索的效率。

但如果关键词对应到多篇文章怎么办，怎么从多篇文章中查找到最相关的文章？怎么去度量这个关键词与文章的相关度？

10.5.3 TF-IDF

搜索引擎算法使用TF-IDF来度量关键词与文章的相关度。这里的TF是Term Frequency，即词频的意思；IDF是Inverse Document Frequency，即逆文档频率。所谓词频意指关键词在当前文章中出现的概率：假设一篇文章的总关键词数为100个，某个关键词出现了10次，那么TF=10/100；逆文档频率指的是文章的总数除以包含关键词的文章数后再取对数（以10为底）。

假设"超杀女"一词在1000篇文章中出现过，而文件总数是10000000份，那么其逆文档频率IDF=lg(10000000 / 1000)=4。

为什么TF-IDF可以度量关键词与文章的相关度？关键词在单篇文章中的频率越高，那么它的重要性可能就越高。而关键词在所有文章中出现的次数越少，那么该关键词与其他文章的区分度就越高。将两者（TF与IDF）相乘就可以量化这种相关性。

TF-IDF算法也有它的局限性，因为数据是存在噪声的，所以如何降低噪声词对TF-IDF算法的干扰是一门值得研究的课题。关于更多与搜索引擎、TF-IDF相关的知识，读者可以查阅相关论文进行深入学习。

10.5.4 enumerate 类型

通过Python中的enumerate类型可以输出可迭代对象的索引-值对。输出索引-值对的操作语法如下。

```
for index,value in enumerate(iterable):
    pass
```

实例代码

```
numbers = [1,2,3,4,5]
for index, value in enumerate(numbers):
    print(index, value)
```

输出结果

```
0 1
1 2
2 3
3 4
4 5
```

10.5.5 搜索 hit girl

请读者按照以下步骤来进行程序的编写与运行。

01 在D盘的python-learning目录中创建 chapter10目录，在chapter10目录中创建search_hit_girl.py 文件，并且输入以下代码：

实例代码

```
# __filename__ = "search_hit_girl.py"
# __author__ = " 薯条老师 "

# 导入 math 模块，用来计算对数
import math

# 定义 web_page 系列变量来表示网页的内容
web_page1 = '''
hit girl，正义联盟中的成员，在联盟中排行第五，她是一个内心善良又极富正义感的战斗天使。
'''

web_page2 = '''
正义联盟中的 hit girl, 从小就爱乐于助人，匡扶正义。人人都喜欢 hit girl。
'''
```

```python
web_page3 = '''
科洛·莫瑞兹出生于 1997 年 2 月 10 日，她 8 岁便开始涉足影坛。
科洛年纪虽小，作品却不少，她的从影生涯始于 2003 年。
'''
# 定义的分词器函数
def cut(text):
    """
    :param text: 待分词的文本
    :return: 返回分词结果词典，分词数
    """
    words = {}
    words_length = 0
    # 将 text 变量作为判断条件，如果 text 为空值，则停止循环
    # 在循环中会不断对 text 变量进行切片
    while text:
        # 执行 range() 函数会生成一个整数序列，
        # 读者可以查阅官方文档来了解 range() 函数的用法
        # 这里的 range() 函数为生成一个倒排序列，如 6,5,4,3,2,1
        for index in range(THE_MAX_LENGTH_OF_WORD, 0, -1):
            # 对文本按最大宽度进行切片
            word = text[:index]
            # 如果切片分出来的词语在词典集合中，就保存到列表变量 words 中，并且退出 for 循环
            # 在集合中进行快速查找
            if word in DICTIONARY:
                words_length += 1
                words[word] = 1 if word not in words else words[word] + 1
                text = text[index:]
                break
        else:
            text = text[1:]
    return words, words_length
```

```python
# 定义函数构建倒排索引表
def build_inverse_index_table():
    """
    :return: 返回倒排索引表
    """
    inverse_index_table = {}
    web_pages_length = len(WEB_PAGES)

    '''
    在 for 循环中逐一遍历列表中的网页，内置函数 enumerate() 可以返回列表的索引和值
    假设列表为 ['a','b','c']，那么在 for 循环中通过 enumerate() 函数遍历出的为如下索引值对：
    索引 0，值 'a'，索引 1，值 'b'，索引 2，值 'c'，其他的同理
    '''
    for index, web_page in enumerate(WEB_PAGES):
        # 对 web_page 进行分词
        terms, terms_length = cut(web_page)
        for term in terms:
            # 计算 term 的 tf 值
            tf = round(terms[term] / terms_length, 4)
            page = {"content": web_page, "tf": tf}
            if term not in inverse_index_table:
                inverse_index_table[term] = [page]
                continue
            # 如果 term 已存在于倒排表中，那么当前的 term 肯定是其他网页的 term
            # 其他网页的 term 被添加进列表中，方便后续计算 tf-idf
            inverse_index_table[term].append(page)

    for _, pages in inverse_index_table.items():
        terms_in_docs_length = len(pages)
        for page in pages:
            # 计算 term 的 idf 和 tf-idf 值
            page["idf"] = round(math.log10(web_pages_length / terms_in_docs_length), 4)
            page["tfidf"] = page["tf"] * page["idf"]
```

```python
    return inverse_index_table

# 定义搜索函数
def search(text, inverse_index_table):
    '''
    :param text: 搜索串, 在实际情况中, 需要对搜索串进行分词, 这里只是举个简单的例子
    :param inverse_index_table: 倒排索引表
    :return: 返回已搜索到的内容
    '''
    contents = []
    pages = inverse_index_table.get(text, [])
    if pages:
        pages = sorted(pages, key=lambda page: page["tfidf"], reverse=True)
        for page in pages:
            contents.append(page["content"])
    return contents

if __name__ == "__main__":

    # 定义词典, 用来保存分词的词语, 读者也可以自行扩充其他的词语
    DICTIONARY = {" 科洛·莫瑞兹 ", "hit girl", " 正义 "}

    # 词典中最常的词为 "hit girl", 长度为 8
    # 读者可以自行编写函数来计算集合中最长词语的宽度, 这留作课后习题

    WEB_PAGES = [web_page1, web_page2, web_page3]
    THE_MAX_LENGTH_OF_WORD = 8

    inverse_index_table = build_inverse_index_table()
    contents = search("hit girl", inverse_index_table)

    print(" 搜索到的内容 :")
```

```
    for _ in contents:
        print("{}".format(_))
        print("-"*100)
```

02 进入Windows命令行，切换到目录D:\python-learning\chapter10，执行 python search_hit_girl.py，程序的输出为：

搜索到的内容：

正义联盟中的hit girl，从小就爱乐于助人，匡扶正义。人人都喜欢hit girl。

----

hit girl，正义联盟中的成员，在联盟中排行第五，她是一个内心善良又极富正义感的战斗天使。

第 11 章

教学视频 7 个 17 分钟

Python 中的函数

- Python 中的函数
  - 函数的基本属性
    - 函数名
    - 参数列表
    - 函数体
    - 返回值
  - 函数的定义与用法
    - 使用 def 语句定义函数
    - 函数命名规范
    - 位置参数与关键字参数
    - 引用类型参数
    - 参数默认值
    - 函数的"多个"返回值
  - lambda 表达式
    - 什么是 lambda 表达式
    - 使用 lambda 定义匿名函数
  - 函数装饰器
    - 什么是装饰器
    - 如何定义装饰器
    - 函数装饰器的三层结构
  - 常用函数
    - 数学运算函数
    - 字符处理函数
    - 类型相关函数

11.1 Python 函数详解

读者可以把函数看成一种从输入到输出的转换器。常见的翻译器就是一个很好的例子,通过翻译器把英语翻译成中文,这里的输入就是英语,输出就是中文。

11.1.1 什么是函数

请看下面的伪代码,以加深对函数的理解。

伪代码

```
# 输入是英语,输出是中文,函数实现从输入到输出的转换
翻译器函数 ( 英语 )=> 中文
```

用编程语言编写的函数本质上是计算机函数。计算机执行的是程序指令,计算机函数就是以程序指令的形式来实现函数从输入到输出的转换。继续看下面的伪代码。

伪代码

```
# 定义语言翻译器函数,函数的输入是英语,输出是中文

语言翻译器 ( 英语 ):
    程序指令 1
    程序指令 2
    ...
    程序指令 n
     => 中文
```

这里定义了一个语言翻译器函数,函数名为语言翻译器,语言翻译器的输入是英语。函数可以有多个输入,函数的输入构成了函数的参数列表。函数的参数有形参与实参之分,实参是在实际调用函数的时候传递给函数的参数,而形参是定义函数时的参数占位符。例如定义语言翻译器函数时,括号中的"英语"就是形参,实参是实际执行语言翻译器函数时具体传递的参数,语言翻译器('english')中的'english'就是语言翻译器函数的实参。

语言翻译器的函数体中包含了若干行程序指令。计算机函数有输入,也有输出,函数体中至少包含一行程序指令,不包含任何程序指令的函数是无意义的。这一行一行的指令构成了一个指令块,继而可以得出这样的一个定义:计算机函数本质上是一个程序指令块。

实例代码

```
feeling_is_happy = True
if feeling_is_happy:
    print("i am so so happy")
'''
还可以写更多的代码,这些都是条件控制语句中的代码块
'''
```

语言翻译器的输出是中文,当需要返回值给调用方时,需要通过特定的控制指令来返回。计算机函数也可以没有返回值,此时它表示的仅仅是一个处理过程。继续看下面的伪代码。

伪代码

```
# 定义语言翻译器函数，函数的输入是英语，输出是中文

语言翻译器（英语）：
  程序指令1
  程序指令2
  ...
  程序指令n
  return 翻译后的中文
```

上述代码中的 return 语句是控制语句中的 return 语句，用来退出函数的执行，并将程序处理后的结果返回给调用方。再看一段伪代码。

伪代码

```
# 定义语言翻译器函数，输入为英语
语言翻译器（英语）：
# 函数中的代码块组成了函数体
  将英语翻译成中文的代码块
  return 翻译后的中文

# 调用语言翻译器函数，将实参 hello world 翻译成中文
你好世界 = 语言翻译器("hello world")
```

现在可以总结出计算机函数的3个特性。
(1) 计算机函数是有输入、输出的。
(2) 计算机函数的本质是一个程序指令块。
(3) 函数名、参数、函数体和返回值构成了计算机函数的4个基本要素。

11.1.2 函数的定义

扫码看视频

本小节将介绍如何定义一个 Python 函数。在 Python 中通过 def 关键字来定义函数，def 实为英语单词 define 的简写，它有下定义的意思。使用 return 语句来返回值给调用方，函数返回的数据类型可以为 Python 中的任意类型（Python 中的函数也是一种数据类型）。

读者可以在交互模式中输入 help("def")，以查看关于 def 的详细描述及用法。前面了解到计算机函数的4个基本要素：函数名、参数、函数体和返回值。现在根据关键字 def 及函数的4个基本要素来定义一个 Python 函数。

实例代码

```python
# 定义一个 accumulate() 函数，实现累加
def accumulate(numbers):
    sum_ = 0
    # 读者须时刻牢记 Python 中的缩进规则
    for number in numbers:
        sum_ += number
    return sum_
```

这段代码定义了一个函数，函数名为accumulate，参数为numbers，函数体为将numbers中的元素进行累加，使用return语句将参数numbers中的累加和返回。

定义函数时，可以包含多个参数，参数之间以逗号分隔，以此组成参数列表。函数定义时的参数也叫作形参，形参是函数定义时的占位符，而实参指的是实际调用函数时给函数传递的参数。

实例代码

```python
# 定义一个 accumulate() 函数，实现参数的累加
def accumulate(x,y,z):
    sum_= 0
    sum_+= x+y+z
    return sum_
```

这里定义了一个函数，函数名为accumulate()，形参为x、y和z，函数体为将形参x、y和z相加，返回值为形参x、y和z的和。函数定义完以后，可以对函数进行调用，函数的调用语法为"函数名(实参)"。

实例代码

```python
# 定义一个 accumulate() 函数，实现累加
def accumulate(numbers):
    sum_ = 0
    # 读者须时刻牢记 Python 中的缩进规则
    for number in numbers:
        sum_+= number
    return sum_

# 调用 accumulate() 函数，实参为列表 [1,2,3,4]
sum_= accumulate([1,2,3,4])
print(sum)_
```

输出结果

```
10
```

这段代码定义了accumulate()函数，调用函数时，传递的实参是列表[1,2,3,4]，然后将函数的返回值赋值给变量sum。

> **编程小知识**
> 计算机函数的本质是程序指令块，这些指令块都存储在内存中，函数名对应的是这个指令块的内存首地址。计算机在执行这个函数时，先通过函数名找到对应的内存块，然后跳转到该内存块执行其中的指令。

Python支持在函数内部定义函数，函数体中的函数可以访问父函数中的参数及变量。如果函数体中的函数访问了父函数中的参数或变量，则Python将其视为一个闭包函数。

实例代码

```python
def create_accumulate_function(function_type):
    # 在函数体中定义 accumulate() 函数，根据不同的 function_type 来实现不同的逻辑
    initial_value = 0
    if function_type != 0:
        initial_value = 1
```

```python
# accumulate() 是一个闭包函数
def accumulate(numbers):
    # 如果 function_type 为 0 则进行累加
    if function_type == 0:
        for number in numbers:
            initial_value += number

    # 如果 function_type 为 1 则进行累乘
    elif function_type == 1:
        for number in numbers:
            initial_value *= number

    return value

# 将函数体中定义的函数返回
return accumulate

# 传递的 function_type 为 0 时,返回累加函数
accumulate = create_accumulate_function(0)
print(accumulate([1,2,3,4]))

# 传递的 function_type 为 1 时,返回累乘函数
accumulate = create_accumulate_function(1)
print(accumulate([1,2,3,4]))
```

输出结果

```
10
24
```

这里的函数accumulate()访问了父函数create_accumulate_function()中的参数和变量,是一个闭包函数。

11.1.3 Python 的函数命名规范

在Python中,函数命名也有自身的一套规范,函数名首先要符合变量命名的基本规则。在基本规则之外,函数名还应当符合以下两个重要的规则。

(1)保持良好的可读性:即函数名要有意义,读者看到函数名可以立即知道函数的用途。此外,尽量使用英文单词来对函数进行命名。

(2)函数名使用小写:使用小写是为了与全局变量名、类名等区分开来,全局的变量名一般使用大写,而类名使用单词首字母大写的形式。若函数名需要使用多个单词来命名,单词之间以下画线 "_" 来分隔。

> **笔者有话说**
> 关于函数命名规范的更多细节,读者可以参考著名的PEP8规范。

> **知识超链接**
> 对变量命名规范还不是很熟悉的读者,可以复习3.3节 "变量命名" 的内容。

11.1.4 位置参数与关键字参数

定义函数时所声明的参数为形参,读者可以把函数的形参理解为占位符,而实参是调用函数时实际传递的值。在默认情况下,实参的传递与形参按从左到右的顺序一一对应,这种参数传递方式被称为位置参数传递。

实例代码

```python
# 定义 add() 函数,将参数相加
def add(number1, number2):
    # 读者须时刻牢记 Python 代码的缩进规则
    value = number1 + number2
    return value

price_of_book = 10
price_of_apple = 5
total_price = add(price_of_apple, price_of_book)
print("total price is {}".format(total_price))
```

输出结果

```
total price is 15
```

这里的形参列表为number1, number2,在调用函数时实参price_of_apple对应的是形参number1,实参price_of_book对应的是形参number2,这就是所谓位置参数传递。如果调用时左边的实参为price_of_book,那么其对应的形参就是number1。

在Python中,除了位置参数,还有关键字参数。关键字参数是指调用函数时以name=value的键-值对形式来传递参数,将实参value绑定到形参name。

实例代码

```python
# 定义 add() 函数,将参数相加
def add(number1, number2):
    # 读者须时刻牢记 Python 代码的缩进规则
    value = number1 + number2
    return value

price_of_book = 10
price_of_apple = 5
"""
(1) 调用 add() 函数时,以关键字参数的方式来传递实参
(2) 将实参 price_of_book 绑定到形参 number2,将 price_of_apple 绑定到形参 number1
"""
total_price = add(number2 = price_of_book, number1 = price_of_apple)
print("total price is {}".format(total_price))
```

输出结果

```
total price is 15
```

使用关键字参数的好处在于它的语法灵活,有了这样的语法支持,在调用函数时可以不用识记形参定义的位置。这里的位置指的是定义参数时从左到右的顺序。

11.1.5 引用类型参数

如果实际传递的参数类型是简单数据类型,那么Python解释器会将实参值复制一份来进行传递,在函数体中对复制的值进行修改等操作不会对实参带来任何影响。

实例代码

```python
# 定义 add 函数 ()，将参数相加
def add(number1, number2):
    # 在函数体中将形参各自递增 5
    number1 += 5
    number2 += 5
    value = number1 + number2
    return value

price_of_book = 10
price_of_apple = 5
# price_of_book 和 price_of_apple 都是整型。整型、浮点型、布尔型都是简单数据类型

total_price = add(price_of_book, price_of_apple)
print("total price is {}".format(total_price))
print("price  of book is:{},price of apple is:{}".format(price_of_book,price_of_apple))
```

输出结果

```
total price is 25.
price of book is 10,price of apple is 5.
```

这里定义了一个add()函数,将参数相加,在函数体中分别将参数递增5,但是并没有影响实参的值。调用函数前,变量price_of_book的值为10, price_of_apple的值为5,调用完函数以后,变量price_of_book与price_of_apple的值保持不变。

当传递的参数类型是字符串、列表、元组、字典和集合等复合数据类型时,实际传递的是该实参的地址,其本质也是对数据进行了复制,只不过复制的是实参的内存地址。在函数体中对该类型参数进行读/写操作时,实际上是在同一块内存空间中进行操作,这会影响到实参的值,这类参数又被称为引用类型参数。

实例代码

```python
# 定义一个 add() 函数，将形参 star 添加至集合 stars 中
def add(stars, star):
    # stars 是一个集合类型
    stars.add(star)

stars = {" 张三 "}
add(stars, " 李四 ")
print(stars)
```

输出结果

{'张三','李四'}

该实例代码中定义了一个add()函数，将参数star添加至集合stars中，由于集合是引用类型变量，在函数体中对集合变量进行修改会影响到实参的值。调用函数前，stars的值为 {"张三"}，调用完函数以后，打印出来的值为{"张三","李四"}。

> **编程小知识**
> 因为字符串、元组在Python中是只读数据类型，所以在函数体中是不能被修改的。

11.1.6 函数的参数默认值

在Python中可以给形参设定默认值，语法为"形参名=值"。

实例代码

```
# 定义 add() 函数将参数相加
def add(number1=5, number2=10):
    # 读者须时刻牢记 Python 代码的缩进规则
    value = number1 + number2
    return value
# 此时可以直接调用函数，而无须传递参数，函数执行过程中采用的是形参的默认值
value = add()
print(value)


price_of_book = 5
# 将实参 price_of_book 与形参 number2 对应，number1 形参用的是默认值
value = add(number2 = price_of_book)
print(value)
```

输出结果

```
15
10
```

这里定义了一个add()函数，用来将参数相加。定义函数时给形参number1指定了默认值5，给形参number2指定了默认值10，在调用函数时，实际传递的实参值会覆盖默认值，如果没有传递实参，则使用形参的默认值。

在代码value = add(number2 = price_of_book)中，给形参number2指定的实参为price_of_book，number1没有传值，则在函数体中number1使用的是默认值5，number2使用的是price_of_book的值，所以返回值为10。

11.1.7 函数的"多个"返回值

Python中的函数可以返回多个值给调用方，返回值之间以逗号分隔，这里的多个返回值实质上是一个元组。

实例代码

```python
# 定义 min_max() 函数，返回列表 numbers 中的最大值、最小值
def min_max(numbers):
    # 这里的 numbers 是一个列表类型
    minimum = numbers[0]
    maximum = numbers[0]
    for number in numbers:
        if number < minimum:
            minimum = number
        if number > maximum:
            maximum = number
    return minimum, maximum

# 这里实质返回的是一个元组类型的值
min_, max_ = min_max([1,2,3,4,5])
print("min is:{} max is:{}".format(min_, max_))
```

输出结果

```
min is:1 max is:5
```

这里定义了一个min_max()函数，用来计算列表numbers中的最小值和最大值。计算得到的值以逗号分隔，再返回给调用方。返回的多个值其实是一个元组。代码min_, max_ = min_max([1,2,3,4,5])可以分解为以下3步执行。

（1）执行min_max()函数，返回值为minimum、maximum，返回值minimum,maximum实质为元组类型。

（2）min_,max_ = min_max([1,2,3,4,5])等同于 min_,max_ = minimum,maximum。

（3）Python将元组minimum,maximum进行解包，按序赋值给min_、max_变量，故min_的值为1，max_的值为5。

11.1.8 函数中的局部变量

函数中的局部变量指的是在函数体中定义的变量。全局变量能够被当前文件中的所有对象引用，而函数的局部变量只能在函数内部引用。如果在函数体中定义的变量与全局变量同名，那么在函数执行过程中使用的是局部变量。

实例代码

```python
# 全局变量 factor
factor = 10
def test():
    # 函数体内定义的局部变量
    factor = 5
    print("{}".format(factor))

# 此时访问的是全局变量 factor
print(factor)
```

输出结果

```
5
10
```

这里定义了一个全局变量factor，值为10；在test()函数中定义了一个局部变量factor，值为5。当局部变量与全局变量同名时，使用的是局部变量，故在函数体中打印的值为5。

11.1.9 在函数体中修改全局变量

在函数体中修改全局变量前需要使用global关键字，global有"全局的"意思。在函数内部使用global修饰变量，表示该变量是一个全局变量。

实例代码

```python
# 全局变量 factor
factor = 10

def test():
    # 使用 global 关键字
    global factor
    factor += 5
    print("{}".format(factor))
    factor = 5

# 调用一次 test() 函数
test()
print(factor)
```

输出结果

```
15
5
```

这里定义了一个全局变量factor，值为10，然后在函数中修改全局变量的值，将其递增5，打印出来的值为15。继续将5赋值给变量factor，此时修改的是全局变量factor的值，故在调用完函数test()以后，再次输出factor的值时，值为5。

11.1.10 函数的意义

函数即一个逻辑代码块，只需定义一次，就可以在后续的代码中进行多次调用。

实例代码

```python
def min_max(numbers):
    # 这里的 numbers 是一个列表类型
    minimum = numbers[0]
    maximum = numbers[0]
    for number in numbers:
```

```
        if number < minimum:
            minimum = number
        if number > maximum:
            maximum = number
    return minimum, maximum

# 第一次调用
minimum, maximum = min_max([1,2,3,4,5])
print("min is:{} max is:{}".format(minimum, maximum))
# 第二次调用
minimum, maximum = min_max([10,20,30,40,50])
print("min is:{} max is:{}".format(minimum, maximum))
# 后面的第 n 次调用
…
```

这里只需把相同逻辑的代码块封装成一个函数，然后在需要时直接调用即可。如果不使用函数，那么程序员会多次重复编写具有相同逻辑的代码。程序员可以把函数当作一个可复用的模块，这不仅省去了开发量，精简了代码，也增强了程序的可读性。

11.1.11 技术总结

本节主要包含以下7个重要的知识点。

① 函数是一种从输入到输出的转换器。
② 计算机函数的4个基本要素：函数名、参数、函数体、返回值。
③ 计算机函数的本质是程序指令块，指令块存储在内存中，函数名对应的是这个指令块的内存首地址。
④ 在对函数进行命名时，应遵循良好的命名规范，保持良好的可读性。
⑤ 定义函数时，可以对参数使用默认值，调用函数时可以指定函数的形参。
⑥ 参数为引用类型时，在函数体中对参数进行修改，会影响到参数指向的值。
⑦ 函数体中的局部变量会覆盖同名的全局变量。

11.1.12 课后习题

（1）什么是函数？简述你对函数的理解。
（2）罗列计算机函数的基本要素。
（3）简述函数的意义。
（4）什么是闭包函数？
（5）定义一个带引用类型参数的函数，然后在函数体中对参数进行修改，在函数外部输出该参数值的变化过程。
（6）定义一个参数类型为函数的函数，在函数体中执行该参数对应的函数。

11.2 Python 函数的可变参数

函数的可变参数指的是在定义函数时，实参的个数不确定，这时可以给形参加上一个"*"或"**"修饰符，表示当前的形参是一个可变形参。

11.2.1 将实参收集为元组

在定义函数时，通过使用"*"操作符，可以将不确定的实参收集为元组。

实例代码

```python
# 使用 * 操作符定义一个可变形参
# 定义 accumulate() 函数，对参数进行累加
def accumulate(number1, *numbers):
    sum_ = number1
    # 这里的 numbers 是一个元组
    # 我们可以遍历元组中所有的元素来实现累加
    for number in numbers:
        sum_ += number
    return sum_

sum_of_numbers = accumulate(1,2,3,4,5)
print("sum of numbers is:{}".format(sum_of_numbers))
```

输出结果

sum of numbers is:15

这里定义了一个accumulate()函数用于对参数进行累加。对形参numbers使用"*"操作符进行修饰，表示形参numbers是一个可变形参，在函数体中numbers的数据类型是一个元组类型。对于元组类型，可以使用for循环结构来遍历元组中的所有元素。

调用函数时，传递的实参列表1,2,3,4,5，其中实参1对应的是形参number1，实参2,3,4,5则被收集到元组numbers中，numbers的输出为(2,3,4,5)。

可变形参的收集顺序：从定义时的位置开始，从左往右进行收集。注意，可变形参代表的是实参个数的不确定性。在定义可变形参时，一般放在普通形参的右边。程序员通常先定义可确定的形参，不确定的就作为可变形参。当然，也可以将可变形参放在函数参数列表的最左边，这也是符合Python语法的，但在使用上有失自然。

实例代码

```python
使用 * 操作符定义一个可变形参
# 定义 accumulate() 函数对参数进行累加
def accumulate(*numbers, number):
    sum_ = number
    # 这里的 numbers 是一个元组类型
    # 我们可以遍历元组中所有的元素来实现累加
    for number in numbers:
        sum_ += number
    return sum_
# 在调用函数时必须指明形参 number 所对应的实参值
# 如果不这么指定，所有的实参都会被收集到元组 numbers 中
sum_of_numbers = accumulate(1,2,3,4,number = 5)
print("sum of numbers is:{}".format(sum_of_numbers))
```

输出结果

sum of numbers is:15

这里定义了accumulate()函数，对所有参数进行累加，函数头中包含可变参数numbers和普通形参number，由于可变形参的收集顺序为从声明位置处开始从左往右进行收集，在调用函数时必须指明形参number所对应的实参值，否则所有实参都会被收集到元组numbers中。

如果不指定形参number对应的实参值，在函数调用过程中会引发类型错误，有以下3种办法可以解决此类错误。
（1）将可变形参的声明顺序置于普通形参的后面。
（2）定义可变形参的默认值。
（3）调用函数时指定普通形参对应的实参值。

11.2.2 将实参收集为字典

扫码看视频

我们可以将不确定的实参收集为字典，转换为关键字参数，在Python中是通过"**"操作符来实现的。

实例代码

```
# 使用 ** 操作符定义一个可变形参
def find(**stars):
    # 这里的 stars 实质上是一个字典类型参数
    # 在这个字典中查找明星的身价
    return stars.get("张三", 0)

value = find(张三 =100000000, 李四 =1000000000)
print("张三的身价为 {}".format(value))
```

输出结果

张三的身价为 100000000

这里定义了find()函数，使用"**"修饰形参stars，表示stars是一个可变形参。在使用操作符"**"进行修饰时，实参会被收集到字典中，即在函数中，stars是一个字典类型参数。在传递实参时必须以"键名=键值"的语法形式来进行传递，键名无须加引号，否则Python解释器会把它解析成一个表达式，抛出语法错误的异常。函数体中的stars是一个字典结构，值为{"张三": 100000000, "李四": 1000000000}。

11.2.3 混合使用 * 与 **

定义函数时，可以混合使用"*"与"**"操作符来对形参进行修饰。

实例代码

```
# 定义 accumulate() 函数对参数进行累加
def accumulate(*digits, **numbers):
    sum_ = 0
    # 这里的 digits 是一个元组类型参数
    # 可以遍历元组中所有的元素来实现累加
    for digit in digits:
```

```python
        sum_ += digit

    # 遍历字典中的键值来进行累加
    for _,value in numbers.items():
        sum_ += value
    return sum_

sum_of_numbers = accumulate(1,2,3,4, number1 = 5, number2 = 5, number3 = 5)
print("sum of numbers is:{}".format(sum_of_numbers))
```

输出结果

25

这里定义了accumulate()函数，将所有参数进行累加。在函数声明中，digits使用操作符"*"修饰，numbers使用"**"修饰，则传递的实参中，实参列表1,2,3,4被收集到元组digits中，关键字参数列表number1=5、number2=5和number3=5被收集到字典numbers中。

11.2.4 *args 与 **kwargs

这里的*args 与**kwargs是可变形参名称的通用写法，前者用来将未确定的实参打包成一个元组类型，后者用来将未确定的实参打包成一个字典类型。程序员在实际定义函数的过程中，可以沿用这种通用的写法，也可以自行定义可变参数名称。

实例代码

```python
# 定义 accumulate() 函数对参数进行累加
def accumulate(*args, **kwargs):
    sum_ = 0
    # 这里的 args 是一个元组类型
    # 可以遍历元组中所有的元素来实现累加
    for arg in args:
        sum_ += arg

    # 遍历字典中的键值来进行累加
    for _,value in kwargs.items():
        sum_ += value
    return sum_

sum_of_numbers = accumulate(1,2,3,4, number1 = 5, number2 = 5, number3 = 5)
print("sum of numbers is:{}".format(sum_of_numbers))
```

输出结果

25

11.2.5 对实参进行解包

这里的解包指的是在函数调用时使用"*"或"**"操作符对实参进行解包。在理解这个用法之前，先看一段代码。

实例代码

```python
# 定义 accumulate() 函数，对参数进行累加
def accumulate(number1, number2):
  return number1 + number2

numbers = [1,2]
# 调用函数时使用 * 操作符对 numbers 进行修饰
sum_of_numbers = accumulate(*numbers)
print("sum of numbers is:{}".format(sum_of_numbers))
```

输出结果

```
sum of numbers is:3
```

accumulate()函数有两个形参，在调用函数时使用"*"操作符对列表numbers进行了解包，这里的解包是将列表中的元素值按序取出，取出的元素与函数的形参一一对应。例如，列表中元素1对应的是形参number1，2对应的是形参number2。列表中的元素个数必须与函数中的形参个数相等，否则会抛出语法错误的异常。

在Python中使用"*"对序列结构进行解包，目前的序列结构有字符串、列表和元组。对字典结构和集合结构使用"*"操作符进行解包时，解包的元素为对应的键名。

实例代码

```python
# 定义 accumulate() 函数，对参数进行累加
def accumulate(param1, param2):
   return param1 + param2

string = 'ab'
value = accumulate(*string)
print("value is:{}".format(value))
```

输出结果

```
value is ab
```

实例代码

```python
# 定义 accumulate() 函数，对参数进行累加
def accumulate(param1, param2):
   return param1 + param2

numbers = 1,4
value = accumulate(*numbers)
print("value is:{}".format(value))
```

输出结果

value is 5

实例代码

```python
# 定义 output() 函数，对参数进行原样输出
def output(name,age):
    print(name,age)


person = {"name":"Backer", "age": 32}
output(person)
```

输出结果

name age

使用"*"操作符对字典或集合进行解包时，传递的是对应的键名，故输出的是字典person中对应的键名name,age，集合同理。字典与集合中的键名必须与函数中的形参名一一对应。使用"**"操作符对字典进行解包时，字典的键名对应的是函数的形参名，键名与形参名须一一对应。

实例代码

```python
def book(author, price):
    print("author is:{} price is:{}".format(author, price))
new_book = {"author": " 薯条老师 ", "price": 0}
# 将字典进行解包
book(**new_book)
```

输出结果

author is: 薯条老师 price is:0

这里定义了函数book()，形参名分别为author和price。在将字典变量new_book进行解包时，字典中的键author对应的是函数形参author，键price对应的是函数形参price。将字典解包时，字典中的键名必须与函数中的形参名一一对应，否则会抛出类型错误的异常。

实例代码

```python
def book(author, price):
    print("author is:{} price is:{}".format(author, title, price))
new_book = {"author": " 薯条老师 ", "price": 0, "title": " 遇见 Python" }
# 将字典进行解包
book(**new_book)
```

在执行这段代码时，程序抛出了类型错误的异常，因为字典中的键名title在book()函数中没有对应的形参名。

11.2.6 技术总结

本节主要包含以下4个重要的知识点。

① 函数的可变参数指的是在定义函数时，实参的个数不确定，为形参加上一个"*"或"**"修饰符表示该形参是一个可变形参。

② 通过"*"符号将可变形参收集为元组，通过"**"符号将可变形参收集为字典。

③ *args与**kwargs是可变形参名称的通用写法，前者用来将未确定的实参打包成一个元组类型，后者用来将未确定的实参打包成一个字典类型。

④ 在调用函数时，可以使用"*"与"**"符号对数据类型进行解包。

11.2.7 课后习题

（1）什么是可变形参？

（2）在函数中定义可变形参有何意义？

（3）定义一个带可变形参的函数，使用"*"符号进行修饰，在调用该函数时，对列表类型进行解包，然后传递给该函数，返回列表中所有元素的和。

（4）定义一个带可变形参的函数，使用"**"符号进行修饰，在调用该函数时，对字典类型进行解包，然后传递给该函数，返回一个包含所有键名的集合，以及一个包含所有键值的集合。

11.3 lambda 表达式

lambda对应的是希腊字母表中排序第11位的字母λ。在计算机编程语言中，通常用lambda表达式来定义一个匿名函数。所谓匿名函数，即没有名称的函数。

11.3.1 什么是 lambda 表达式

进入Python的交互模式，输入help("lambda")来查看关于lambda表达式的定义，如图11-1所示。

```
>>> help("lambda")
Lambdas
*******

   lambda_expr         ::= "lambda" [parameter_list] ":" expression
   lambda_expr_nocond  ::= "lambda" [parameter_list] ":" expression_nocond

Lambda expressions (sometimes called lambda forms) are used to create
anonymous functions. The expression "lambda parameters: expression"
yields a function object.  The unnamed object behaves like a function
object defined with:

   def <lambda>(parameters):
       return expression

See section Function definitions for the syntax of parameter lists.
Note that functions created with lambda expressions cannot contain
statements or annotations.

Related help topics: FUNCTIONS
```

图 11-1

从help("lambda")的输出可以知道lambda表达式是用来创建匿名函数的，它返回的是一个函数对象，而且这种匿名函数与使用def关键字定义的有名函数的行为是一样的。lambda表达式与使用def定义函数的区别在于以下两点。

（1）lambda表达式没有函数名称。

（2）lambda表达式只是表达式，有名函数是一个代码块，可以实现更复杂的逻辑。

11.3.2 用 lambda 定义匿名函数

lambda表达式的语法为lambda parameters: expression。注意，这个表达式的定义体必须和声明放在同一行。至于parameters，就是函数的参数列表，expression 是要实现的表达式的代码逻辑，表达式的结果会返回给调用方，返回值时无须使用return语句。参数列表parameters可以为空，这与用def关键字定义的函数是一样的。

实例代码

```
add = lambda x,y: x+y
result = add(2,3)
print("result is:{}".format(result))
```

输出结果

```
result is:5
```

这里定义了一个匿名函数，然后将这个匿名函数赋值给add变量，add变量指向的是这个匿名函数的内存地址，所以可以直接使用add变量来调用这个匿名函数。

lambda表达式与有名函数相比，更加轻量，一行代码就能搞定，但也限制了这种表达式不能实现复杂的代码逻辑。若要实现复杂的代码逻辑，还应当使用有名函数。lambda表达式使用起来很灵活，它可以作为参数传递，也可以作为返回值来传回给调用方。

- **lambda 表达式作为参数传递**

使用lambda表达式作为参数传递比较简单，请看下面一段代码。

实例代码

```
# lambda 表达式作为参数传递
plans = [{"timestamp": 3, "title": " 微信小程序的初步运营计划 "}, {"timestamp": 2, "title": " 测试 "}]
# 使用 lambda 表达式作为实参传递给内置函数 sorted()
# 将 plans 按照字典中的 timestamp 值来进行排序
plans = sorted(plans, key=lambda plan:plan["timestamp"])
```

- **lambda 表达式作为返回值**

请看下面一段代码。

实例代码

```
def get_accumulate_lambda(x,y,z):
initial_value = 15
return lambda :x+y+z+initial_value
accumulate = get_accumulate_lambda(1,2,3)
result = accumulate()
print("result is:{}".format(result))          # 结果为 21
```

输出结果

```
result is:21
```

lambda表达式这种灵活的特性，为程序设计带来很大的想象空间，程序员可以把lambda表达式作为值嵌入各类数据结构，如嵌入列表或字典来实现各种控制逻辑。

实例代码

```
# 定义一个机器人的字典对象，键名为数字指令，键值为该指令对应的简单逻辑
robot = {0: lambda x: x*1+2, 1: lambda x: x*2+3}
# 如果该机器人没有 0 对应的指令，就返回一个默认的 lambda 表达式
compute = robot.get(0,lambda x:x)
result = compute(5)
print("result is:{}".format(result))
```

输出结果

```
result is 7
```

11.3.3 技术总结

本节主要包含以下两个重要知识点。

① 匿名函数是指没有名称的函数。

② 在Python中通过lambda表达式来定义一个匿名函数。

11.3.4 课后习题

（1）什么是匿名函数？

（2）在Python中如何定义匿名函数？

（3）与命名函数相比，匿名函数有什么优缺点？

（4）如何输出匿名函数的类型与地址？

（5）定义一个匿名函数，将实参值进行累乘。

11.4 函数装饰器

在讲解装饰器前，先看一下有关词语"装饰"的解释："装者，藏也，饰者，物既成加以文采也"，指的是对器物表面添加纹饰、色彩，以达到美化的目的。

在面向对象程序设计中，装饰器是一种程序设计模式，可以对已有的对象进行功能上的扩展，而无须改变其结构。功能上的扩展是通过装饰器来实现的，即将需要扩展的功能放在装饰器中定义。装饰器对应的是一个代码块，可以通过函数来实现一个装饰器。

在Python中，使用函数对象定义的装饰器称为函数装饰器，使用类定义的装饰器称为类装饰器。

> **编程小知识**
>
> 在Python中一切皆对象，函数也是一种对象。

11.4.1 定义装饰器

扫码看视频

在定义装饰器前,先写一个简单的实例代码定义一个参数类型为函数的login()函数,以及在函数内部定义一个闭包函数check()。

> **知识超链接**
> 对闭包函数的概念不是很熟悉的读者,可以复习11.1.2小节的"函数的定义"内容。

实例代码

```
# -*-coding:utf-8-*-

# 定义一个参数类型为函数的 login() 函数
# func 表示形参为函数

def login(func):
    def check(username):
        # check() 函数中访问了父函数 login() 的参数,是一个闭包函数
        # 在函数体中执行传递给 login() 函数的 func() 函数
        func(username)
    # 在 login() 函数中返回该闭包函数
    return check

# 定义一个 welcome() 函数,用来输出用户的欢迎信息
def welcome(username="guest"):
    print("welcome {}".format(username))

# 将 welcome() 函数传递给 login() 函数,返回的 user_login() 函数是一个闭包函数
user_login = login(welcome)

# 执行 user_login() 函数时,在函数体内部会执行传递给 login() 的 welcome() 函数
user_login("green")
```

输出结果

welcome green

这里定义了一个用户欢迎函数welcome(),然后将其传递给login(),此时login()函数的实参为welcome(),在执行闭包函数时,会执行从login()函数传递的welcome()函数,故输出的实际为welcome()函数的输出信息。如果此时需要对welcome()函数的功能进行扩展,例如需要先对用户的登录态进行检查,此时有两种方案。

(1)直接对welcome()函数进行修改,在welcome()函数内部添加用户登录态检查的功能。

(2)闭包函数与welcome()函数共享同样的参数,可以在闭包函数user_login()中,检查用户的登录态,如果用户已登录,再执行welcome()函数。

采用第1种方案会改变welcome()函数的代码逻辑，采用第2种方案是将代码的扩展逻辑转移到闭包函数中。请读者回顾装饰器模式的定义：对已有的对象进行功能上的扩展，而无须改变其结构。第2种方案正是装饰器模式。Python的装饰器模式核心在于利用闭包函数来对被装饰的对象进行功能上的扩展。下面通过第2种方案对用户的登录态进行检查。

实例代码

```
# -*-coding:utf-8-*-

def login(func):

    # 键名表示用户名，键值表示登录态，0 为未登录，1 为已登录
    user_status = {
        "green": 0,
        "backer":1
        }
    def check(username):
        # 在 check() 函数中对用户的登录态进行检查
        # 如果用户已登录才执行 func() 函数
        if user_status.get(username, 1) != 0:
            func(username)
        else:
            print(" 用户名不存在或未登录 ")
    return check

def welcome(username):
    print("welcome {}".format(username))

user_login = login(welcome)
# 执行 user_login() 函数时，传递错误的密码
user_login("green")
```

输出结果

用户名不存在或未登录

Python提供了语法糖（syntactic suger，也译为糖衣语法），在函数头前面加上一行@decorator修饰符，可以对当前函数进行装饰，decorator表示具体的装饰器名。在以上代码中，login()函数就是一种装饰器，现在使用@符号来对welcome()函数进行装饰。

实例代码

```
# -*-coding:utf-8-*-

def login(func):
    # 键名表示用户名，键值表示登录态，0 为未登录，1 为已登录
    user_status = {
```

```
    "green": 0,
    "backer":1
    }

  def check(username):
    # 在 check() 函数中对用户的登录态进行检查
    # 如果用户已登录才执行 func() 函数
    if user_status.get(username, 1) != 0:
      func(username)
    else:
      print(" 用户名不存在或未登录 ")
  return check

@login
def welcome(username, password):
  print("welcome {}".format(username))

welcome("green")
welcome("backer")
```

输出结果

```
用户名不存在或未登录
welcome backer
```

在对welcome()函数进行装饰以后,会优先执行装饰器中的代码。下面对Python中的装饰器用法进行总结。

- **装饰器的基本结构**

  装饰器中的闭包函数参数须与被装饰对象的参数一致,在不确定被装饰对象的参数时,可以使用可变参数。

实例代码

```
def decorator(f):
  def closure(*args, **kwargs):
    f(*args, **kwargs)
  return closure
```

- **装饰器的 3 层结构**

  装饰器也可以携带参数,此时需要再嵌套一层闭包函数,在装饰器的最外层函数定义装饰器的参数,在第2层传递被装饰的对象。

实例代码

```
# 在最外层定义装饰器的参数
def decorator(*args, **kwargs):
  # 在第二层传递被装饰的对象 f
  def closure_outer(f):
    def closure_inner(*args, **kwargs):
```

```
        # 在第三层中执行被装饰的对象
        f(*args, **kwargs)
        return closure_inner
    return closure_outer
```

继续对welcome()函数进行扩展,当用户未登录时,跳转到登录页。

实例代码

```
# -*-coding:utf-8-*-

# 定义 redirect() 函数,模拟页面跳转
def redirect(url):
    print("redirect to url:{}".format(url))

# 在装饰器的最外层定义装饰器的参数
def login(url):
    # 键名表示用户名,键值表示登录态,0 为未登录,1 为已登录
    user_status = {
        "green": 0,
        "backer":1
        }
    # 在装饰器的第二层传递被装饰的函数
    def __login(f):
        # 在装饰器的第三层执行被装饰的函数
        def check(username):
            # 在 check() 函数中对用户的登录态进行检查
            # 如果用户已登录才执行 func() 函数
            if user_status.get(username, 1) != 0:
                func(username)
            else:
                redirect(url)
        return check
    return __login

@login("/login/")
def welcome(username):
    print("welcome {}".format(username))

welcome("green")
welcome("backer")
```

输出结果

```
redirect to url:/login/
welcome backer
```

- **使用@符号来装饰**

直接在被装饰的函数头前加一行@decorator的代码，decorator表示具体的装饰器名。在执行被装饰过的函数时，会先执行装饰器中的代码。

> **笔者有话说**
>
> 对于装饰器函数的应用场景，读者需根据其执行流程来进行分析。Python会先执行装饰器内部的闭包函数，再执行对应的被装饰对象，所以在执行被装饰的对象前，可以进行一些预处理操作，如对参数进行校验、对结果进行缓存等。

11.4.2 技术总结

本节主要包含以下4个重要知识点。

① 装饰器是一种软件设计模式，可以对已有的对象进行功能上的扩展，而无须改变其结构。
② Python的装饰器模式核心在于利用闭包函数来对被装饰的对象进行功能上的扩展。
③ 对函数进行装饰时会优先执行装饰器中的代码。
④ 装饰器使用三层结构来定义装饰器的参数。

11.4.3 课后习题

（1）什么是装饰器？
（2）什么时候应该使用装饰器？
（3）定义一个函数，函数带一个整型参数，返回从1到该整型参数范围内的所有质数。
（4）定义一个装饰器，对第（3）题中的函数进行装饰，利用装饰器对计算得到的质数进行缓存，从而减少不必要的计算。

11.5 Python 中的常用内置函数

内置函数是Python中预先编写好的一些基础函数，程序员直接拿来使用即可。我们可以在交互模式中输入help("builtins")来查看所有的内置对象，这些内置对象中就包含了内置函数。在交互模式中的阅读体验并不是很好，笔者建议初学者直接查看Python的官方文档来了解所有的内置函数。图11-2所示为内置函数。

\multicolumn{5}{c}{Built-in Functions}				
abs()	delattr()	hash()	memoryview()	set()
all()	dict()	help()	min()	setattr()
any()	dir()	hex()	next()	slice()
ascii()	divmod()	id()	object()	sorted()
bin()	enumerate()	input()	oct()	staticmethod()
bool()	eval()	int()	open()	str()
breakpoint()	exec()	isinstance()	ord()	sum()
bytearray()	filter()	issubclass()	pow()	super()
bytes()	float()	iter()	print()	tuple()
callable()	format()	len()	property()	type()
chr()	frozenset()	list()	range()	vars()
classmethod()	getattr()	locals()	repr()	zip()
compile()	globals()	map()	reversed()	__import__()
complex()	hasattr()	max()	round()	

图 11-2

11.5.1 数学运算函数

本节主要介绍数学运算的相关函数。

- **计算绝对值**

  计算绝对值的函数为abs(x),返回数值x的绝对值。参数x必须是数值类型或能隐式地转换为数值类型。

实例代码

```
number = abs(-1.5)
print(number)
number = abs(True)          # number 的值为1, True 隐式地转换为整型值1
print(number)
```

输出结果

```
1.5, 1
```

这里的True隐式地转换为整型值1,故abs(True)的输出为1。abs()函数中的参数类型如果不是数值类型,必须能隐式地转换为数值类型,否则会抛出类型错误的异常。

实例代码

```
number = abs("1")
```

在运行这行代码以后,程序将抛出类型错误的异常,因为字符串"1"不能隐式地转换为数值类型。

- **计算商和余数**

  计算商和余数的函数为divmod(x, y),返回值为一个元组类型,计算结果为 (x//y, x%y)。元组的第1个元素为x与y整除后的结果,第2个元素为x与y取模后的结果。

实例代码

```
a,b = divmod(10, 3)
print(a, b)
```

输出结果

```
3,1
```

- **计算幂值**

  计算幂值的函数为pow(x, y, z=None),返回值为x的y次幂,形参z的默认值为None。如果传递z值,表示将x的y次幂的结果与z值取模。

实例代码

```
# 不传 z 值
value = pow(2,3)
print(value)
```

输出结果

```
8
```

实例代码

```
# 传 z 值，表示将 x 的 y 次幂的结果与 z 值取模
value = pow(2,3,3)
```

输出结果

```
2
```

- **对数字类型四舍五入**

  对数值类型进行四舍五入的函数为round(number, [ndigits = 0])，这里的四舍五入采用的是"四舍六入五成双"的规则。number如果是整型，则直接返回该值；如果是浮点类型，其返回的小数精度取决于ndigits的值，ndigits可以为负数。

实例代码

```
# 传递整型值时，直接返回该值
value = round(1)
print(value)
```

输出结果

```
1
```

实例代码

```
# 传递浮点型值，形参 ndigits 使用默认值 0
value = round(1.55)
print(value)
```

输出结果

```
2
```

实例代码

```
# 传递实数值，形参 ndigits 的值为 2
value = round(1.5566, 2)
```

输出结果

```
1.56
```

ndigits的值为2，表示小数点后面保留两位小数，保留小数时按照"四舍六入五成双"的规则来进行近似，故value的值为1.56。

> **编程小知识**
>
> 四舍六入五成双是一种数字修约规则，当有效位数确定后，其后面多余的数字应该舍去，只保留有效数字最末一位。这里的"四"指的是后面的数字≤4时就舍去，"六"指的是后面的数字≥6时就进一，"五"指的是根据5后面的数字来定，当5后有数时，舍5入1；当5后无有效数字时，需要分两种情况。
> （1）5前为奇数，舍5入1。
> （2）5前为偶数，舍5不进（0是偶数）。

注意，在大多数情况下，都可以用"四舍六入五成双"的规则来解释Python浮点值的精度计算，但在某些特殊情况下，由于Python浮点数本身的精度计算问题，在使用round()函数来进行四舍六入时会出现一些问题。

实例代码

```
# 传递浮点数，形参 ndigits 的值为 2
value = round(1.555, 2)
print(value)
```

输出结果

```
1.55
```

如果按照"四舍六入五成双"的规则，应该输出1.56，但实际输出的是1.55。

- **生成一个整数序列**

生成一个整数序列的函数为range(start, stop[, step])，返回一个从整数start到整数stop之间(不包含stop)，且步长为step的可迭代对象，start的默认值为0。range()函数可以只传递一个实参，此时传递的实参对应的是stop的值。

实例代码

```
numbers = range(4)
# numbers 的输出为 range(0, 4)
# 可通过 for 循环将值遍历出来
for number in numbers:
    print(number)
```

输出结果

```
0,1,2,3
```

这里只给range()函数传递了一个参数，此时参数对应的是形参stop，start的默认值为0，故range(4)返回的是一个0～3的整数序列：0,1,2,3。

实例代码

```
numbers = range(0,6)
# 可通过 for 循环将值遍历出来
for number in numbers:
    print(number)
```

输出结果

```
0,1,2,3,4,5
```

这里给range()函数传递了两个参数，形参start对应的值为0，形参stop对应的值为6，故range(0,6)返回的是一个0～5的整数序列：0,1,2,3,4,5。

实例代码

```
numbers = range(0,6,2)
# 可通过 for 循环将值遍历出来
for number in numbers:
    print(number)
```

输出结果

0,2,4

这里给range()函数传递了3个参数,形参start对应的值为0,形参stop对应的值为6,step对应的值为2,故range(0,6,2)返回的是一个从0到5、步长为2的整数序列0,2,4。

> **编程小知识**
> 步长计算是以首元素开始,不断以步长递增,步长可以为负值。

我们也可通过range()函数生成一个从大到小的降序整数序列,此时的step值必须为负数,start的值必须大于等于stop的值。

实例代码

```
numbers = range(5, 1, -1)
for number in numbers:
    print(number)
```

输出结果

5,4,3,2

- **获取一个数据对象的长度**

获取一个数据对象的长度的函数为len(object),返回object的长度。这里的数据对象指的是Python的基本数据结构:字符串、列表、元组、字典和集合。

实例代码

```
# 获取字符串的长度,即字符串的字符数
length = len("hello world")
print(length)
```

输出结果

11

实例代码

```
# 获取列表的长度,即列表中元素的个数
length = len([1,2,3])
print(length)
```

输出结果

3

实例代码

```
# 获取元组的长度,即元组中元素的个数
length = len((1,2,3))
print(length)
```

输出结果

3

实例代码

```
# 获取字典的长度，即字典中键的个数
length = len({"name": " 薯条老师 ", "title": "Python 最佳入门教程 "})
print(length)
```

输出结果

```
2
```

实例代码

```
# 获取集合的长度，即集合中键的个数
length = len({" 张三 ", " 李四 "})
print(length)
```

输出结果

```
2
```

- **返回一个可迭代对象的最大值**

  返回一个可迭代对象的最大值的函数为max(iterable_object)，返回迭代对象iterable_object中值最大的元素。

  （1）获取字符串中值最大的字符，比较的是字符的编码，可以利用ord()函数获取字符的编码。

实例代码

```
value = max("12345")
print(value)
```

输出结果

```
'5'
```

（2）获取列表中值最大的元素。

实例代码

```
value = max([1,2,3])
print(value)
```

输出结果

```
3
```

（3）获取元组中值最大的元素。

实例代码

```
value = max((1,2,3))
print(value)
```

输出结果

```
3
```

（4）获取字典中值最大的元素，返回的是字典中所有键的最大值。

实例代码

```
value = max({1:'1', 5:'5'})
print(value)
```

输出结果

```
5
```

（5）获取集合中值最大的元素，返回的是集合中所有键的最大值。

实例代码

```
value = max({1, 3, 5})
print(value)
```

输出结果

```
5
```

- **返回一个可迭代对象的最小值**

返回一个可迭代对象的最小值的函数为min(iterable_object)，返回迭代对象iterable_object中值最小的元素。

（1）获取字符串中值最小的字符，比较的是字符的编码。

实例代码

```
value = min("12345")
print(value)
```

输出结果

```
'1'
```

（2）获取列表中值最小的元素。

实例代码

```
value = max([1,2,3])
print(value)
```

输出结果

```
1
```

（3）获取元组中值最小的元素。

实例代码

```
value = min((1,2,3))
print(value)
```

输出结果

```
1
```

(4) 获取字典中值最小的元素，返回的是字典中所有键的最小值。

实例代码

```
value = min({1:'1', 5:'5'})
print(value)
```

输出结果

```
1
```

(5) 获取集合中值最小的元素，返回的是集合中所有键的最小值。

实例代码

```
value = min({1, 3, 5})
print(value)
```

输出结果

```
1
```

- **返回一个可迭代对象的和**

返回一个可迭代对象的和的函数为sum(iterable_object)，返回迭代对象iterable_object中元素的和。可迭代对象中的数据元素必须是数值类型或能隐式地转换为数值类型，这里的数值类型主要是整型和浮点型。

(1) 获取列表中所有元素的和。

实例代码

```
value = sum([1,2,3])
print(value)
```

输出结果

```
6
```

(2) 获取元组中所有元素的和。

实例代码

```
value = sum((1,2,3))
print(value)
```

输出结果

```
6
```

(3) 获取字典中所有键的和，键类型必须为数值类型。

实例代码

```
value = sum({1:'1', 5:'5'})
print(value)
```

输出结果

```
6
```

(4）获取集合中所有键的和，键类型必须为数值类型。

实例代码

```
value = sum({1, 3, 5})
print(value)
```

输出结果

```
9
```

11.5.2 字符处理函数

在Python 3.x中，所有字符都是Unicode字符。获取Unicode字符对应的数字编码的函数为ord(unicode_character)。

实例代码

```
unicode_code = ord('爱')
print(unicode_cod)
```

输出结果

```
29233
```

获取Unicode数字编码所对应的Unicode字符的函数为chr(unicode_code)。

实例代码

```
unicode_character = chr(29233)
print(unicode_character)
```

输出结果

```
"爱"
```

那么如何生成一个索引序列？这里的索引序列指的是索引与元素值一一对应的序列。生成可迭代对象的索引序列的函数为enumerate(iterable[, start])。这里的enumerate并不是内置函数，它是一个内置的数据类型，我们通常将它当成函数来使用。它返回的是一个enumerate对象，通常在for循环中遍历索引序列的值。

假设有一个字符串变量"abc"，那这里的索引序列为0->"a",1->"b", 2->"c"，即字符'a'对应的索引是0，字符'b'对应的索引是1，以此类推。

实例代码

```
enumerate_object = enumerate([1,2,3,4,5])
# 读者务必注意使用 for 循环来遍历 enumerate 对象的语法
# 这里的 index 对应的是索引，value 对应的是元素值
# 读者也可以将 index、value 改成其他的变量名
for index,value in enumerate_object:
    print("index:{} value:{}".format(index, value))
```

输出结果

```
index:0 value 1
index:1 value 2
index:2 value 3
index:3 value 4
index:4 value 5
```

11.5.3 类型相关函数

下面介绍与类型相关的函数。

- **获取对象的标识值**

获取对象标识值的函数为id(object)。

实例代码

```
string = "Python"
address = id(string)
# 这里的地址与机器相关，读者可以在自己的计算机上进行测试
```

- **获取对象的类型**

获取对象类型的函数为type(object)，返回该object的类型名。

实例代码

```
type(1)             # 在交互模式中返回的结果是 <class 'int'>
type("Python")      # 在交互模式中返回的结果是 <class 'str'>
type([1,2,3])       # 在交互模式中返回的结果是 <class 'list'>
type((1,2,3))       # 在交互模式中返回的结果是 <class 'tuple'>
type({"1": 1})      # 在交互模式中返回的结果是 <class 'dict'>
type({1,2})         # 在交互模式中返回的结果是 <class 'set'>
```

在type()函数的输出中，class后面用单引号括住的字符串就是对应的类型名。

- **判断对象是否属于某一类型**

判断对象是否属于某一类型的函数为isinstance(obj, class_or_tuple)，返回值是布尔型，True表示属于某一类型，False表示不属于。这里的class_or_tuple形参指的是可以传递类型名或元组类型参数。元组类型参数中的元素全为类型名，如(int, float)。

实例代码

```
result = isinstance(1, int)
# result 的值为 True，1 是 int 类型

result = isinstance(1, float)
# result 的值为 False，1 不是 float 类型
```

```
result = isinstance("Python", str)
# result 的值为 True, "Python" 是 str 类型

result = isinstance([1],list)
# result 的值为 True, [1] 是 list 类型

result = isinstance((1,),tuple)
# result 的值为 True, (1,) 是 tuple 类型

result = isinstance({1:2}, dict)
# result 的值为 True, {1:2} 是 dict 类型

result = isinstance({1},set)
# result 的值为 True, {1} 是 set 类型
```

我们也可以在isinstance()函数第二个形参的位置传递元组类型，只要变量属于元组中的一个类型，就返回True。

实例代码

```
result = isinstance(1, (int,float))
# result 的值为 True, 1 属于 int 类型

result = isinstance(1, (str,float))
# result 的值为 False, 1 不属于元组 (str, float) 中的任何一个类型
```

11.5.4 技术总结

本节主要包含以下两个重要知识点。

① 内置函数是Python中预先编写好的一些基础函数。
② 在交互模式中输入 help("builtins") 可以查看Python中的内置对象。

11.5.5 课后习题

（1）什么是内置函数？
（2）在交互模式中，怎么查看所有的内置对象？
（3）常用的内置函数有哪些？
（4）什么是"四舍六入五成双"？
（5）如何使用range()函数生成一个降序排序的整数序列？
（6）定义一个函数，参数为序列结构类型，序列结构中的元素为任意类型，在不使用内置函数的情况下，计算序列中数值类型的最大值、最小值，以及所有元素的和。

11.6 程序实战：递归搜索

扫码看视频

在进行递归搜索程序实战之前，读者需要了解递归函数的相关知识。

11.6.1 什么是递归函数

通常在定义完一个函数以后，我们会在后面的程序代码或其他模块中调用这个函数，也可以在另一个函数的函数体中调用它。

实例代码

```python
# 定义一个带可变形参的函数，用来对int,float 类型的形参进行累加
def accumulate(*args):
    sum_ = 0
    for _ in args:
        if isinstance(_, (int, float)):
            sum_ += _
    return sum_

# 定义 main() 函数，在 main() 函数中可以调用 accumulate() 函数
def main():
    sum_of_args = accumulate(1,2,"hello","world", 3.5)
    print("sum of all args is:{}".format(sum_of_args))

if __name__ == "__main__":
    main()
```

这里定义了一个 accumulate()函数，用来对所有 int、float 类型的形参进行累加，然后在main()函数中调用这个accumulate()。在函数体中可以调用其他函数，那么可不可以调用自己呢？答案是肯定的，所谓递归函数就是在函数体中直接或间接调用自己的函数。先写个简单的递归函数。

实例代码

```python
# 定义一个不带任何参数的递归函数
# 在函数体中调用自己
def recursive_function():
    print("I'm recursion")
    recursive_function()

# 执行这个递归函数
recursive_function()
```

在交互模式中定义并执行这个递归函数，执行一段时间后，系统抛出了RecursionError异常，提示超出了最大的递归深度。我们可以在函数体中加一段控制逻辑，使得递归函数在条件不满足时终止递归。所谓终止递归，即不再调用自己。

实例代码

```
# 此时的递归函数携带一个形参
# 在函数体中将实参值不断递减，如果实参值小于等于0，就不再调用自己
# 当不再调用自己时，也就退出了递归的执行过程
def recursive_function(number):
    if number > 0:
        number -= 1
        # print(number)
        recursive_function(number)
        print(number)
# 执行这个递归函数
recursive_function(5)
```

输出结果

0,1,2,3,4,

为什么输出的是0,1,2,3,4？系统会将函数体中"自己"后面的程序指令先存起来。这在计算机系统中是叫作压栈的过程。等到递归结束时，会从后往前将已压栈的程序指令再执行一遍。读者可以从生活中的例子来理解压栈过程。压栈过程就好比在箱子里放衣服，一件一件地往上放。等我们想穿衣服时，打开箱子后最先看到的肯定是最后一次放上去的衣服。

11.6.2 在递归函数中返回值

同样，在递归函数中也可以将值返回给调用方。下面写一个将列表中的值进行累加然后返回给调用方的递归函数。

实例代码

```
# 定义一个递归函数accumulate()用来实现将列表中的元素进行累加
def accumulate(numbers):
    if numbers:
        number = numbers[-1]
        numbers = numbers[0:len(numbers)-1]
        return number+accumulate(numbers)
    # 终止递归时返回0
    # return 0

sum_of_numbers = accumulate([1,2,3,4])
print("sum of numbers is:{}".format(sum_of_numbers))
```

11.6.3 执行递归函数的代价

注意，必须在递归函数体中加控制逻辑，使得递归函数能够退出，即在设计递归函数时必须要设计函数的边界条件，一旦超出边界，就终止递归，否则递归函数会不断地执行，不断地消耗系统资源，直至被系统终止。

递归函数的执行深度也不宜过深，因为递归函数在执行过程中会给函数体中的变量重新分配存储空间，如果递归的深度过深，可想而知，会占用大量的内存空间，严重时会造成程序崩溃。

11.6.4 带缓存的递归搜索

本书第8章介绍了折半查找算法，本程序实战要使用折半查找算法的递归实现，同时使用装饰器将查询的结果缓存，以提高查询的效率。请读者按照以下步骤进行程序的编写与运行。

01 在D盘的python-learning目录中创建 chapter11目录，然后在chapter11目录中创建cached_recursive_binary_search.py 文件，并输入以下代码。

实例代码

```python
# __filename__ = "cached_recursive_binary_search.py"
# __author__ = " 薯条老师 "
# 导入 random 模块，执行 random 的 randint() 函数来得到一个随机数
import random


# 定义全局的列表变量，表示街霸英雄的伤害值
STREET_FIGHTERS = [
    (98, {"name": " 隆 "}),
    (95, {"name": " 刚拳 "}),
    (99, {"name": " 豪鬼 "}),
    (90, {"name": " 维加 "}),
    (88, {"name": " 春丽 "}),
    (85, {"name": " 神月卡琳 "}),
    (87, {"name": " 巴洛克 "})
]


# 冒泡排序函数
def bubble_sort(street_fighters):
    """
    :param street_fighters: 这里的 street_fighters 是函数的输入，保存的是街霸英雄
    :return: void
    """

    # 执行 Python 的内置函数 len() 来获取列表的长度
    fighters_size = len(street_fighters)

    # 定义变量 compare_loops 来保存比较的轮数
    compare_loops = 0

    while compare_loops < fighters_size-1:
        # 定义变量 index 用来保存气泡的索引，索引值会不断递增
        # 这样才能实现相邻气泡比较的逻辑
        index = 0
```

```python
        while index < (fighters_size-1-compare_loops):
            # 相邻气泡两两比较，实际比较的是街霸英雄的武力值
            if street_fighters[index][0] > street_fighters[index+1][0]:
                # 如果当前气泡大于前面的气泡，则相互交换位置
                street_fighters[index], street_fighters[index+1] = street_fighters[index+1], street_fighters[index]
            index += 1
        compare_loops += 1

# 用递归函数来实现折半查找过程
def recursive_binary_search(street_fighters, harm, left, right):
    '''
    :param numbers: 这个参数是一个已排序的列表，按升序排列
    :param value: 待查找的值
    :param left: 待查区间最左边的索引
    :param right: 待查区间最右边的索引
    :return: 返回待查的元素的索引
    '''
    # 递归函数的终止条件
    # 当 left 的值大于 right 的值时就退出递归，返回 None
    if left > right:
        return None

    # 计算中间位置的索引
    index = (right - left) // 2 + left

    # 如果中间位置的值小于待查的值，则在右半段区间进行查找
    if street_fighters[index][0] < harm:
        # 更新折半区间最左边的索引
        left = index + 1
    # 如果中间位置的值大于待查的值，则在左半段区间进行查找
    elif street_fighters[index][0] > harm:
        # 更新折半区间最右边的索引
        right = index - 1
    else:
        # 已查到，返回当前索引，同时终止递归的执行
        return street_fighters[index]

    # 没有查到，则继续在左半段区间或右半段区间进行折半查找
```

```python
        return recursive_binary_search(street_fighters, harm, left, right)


# 定义装饰器函数 cache()，用来对查询的结果进行缓存
def cache(f):
    # 定义字典变量 _CACHE，用来对查询的结果进行缓存
    _CACHE = {
    }
    def search_hero(harm):
        if harm not in _CACHE:
            hero = f(harm)
            if hero:
                _CACHE[harm] =hero
            return hero
        else:
            print(" 数据从缓存中进行查询 !")
            return _CACHE[harm]

    return search_hero

# 对 search() 函数进行装饰
@cache
def search(harm):
    hero = recursive_binary_search(STREET_FIGHTERS, harm, 0, len(STREET_FIGHTERS) - 1)
    return hero

if __name__ == "__main__":
    # 使用冒泡排序，将列表按升序进行排序
    bubble_sort(STREET_FIGHTERS)

    while True:
        # 输入街霸英雄的伤害值 , 必须输入有效的数字或 quit，否则会抛出异常
        user_input = input(" 输入街霸英雄的伤害值 ( 输入 quit 退出查询系统 ):____\b\b\b\b")

        # 如果用户的输入为 quit，则退出街霸英雄的查询系统
        if user_input.lower() == "quit":
            break

        harm = int(user_input)
```

```
hero = search(harm)
if hero:
    print(" 伤害值 {} 对应的英雄是 {}".format(harm, hero[1]["name"]))
else:
    print(" 伤害值 {} 对应的英雄不存在 ".format(harm))
```

02 进入Windows命令行，切换到目录D:\python-learning\chapter11，执行python cached_recursive_binary_search.py命令，如图11-3所示。

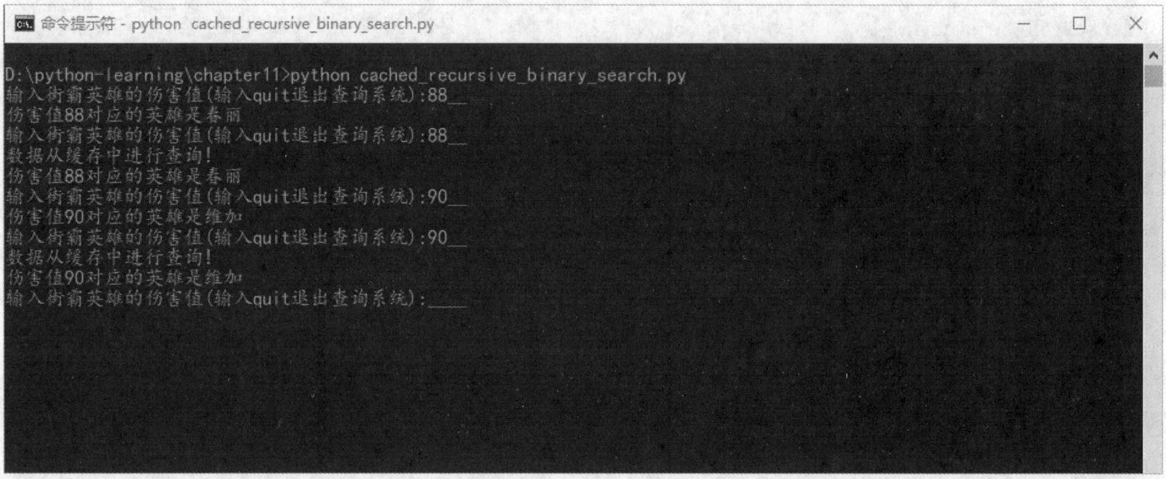

图 11-3

第 12 章

教学视频 4个 11分钟

文件操作

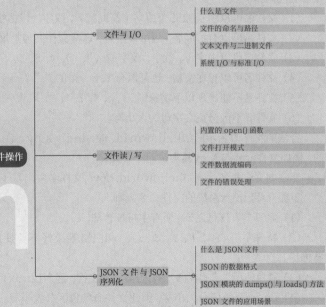

12.1 浅说文件与 I/O

计算机中的文件对经常使用计算机的人来说并不陌生，用户都知道图片是文件，视频是文件，Word、Excel等也是文件。在计算机世界中，文件是无处不在的。在Linux/UNIX系统中，甚至"一切皆文件"。

计算机中文件的本质是一个字节流。字节流意味着数据是流动的，有流动就一定有入口和出口。通过文件的入口，我们能把数据写进去；通过文件的出口，我们能把文件中的数据读出来。基于文件的这种流动的特性，文件中的数据可能是无限的。

12.1.1 文件的命名与路径

在计算机中，文件存储在硬盘上，要找到这个文件，就必须知道文件名及存储路径。文件名是保存文件时对文件的命名。存储路径是文件存储在计算机硬盘中的具体路径。文件路径有绝对路径和相对路径之分。下面分别学习这3个概念：文件的命名、文件的绝对路径和文件的相对路径。

- **文件的命名**

学习文件的命名，主要是掌握文件的命名规则。需要注意的是文件夹或目录也是文件。Windows系统的文件命名规则如下。

（1）文件名可以由1~255个西文字符或127个汉字（包括空格）组成，不能多于255个字符。

（2）文件名可以有扩展名，也可以没有，通常文件名与扩展名用"."符号进行分隔。

（3）文件名可以由字母、数字、汉字或~、!、@、#、$、%、^、&、( )、_、-、{}、'等组合而成。

（4）文件名可以存在空格，也可以有多于一个的"."符号。

（5）文件名不能出现以下字符：\、/、:、*、?、"、<、>、|。

（6）文件名不区分英文字母的大小写。

合法的文件命名示例如helloworld. @windiws.py。注意，在Windows系统中，文件名是不区分大小写的，例如文件a.py与A.py其实是同一个文件。

非法的文件命名示例如helloworld.?.py，文件名中出现了非法的字符"?"。

下面介绍Linux系统的文件命名规则。

（1）除了"/"符号之外，所有字符都合法。

（2）特殊字符如@、#、¥、&、()、-和空格等最好不要使用，如果使用空格等作为文件名，执行命令时容易出错。

（3）避免使用"."作为文件名的第一个字符，因为Linux系统将以"."开头的文件作为隐藏文件。

（4）Linux系统区分大小写，因此文件命名也区分大小写。

（5）Linux文件扩展名无意义，但是为方便识别应定义扩展名（如.py等）。

（6）在x86_64 Linux下，文件名的最大长度是255个字符，文件路径的最大长度是4096个字符。

合法的文件命名示例如helloworld. @Linux.py，文件名中可以存在空格，也可以有多个"."符号。注意文件名存在空格时，执行脚本文件时容易出错，系统会将空格前后的字符当作独立的文件。例如，系统会将helloworld. @Linux.py看成helloworld.和@Linux.py两个文件。如果文件名中有空格，在终端执行脚本文件时，应使用引号将文件名括起来，以避免出现这样的问题。

非法的文件命名示例如helloworld/.py，在Linux系统中，"/"符号不能出现在文件名中。注意，在Linux系统中，文件名是区分大小写的，故文件a.py与A.py是两个不同的文件，这一点与Windows系统不同。

- 文件的绝对路径

绝对路径是指目录或文件的绝对位置。在Windows系统中，绝对路径通常从盘符开始。在Windows系统中，C盘的盘符是C:，D盘的盘符是D:，E盘的盘符是E:，以此类推。

Windows系统的绝对路径规则为"盘符+路径分隔符+目录名+路径分隔符+文件名"。这里的目录可以为多个，后面的目录是前一个目录的子目录。例如，在D盘的python-learning目录下创建了一个文件helloworld.py，那么它的绝对路径就是D:\python-learning\helloworld.py。注意，在路径中目录与文件之间要以路径分隔符"\"相连。

> **编程小知识**
>
> 目录也是文件，它是一种特殊的文件，在目录下可以创建子目录及文件。

在Linux系统中，绝对路径是以根目录"/"开始的。例如，根目录下的home目录的绝对路径就为/home。Linux系统没有盘符的概念，所有文件都位于在根目录下。注意，Linux系统的路径分隔符为"/"，例如home目录下的helloworld.py文件的绝对路径为/home/helloworld.py。

- 文件的相对路径

相对路径指的是相对于当前文件的路径。继续以D盘中的python-learning目录来举例。假设D盘python-learning目录下有一个docs目录，docs目录下有一个"遇见Python.doc"文件，绝对路径为D:\python-learning\docs\遇见Python.doc。切换到python-learning目录，相对路径就是以当前目录python-learning的位置为起点，对文件"遇见Python.doc"的查找路径。

在Windows系统中，"."符号表示当前目录，dos目录相对于当前目录的路径为.\docs\遇见Python.doc。如果把"."符号展开，可以理解为理解为python-learning\docs\遇见Python.doc。

Linux中的文件相对路径也是一样的原理，这里不再赘述。

> **编程小知识**
>
> 在Windows或Linux系统中，"."符号表示当前目录，".."符号表示上级目录。

12.1.2 文本文件与二进制文件

文本文件是指由任意字符构成的文件，这里的字符即数字、汉字、英文和拉丁字母等字符。常见的TXT文件就是一种文本文件，超文本文件HTML也是一种文本文件。

所谓二进制文件，即文件中存储的是二进制数据。读者经常浏览的图片、视频等就是二进制文件，如果用文本编辑器打开一张图片，会看到一堆乱码，如图12-1所示。

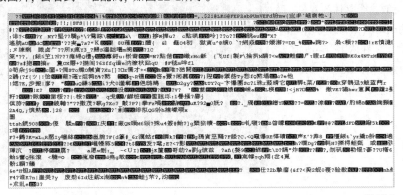

图 12-1

12.1.3 文件 I/O

I/O的概念很宽泛，这里只浅说磁盘文件的I/O，即input 和output。input是输入的意思，output 是输出，这里的输入和输出对应于文件数据流的入口和出口。通过磁盘文件的I/O，应用程序可以对文件进行读/写操作。

通过系统I/O对文件进行操作时，每次读/写都会执行一次系统调用。操作系统提供了一组系统函数，执行系统调用就是将应用程序的请求传给操作系统，操作系统调用相应的系统函数完成所需的处理，再将处理结果返回给应用程序。这样做的好处是直接读/写实际文件，坏处是频繁的系统调用会带来系统开销。为了减少这样的系统开销，出现了标准I/O。标准I/O在系统I/O的基础上引入了缓冲机制。有了缓冲机制以后，每次先操作缓冲区，必要时再访问文件，从而减少了系统调用的次数。

12.1.4 技术总结

本节主要包含以下4个重要知识点。

① 计算机中的文件，其本质是一个数据流。
② 绝对路径是指目录或文件的绝对位置。Windows系统中的绝对路径通常从盘符开始，Linux系统中的绝对路径以根目录 "/" 开始。相对路径指的是相对于当前目录的路径。
③ 在Windows或Linux系统中，"."符号表示当前目录，".."符号表示上级目录。
④ 标准I/O在系统I/O的基础上引入了缓冲机制。

12.1.5 课后习题

（1）什么是文件？简述你对文件的理解。
（2）Windows系统与Linux系统的文件命名规则分别有哪些？
（3）计算机只能处理二进制数据，为什么还需要文本文件？
（4）阐述标准I/O与系统I/O的关系。

12.2 Python 文件读 / 写详解

计算机中文件的本质是一个字节流，利用系统提供的文件I/O接口，应用程序可以对文件进行读/写操作。要对文件进行读/写，首先要获取这个文件流对象，通过Python提供的open()函数，应用程序可以获取文件流对象。在调用open()函数之前，进入交互模式，输入help("open")，了解open()函数的定义与用法，如图12-2所示。

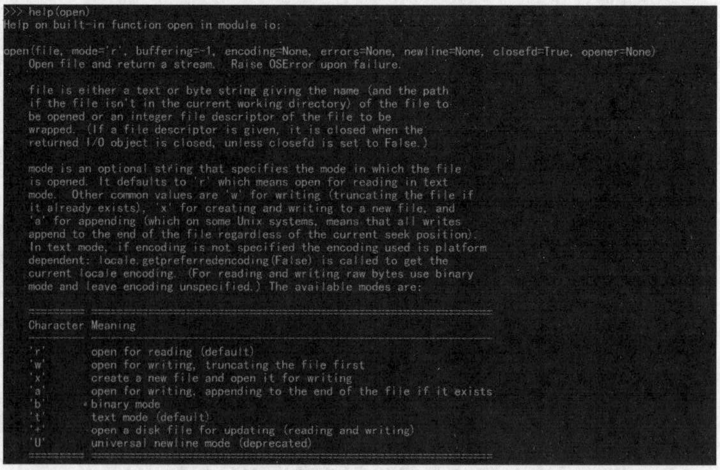

图 12-2

12.2.1 文件的打开

首先看看open()函数的定义。从open()函数的描述可知,在Python中通过open()函数可以获取一个文件流对象,如果打开失败会引发一个IOError异常。open()函数的参数很多,这里重点介绍函数参数列表的前5个形参:file、mode、buffering、encoding和errors。

实例代码

```
open(file, mode='r', buffering=-1, encoding=None, errors=None,
newline=None, closefd=True, opener=None)
Open file and return a stream.  Raise IOError upon failure.
```

file对应的是文件的路径,不再赘述;mode对应的是文件的打开模式;buffering对应的是文件缓冲;encoding对应的是文件数据流的编码;errors表示在文件的读/写过程中出现编码问题时,该以什么样的方式进行处理。

- **文件的打开模式**

文件的打开模式如下。注意,U模式已被废弃,故不在讲述范围之内。

代码解释

```
'r'      open for reading (default)
'w'      open for writing, truncating the file first
'x'      create a new file and open it for writing
'a'      open for writing, appending to the end of the file if it exists
'b'      binary mode
't'      text mode (default)
'+'      open a disk file for updating (reading and writing)
'U'      universal newline mode (deprecated)
```

r模式:文件的打开模式默认为r,r是英文单词read的首字母,read有"读取"的意思。使用r模式意味着程序以只读的模式来打开文件。如果文件不存在,则会引发异常。

w模式:w是英文单词write的首字母,write有"写入"的意思。使用w模式意味着以只写的模式来打开文件。如果文件不存在,则会创建一个新文件。读者须注意r模式与w模式的区别,如果文件已存在,使用w模式打开文件时,会清空文件的内容。

x模式:x模式用来创建一个新文件,如果文件已存在,会引发文件已存在的异常。x模式也用来对文件进行写入操作。

a模式:a是英文单词append的首字母,append有"追加"的意思。a模式同样是向文件写入内容,但与w模式不同的是,打开文件后不会清空文件的内容,每次写入内容都是在文件尾部追加。

b模式:b是英文单词binary的首字母,是二进制模式,即以b模式打开文件时,读/写的是二进制数据。

t模式:以t模式打开文件时,读/写的是文本数据,文件默认的打开类型为文本文件类型。

> **编程小知识**
>
> r、w和a模式可以与b、t模式进行组合,如rb表示以读取的方式读取二进制文件,wb模式表示写入文件的是二进制数据,笔者不再一一举例,读者可以自行类推。

注意,使用"+"符号时,表示使用读写混合模式。读写混合模式语法为"r+"、"w+"和"a+"。

"r+"模式：是r模式与a模式的混合，使用r+模式打开文件时，文件必须已存在，每次执行写操作的时候都是在文件尾部写入。

"w+"模式：是w模式与r模式的混合，同w模式，如果文件已存在会清空文件内容，文件不存在时会创建文件。

"a+"模式：是追加模式与读模式的混合，如果文件已存在，会立即定位到文件尾部，文件不存在时会创建文件。

- **文件的缓冲**

文件缓冲对应的是内存的一块缓冲区，如果是对文件执行写操作，会先将数据写到缓冲区，缓冲区写满以后再刷新到磁盘。如果是对文件执行读操作，会先将文件的一部分数据读预读到内存缓冲区，然后从这块缓冲区里读取。

为什么需要这么一块内存缓冲区？因为在内存中进行读/写远远快于直接在磁盘中进行读/写，所以在写入的时候，先写到内存缓冲区，当数据量大于内存缓冲区的容量时，再一次性刷新到磁盘。

读取也是一样的道理，如在程序代码中可能是逐字节进行磁盘文件的读取，这时可以先将磁盘文件中的一批数据先预读到缓冲区，后续读取时直接在缓冲区里进行读操作，这大大提高了读取的性能。现在来看buffering参数的官方描述。

代码解释

buffering is an optional integer used to set the buffering policy.
Pass 0 to switch buffering off (only allowed in binary mode), 1 to select
line buffering (only usable in text mode), and an integer > 1 to indicate
the size of a fixed-size chunk buffer.

当给buffering参数传递0时，表示关闭这个内存缓冲区；设置为1时表示行缓冲区，只能用于文本模式；设置的值大于1时表示设置固定的缓冲区大小。所谓行缓冲是指一行缓冲区的大小，这里的一行以行尾的换行符来进行标识。以下内容只做了解便可。

代码解释

When no buffering argument is
given, the default buffering policy works as follows:

* Binary files are buffered in fixed-size chunks; the size of the buffer
 is chosen using a heuristic trying to determine the underlying device's
 "block size" and falling back on' io.DEFAULT_BUFFER_SIZE'.
 On many systems, the buffer will typically be 4096 or 8192 bytes long.

* "Interactive" text files (files for which isatty() returns True)
 use line buffering. Other text files use the policy described above
 for binary files.

如果参数buffering没有给出，Python会采用如下默认策略。

（1）当以二进制模式打开文件时，采用固定块内存缓冲区方式，内存块的大小根据系统分配的磁盘块来决定，在一般的操作系统上，块的大小为4096字节或者8192字节大小。

（2）对于交互的文本文件（采用isatty()判断为True）时，采用一行缓冲区的方式。其他文本文件采用与二进制文件一样的方式。

- **文件数据流的编码**

先看下面一段解释。参数encoding是指以何种字符编码方式来对文件进行读/写,仅适用于文本文件。例如,将encoding设置为gbk或utf-8,则表示以GBK或UTF-8编/解码的方式来对文件进行读/写。

代码解释

encoding is the name of the encoding used to decode or encode the file. This should only be used in text mode.

- **文件的错误处理**

参数errors用来指明对文件执行读/写的过程中,出现编码和解码的错误时该如何处理。需要注意的是,errors参数只能在文本模式下使用。errors常用的值有strict、ignore和replace。

当指明为strict时,若出现编解码错误,则抛出ValueError异常。
当指明为ignore时,若出现编解码错误,错误被忽略。
当指明为replace时,若出现编解码错误,会使用特定字符替代编解码出错的字符。

12.2.2 在 Python 中进行文件读 / 写

现在使用open()函数来对文件进行读/写,先看一个简单的例子。

实例代码

```
"""
(1) 执行 open() 函数获取一个文件流对象,文件打开模式为 w
(2) 执行 open() 函数时,系统默认在当前目录进行文件查找,模式为 w 时,文件如果不存在,会创建新的文件
"""
file_stream = open("test.txt", "w")

# 执行文件流对象的 write() 方法来对文件进行写入操作
file_stream.write("hello")

# 执行文件流对象的 close() 方法来关闭文件
file_stream.close()

# 文件打开模式为 r,以只读模式来读取文件的内容
file_stream = open("test.txt", "r")

# 执行文件流对象的 read() 方法来读取文件的内容
file_content = file_stream.read()

print("file content is:{}".format(file_content))
```

输出结果

file content is:hello

• 对文件进行写操作

(1) 写入字符串到文件的方法为file_stream.write(str)，形参str是程序要写入文件的字符串，返回值为写入的字节数，可以在文件中写入多行，在字符后面加换行符"\n"表示一行。

实例代码

```python
# 执行 open() 函数获取一个文件流对象，文件打开模式为 w
file_stream = open("test1.txt", "w")

# 在文件中写入两行内容，分别是 123 和 456，字符后面必须加上换行符 "\n"，表示写入一行
result = file_stream.write("123\n456\n")
# 如果写入成功，result 为 8，表示成功写入 8 个字符

# 但若此时打开磁盘中的文件，会发现文件中没有内容
# 因为文件缓冲的关系，此时的内容尚驻留在内存缓冲区中
# 可以在代码中关闭文件，关闭文件时会自动将内存缓冲区的内容刷新到磁盘中

# 执行文件流对象的 close() 方法来关闭文件
file_stream.close()
# 此时打开文件，发现文件中多了两行内容 123 与 456
```

在计算机中打开test1.txt文件，会发现文件多了两行内容。

```
123
456
```

(2) 写入多行字符串到文件的方法为file_stream.writelines(lines)。这里的lines既可以是字符串类型，也可以是序列类型，如列表和元组。如果是序列类型，元素必须是字符串。同样需要手动在字符串后面加上换行符，以表示一行。注意，writelines()方法没有返回值。

实例代码

```python
# 执行 open() 函数获取一个文件流对象，文件打开模式为 w
file_stream = open("test2.txt", "w")

# 同 write() 方法，字符后面得加上换行符 "\n"，以表示写入一行
file_stream.writelines("123\n456\n")
# 也可以传入序列对象来进行多行写入
file_stream.writelines(["789\n", "abc\n"])
file_stream.writelines(("def\n", "xyz\n"))

file_stream.close()
```

在计算机中打开test2.txt文件，会发现文件多了6行内容。

```
123
456
789
abc
def
xyz
```

- **对文件进行读操作**

从文件中读取指定字节数的方法为file_stream.read(count)。这里的count表示读取文件中的多少个字符，可以不传递，不传递时Python会尽可能读取文件中的所有数据。

实例代码

```
# 执行 open() 函数获取一个文件流对象，文件打开模式为 r
file_stream = open("test2.txt", "r")
# 执行文件流对象的 read() 方法来读取文件中的所有内容
file_content = file_stream.read()
print(file_content)
```

输出结果

```
123
456
789
abc
def
xyz
```

另外，还可以可以使用read()方法来读取指定长度的字符数。

实例代码

```
file_stream = open("test2.txt", "r")
file_content = file_stream.read(3)
print(file_content)
```

输出为空值。之所以出现这样的情况，是因为文件指针已经指向文件尾了。这时可以通过对文件指针进行重定位来进行读/写操作。

- **对文件指针进行定位**

初学者可以把文件指针形象地理解为箭头，应用程序读取文件内容是从这个箭头处开始读取的，这个箭头最初是指向文件的首行的，每读完一行，箭头就下移一行。在上述例子中，由于箭头已经在文件尾部，所以程序读不到任何内容。

对文件指针进行定位的方法为file_stream.seek(offset, [from])。这里的offset表示偏移量；from表示从什么位置处开始进行定位，默认值为0，表示从文件头开始定位，from为1时表示从当前位置开始定位，为2时表示从文件尾开始定位。如需从当前位置进行定位，必须以二进制模式来打开文件。下面通过对文件指针进行重定位来读取文件中的内容。

实例代码

```
# 将文件指针指向文件头部
file_stream.seek(0, 0)
# 然后调用 read() 方法来读取 3 个字符
content = file_stream.read(3)
print("{}".format(content))
```

输出结果

```
123
```

- **读取文件所有行**

  读取文件所有行的方法为file_stream.readlines()，返回值为一个列表。

实例代码

```
file_stream = open("test2.txt", "r")
# 执行 readlines() 方法读取所有行
lines = file_stream.readlines()

# 使用 for 循环输出每一行
for line in lines:
    print(line)
```

输出结果

```
123
456
789
abc
def
xyz
```

在获取文件流对象以后，可以直接使用for循环结构对文件流对象进行逐行读取。

实例代码

```
file_stream = open("test2.txt", "r")
for line in file_stream:
    print(line)
```

输出结果

```
123
456
789
abc
def
xyz
```

直接对文件流对象进行遍历与在readlines()方法的输出中进行遍历效果是一样的，区别在于前者的for循环是将文件内容逐行读取到内存中，而readlines()方法是一次性将所有内容读取到内存中，内存消耗很大。

- **手动对文件缓冲进行刷新**

  调用文件流对象的flush()方法，可以手动对文件缓冲进行刷新，而无须关闭文件。

实例代码

```
file_stream = open("test3.txt", "w+")
file_stream.write("1234")

# 执行 flush() 方法，手动刷新文件缓冲区的内容到磁盘
file_stream.flush()
```

这里执行文件流对象的flush()方法会将缓冲区中的内容直接刷新到磁盘中。此时打开磁盘文件，会看到文件的内容为1234。

- **文件编码的读 / 写操作**

在执行open()函数获取文件流对象时，可以指定encoding的值来对文件进行读/写。这里的encoding指的是字符的编码方式。为理解这个参数的使用，读者可先在Windows系统中创建一个UTF-8格式编码的文本文件utf8.txt，并且在文件中输入"薯条老师"。现在使用文件流对象的read()方法将内容读出来，假设utf8.txt文件在D盘的Python-learning目录中。

实例代码

```
file_stream = open("D:\Python-learning\utf8.txt", "r", encoding= "utf-8")
content = file_stream.read()
print(content)
```

输出结果

'\ufeff 薯条老师 '

输出中出现的"\ufeff"是字节顺序标记符（BOM），感兴趣的读者可以自行查阅相关资料。从输出结果可知，由于文件的编码模式与在open()函数中指定的编码模式一致，没有抛出任何异常，能读取到文件内容。现在以ASCII码模式来打开这个文件，并读取文件内容。

实例代码

```
file_stream = open("D:\python-learning\utf-8.txt", "r", encoding= "ascii")
content = file_stream.read()
```

在执行这段代码的过程中，系统抛出了异常信息UnicodeDecodeError:'ascii' codec can't decode byte 0xef in position 0。异常信息很明显，即ASCII解码器不能解码字节0xef，因为磁盘中的utf8.txt文件是以UTF-8来编码的，而程序在open()函数中指定的是ASCII编码器，ASCII编码器只限于对ASCII字符进行编解码，所以解码失败。

倒过来试试，以UTF-8模式读写ASCII编码的文件。

（1）在D盘Python-learning目录中创建ascii.txt文件，输入内容为123。

（2）通过Python的open()函数将文件的内容读出来，指定encoding为utf-8。

实例代码

```
file_stream = open("D:\python-learning\ascii.txt", "r", encoding= "utf-8")
content = file_stream.read()
print(content)
```

输出结果

123

这表明程序能正常读取文件中的内容，其中的原理也很容易理解，因为UTF-8字符集涵盖了ASCII字符集，所以使用UTF-8编码来读取文件时，能正确地编/解码，而不会抛出异常信息。对于其他的编码方式，也是同样的原理，读者可以自行在交互模式中多做测试、验证。至于写入操作，也要注意以什么样的编码方式对文件内容进行写操作，如果与文件本身的编码方式不兼容，就会抛出异常。注意，通过open()函数获取文件流对象时，可以预先指定形参error的值来做相应的容错处理。

> **知识超链接**
>
> 对open()函数errors形参的用法不是很熟悉的读者，可以复习12.2.1小节中"文件的错误处理"的内容。

12.2.3 技术总结

本节主要包含以下5个重要的知识点。

① 在Python中通过open()函数来获取一个文件流对象，如果打开失败，会引发一个IOError异常。
② 使用r模式表示以只读的模式来打开文件，文件必须已存在。
③ 使用w模式表示以写入的模式来打开文件，如果文件已存在，会清空文件的内容；如果文件不存在，会创建新的文件。
④ Python文件的默认读/写方式为文本模式。
⑤ 文件的缓冲指的是内存的一块缓冲区，在内存中进行读/写远快于直接在磁盘中进行读/写。

12.2.4 课后习题

（1）分别以文本模式和二进制模式读取文件的内容，输出内容的数据类型。由内容的数据类型，你发现了什么规律？
（2）对文件读/写操作引入缓冲区有哪些意义？
（3）简述从文件中读取数据以及写入数据到文件的过程。
（4）以ASCII模式读取UTF-8文件，为什么会抛出异常？以UTF-8模式读取ASCII文件却可以，你从中可以总结出哪些规律？
（5）以ASCII模式读取UTF-8文件的内容，在open()函数的errors参数中分别指定strict、ignore和replace模式，查看对应的文件内容及输出信息。

12.3 JSON 文件序列化

JSON文件是JSON格式的文本文件，理解和使用JSON文件需要掌握JSON的概念。JSON的全称为JavaScript Object Notation，是JavaScript的对象标记语言，用于将JavaScript的对象序列化为JSON格式的字符串。

> **编程小知识**
>
> JavaScript不是编程语言Java，它同Python一样，也是一种解释型的脚本语言。JavaScript常被前端开发者们称为JS，它是一种运行在客户端（浏览器、Android、iOS等）的脚本语言，广泛用于Web应用开发。通常JavaScript脚本通过嵌入在HTML中来实现各式各样的动态功能。

JSON是一种轻量的数据交换格式，采用完全独立于编程语言的文本格式来存储和表示数据。其结构简洁，层次清晰，易于阅读编写，同时也易于机器解析和生成，这诸多特性使得JSON成为理想的数据交换语言。

12.3.1 JSON 语法格式详解

JSON数据格式的核心是键-值对，类似于Python中的字典结构。但与字典结构不同的是，JSON中的键类型必须是字符串类型，键名用双引号引起来。

> **编程小知识**
>
> JSON标准中规定了键名要使用双引号引起来，使用单引号时可能会带来一些兼容性的问题，所以最佳做法是遵循标准，采用双引号。

JSON格式中的键名必须为字符串类型，键值可以为以下6种类型。

数值类型：如整型或浮点型。
字符串：值为字符串时，需用双引号引起来。
布尔类型：值为true或false时，同Python中的True和False。
数组类型：这里的数组类似于Python中的列表，元素被包含在方括号[]中，元素类型必须一致。
对象类型：JSON格式用{}表示一个对象。对象的语法类似于Python中的字典结构，只不过对象中的键名必须是字符串类型。
null值：类似于Python中的None值。

数值类型举例

{"age": 18}

字符串类型举例

{"author": " 薯条老师 "}

布尔类型举例

{"keep_hungry": true}

数组类型举例

{"students": [" 小美 ", " 小丽 ", " 小天 "]}

对象类型举例

{"book": {"id": 0, "title": " 遇见 Python", "author": " 薯条老师 "}}

null 值举例

{"price": null}

在JSON格式中，键值的数据类型可以相互嵌套。例如，在数组类型中可以嵌套对象类型，对象中也可以嵌套数组类型，如此可以组合成比较复杂的JSON格式。

实例代码

```
{
  "book":{
    id": 0, "title": " 遇见 Python",
    "author": {"name": " 薯条老师 ","age": 18},
    "contributor": [{"name": " 小美 "},{"name": " 小丽 "} ]
  }
}
```

12.3.2 JSON 序列化

什么是JSON序列化？Python中的序列化是将Python中的数据类型转换成JSON的数据格式。由于JSON格式是文本格式，文本格式可以存储在文本文件中，在Python中进行序列化的主要目的是将程序中数据对象以字符串的形式转储到文件中。

在Python中进行序列化，可以使用Python的内置模块JSON，主要包含json.dumps(serializable_object)和json.loads(json_str)两个方法，分别用于将Python中的可序列化数据对象转换为JSON字符串和将JSON字符串转换为Python数据对象。

读者可以在交互模式中查看这两个方法的描述及定义,查看之前要先导入JSON模块,以json.dumps()方法为例,可使用import json和help(json.dumps)命令来查看,如图12-3所示。

```
>>> help(json.dumps)
Help on function dumps in module json:

dumps(obj, *, skipkeys=False, ensure_ascii=True, check_circular=True, allow_nan=True, cls=None, indent=None, separators=None, default=None, sort_keys=False, **kw)
    Serialize ``obj`` to a JSON formatted ``str``.

    If ``skipkeys`` is true then ``dict`` keys that are not basic types
    (``str``, ``int``, ``float``, ``bool``, ``None``) will be skipped
    instead of raising a ``TypeError``.

    If ``ensure_ascii`` is false, then the return value can contain non-ASCII
    characters if they appear in strings contained in ``obj``. Otherwise, all
    such characters are escaped in JSON strings.

    If ``check_circular`` is false, then the circular reference check
    for container types will be skipped and a circular reference will
    result in an ``OverflowError`` (or worse).

    If ``allow_nan`` is false, then it will be a ``ValueError`` to
    serialize out of range ``float`` values (``nan``, ``inf``, ``-inf``) in
    strict compliance of the JSON specification, instead of using the
    JavaScript equivalents (``NaN``, ``Infinity``, ``-Infinity``).

    If ``indent`` is a non-negative integer, then JSON array elements and
    object members will be pretty-printed with that indent level. An indent
    level of 0 will only insert newlines. ``None`` is the most compact
    representation.
```

图 12-3

从help(json.dumps)的输出中可以看到dumps()方法有许多形参,还有可变参数,乍看起来尤为复杂,其实json.dumps()方法的核心用法只需用到两个参数:json.dumps(obj,ensure_ascii)。

json.dumps()用于将Python中的可序列化对象转换为JSON字符串,Python中可序列化的数据类型分为简单的和复合的,简单数据类型有整型、浮点型和布尔型,复合数据类型有字符串、列表、元组、字典和集合。

json.dumps()方法默认的字符编码为ASCII,可以指定形参ensure_ascii的值为False来关闭默认编码选项。下面来看看json.dumps(object)的实例代码。

序列化整型

serializable_object = 1
json.dumps(serializable_object)

输出结果

"1"

序列化浮点类型

serializable_object = 1.000001
json.dumps(serializable_object)

输出结果

"1.000001"

序列化布尔类型

serializable_object = True
json.dumps(serializable_object)

输出结果

"true"

Python中的True对应的是JSON中的true，False对应的是JSON中的false，故json.dumps(True)输出值为"true"。

序列化字符串类型

serializable_object = "hello world"
json.dumps(serializable_object)

输出结果

"hello world"

序列化列表类型

serializable_object = [{'language': 'Python'},{'language': 'C++'}]
json.dumps(serializable_object)

输出结果

'[{"language": "Python"}, {"language": "C++"}]'

这里定义了一个列表变量，列表中的元素是字典类型，字典中键名与键值用的是单引号，但序列化为JSON字符串以后，单引号都变成了双引号。

序列化字典类型

serializable_object = {'book': {'author': ' 薯条老师 ', 'title': ' 遇见 Python'}}
json.dumps(serializable_object)

输出结果

'{"book":{"author":"\\u85af\\u6761\\u793e\\u533a", "title": "\\u9047\\u89c1Python"}}'

这里定义了一个字典变量，字典中包含中文，在使用json.dumps()方法序列化时，由于默认编码是ASCII，序列化后，中文不能正常显示。

另外，读者还可通过指定ensure_ascii的值为False来正常序列化包含中文的字符。

serializable_object = {'book': {'author': ' 薯条老师 ', 'title': ' 遇见 Python'}}
json.dumps(serializable_object, ensure_ascii=False)

输出结果

'{"book": {"author": " 薯条老师 ", "title": " 遇见 Python"}}'

12.3.3 JSON 反序列化

JSON反序列化指将JSON字符串转换为Python中的数据类型。直接使用JSON模块的loads()方法来将JSON字符串进行反序列化。json.loads()使用语法为json.loads(json_str)，传递JSON字符串给loads()方法，返回值为对应的Python数据类型。读者可以通过以下5步来理解反序列化过程。

01 定义字典类型变量：book。

实例代码

book = {'book': {'author': ' 薯条老师 ', 'title': ' 遇见 Python'}}

02 将字典类型变量转换成JSON字符串："book_json"。

实例代码

book_json = json.dumps(serializable_object, ensure_ascii=False)

03 将"book_json"字符串写到JSON文件中：book.json。读者此时打开当前目录下的book.json文件，会发现文件中写入了一行字符串：{"book": {"author": "薯条老师", "title": "遇见Python"}}。

实例代码

file_stream = open("book.json", "w")
file_stream.write(book_json)
file_stream.close()

04 将book.json中的文件内容读出。

实例代码

file_stream = open("book.json", "r")
content = file_stream.read()
print(content)

输出结果

'{"book": {"author": " 薯条老师 ", "title": " 遇见 Python"}}'

05 将读到的content通过json.loads方法反序列化。

实例代码

Python_object = json.loads(content)
type(Python_object)

输出结果

<class 'dict'>

通过程序的输出可知，json.loads()方法将JSON格式的字符串反序列化为Python中对应的数据类型。反序列化以后，就可以在程序代码中通过Python对象提供的方法对反序列化后的对象进行操作。

12.3.4 JSON 文件的应用场景

在企业开发中，通常使用JSON文件来保存程序的配置信息。将程序代码与配置信息进行隔离，是一种很有效的系统设计方法，好处是让项目的层次结构看起来更清晰，提高了项目的可维护性，程序员应该避免将配置信息耦合在程序代码中。下面以微信小程序的配置文件举例说明。

实例代码

```
{
 "pages": [
  "pages/welcome/welcome",
  "pages/index/index",
  "pages/register/register",
  "pages/personal/personal",
  "pages/message/message",
  "pages/calendar/calendar",
  "pages/answer/answer"
 ],
 "permission": {
  "scope.userLocation": {
    "desc": " 授权你的地理位置信息以便查看更多附近的人 "
  }
 },
 "Window": {
  "backgroundTextStyle": "light",
  "navigationBarBackgroundColor": "#ffcc33",
  "navigationBarTitleText": " 薯条老师 ",
  "navigationBarTextStyle": "white"
 },
 "sitemapLocation": "sitemap.json"
}
```

> **笔者有话说**
> 使用JSON文件做配置文件有固有的一些缺点。在JSON文件中不能添加注释。JSON格式易于被机器解析,但对程序员来说,可读性并不是很强,这会带来配置文件的一些可读性问题。

12.3.5 技术总结

本节主要包含以下3个重要的知识点。

① JSON文件是指采用JSON格式进行内容组织的文本文件。

② JSON格式的键名必须为字符串类型,使用双引号括起来。

③ 在Python中,可通过JSON模块的dumps()方法将Python的数据对象进行序列化,通过loads()方法将JSON文本进行反序列化。

12.3.6 课后习题

(1) 什么是JSON文件?

(2) JSON格式的键名为什么必须是字符串类型?

(3) 简述JSON文件的应用场景。

(4) 分别将Python中的字符串类型、列表类型、元组类型和集合类型进行序列化,然后进行反序列化,输出反序列化后的数据类型。

12.4 程序实战：英雄花名册

本程序实战通过JSON文件和xlsxwriter模块来自动生成一张Excel格式的英雄花名册。

12.4.1 Excel 中的工作表

一个完整的Excel文件通常被称为工作簿，打开一个Excel文件会在页面底部看到若干个Sheet标签，如Sheet1、Sheet2和Sheet3等，这里的Sheet指的就是Excel文件中的工作表。一个Excel文件可以有多个工作表。Sheet1、Sheet2和Sheet3等是工作表的名称，这些表名是可以修改的。

- **工作表中的行与列**

一个工作表就是一个表格，从其结构来看，表格是由行和列组成的，横向代表的是一行，纵向代表的是一列，工作表中的表头指的是表格的第一行，指明表格每一列的内容和意义。Excel文件中的列名默认是以英文字母表中的顺序进行排列的，例如，第1列是A，第2列是B，第3列是C，以此类推。

- **工作表中的单元格**

工作表中的每个小方格就是一个单元格，单元格中存放的是具体的数据。

12.4.2 安装 xlsxwriter

在Windows系统中通过以下步骤来安装xlsxwriter模块。

01 按Windows键，输入cmd命令，进入Windows命令行。
02 输入pip install xlsxwriter，安装xlsxwriter模块。

12.4.3 xlsxwriter 模块用法简介

xlsxwriter的用途是生成Excel文件，且文件完全兼容Excel的XLSX格式。xlsxwriter模块提供了丰富的功能，不仅仅可以写入文本、数值类的表单数据，还能插入统计类的直方图、饼图等。此外，还可以进行合并单元格、数据格式化等操作。xlsxwriter常用的操作方法有以下7个。

- **创建 Excel 工作簿**

方法为xlsxwriter.Workbook(excel_file_name)，调用xlsxwriter模块的Workbook()方法，传递文件名，返回一个Workbook对象。

- **创建 Excel 文件的工作表**

方法为Workbook.add_worksheet()，继得到一个Workbook对象以后，通过Workbook对象的add_worksheet()方法，可以获得一个Worksheet对象。

- **设置工作表的列宽，单位为像素**

方法为Worksheet.set_column(column, width)，形参column传递的是列名字符串，可以同时设置多个列，列名以":"进行分隔，例如，"A:B"表示同时设置第一列与第二列的列宽。width表示列宽，单位为像素。

- 在工作表中写入文本、数值等数据

（1）在Worksheet.write_string(column, value, format)中，形参column传递的是列名的字符串，value是写入的字符串，format是一个格式化对象，列名的格式为"列名符号+索引"。例如，A1表示第1列中的第1个单元格，A2表示第1列中的第2个单元格，以此类推。

（2）在Worksheet.write_string(row, column, value, format)中，形参row传递的是行索引，column传递的是列索引，value是待写入的字符串，format是一个格式化对象。

（3）Worksheet.write_number(column, value, format)的用法与Worksheet.write_string(column, value)相同。

（4）Worksheet.write_number(row,column,value, format)的用法与Worksheet.write_string(row, column, value)相同。

- 对单元格进行格式化

使用Workbook.add_format(format)方法可以添加一个格式化对象，format传递的是字典类型。

实例代码

```
format = {
    'font_size':20,
    'bold': True,
    'border': 0,
    'align': 'center',
    'valign': 'vcenter',
}
```

这里定义了一个字典类型变量format，属性font_size表示设置字体大小，bold表示设置是否加粗，border表示设置边框的宽度，align表示设置单元格内容的水平对齐方式，valign表示设置单元格内存的垂直对齐方式。更多的格式属性，读者可以查阅官方文档。

获得format对象后，在对单元格进行操作时，再传递这个format对象，如work_sheet2.write_string(0, 0, '测试', format)。

- 对单元格进行合并

使用Worksheet.merge_range(columns, value, format)方法，形参columns传递的是要合并的列名，格式为"列名:列名"，如A0:B0，指的是将第1列的第1个单元格与第2列的第1个单元格合并。value是待写入的内容，format是一个格式化对象。

- 刷新内容到磁盘的 Excel 文件中

使用Workbook.close()方法可以将内存中的数据刷新到磁盘中。

12.4.4 编写代码

01 在D盘python-learning目录中创建chapter12目录，在目录D:\python-learning\chapter12中创建JSON文件：heros.json，文件编码为UTF-8。heros.json保存的是街霸英雄们的个人信息。

实例代码

```
{
  "title": "街霸英雄花名册",
  "heading": ["姓名","职业","伤害值","战斗经验","最强招式"],
  "heros":[
    {"name": "春丽", "job": "ICPO 搜查官", "harm": 4000, "experience": 4000, "skill": "霸山天升脚"},
    {"name": "隆", "job": "格斗家", "harm": 4500, "experience": 4500, "skill": "真空波动拳"},
    {"name": "刚拳", "job": "武术家", "harm": 5000, "experience": 5000, "skill": "真.升龙拳"},
    {"name": "豪鬼", "job": "格斗家", "harm": 5000, "experience": 6000, "skill": "瞬狱杀"},
    {"name": "神月卡琳", "job": "神月财阀当家人", "harm": 2500, "experience": 3000, "skill": "神月流一霸道六式"},
    {"name": "巴洛克", "job": "杀手", "harm": 4000, "experience": 4500, "skill": "飞翔巴塞罗那"}
  ]
}
```

英雄花名册的 Excel 表结构

街霸英雄花名册				
年　　月　　日				
姓名	职业	伤害值	战斗经验	最强招式

02 在目录D:\python-learning\chapter12中创建generate_heros_excel.py文件，并输入以下代码。

实例代码

```python
# __filename__ = "generate_heros_excel.py"
# __author__ = "薯条老师"

'''
导入 JSON 模块，将 JSON 文件中的内容反序列化为 Python 的数据类型
在程序中，将 JSON 文件的街霸英雄个人信息反序列化为 Python 中的字典对象
'''
import json

'''
导入 datetime 模块，获取今天的日期
获取当天的年份：datetime.datetime.today().year
获取当天的月份：datetime.datetime.today().year
获取当天当月所在的天数：datetime.datetime.today().day
'''
```

```python
import datetime

'''
导入 xlsxwriter 模块，将字典中的数据写到 Excel 表格中
'''
import xlsxwriter

# 定义全局变量 COLUMN_NAMES 用来保存 Excel 文件前 5 列的列名
COLUMN_NAMES = {
    0: "A",
    1: "B",
    2: "C",
    3: "D",
    4: "E"
}

def generate_heros_excel(heros, excel_file):
    """
    :param heros: 从 JSON 中反序列化后的字典对象，
    格式为：{
        "title": " 街霸英雄花名册 ",
        "heading": [" 姓名 "," 职业 "," 伤害值 "," 战斗经验 "," 最强招式 "],
        "heros":[
        {"name": " 春丽 ", "job": "ICPO 搜查官 ", "harm": 4000, "experience": 4000, "skill": " 霸山天升脚 "},
        {"name": " 隆 ", "job": " 格斗家 ", "harm": 4500, "experience": 4500, "skill": " 真空波动拳 "},
        {"name": " 刚拳 ", "job": " 武术家 ", "harm": 5000, "experience": 5000, "skill": " 真 . 升龙拳 "},
        {"name": " 豪鬼 ", "job": " 格斗家 ", "harm": 5000, "experience": 6000, "skill": " 瞬狱杀 "},
        {"name": " 神月卡琳 ", "job": " 神月财阀当家人 ", "harm": 2500, "experience": 3000, "skill": " 神月流一霸道六式 "},
        {"name": " 巴洛克 ", "job": " 杀手 ", "harm": 4000, "experience": 4500, "skill": " 飞翔巴塞罗那 "}
        ]
    }
    :param excel_file: 输出的 Excel 文件名，默认保存在当前目录下
    :return:void, 无返回值
    """

    # 调用 xlsxwriter 模块下的 Workbook() 方法，返回一个 Workbook 对象
    workbook = xlsxwriter.Workbook(excel_file)

    '''
    调用 Workbook 对象的 add_worksheet() 方法，返回一个 worksheet 对象,
    此后在工作表中的操作都是在这个 worksheet 对象中进行操作
    '''
```

```python
worksheet = workbook.add_worksheet()

# 同时设置 A ~ F 列的宽度为 20 个像素
worksheet.set_column('A:E', 20)

# 定义字典类型变量 format，保存单元格的格式化属性值

format = {
    'font_size': 20,           # 字体大小 20 像素
    'bold': True,              # 字体加粗
    'border': 1,               # 边框的宽度为 1 像素
    'align': 'center',         # 水平方向中心对齐
    'valign': 'vcenter'        # 垂直方向中心对齐
}

# 通过 workbook 对象的 add_format() 方法，得到一个格式化对象
merge_format = workbook.add_format(format)

# 将 A ~ E 列的下面 5 个单元格合并为一个单元格，并写入标题
worksheet.merge_range('A1:E5', heros["title"], merge_format)

# 获取今天的日期
today = datetime.datetime.today()
today_str = "{} 年 {} 月 {} 日 ".format(today.year, today.month, today.day)

format["font_size"] = 15
format["align"] = "left"
merge_format = workbook.add_format(format)
# 将 A ~ E 列的下面从第 6 个单元格开始的 3 个单元格合并为一个单元格，并写入今天的日期
worksheet.merge_range('A6:E9', today_str, merge_format)

# 前面已将 A ~ F 列下面的 9 个单元格做了合并，故下次从第 10 行开始合并
row_start = 10
format["font_size"] = 15
format["align"] = "center"
format["valign"] = "vcenter"

merge_format = workbook.add_format(format)
# 遍历 heros 对象中的 heading 值，生成每一列的标题
```

```
    for index, heading in enumerate(heros["heading"]):
        # 将每一列下面的 3 个单元格合并，并填上标题
        worksheet.merge_range('{}{}:{}{}'.format(COLUMN_NAMES[index],
                  row_start, COLUMN_NAMES[index], row_start+2), heading, merge_format)

    # 将 3 行单元格合并后，Excel 文件欲继续合并时，行索引需再加 3
    row_start += 3

    format["bold"] = False
    merge_format = workbook.add_format(format)
    for hero in heros["heros"]:
        # 按序遍历英雄的个人信息
        for index, value in enumerate(hero.values()):
            worksheet.merge_range('{}{}:{}{}'.format(COLUMN_NAMES[index],
                     row_start, COLUMN_NAMES[index], row_start+1), value, merge_format)

        '''
        在 for 循环中每次将每列下面的两个单元格合并，在下一轮循环继续进行合并时，
        行索引需加 1，所以是 2
        举个简单的例子：将 A14:A15 合并，实际上合并的是 A14 与 A15 这一个单元格
        下一次进行合并时，是从 A16 单元格开始合并的，故行索引加 1
        '''
        row_start += 2

    # 关闭 workbook 对象，将内存中的数据刷新到磁盘文件中
    workbook.close()

if __name__ == "__main__":

    # 使用相对路径，表示待生成的英雄花名册在当前目录
    excel_file_name = "./街霸英雄花名册.xlsx"

    '''
    通过链式表达式，可以让 Python 代码看起来更简洁、优雅
    json.loads(open("./heros.json", "r").read()) 是将以下 3 步操作通过链式表达式组合成了一步操作：
    (1) open("./heros.json", "r") 返回一个文件流对象
    (2) 执行文件流对象的 read() 方法返回 Unicode 字符串
    (3) 调用 json.loads() 方法将 Unicode 字符串反序列化为 dict 对象
```

```
'''
# ./heros.json 使用的是相对路径，表示 heros.json 位于当前目录下
heros = json.loads(open("./heros.json", "r", encoding="utf-8").read())
generate_heros_excel(heros, excel_file_name)
```

03 进入Windows命令行，切换到D:\python-learning\chapter12目录，执行 python generate_heros_excel.py命令。

程序执行完毕后，打开chapter12目录，会发现当前目录中有一个"街霸英雄花名册.xlsx"文件，文件的内容如图12-4所示。

A	B	C	D	E
街霸英雄花名册				
2019年10月16日				
姓名	职业	伤害值	战斗经验	最强招式
春丽	ICPO 搜查官	4000	4000	霸山天升脚
隆	格斗家	4500	4500	真空波动拳
刚拳	武术家	5000	5000	真.升龙拳
豪鬼	格斗家	5000	6000	瞬狱杀
神月卡琳	神月财阀当家人	2500	3000	神月流-霸道六式
巴洛克	杀手	4000	4500	飞翔巴塞罗那

图 12-4

第 13 章

教学视频 7个　15 分钟

面向对象 / 类

面向对象 / 类
- 面向过程 — 什么是面向过程
- 面向对象 — 什么是面向对象
- Python 中的类
  - class 关键字
  - 类名、类属性、类方法
  - 对象属性、对象方法
  - 类的构造函数
  - 类方法、静态方法、对象方法的区别
  - 魔术属性与魔术方法
  - 类的继承与扩展
- 可迭代对象与迭代器
  - Python 中的可迭代对象
  - 类中的 __iter__ 与 __next__
  - 全局的 iter 与 next
- 类装饰器与属性装饰器
  - __call__ 方法
  - property 装饰器
- Python 中的反射函数
  - 什么是反射
  - 反射函数：hasattr()/getattr()/setattr()/delattr()

13.1 细说面向对象

本节主要介绍面向对象的相关概念，以帮助读者更好地进行接下来的学习。

13.1.1 面向过程

在细说面向对象之前，先谈一谈面向过程的程序设计。

以时间先后顺序来看，先有面向过程，在面向过程的基础上诞生了面向对象。可以说，面向对象是对面向过程设计方法的一种延伸。理解面向对象，得先理解面向过程。那究竟何谓面向过程？

面向过程的核心是过程，以生活中的经验来举例，过程是求解一道算术题的思路。例如，求解算术表达式1+2-3*4+5，可以分解为以下4步。

（1）计算表达式1+2，值为3。
（2）计算表达式3*4，值为12。
（3）第1步的结果3减去第2步的结果12，值为-9。
（4）第3步的结果-9与5相加，最终结果为-4。

这就是一个典型的面向过程的解题思路。面向过程是把一个问题分解为若干步骤，然后一步步地进行求解。因此，面向过程更关心的是求解问题的过程。那么面向过程方法有什么优点与不足吗？

继续以求解算术表达式为例，面向过程的方法会将问题的求解分解为若干步骤，每个步骤对应一个模块，这里的模块通常表现为函数。例如，求解算数表达式1+2-3*4+5可以分解为以下3个模块。

（1）加法计算的模块。
（2）减法计算的模块。
（3）乘法计算的模块。

这样在按步骤进行求解时，只要把参数传递给相应的模块即可。

（1）计算表达式1+2，将操作数传递给加法计算模块。
（2）计算表达式3*4，将操作数传递给乘法计算模块。
（3）将第1步的结果3减去第2步的结果12，将操作数传递给减法计算模块。
（4）将第3步的结果-9与5相加，将操作数传递给加法计算模块。

从问题的求解过程来分析，不难得出面向过程方法的一些优点。

（1）符合人的思考方式，以步骤的形式来分析问题是很自然的，无须考虑复杂的抽象概念。
（2）将问题求解分解为若干步骤，程序的流程清晰，易于实现。
（3）软件的规模不是很大时，以面向过程的方式来进行项目开发，会更加高效。

另外，在程序性能方面，面向过程也会有较大的优势，相比面向对象，面向过程没有对象的实例化过程以及可能存在的过度封装问题。复用性差可以归为面向过程方法的缺点，但这只是一个相对的概念，在后面讲解面向对象时会继续进行讲解。面向过程方法将每一个步骤以模块的形式来组织，这也是"封装"的体现之一。

面向过程程序设计方法的较大不足在于程序的可扩展性和可维护性相对较差。因为面向过程是按解决问题的先后步骤来进行设计的，如果产品需求或解决问题的逻辑发生了改变，那这些步骤也需要重新设计。尤其当软件的规模到达一定程度时，这样的问题会更加突出，而面向对象程序设计更好地解决了这类问题。

13.1.2 面向对象

扫码看视频

面向过程是把问题的求解过程分解为多个步骤，而面向对象更关注的是问题本身。问题本身就是对象，面向对象编程就是围绕着问题本身来进行的程序设计。

- 什么是对象

对象是一种宽泛的概念，凡事都可以说成是对象，无论是有形的还是无形的，人是对象，动物是对象，商品是对象，App是对象，梦境也是对象，总之，你能想到的都可以称为对象。计算机编程中的对象指的是数据类型的一个实例。以Python中的字典为例，字典是一种数据类型，而字典对象就是字典类型的一个具体实例。

实例代码

```
old_book = {"title": " 遇见 Python ", "author": " 薯条老师 "}
new_book = {"title": "Python 数据结构与算法 ", "author": " 薯条老师 "}
```

在这个代码实例中，old_book及new_book都是实例化后的字典对象。那么什么是面向对象？"面向"是一个动词，"面向对象"就是先对这些对象进行描述、归类和概括，然后以计算机中的编程语言进行建模。例如，可以对商品进行概括：这个商品是什么，包含哪些成分，有什么功能。概括完成后，再使用计算机中的编程语言来定义商品这样一个数据类型。再如，对程序员经常使用的计算机进行概括：计算机（Computer）俗称电脑，由硬件系统和软件系统组成，是现代的一种用于高速计算的电子计算机器，可以进行数值计算，也可以进行逻辑计算，还具有存储记忆功能。将其放到编程语言中，可能是这个样子。

实例代码

```
# 将生活中的计算机这种对象，使用编程语言进行定义
class Computer:
    # 定义 has_hardware 和 has_software 变量，表示计算机由硬件和软件组成
    has_hardware = True
    has_software = True

    def compute():
        # 定义数值计算和逻辑计算
        pass

    def store():
        # 定义存储记忆功能
        pass
```

上述代码就是对生活中的计算机用Python语言来进行建模，定义了计算机的数据类型。读者也可以把面向对象理解为使用计算机编程语言对生活中的对象进行描述及定义。面向对象编程的核心是抽象，那什么是抽象呢？

抽象即概括和归类，这里的概括是对共性的概括。继续以算术表达式1+2-3*4+5为例，其中虽然出现了加法、减法与乘法运算，但本质上做的都是算术运算，这就是它们的共性。在这个简单的算术表达式的基础上，还可以继续添加其他运算，如除法运算和逻辑运算等。但不论怎么组合，表达式变得如何复杂，本质上都是在做算术运算。

面向对象中的抽象用来定义一种数据类型,这种数据类型包含了对象的共有特征,以及对数据的操作方法。将对象的共性定义为一种数据类型以后,还需要定义这个数据类型的操作方法。在面向对象编程中,将抽象的数据类型当作一个整体来看待。数据类型的内部实现对使用者是透明的,使用者在使用这样的数据类型时,无须关心它内部的实现细节。下面以Python中的列表类型为例。

实例代码

```
# 使用列表类型定义一个列表对象
alphabet = list("abcdefghijklmnopqrstuvwxyz")
alphabet.index("q")
```

代码中的list是Python预定义的数据类型,程序员在使用列表类型时,将其当作一个整体看待:使用列表定义的语法来获得列表对象和使用列表类型提供的操作方法。列表类型的实现细节对程序员来说是不可见的,程序员作为数据类型的使用者,也无须关心它的内部实现。

- **类与对象**

在面向对象中,抽象后的数据类型就叫作类。类由类属性和类方法组成。类属性表示的是这种数据类型的共有特征,而类方法表示该数据类型共有的行为。对类进行实例化,可以得到一个具体的对象,实例化后的对象共享类的属性与方法,如图13-1所示。

图 13-1

初学者要牢记的一点,类表示的是一种共性。例如,把生活中的狗用编程语言建模为一种数据类型,狗数据类型包含的就是所有狗的共性,而实例化后的对象就对应于一条具体的狗。目前,读者学过的整型、浮点型、布尔型、字符串、列表、元组、字典和集合都是抽象后的数据类型,在定义这些类型的变量时,得到的其实都是实例化后的对象。

实例代码

```
number = 1                                      # number 是一个将 int 类型实例化后的整型对象

numbers = [1,2,3,4]                             # numbers 是一个列表类型实例化后的列表对象

numbers = (1,2,3,4)                             # numbers 是一个元组类型实例化后的元组对象

book = {"title":" 遇见 Python","author":" 薯条老师 "}   # book 是一个字典类型实例化后的字典对象
stars = {" 张三 "," 李四 "," 王五 "}             # stars 是一个集合类型实例化后的集合对象
```

- **封装、继承与多态**

面向对象具备三大特征:封装、继承和多态。

封装

面向对象中的封装，指的是在定义这种数据类型时，将内部的属性及方法的实现细节隐藏，对外只提供对数据类型进行操作的方法。读者可以将封装后的数据类型理解为黑盒子，如图13-2所示。

图 13-2

> **编程小知识**
>
> 黑盒子理论：所谓黑盒子，是指从使用者的角度来看工具或产品时，并不关心其内部构造和原理，而只关心它提供了哪些功能，以及如何使用这些功能。

隐藏的实质是将数据类型与使用者隔离。将内部属性隔离保证了数据的完整性，只在有必要时才提供操作内部属性的方法。将数据类型操作方法的实现细节隔离，隔离了实现过程的复杂性。此外很重要的一点是，基于黑盒子理论，程序员不需要关心数据类型的实现细节，只需关注这个数据类型提供了哪些操作方法。以计算机来举例，普通用户更关心的是这台计算机有哪些功能，怎么操作这台计算机，而无须关心计算机上电后是如何运转的。

继承

面向对象中的继承，是软件复用性的体现之一。"子承父业"就含有继承的概念，儿子继承父亲的家业，等于拥有了父亲的资产和事业。面向对象中的继承也是类似的概念。

（1）假设在程序中定义了一个基本的数据类型A，数据类型A有它的属性和方法。

（2）定义一个数据类型B，数据类型B继承于基本数据类型A。

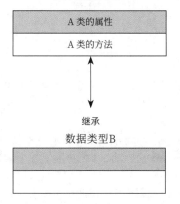

（3）数据类型B一旦继承于数据类型A，A数据类型就是B数据类型的父类，B数据类型是A数据类型的子类。子类具有父类的属性和操作方法。

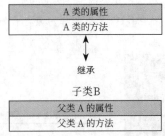

在面向对象程序设计中，程序员可以使用以下3步来实现代码的复用和扩展。
（1）定义一种基本数据类型，作为父类。
（2）在代码中定义子类，并继承父类的属性和方法，来实现代码复用。
（3）在子类中重定义继承而来的属性和方法，以及添加新的方法来实现代码的扩展。

多态

多态指的是同一事物存在多种状态或行为。在面向对象程序设计中，多态是指父类方法的多种不同实现方式。如何对父类方法进行多种不同的实现？可以通过继承的方式，即多个子类对从父类继承的相同方法进行不同的实现。

子类对父类方法进行不同的实现以后，通过将子类赋值给父类对象，父类对象可以根据子类对象的类型来调用同一方法的不同实现，这样就实现了多态。

13.1.3 技术总结

本节主要包含以下6个重要知识点。
① 面向过程关注的是求解问题的过程与具体的实现步骤；面向对象关注的是对象本身，将对象视为一个整体。
② 类是将具有共同特征的事物进行抽象，是用户定义的数据类型。对象是该数据类型的一个具体实例。
③ 面向对象的三大特征：封装、继承、多态。
④ 封装是指在定义类数据类型时，将内部的属性及方法的实现细节隐藏。
⑤ 继承是指一种数据类型从特定的数据类型中获得属性和方法，前者被称为子类，后者被称为父类。
⑥ 多态指的是同一事物存在多种状态或行为，在面向对象程序设计中，多态是指父类方法的多种不同实现方式。

13.1.4 课后习题

（1）什么是对象？
（2）什么是面向对象？
（3）阐述面向对象的基本特征。
（4）在Python中一切皆对象，分别定义一个列表对象、字典对象和函数对象。

13.2 类的定义与抽象

本节主要介绍Python中的类，以及相关定义方法和抽象思路。

扫码看视频

13.2.1 class 关键字

在Python中可以通过class关键字来定义一个类。在交互模式中输入help("class")，可以查看class的描述及用法，如图13-3所示。

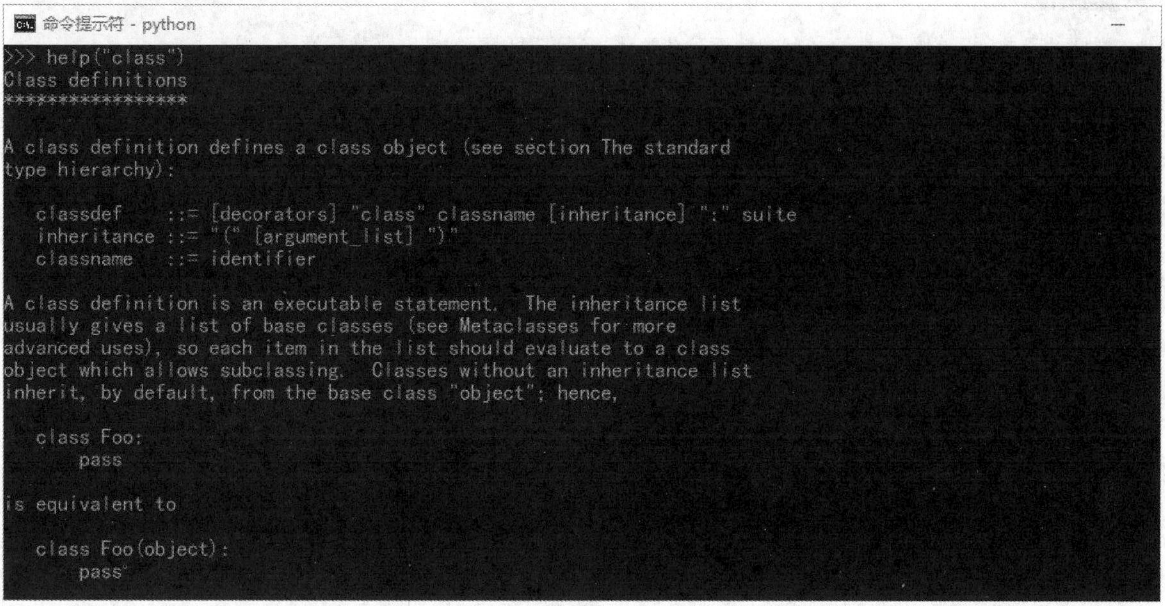

```
命令提示符 - python
>>> help("class")
Class definitions
*****************

A class definition defines a class object (see section The standard
type hierarchy):

   classdef    ::= [decorators] "class" classname [inheritance] ":" suite
   inheritance ::= "(" [argument_list] ")"
   classname   ::= identifier

A class definition is an executable statement.  The inheritance list
usually gives a list of base classes (see Metaclasses for more
advanced uses), so each item in the list should evaluate to a class
object which allows subclassing.  Classes without an inheritance list
inherit, by default, from the base class "object"; hence,

   class Foo:
       pass

is equivalent to

   class Foo(object):
       pass
```

图 13-3

使用class关键字定义类的语法如下。

```
# class 关键字与类名之间必须有空格
class ClassName:
  # 读者须注意代码的缩进规则
  # 语句 1
  # 语句 2
  pass
```

在类的定义中，class关键字和类名组成了类的头部，冒号下面的语句块组成了类体。在类体中，程序员可以定义类属性与操作方法。

扫码看视频

13.2.2 类名 / 类属性 / 类方法

本节主要介绍类的命名和属性。

- **类名**

在Python中类的命名也有自身的一套规范，类名首先要符合变量命名的基本规则。

知识超链接

对变量命名规范还不是很熟悉的读者，可以复习3.3节“变量命名”中的内容。

在基本规则之外，类名还应当符合以下两个重要的规则。

（1）保持良好的可读性：即类的名称要有意义，读者看到类名可以立即知道类的用途，类尽量用英文单词来命名。

(2) 类名使用驼峰式命名法：在驼峰式命名法中，单词的首字母都为大写。

> **编程小知识**
> 关于命名规范的更多细节，读者可以参考著名的PEP8规范。

- **类属性**

类属性是抽象后的数据类型共有的特征。在类体中通过赋值语句来定义类属性。

实例代码

```
# 定义一个 Computer 类
class Computer:
    # 在类体中定义 modules 变量，保存计算机的设备
    modules = {"CPU"," 内存 "," 硬盘 "," 键盘 "," 鼠标 "}
```

以上代码实例中定义了一个Computer类，类属性modules是一个实例化后的集合对象，保存了计算机中的组成模块。定义完类以后可以直接以"类名.类属性"的形式来访问类属性。

实例代码

```
# 定义一个 Computer 类
class Computer:
    # 在类体中定义 modules 变量，保存计算机的设备
    modules = {"CPU"," 内存 "," 硬盘 "," 键盘 "," 鼠标 "}
Computer.modules
```

输出结果

```
{'CPU', '内存', '硬盘', '键盘', '鼠标'}
```

以上代码实例中定义了Computer类，Computer.modules表示以"类名.类属性"的语法形式来访问类中的属性modules。

- **类方法**

类方法就是指类中的方法，在类体中通过def关键字来定义类方法，类方法前面要加上@classmethod修饰符。下面举例说明。

实例代码

```
# -*-coding:utf-8-*-

# 定义一个 Computer 类
class Computer:
    # 在类体中定义 modules 变量，保存计算机的设备
    modules = {"CPU"," 内存 "," 硬盘 "," 键盘 "," 鼠标 "}

    # 定义 output_modules() 类方法，来输出计算机由哪些设备组成
    @classmethod
    def output_modules(cls):
        for module in cls.modules:
            print(module)
```

Computer类中定义了一个类方法output_modules()，在output_modules()方法中将类属性modules中的值循环输出到终端。

下面着重讲解一下Python中的类方法。在讲解之前，读者需先理解类与实例化后的对象是两类事物。类代表的是这种数据类型的共性，而实例化后的对象表示的是具体的某一个对象。在Python中通过在类的成员方法前面加上@classmethod的修饰符来表示该方法是一个类方法。类方法中的cls形参表示当前定义的这个类。

> **编程小知识**
>
> 类方法中的cls形参也可以改成其他的名称，cls只是一种约定俗成的写法。

定义完一个类以后，可以直接以"类名.类方法"的形式来访问类方法，即cls.output_modules()。cls表示当前定义的这个类，也就是Computer类；cls.output_modules()表示访问Computer类中的output_modules()方法。

实例代码

```python
# -*-coding:utf-8-*-

# 定义一个 Computer 类
class Computer:
    # 在类体中定义 modules 变量，保存计算机的设备
    modules = {"CPU"," 内存 "," 硬盘 "," 键盘 "," 鼠标 "}

    # 定义 output_modules() 类方法，来输出计算机由哪些设备组成
    @classmethod
    def output_modules(cls):
        for module in cls.modules:
            print(module)

Computer.output_modules()
```

输出结果

```
CPU
内存
硬盘
键盘
鼠标
```

代码Computer.output_modules()表示以"类名.类方法"的形式来执行类中的方法output_modules()。将类实例化以后，可以得到一个具体的对象。实例化后的对象共享类属性与类方法。在Python中对类进行实例化的语法为"类名()"。

实例代码

```python
# -*-coding:utf-8-*-

# 定义一个 Computer 类
class Computer:
    # 在类体中定义 modules 变量，保存计算机的设备
    modules = {"CPU"," 内存 "," 硬盘 "," 键盘 "," 鼠标 "}
```

```
# 定义 output_modules() 类方法,来输出计算机由哪些设备组成
@classmethod
def output_modules(cls):
    for module in cls.modules:
        print(module)

# 对 Computer 类进行实例化
computer = Computer()

computer.modules
computer.output_modules()
```

输出结果

```
{'CPU', '内存', '硬盘', '键盘', '鼠标'}
CPU
内存
硬盘
键盘
鼠标
```

在上述代码实例中,computer = Computer()表示对Computer类进行实例化,实例化后的对象为computer。由于实例化后的对象共享类属性与类方法,所以可以直接通过实例化后的对象名来访问Computer中的类属性与类方法。

> **编程小知识**
> 通过Python中的isinstance(obj, class_or_tuple)方法可以判断对象是否属于特定数据类型的实例。

13.2.3 对象方法 / 对象属性

本节主要介绍面向对象中的对象方法和对象属性。

- **对象方法**

Python通过在类的成员方法中声明一个self形参来表示当前方法是一个对象方法。

> **编程小知识**
> 初学者需注意类方法与对象方法的区别。类方法从语义上来说是属于这个类的方法,可以以类名的方式来调用。由于实例化后的对象共享类属性与类方法,所以类方法也可以被实例化的对象访问。而对象方法从语义上来说是属于对象的方法。

对象方法的语法形式如下。访问对象方法的语法形式为instance.instance_method(),instance表示实例化后的对象名,instance_method表示定义的方法名。

```
def instance_method(self, *args, **kwargs):
    pass
```

在实际执行的过程中,Python解释器自动将实例化后的对象传递给了对象方法的self参数。例如,在instance.instance_method()执行过程中,实际执行的是instance_method(instance),instance参数是Python自动传递的。如果以类名的方式来调用对象的方法,必须显式地传递实例化后的对象,以对应到对象方法的self参数。

实例代码

```python
# -*-coding:utf-8-*-

# 定义一个 Computer 类
class Computer:
    # 在类体中定义 modules 变量，保存计算机的设备
    modules = {"CPU","内存","硬盘","键盘","鼠标"}

    # 定义 output_modules() 类方法，来输出计算机由哪些设备组成
    @classmethod
    def output_modules(cls):
        for module in cls.modules:
            print(module)

    # 定义对象方法 compute()，对象方法的第一个形参必须指明为 self
    def compute(self, number1, number2, action = 0):
        value = 0
        if action == 0:
            value = number1+number2
        return value

# 对类 Computer 进行实例化，获得 computer 对象
computer = Computer()

"""
调用对象方法 compute()，Python 自动将实例化后的 computer 对象传递给 compute() 方法的 self 参数,
computer.compute(1,2) 等价于 compute(computer, 1,2)
"""
print(computer.compute(1,2))

# 以类名的方式来调用对象方法，需要显式地传递实例化后的对象名作为实参
print(Computer.compute(computer,2,3))
```

输出结果

```
3
5
```

- **对象属性**

类属性被所有实例化后的对象共享，而对象属性是当前对象独有的属性，通过类名的方式无法访问到对象的属性。在Python中通过类的构造函数来定义对象的属性。13.2.4小节将着重介绍类的构造函数。

> **编程小知识**
> 类是"共性"，对象是"个性"。例如，人是一种抽象概念，描述了千万人的共同特征；小美是一个具体的人，她具有人的共同特征，同时也具备她个人所独有的看法和情感。

13.2.4 类的构造函数

构造函数是一种特殊的函数,用来在实例化对象时对对象执行初始化。Python中的构造函数是__init__()函数,在构造对象期间,Python会自动调用这个构造函数。如果程序员没有对构造函数进行定义,Python会自动添加一个无参数的构造函数。

> **编程小知识**
>
> Python中的构造函数名是固定的__init__。在C++编程语言中,构造函数须与类名同名。

构造函数的语法形式如下。需要注意的是,构造函数同对象方法,形参列表的第一个参数通常命名为self。

```
def __init__(self, *args, **kwargs):
    pass
```

在Python的构造函数中,可以定义对象的属性,对象的属性在对象的方法中可以通过self参数来引用,self参数相当于对象的别名。程序员如果定义了构造函数,在实例化对象时传递的实参个数必须与构造函数中的实参个数保持一致。

实例代码

```python
# -*-coding:utf-8-*-

# 定义一个 Computer 类
class Computer:
    # 类属性 modules
    modules = {"CPU","内存","硬盘","键盘","鼠标"}

    # 类方法 output_modules
    @classmethod
    def output_modules(cls):
        for module in cls.modules:
            print(module)

    # 类的构造方法,用来对对象执行初始化,第一个形参必须指明为 self
    def __init__(self, name, price):
        '''
        定义对象属性 name 和 price 并初始化
        '''
        self.__name = name
        self.__price = price

    # 定义对象方法 compute(),对象方法的第一个形参必须指明为 self
    def compute(self, number1, number2, action = 0):
        value = 0
        if action == 0:
            value = number1+number2
        return value

    # 定义对象方法 name(),输出对象属性 name
```

```
    def name(self):
        # 通过 self 参数引用对象的属性
        print(self.__name)

    # 定义对象方法 price()，输出对象属性 price
    def price(self):
        # 通过 self 参数来引用对象的属性
        print(self.__price)

# 对类 Computer 进行实例化，实例化时的参数个数必须与构造函数保持一致
computer = Computer("Dell", 3000)

# 分别调用对象方法 name() 与 price() 来输出对象的属性 name 与 price 的值
computer.name()
computer.price()
```

输出结果

```
Dell
3000
```

在定义并使用Python的构造函数时，应注意以下4点。
（1）Python中的构造函数名是固定的__init__，用来构造对象。
（2）实例化对象时传递的参数个数须与构造函数中的参数个数保持一致。
（3）在构造函数中定义的是对象的属性，构造函数之外定义的是类属性。
（4）程序员没有对构造函数进行定义时，Python会自动添加一个无参数的构造函数。

13.2.5 类的静态方法

Python中的静态方法与类方法有相似的地方，在定义静态方法时需要在方法前面加修饰符。类方法需要在方法前面加@classmethod修饰符，而静态方法对应的修饰符是@staticmethod。

> **笔者有话说**
> 从@classmethod和@staticmethod的语义很容易知道它们修饰的分别是类方法与静态方法：classmethod的意思为类方法，staticmethod的意思为静态方法。

定义类方法时需指明cls形参，定义对象方法时需要指明self形参。静态方法与类方法、对象方法的不同之处在于，定义静态方法时无须指明任何描述类的形参。

> **编程小知识**
> cls、self都是约定俗成的写法，读者可以改成其他的名称。

静态方法的语法形式如下。

```
@staticmethod
def static_method(*args, **kwargs):
    pass
```

类的静态方法与类方法都是类作用域中的全局方法，可以被所有实例化后的对象共享，也可以以类名的方式直接调用。

实例代码

```python
# -*-coding:utf-8-*-

# 定义一个 Computer 类
class Computer:
    # 类属性 modules
    modules = {"CPU", "内存", "硬盘", "键盘", "鼠标"}

    # 类方法 output_modules()
    @classmethod
    def output_modules(cls):
        for module in cls.modules:
            print(module)

    # 定义静态方法 store()
    @staticmethod
    def store(document):
        # 读者可以自行定义计算机的存储逻辑
        print("{} has been stored.".format(document))

    # 类的构造函数
    def __init__(self, name, price):
        '''
        定义对象属性 name 和 price
        并在构造函数中对 name 和 price 进行初始化
        '''
        self.__name = name
        self.__price = price

    # 定义对象方法 compute()
    def compute(self, number1, number2, action = 0):
        value = 0
        if action == 0:
            value = number1+number2
        return value

    # 定义对象方法 name()
    def name(self):
        print(self.__name)

    # 定义对象方法 price()
    def price(self):
        print(self.__price)

# 对类 Computer 进行实例化，实例化时的参数个数必须与构造函数保持一致
```

```python
computer = Computer("Dell", 3000)

# 调用类的静态方法，可以直接以类名的形式来调用
Computer.store("helloworld.py")

# 类的静态方法为所有实例化后的对象所共享，也可以以对象名的形式来调用
computer.store("ko_street_fighter.py")
```

输出结果

```
helloworld.py has been stored.
ko_street_fighter.py has been stored.
```

13.2.6 类方法 / 对象方法 / 静态方法的区别

Python中的类方法、对象方法和静态方法主要在于语义上的区别。对象方法属于实例化后的对象，由实例对象进行调用；类方法属于类本身，是类的方法；静态方法也属于类本身。类方法与静态方法都不需要对类进行实例化，就可以调用。

类方法与静态方法都是处于类作用域中的全局方法，为所有对象所共享，所以都能被实例化后的对象调用。区别在于语法形式不同，前者定义方法时需加上@classmethod修饰符，显式指定形参cls；后者要加上@staticmethod修饰符，无须指定描述类的形参。

对于类方法中的形参cls，在实际执行过程中，Python会传递类名给类方法，将方法与类类型自动进行绑定。在静态方法中显式地传递类名作为形参，也能实现同样的效果。

实例代码

```python
# -*-coding:utf-8-*-

# 定义一个 Computer 类
class Computer:
    # 类属性 modules
    modules = {"CPU": "Intel", " 内存 ": "Intel", " 硬盘 ": "Dell"}

    # 类方法 output_modules
    @classmethod
    def output_modules(cls):
        for module in cls.modules:
            print(module)

    # 定义静态方法 search_module()，可以定义形参 cls 表示类类型
    # 调用时必须显式地传递类名，才能实现与类方法一样的效果
    @staticmethod
    def search_module(cls, module):
        value = None
        if module in cls.modules:
            value = cls.modules[module]
```

```
    return value

# 调用类的静态方法 search_module()，必须显式地传递类名作为实参
print(Computer.search_module(Computer, " 内存 "))

# 调用类的类方法 output_modules()，无须显式传递类名作为实参
print(Computer.output_modules())
```

输出结果

```
Intel
CPU
内存
硬盘
```

13.2.7 将属性与方法隐藏

在本章前面几节的实例代码中，类属性/方法与对象属性/方法都能被客户端访问。将属性与方法全部暴露给客户端，有违面向对象的设计思想。抽象一种数据类型时，最佳做法是将内部属性隐藏，而对外只提供对属性操作的方法。

在Python中通过在属性名或函数名前面加上双下画线（__）来对属性和方法进行访问控制。属性名或函数名前加上双下画线以后，在外部是不能访问的，但在类内部依然可以访问。

实例代码

```
# -*-coding:utf-8-*-

# 定义一个 Computer 类
class Computer:
    # 类属性 modules，在变量名前加上双下画线来对属性进行隐藏
    __modules = {"CPU"," 内存 "," 硬盘 "}

    # 类方法 output_modules()
    @classmethod
    def output_modules(cls):
        for module in cls.__modules:
            print(module)

    def __init__(self, name, price):
        self.__name = name
        self.__price = price

print(Computer.__modules)
```

在执行上述代码的过程中，Python抛出了异常信息，指示Computer类中不存在属性__modules。读者可以将代码print(Computer.__modules)注释掉，直接通过类方法output_modules()来进行属性访问。

实例代码

```python
# -*-coding:utf-8-*-

# 定义一个 Computer 类
class Computer:
    # 类属性 modules，在变量名前加上双下画线来对属性进行隐藏
    __modules = {"CPU","内存"," 硬盘 "}

    # 类方法 output_modules
    @classmethod
    def output_modules(cls):
        for module in cls.__modules:
            print(module)

    def __init__(self, name, price):
        self.__name = name
        self.__price = price

# print(Computer.__modules)
Computer.output_modules()
```

输出结果

```
CPU
内存
硬盘
```

可以看到，Python中的构造函数名__init__前后都加了双下画线。在Python中，名称前后都带有双下画线的方法被统称为魔术方法（Magic Method）。魔术方法名称前面虽然带有双下画线，但能被客户端正常访问。

实例代码

```python
# -*-coding:utf-8-*-

# 定义一个 Computer 类
class Computer:
    # 类属性 modules，在变量名前加上双下画线来对属性进行隐藏
    __modules = {"CPU","内存"," 硬盘 "}

    # 类方法 output_modules
    @classmethod
    def output_modules(cls):
        for module in cls.__modules:
            print(module)

    def __init__(self, name, price):
        self.__name = name
```

```
        self.__price = price

    # 自定义的 magic method __add__
    @classmethod
    def __add__(cls, module):
        cls.__modules.add(module)

Computer.__add__(" 鼠标 ")
Computer.output_modules()
```

可能的输出结果

```
CPU
内存
硬盘
鼠标
```

> **编程小知识**
> Python内部使用的是一种叫作name mangling（可译为名称改写或名称修饰）的技术，将名称带双下画线的属性或方法变成私有成员。实现细节是在双下画线前加上一个"_类名"的前缀。例如定义了一个Computer类，类私有属性为__modules。在经过name mangling技术改写以后，私有属性__modules被修改成_Computer__modules。

13.2.8 魔术属性与魔术方法

本节主要介绍面向对象中的魔术属性和魔术方法。

- **dir 方法**

在Python中，名称前后都带有双下画线的变量统称为魔术属性（Magic Property），名称前后都带有双下画线的方法被统称为魔术方法（Magic Method），由Python自动进行调用。Python预定义了一系列的魔术属性与魔术方法，它们都有其特殊的用途。例如，魔术属性中的__name__保存了当前模块的名称，魔术方法中的__init__()用来对对象进行初始化。

Python提供了一个内置函数dir()，直接在dir()函数中传递类型名或对象名，可以查看对应数据类型的属性与方法。

实例代码

```python
# -*-coding:utf-8-*-

# 定义一个 Computer 类
class Computer:
    # 类属性 modules，在变量名前加上双下画线来对属性进行隐藏
    __modules = {"CPU"," 内存 "," 硬盘 "}

    # 类方法 output_modules
    @classmethod
    def output_modules(cls):
        for module in cls.__modules:
```

```
        print(module)

    def __init__(self, name, price):
        self.__name = name
        self.__price = price

print(dir(Computer))
```

输出结果

['_Computer__modules', '__class__', '__delattr__', '__dict__', '__dir__', '__doc__', '__eq__', '__format__', '__ge__', '__getattribute__', '__gt__', '__hash__', '__init__', '__init_subclass__', '__le__', '__lt__', '__module__', '__ne__', '__new__', '__reduce__', '__reduce_ex__', '__repr__', '__setattr__', '__sizeof__', '__str__', '__subclasshook__', '__weakref__']

从dir()的输出可知，Python自动为数据类型添加了一系列的魔术属性与魔术方法。

- **常用的魔术属性**

    （1）__class__：返回实例对象的数据类型，注意__class__返回的是类类型。

实例代码

```
# -*-coding:utf-8-*-

# 定义一个 Computer 类
class Computer:
    def __init__(self, name, price):
        self.__name = name
        self.__price = price


computer = Computer("Dell", 3000)
print(computer.__class__)
```

输出结果

<class '__main__.Computer'>

由于__class__返回的是一个类类型，所以可以对返回值进行实例化。

实例代码

```
# -*-coding:utf-8-*-

# 定义一个 Computer 类
class Computer:
    def __init__(self, name, price):
        self.__name = name
        self.__price = price


old_computer = Computer("Dell", 3000)
new_computer = old_computer.__class__("Intel", 5000)
```

代码old_computer.__class__("Intel", 5000)看起来有点复杂，为方便读者理解，笔者把它分解为以下两步。

①old_computer.__class__返回的是一个类类型，即Computer类型。

②old_computer.__class__("Intel", 5000)等价于Computer("Intel", 5000)。

（2）__dict__：类似于字典结构，对于类来说，该属性保存的是类属性与方法（类方法、对象方法、静态方法），对于实例对象来说，保存的是实例对象的属性。

实例代码

```python
# -*-coding:utf-8-*-

# 定义一个 Computer 类
class Computer:
    # 类属性 modules
    __modules = {"CPU"," 内存 "," 硬盘 "}

    # 类方法 output_modules()
    @classmethod
    def output_modules(cls):
        for module in cls.__modules:
            print(module)

    def __init__(self, name, price):
        self.__name = name
        self.__price = price

    def compute(self, number1, number2):
        return number1 + number2

computer = Computer("Dell", 3000)
print(computer.__dict__)
```

输出结果

{'_Computer__name': 'Dell', '_Computer__price': 3000}

从程序的输出可知，Python通过name mangling技术对带双下画线的属性名进行了改写。改写后的属性名依然能对Python的内部属性进行访问。由此可知，Python并没有提供实质的数据隐藏机制。

（3）__doc__表示文档字符串，文档字符串是一段由三引号括住的字符串，出现在类体或函数体的第一行，用来对类或函数进行功能及用法上的描述。Python中的第三方工具会将规范的文档字符串自动生成文档。文档风格不在本节的讲述范围之内，这里以plain风格举一个简单的例子。

实例代码

```python
# -*-coding:utf-8-*-

# 定义一个 Computer 类
```

```
class Computer:
    """ This is a simple computer class """
    # 类属性 modules
    __modules = {"CPU"," 内存 ", " 硬盘 "}

    def __init__(self, name, price):
    """ this is the constructor of Computer class, it takes two parameters """
        self.__name = name
        self.__price = price

print(Computer.__doc__)
print(Computer.__init__.__doc__)
```

输出结果

```
This is a simple computer class
this is the constructor of Computer class, it takes two parameters
```

在该实例代码中，print(Computer.__doc__)表示输出类的文档字符串，print(Computer.__init__.__doc__)表示输出类的构造函数__init__()的文档字符串。程序员可以在类中重定义这些魔术方法来修改默认的行为。

- **常用的魔术方法**

（1）__str__(self)：打印实例对象时会自动调用该方法，该方法用于输出实例对象的内存信息，返回值必须为字符串类型。

实例代码

```
computer = Computer("Dell", 3000)
print(computer)
```

输出结果

```
<__main__.Computer object at 0x03738210>
```

从输出可知，打印对象名时，输出的是实例对象在机器上的内存地址。对__str__()方法进行重定义可以改变对象的输出方式。

实例代码

```
# -*-coding:utf-8-*-

# 定义一个 Computer 类
class Computer:
    # 类属性 modules，在变量名前加上双下画线来对属性进行隐藏
    __modules = {"CPU"," 内存 ", " 硬盘 "}

    # 类方法 output_modules
    @classmethod
    def output_modules(cls):
        for module in cls.__modules:
            print(module)
```

```python
    def __init__(self, name, price):
        self.__name = name
        self.__price = price

    # 重定义 __str__() 方法，改变对象的输出方式
    def __str__(self):
        # 返回值必须为字符串类型
        return "computer name:{},price:{}".format(self.__name, self.__price)

computer = Computer("Dell", 3000)
print(computer)
```

输出结果

```
computer name:Dell,price:3000
```

（2）__call__(self)：让类实例变成可调用对象，对__call__()方法进行重定义，使得实例化后的对象可以像函数一样调用。

实例代码

```python
# -*-coding:utf-8-*-

# 定义一个 Computer 类
class Computer:
    def __init__(self, name, price):
        self.__name = name
        self.__price = price

    def __call__(self):
        # 定义 __call__() 方法，返回计算机的描述信息
        return "computer name:{},price:{}".format(self.__name, self.__price)

computer = Computer("Dell", 3000)
# 定义了 __call__() 方法以后，可以直对实例对象进行调用
# 调用实例对象时，执行的是 __call__() 方法
print(computer())
```

输出结果

```
computer name:Dell,price:3000
```

（3）__getattr__(self)：访问不存在的属性（包括对象属性及类属性）时，会执行该函数。

实例代码

```python
# -*-coding:utf-8-*-

# 定义一个 Computer 类
class Computer:
```

```python
    def __init__(self, name, price):
        self.__name = name
        self.__price = price

    def __getattr__(self, name):
        return " 属性 {} 不存在 ".format(name)

computer = Computer("Dell", 3000)
# 访问不存在的 name 属性，会执行 __getattr__() 方法
print(computer.name)
```

输出结果

属性 name 不存在

可通过__getattr__()方法实现属性的惰性初始化。所谓惰性初始化，即仅在需要的时候才定义相关属性。

> **编程小知识**
>
> 惰性初始化有时很有用。例如，某些属性的初始化时间很长或占用较多的系统资源，那么仅在需要的时候才定义该属性，可以加快对象的构造，节约系统资源。

实例代码

```python
# -*-coding:utf-8-*-

# 定义一个 Computer 类
class Computer:
    def __init__(self, name, price):
        self.__name = name
        self.__price = price

        # 定义对象中的一些惰性属性名，键值为简单的 lambda 函数，用来进行初始化
        self.__lazy_attribute = {
            "performance":lambda x:x*x,"route":lambda x:x*x
        }

    def __lazy_initialize(self, name):
        return self.__lazy_attribute[name](0)

    def __getattr__(self, name):
        # 如果该属性为惰性属性，且还未初始化，则现在进行初始化
        if name in self.__lazy_attribute:
            print("{} is la lazy attribute.".format(name))
            # 此时可以将 name 参数对应的属性名添加至对象的 __dict__ 中
            # __dict__ 保存了对象的属性，这样就相当于定义了 name 参数对应的属性
            self.__dict__[name] = self.__lazy_initialize(name)
            return self.__dict__[name]

        return None
```

```python
computer = Computer("Dell", 3000)
# 访问不存在的 route 属性，会执行 __getattr__() 方法
print(computer.route)
# 打印对象的 __dict__ 属性时，会发现 route 已被添加至对象属性中
print(computer.__dict__)
```

输出结果

```
route is la lazy attribute.
0

{'_Computer__name': 'Dell', '_Computer__price': 3000, '_Computer__lazy_attribute': {'performance': <function Computer.__init__.<locals>.<lambda> at 0x000001A27C224558>, 'route': <function Computer.__init__.<locals>.<lambda> at 0x000001A27C224798>}, 'route': 0}
```

（4）__setattr__(self)：对对象属性进行设置时，会执行该方法。读者需避免在__setattr__()方法内为属性赋值，否则会触发递归调用。

实例代码

```python
# -*-coding:utf-8-*-

# 定义一个 Computer 类
class Computer:
    def __init__(self, name, price):
        # 为 self.__name 进行初始化时会执行 __setattr__() 方法
        self.__name = name

        # 为 self.__price 进行初始化时会执行 __setattr__() 方法
        self.__price = price

    def __setattr__(self, name, value):
        # 在 __setattr__() 中为属性进行赋值，又会执行 __setattr__() 方法，触发无穷递归
        # self.__name = value
        print("{}={}".format(name, value))

computer = Computer("Dell", 3000)
```

输出结果

```
_Computer__name=Dell
_Computer__price=3000
```

（5）__getitem__(self, key)：在类中定义该方法可以通过操作符[]的形式来对对象属性进行访问。key 的类型不正确会引发类型错误异常，对于序列类型、键类型应为整数和切片对象，如果索引值超出有效范围，会抛出索引错误异常。

实例代码

```python
# -*-coding:utf-8-*-
```

```python
# 定义一个 Computer 类
class Computer:
    __modules = {"CPU", "内存", "硬盘"}
    def __init__(self, name, price):
        self.__name = name
        self.__price = price

    def __getitem__(self, key):
        if key == self.__name:
            return self.__price
        return None

computer = Computer("Dell", 3000)
print(computer["Dell"])
```

输出结果

```
3000
```

重定义 __getitem__() 方法可以让实例对象实现迭代功能，在for循环结构中遍历该迭代对象时，Python会自动传递从0开始的索引值。

实例代码

```python
# -*-coding:utf-8-*-

# 定义一个 Computer 类
class Computer:
    __modules = {"CPU", "内存", "硬盘"}
    def __init__(self, name, price):
        # 为 self.__name 进行初始化时会执行 __setattr__() 函数
        self.__name = name

        # 为 self.__price 进行初始化时会执行 __setattr__() 函数
        self.__price = price

    def __getitem__(self, index):
        # Python 会自动传递以 0 开始的索引作为键值
        return self.__name[index]


computer = Computer("Dell", 3000)

for ch in computer:
    print(ch)
```

输出结果

```
D
e
l
l
```

（6）__setitem__(self, key, value)：在类中定义该方法可以通过操作符[]的形式来对对象属性进行赋值，key 值的使用以及不正确的 key 值所引发的异常与 __getitem__() 方法的情况相同。

实例代码

```python
# -*-coding:utf-8-*-

# 定义一个 Computer 类
class Computer:
    __modules = {"CPU", "内存", "硬盘"}
    def __init__(self):
        self.__properties={}

    def __getitem__(self, key):
        return self.__properties[key]

    def __setitem__(self, key, value):
        self.__properties[key] = value

computer = Computer()

computer["name"] = "Dell"
computer["price"] = 3000

print(computer["name"], computer["price"])
```

输出结果

Dell 3000

13.2.9 类的继承

本节主要介绍类继承的语法和特点。

- **类继承的语法**

通过类的继承，可以实现软件的复用。假设有两个类：A 和 B。B 类继承自 A 类，那么 A 类在继承关系中被称为父类（基类），B 类被称为子类（派生类）。两个类一旦建立继承关系，子类会自动拥有父类的所有属性和方法。在 Python 中，子类可以有多个父类。类继承的语法如下。子类没有父类时，类名后面不用加括号；如果有多个父类，父类之间以逗号进行分隔。

```python
class child(parent1, parent2, … ):
    pass
```

在面向对象设计中，子类继承父类时应该有逻辑上的继承关系，没有这种逻辑关系的继承是毫无意义的。再者，父类充当的是一个基类的角色，定义的是该类型共有的属性和操作方法，这样子类才能在父类的基础上实现代码的复用和扩展，否则只会带来设计上的冗余。

实例代码

```
# -*-coding:utf-8-*-

# 定义 Dog 类，作为基类
class Dog:
    # 定义类属性 species，表示狗所属的物种
    species = "Canidae"

    @classmethod
    def gnaw(cls):
        print("now starting gnaw the bone!")

    # 定义对象方法 cry()
    def cry(self):
        print("dog never cry!")

# 定义 Alaska 类，表示阿拉斯加犬，继承自 Dog 类
class Alaska(Dog):
    pass

# 对 Alaska 进行实例化
alaska = Alaska()

# alaska 能访问父类的类方法 gnaw() 以及对象方法 cry()
alaska.gnaw()
alaska.cry()
```

输出结果

```
now starting gnaw the bone!
dog never cry!
```

判断类类型是否为其他类型的子类，可以通过issubclass(type2, type)方法，type2与type都表示类型名，表示type2类型是否为type类型的子类，返回值为布尔类型值。

实例代码

```
# -*-coding:utf-8-*-

# 定义 Dog 类，作为基类
class Dog:
    # 定义类属性 species，表示狗所属的物种
    species = "Canidae"
```

```python
    @classmethod
    def gnaw(cls):
        print("now starting gnaw the bone!")

    # 定义对象方法 cry()
    def cry(self):
        print("dog never cry!")

# 定义 Alaska 类，表示阿拉斯加犬，继承自 Dog 类
class Alaska(Dog):
    pass

# 定义一个 Computer 类
class Computer:
    pass

# Alaska 是 Dog 的子类
print(issubclass(Alaska,Dog))
# Computer 不是 Dog 的子类
print(issubclass(Computer,Dog))
```

输出结果

```
True
False
```

- **通过类的继承来进行扩展**

（1）类继承的方法覆盖。

①子类继承了父类的所有方法，如果在子类中定义了与父类同名的方法，则会覆盖父类的方法。以子类继承的__init__()方法为例，如果子类未对__init__()方法进行定义，默认会调用父类的__init__()方法。

实例代码

```python
# -*-coding:utf-8-*-

# 定义 Dog 类，作为基类
class Dog:
    # 定义类属性 species, 来表示狗所属的物种
    species = "Canidae"

    @classmethod
    def gnaw(cls):
        print("now starting gnaw the bone!")

    def __init__(self, name):
        self.name = name

    # 定义对象方法 cry()
```

```
    def cry(self):
        print("dog never cry!")

# 定义 Alaska 类，表示阿拉斯加犬，继承自 Dog 类
class Alaska(Dog):
    pass

# 对 Alaska 进行实例化
alaska = Alaska()
```

②在执行上述代码时，Python 抛出了异常信息，提示在进行实例化时缺少一个参数。在上述代码中，父类 Dog 的构造函数带一个 name 的参数，所以子类在实例化时必须显式地指定 name 所对应的参数。

实例代码

```
# -*-coding:utf-8-*-

# 定义 Dog 类，作为基类
class Dog:
    # 定义类属性 species，来表示狗所属的物种
    species = "Canidae"

    @classmethod
    def gnaw(cls):
        print("now starting gnaw the bone!")

    def __init__(self, name):
        self.name = name

    # 定义对象方法 cry()
    def cry(self):
        print("dog never cry!")


# 定义 Alaska 类，表示阿拉斯加犬，继承自 Dog 类
class Alaska(Dog):
    pass

# 对 Alaska 进行实例化的过程中，会自动调用从父类中继承的 __init__() 方法
alaska = Alaska("alaska")

# 在 __init__() 方法中定义了 name 属性，所以能访问到 name 属性的值
print(alaska.name)
```

输出结果

```
alaska
```

③子类如果对__init__()方法进行了定义，则会对父类的__init__()方法进行覆盖，不会再调用父类的__init__()方法，如需显式地调用父类的方法，可以在方法内部执行super()方法来返回一个代理对象，通过该代理对象来执行父类的方法，从而实现方法或属性的扩展。

实例代码

```python
# -*-coding:utf-8-*-

# 定义 Dog 类，作为基类
class Dog:
    # 定义类属性 species，来表示狗所属的物种
    species = "Canidae"

    @classmethod
    def gnaw(cls):
        print("now starting gnaw the bone!")

    def __init__(self, name):
        self.name = name

    # 定义对象方法 cry()
    def cry(self):
        print("dog never cry!")


# 定义 Alaska 类，表示阿拉斯加犬，继承自 Dog 类
class Alaska(Dog):
    def __init__(self, name, weight):
        # 执行从父类继承的 __init__() 方法
        super().__init__(name)

        # 新增 weight 属性，实现属性的扩展
        self.weight = weight

alaska = Alaska("alaska", 78)

print(alaska.name)
print(alaska.weight)
```

输出结果

```
alaska
78
```

④下面对继承自Dog的cry()方法进行扩展。

实例代码

```python
# -*-coding:utf-8-*-

# 定义 Dog 类，作为基类
class Dog:
    # 定义类属性 species，表示狗所属的物种
    species = "Canidae"

    @classmethod
    def gnaw(cls):
        print("now starting gnaw the bone!")

    def __init__(self, name):
        self.__name = name

    # 定义对象方法 cry()
    def cry(self):
        print("dog never cry!")


# 定义 Alaska 类，表示阿拉斯加犬，继承自 Dog 类
class Alaska(Dog):
    def __init__(self, name, weight):
        # 执行从父类继承的 __init__() 方法
        super().__init__(name)

        # 新增 weight 属性，实现属性的扩展
        self.weight = weight

    def cry(self):
        # 先执行父类的 cry() 方法
        super().cry()
        # 定义子类中的方法
        print("but alaska wanna cry:wolf...wolf...wolf!")

alaska = Alaska("alaska", 78)
alaska.cry()
```

输出结果

```
dog never cry!
but alaska wanna cry:wolf...wolf...wolf!
```

(2)对内置类型进行扩展。以内置类型dict为例,通过继承Python中的内置类型dict,可以对dict类型进行扩展,改变dict类型对键名的访问方式,dict默认通过[]符号来访问字典中的键。

实例代码

```python
# -*-coding:utf-8-*-

class SimpleDict(dict):
    """ 对字典类型进行扩展,可以通过成员操作符来访问字典中的键 """

    def __getattr__(self, name):
        """
        在默认情况下通过 . 来访问字典中的键,由于该键对应的属性不存在,故会执行 __getattr__() 方法
        由于继承了 dict 类型,所以可以通过 [] 符号来访问字典中的键
        """
        return self[name]

    def __setattr__(self, name, value):
        """
        对属性进行赋值时,会调用 __setattr__() 方法,直接将键 - 值对添加至字典中
        """
        self[name] = value

simple_dict = SimpleDict()
# 通过成员操作符 . 来对字典中的键进行赋值
simple_dict.author = " 薯条老师 "
# 此时通过字典的 [] 操作符,也能访问到对应的键值
print(simple_dict["author"])
```

输出结果

薯条老师

13.2.10 Python 中的 super 类与 MRO

本节主要介绍super类和MRO的用法。

- **super 类**

前面的代码通过在方法内部执行super()方法来返回一个代理对象,通过该代理对象可以执行父类的方法。在交互模式中输入help(super),可以查看super的定义。

```
>>> help(super)
Help on class super in module builtins:

class super(object)
```

```
| super() -> same as super(__class__, <first argument>)
| super(type) -> unbound super object
| super(type, obj) -> bound super object; requires isinstance(obj, type)
| super(type, type2) -> bound super object; requires issubclass(type2, type)
| Typical use to call a cooperative superclass method:
| class C(B):
|     def meth(self, arg):
|         super().meth(arg)
| This works for class methods too:
| class C(B):
|     @classmethod
|     def cmeth(cls, arg):
|         super().cmeth(arg)
```

（1）super()其实是super(__class__, <first argument>)的简写形式，__class__是对象的属性，存储了对象的类类型；first argument不是必需的参数，Python会根据上下文来自动传递对应的参数。

（2）super(type) -> unbound super object：对未绑定的父类对象进行代理，type表示子类的类型名。由于未对父类对象进行绑定，所以通过代理对象无法进行实质的操作。

（3）super(type, obj) -> bound super object; requires isinstance(obj, type)：对绑定的父类对象进行代理，type表示子类的类型名，obj表示对象类型，obj必须是type类型的实例对象，即执行isinstance(obj, type)方法时，返回值必须为True。

> **编程小知识**
> 所谓绑定，是指Python会自动将type对应的类型传递给类方法的cls参数，将obj对应的对象类型传递给对象方法的self参数，来实现方法的绑定。

通过该方法返回的代理对象，可以调用父类中的类方法和对象方法，而无须显式地传递cls或self参数。

实例代码

```python
# -*-coding:utf-8-*-

# 定义 Dog 类，作为基类
class Dog:
    # 定义类属性 species，表示狗所属的物种
    species = "Canidae"

    @classmethod
    def gnaw(cls):
        print("now starting gnaw the bone!")

    def __init__(self, name):
        self.__name = name

    # 定义对象方法 cry()
    def cry(self):
```

```python
        print("dog never cry!")

# 定义 Alaska 类，表示阿拉斯加犬，继承自 Dog 类
class Alaska(Dog):
    def __init__(self, name, weight):
        # 执行从父类继承的 __init__() 方法
        super().__init__(name)

        # 新增 weight 属性，实现属性的扩展
        self.weight = weight

    def cry(self):
        # 通过 super(type,obj) 的语法来访问父类的对象方法 cry()
        super(Alaska, self).cry()
        print("but alaska wanna cry:wolf...wolf...wolf!")

    def gnaw(self):
        # 通过 super(type,obj) 的语法来访问父类的类方法 gnaw()
        super(Alaska, self).gnaw()
        print("alaska also gnaw the bone!")

alaska = Alaska("alaska", 78)
alaska.cry()
alaska.gnaw()
```

输出结果

```
dog never cry!
but alaska wanna cry:wolf...wolf...wolf!
now starting gnaw the bone!
alaska also gnaw the bone!
```

（4）super(type, type2) -> bound super object; requires issubclass(type2, type)：对绑定的父类类型进行代理，type表示子类的类型名，type2表示type参数对应类型的子类类型，即执行issubclass(type2, type)方法时，返回值必须为True。

通过该方法返回的代理对象，可以调用父类中的类方法，而无须显式地传递cls参数。调用父类的对象方法时需显式地传递一个对象参数。

实例代码

```
# -*-coding:utf-8-*-

# 定义 Dog 类，作为基类
class Dog:
    # 定义类属性 species，表示狗所属的物种
    species = "Canidae"
```

```python
    @classmethod
    def gnaw(cls):
        print("now starting gnaw the bone!")

    def __init__(self, name):
        self.__name = name

    # 定义对象方法 cry()
    def cry(self):
        print("dog never cry!")

# 定义 Alaska 类,表示阿拉斯加犬,继承自 Dog 类
class Alaska(Dog):
    def __init__(self, name, weight):
        # 执行从父类继承的 __init__() 方法
        super().__init__(name)

        # 新增 weight 属性,实现属性的扩展
        self.weight = weight

    def cry(self):
        """
        通过 super(type,type2) 的语法来访问父类的对象方法 cry()
        但必须显式
        """
        super(Alaska, Alaska).cry(self)
        print("but alaska wanna cry:wolf...wolf...wolf!")

    def gnaw(self):
        # 通过 super(type,type) 的语法来访问父类的类方法 gnaw()
        super(Alaska, Alaska).gnaw()
        print("alaska also gnaw the bone!")

alaska = Alaska("alaska", 78)
alaska.cry()
alaska.gnaw()
```

输出结果

```
dog never cry!
but alaska wanna cry:wolf...wolf...wolf!
now starting gnaw the bone!
alaska also gnaw the bone!
```

- **方法解析顺序：MRO**

  在定义类类型时，Python会自动为该类型添加一个__mro__的魔法属性，该属性值是一个元组类型，按序保存了当前类类型的继承链。

实例代码

```
# -*-coding:utf-8-*-

# 定义 Dog 类，作为基类
class Dog:
    pass

# 定义 Alaska 类，表示阿拉斯加犬，继承自 Dog 类
class Alaska(Dog):
    pass

# __mro__ 是类属性
print(Alaska.__mro__)
```

输出结果

```
(<class '__main__.Alaska'>, <class '__main__.Dog'>, <class 'object'>)
```

从输出可知，元组的第1个元素为Alaska类型，第2个元素为Dog类型，第3个元素为object。在Python中，object是所有类型的顶层基类。通过super()方法来执行父类的方法，其实质是在这个mro元组中查找特定的类型，然后对该类型进行代理。下面以super(Alaska,self)来进行解释。

①获取self的类型。
②通过对象的魔法属性__class__可以获取当前对象的类型<class '__main__.Alaska'>。
③获取该类型在MRO中的索引。
④获取到类型以后，直接在类型的魔法属性__mro__中查找该类型的索引：type_index = self.__class__.__mro__.index(self.__class__)。
⑤对索引位置的下一个类型进行代理：g.proxy_type = self.__class__.__mro__[type_index+1]。

以上为super()方法的原理，下面通过实例代码来加深对super()方法的理解。

实例代码

```
# -*-coding:utf-8-*-

# 定义 Dog 类，作为基类
class Dog:
    pass

# 定义 Alaska 类，表示阿拉斯加犬，继承自 Dog 类
class Alaska(Dog):
    pass

alaska = Alaska()
```

```
def my_super(obj):
    """
    :param obj: 对象类型
    :return: 返回 obj 对象的一个父类类型
    """

    # 通过对象的魔法属性 __class__ 来返回该对象的类型
    obj_type = obj.__class__

    # 通过类属性 __mro__ 来返回该类型的继承链
    MRO = obj_type.__mro__

    type_index = MRO.index(obj_type)
    return MRO[type_index+1]

print(my_super(alaska))
```

输出结果

<class '__main__.Dog'>

从输出可知，返回的是Dog类型，Python内置的super类会对获取到的父类类型进行代理。所有对父类方法的调用都是委托给super类来进行操作的。

13.2.11 技术总结

本节主要包含以下7个重要知识点。

① 在Python中通过class关键字来定义一个类。
② 类属性与方法为所有实例对象所共享。
③ 使用@classmethod修饰符来定义一个类方法，使用@staticmethod修饰符来定义一个静态方法。
④ 在Python中通过__init__()构造方法来对对象进行实例化。
⑤ Python常用的魔法属性为__doc__、__dict__、__class__，常用的魔法方法为__str__()、__call__()、__getattr__()、__setattr__()、__getitem__()。
⑥ 子类对继承的父类方法进行定义以后，会覆盖父类的方法，可以通过super类来访问父类中的方法。
⑦ super类实质是在类型的MRO中查找特定的类型，然后以代理的方式来调用父类的方法。

13.2.12 课后习题

（1）什么是类类型？什么是对象类型？简述两者的联系与区别。
（2）简述类方法、静态方法、对象方法的区别。
（3）如果要定义一个编程语言类，可以为该类型定义什么样的类属性、对象属性、类方法及对象方法？
（4）将第（3）题中的编程语言类作为基类，分别派生一个Python类和C++类，然后定义各自的属性和操作方法。
（5）定义一个解释器类，将第（4）题中的Python类同时从编程语言类、解释器类中进行继承，然后输出Python类型的MRO值。
（6）在Python类的对象方法中，执行从解释器类中定义的方法，请描述super()方法的类型查找过程。

13.3 可迭代对象与迭代器

本节主要介绍可迭代对象的概念和迭代器的用法。

13.3.1 可迭代对象：__iter__

可迭代类型有字符串、列表、元组、字典和集合。在Python中，一切皆对象，只要在类中定义了__iter__()方法，该类型就为可迭代类型。下面将13.2节中定义的Alaska类变成可迭代对象。

实例代码

```python
# -*-coding:utf-8-*-

# 定义 Dog 类，作为基类
class Dog:
    # 定义类属性 species，表示狗所属的物种
    species = "Canidae"

    @classmethod
    def gnaw(cls):
        print("now starting gnaw the bone!")

    def __init__(self, name):
        self.__name = name

    # 定义对象方法 cry()
    def cry(self):
        print("dog never cry!")

# 定义 Alaska 类，表示阿拉斯加犬，继承自 Dog 类
class Alaska(Dog):
    def __init__(self, name, weight, features = []):
        # 执行从父类继承的 __init__() 方法
        super().__init__(name)

        # 新增 weight 属性，实现属性的扩展
        self.__weight = weight
        self.__features = features

    def __iter__(self):
        return self
```

> **编程小知识**
>
> 通过isinstance()或者issubclass()方法可以判断对象或类类型是否可迭代，在类型判断方法中传递的参数为collections.abc模块下的Iterable类，语法形式为isinstance(obj,collections.abc.Iterable)或者issubclass(obj_type,collections.abc.Iterable)。

13.3.2 迭代器：__next__

在类中定义__iter__()方法后，该类成为可迭代类型。但并没有定义对类型进行元素迭代的代码逻辑，所以无法在for循环等结构中遍历出对象的属性值。通过魔术方法__next__()可以自定义元素遍历的代码逻辑。只要在可迭代类型中定义了__next__()方法，该类型就成为迭代器。现在改写13.3.1小节中的代码，使其可以在for循环中遍历Alaska对象的属性值。

实例代码

```python
# -*-coding:utf-8-*-

# 定义 Dog 类，作为基类
class Dog:
    # 定义类属性 species，表示狗所属的物种
    species = "Canidae"

    @classmethod
    def gnaw(cls):
        print("now starting gnaw the bone!")

    def __init__(self, name):
        self.__name = name

    # 定义对象方法 cry()
    def cry(self):
        print("dog never cry!")

# 定义 Alaska 类，表示阿拉斯加犬，继承自 Dog 类
class Alaska(Dog):
    def __init__(self, name, weight, features = []):
        # 执行从父类继承的 __init__() 方法
        super().__init__(name)

        # 新增 weight 属性，实现属性的扩展
        self.__weight = weight
        self.__features = features
        self.__features_index = 0

    def __iter__(self):
        return self

    def __next__(self):
        # 在 __next__() 方法中自定义元素迭代的逻辑
        if self.__features_index < len(self.__features):
            feature = self.__features[self.__features_index]
```

```
        self.__features_index += 1
        return feature
    else:
        # 在__next__()方法中抛出StopIteration异常，系统会自动进行处理
        raise StopIteration

alaska = Alaska("Lohan", 78, ["handsom", "tall", "loyal"])

for feature in alaska:
    print(feature)
```

输出结果

```
handsom
tall
loyal
```

在__next__()方法中对元素遍历的逻辑进行了定义，如果索引超出有效范围，必须使用raise语句抛出一个StopIteration异常，这样就会正常退出for循环，Python会自动对__next__()方法中抛出的StopIteration异常进行处理。

13.3.3 iter() 方法与 next() 方法

在iter()方法中传递可迭代对象，可以返回该对象的迭代器。

实例代码

```
>>> iterator = iter([1,2,3,4,5])
>>> type(iterator)
<class 'list_iterator'>
>>> iterator = iter((1,2,3,4,5))
>>> type(iterator)
<class 'tuple_iterator'>
```

将迭代器传递给next()方法，可以不断获取迭代器中的值，直到系统抛出StopIteration异常。

实例代码

```
>>> iterator = iter([1,2,3,4,5])
>>> next(iterator)
1
>>> next(iterator)
2
>>> next(iterator)
3
>>> next(iterator)
4
>>> next(iterator)
```

```
5
>>> next(iterator)
Traceback (most recent call last):
  File "<stdin>", line 1, in <module>
StopIteration
```

通过以上代码可知,获取迭代器中的值需要不断地调用next()方法,以这样的方式来使用迭代器可以实现惰性计算,即仅在需要的时候才执行next()方法,迭代器内部负责维护元素遍历的状态信息。

> **编程小知识**
>
> 在执行for循环对可迭代对象进行遍历时,Python内部通过iter()和next()方法来逐一访问对象中的元素。open()函数返回的文件流对象也是一种迭代器,相比通过readlines()方法一次性地将文件数据读取到内存,在for循环中通过迭代器来逐行加载文件中的数据,大大节约了内存的使用。

13.3.4 技术总结

本节主要包含以下3个重要知识点。

① 迄今为止学过的可迭代类型有字符串、列表、元组、字典和集合。

② 在类中定义__iter__()方法,将该类型变成可迭代类型;在类中定义__next__()方法,将可迭代类型变成迭代器。

③ 执行iter()方法可以获取可迭代对象的迭代器,对迭代器执行next()方法可以获取迭代器当前的值。

13.3.5 课后习题

(1) 什么是可迭代类型?
(2) 如何定义迭代器?
(3) 使用迭代器有哪些优点?
(4) 定义一个内容解析类,使用9.4节介绍的正向匹配算法将内容进行解析,在该类中实现迭代器,使得可以在for循环中遍历内容的关键词。

13.4 类装饰器与属性装饰器

本节主要介绍类装饰器和属性装饰器的概念和相关用法。

13.4.1 类装饰器

11.4节介绍了函数装饰器,类装饰器与函数装饰器是一样的原理。它们之间的区别是函数装饰器将代码的扩展逻辑转移到装饰器函数中,而类装饰器将代码的扩展逻辑转移到装饰器类中。

> **知识超链接**
>
> 对装饰器的原理及用法不是很熟悉的读者,可以返回11.4节"函数装饰器"进行复习。

类装饰器的两种形式:不带参数的类装饰器和带参数的类装饰器。类装饰器的核心在于通过构造方法和__call__()方法来实现装饰器逻辑。

- **不带参数的类装饰器**

  基本的语法结构如下。

```
class class_name:
    def __init__(self, func):
        self.func = func

    # 定义 __call__() 方法后，可以像函数调用一样来调用对象
    def __call__(self, *args, **kwargs):
        # 可以在执行 func() 函数前，定义扩展的代码逻辑
        return self.func(*args, **kwargs)
```

下面定义一个简单的装饰器类Cache，用来将耗时计算的结果进行缓存。

实例代码

```
# -*-coding:utf-8-*-
class Cache:
    def __init__(self, func):
        self.func = func
        # 定义 __cache 属性对值进行缓存
        self.__cache = {
        }

    def __call__(self, number):
        if number in self.__cache:
            print("{} cached".format(number))
            return self.__cache[number]
        else:
            value = self.func(number)
            self.__cache[number] = value
            return value

@Cache
def compute(number):
    # 使用一个 for 循环来模拟耗时的计算过程
    for _ in range(1000):
        number = _ - number -_/2
    return number

print(compute(5))
print(compute(5))
```

输出结果

```
255.0
5 cached
255.0
```

从输出可知，在对compute()方法使用Cache类进行装饰以后，对计算结果进行了缓存。

- **带参数的类装饰器**

  定义带参数的类装饰器，需要在__call__()方法中定义一个闭包函数。基本的语法结构如下。

```
class class_name:
  def __init__(self, *args, **kwargs):
    pass

  # 定义 __call__() 方法后，可以像函数调用一样来调用对象
  def __call__(self, func):
    def __closure(*args, **kwargs):
      func(*args, **kwargs)
    return __closure
```

下面对装饰器类Cache进行修改，限定缓存的条数。

实例代码

```
# -*-coding:utf-8-*-
class Cache:
  def __init__(self, cache_size = 10):
    self.__cache_size = cache_size
    self.__cache = {
    }

  def __call__(self, func):

    def __closure(number):
      if number in self.__cache:
        print("{} cached".format(number))
        return self.__cache[number]
      else:
        value = func(number)
        # 如果缓存的条数还未超出阈值，则继续进行缓存
        if len(self.__cache) < self.__cache_size:
          self.__cache[number] = value
        return value
```

```
        return __closure

@Cache(100)
def compute(number):
    # 使用一个 for 循环来模拟耗时的计算过程
    for _ in range(1000):
        number = _ - number -_/2
    return number


print(compute(5))
print(compute(5))
```

输出结果

```
255.0
5 cached
255.0
```

- **使用装饰器来装饰类及类的成员方法**

　　使用装饰器不仅可以对函数进行装饰，也可以对类及类的成员方法进行装饰。对类进行装饰时，装饰器中的参数对应的是类型名；对类的成员方法进行装饰时，装饰器中的参数对应的是类的成员方法名。下面通过函数装饰器来实现一个单例类。所谓单例类，就是该类只存在一个实例对象。

实例代码

```
# -*-coding:utf-8-*-

# 对类进行装饰时，Python 传递的参数是类型名
def singleton(obj_type):
    # 定义 __instances 变量来保存类实例
    __instances = {}
    def get_instance(*args, **kwargs):
        if obj_type not in __instances:
            instance = obj_type(*args, **kwargs)
            __instances[obj_type] = instance
            return instance
        else:
            print("{} already in instances".format(__instances[obj_type].name))
            return __instances[obj_type]

    return get_instance


# 定义 Dog 类，作为基类
class Dog:
```

```python
    # 定义类属性 species，表示狗所属的物种
    species = "Canidae"

    @classmethod
    def gnaw(cls):
        print("now starting gnaw the bone!")

    def __init__(self, name):
        self.__name = name

    # 定义对象方法 cry()
    def cry(self):
        print("dog never cry!")

@singleton
class Alaska(Dog):
    def __init__(self, name):
        # 执行从父类继承的 __init__() 方法
        super().__init__(name)

alaska = Alaska("Lohan")
_ = Alaska("Nana")
```

输出结果

Lohan already in instances

从输出可知，虽然在代码中对Alaska类型进行了两次实例化，但获取到的只是第1次实例化后的对象。继续对Alaska继承的cry()方法进行装饰，要求阿拉斯加犬必须先被驯服。

实例代码

```python
# -*-coding:utf-8-*-

# 对类进行装饰时，Python 传递的是类型名
def singleton(obj_type):
    # 定义 __instances 来保存类的实例
    __instances = {}
    def get_instance(*args, **kwargs):
        if obj_type not in __instances:
            instance = obj_type(*args, **kwargs)
            __instances[obj_type] = instance
            return instance
        else:
```

```python
        print("{} already in instances".format(__instances[obj_type].name))
        return __instances[obj_type]

    return get_instance

# 定义一个 tamed() 装饰器函数，用来定义对狗进行驯服的逻辑
def tamed(func):
    def inner(*args, **kwargs):
        print("dog has been tamed!")
        func(*args, **kwargs)
    return inner

# 定义 Dog 类，作为基类
class Dog:
    # 定义类属性 species，表示狗所属的物种
    species = "Canidae"

    @classmethod
    def gnaw(cls):
        print("now starting gnaw the bone!")

    def __init__(self, name):
        self.__name = name

    # 定义对象方法 cry()
    def cry(self):
        print("dog never cry!")

@singleton
class Alaska(Dog):
    def __init__(self, name):
        # 执行从父类继承的 __init__() 方法
        super().__init__(name)

    # 使用 tamed() 方法对 cry() 方法进行装饰
    @tamed
    def cry(self):
        super().cry()
        print("Alaska wanna cry!!!")

alaska = Alaska("Lohan")
alaska.cry()
```

输出结果

```
dog has been tamed!
dog never cry!
Alaska wanna cry!!!
```

从输出可知，在执行 cry() 方法之前，先执行了装饰器 tamed() 方法中的代码。

13.4.2 属性装饰器：property

在面向对象的设计哲学中，需要将内部属性隐藏，对外提供对属性进行读/写操作的方法，在方法内部对数据进行防护，以保障对属性访问的安全性和数据的完整性。下面继续对Alaska类进行修改，对外提供一个对私有属性__name进行读/写操作的方法。

实例代码

```python
# -*-coding:utf-8-*-

# 定义 Dog 类，作为基类
class Dog:
    def __init__(self, name):
        self.__name = name

# 定义 Alaska 类，表示阿拉斯加犬，继承自 Dog 类
class Alaska(Dog):
    def __init__(self, name):
        # 执行从父类继承的 __init__() 方法
        super().__init__(name)

    # 定义 get_name() 方法来获取 __name 属性的值
    def get_name(self):
        return self.__name

    # 定义 set_name() 方法来对私有属性 __name 进行赋值
    def set_name(self, value):
        self.__name = value

alaska = Alaska("Lana")
alaska.set_name("Lohan")Lohan

print(alaska.get_name())
```

该实例代码中定义了一个get_name()方法来获取私有属性__name的值，定义了set_name()方法来设置私有属性__name的值。在C++等面向对象的编程语言中，这样设计是完全没有问题的，使用get_xx()（xx表示属性名）方法来获取属性值，使用set_xx()方法来设置属性值。

Python的设计目标是简单和优雅，为让客户端对属性进行更简单的操作，Python提供了属性装饰器propery，对对象方法使用属性装饰器进行装饰，使得对对象方法的调用简化为属性的常规读/写方式。

- **property 装饰器的基本用法**

使用property装饰器对方法进行修饰，等价于实现了get_xx()方法的代码逻辑。

实例代码

```python
# -*-coding:utf-8-*-
```

```python
# 定义 Dog 类，作为基类
class Dog:
    def __init__(self, name):
        self.__name = name

# 定义 Alaska 类，表示阿拉斯加犬，继承自 Dog 类
class Alaska(Dog):
    def __init__(self, name):
        # 执行父类的 __init__() 方法
        super().__init__(name)
        # 定义 Alaska 对象的属性
        self.__name = name

    # 对 name() 方法使用 property 进行修饰，则可以通过属性访问的方式来调用 name() 方法
    # 等价于实现了 get_xx() 方法
    @property
    def name(self):
        return self.__name

alaska = Alaska("Lohan")

# 对 name() 方法的调用简化为 name 属性的访问形式
print(alaska.name)
```

输出结果

Lohan

- **使用 setter 装饰器对属性进行赋值**

在使用property对成员方法进行装饰以后，可以通过"被装饰的方法名.setter"的语法来对成员方法进行装饰，以实现set_xx()方法的代码逻辑。

实例代码

```
# -*-coding:utf-8-*-

# 定义 Dog 类，作为基类
class Dog:
    def __init__(self, name):
        self.__name = name

# 定义 Alaska 类，表示阿拉斯加犬，继承自 Dog 类
class Alaska(Dog):
    def __init__(self, name):
        # 执行从父类继承的 __init__() 方法
        super().__init__(name)
```

```python
        self.__name = name

    # 对 name() 方法使用 property 进行修饰，则可以通过属性访问的方式来调用 name() 方法
    # 等价于实现了 get_xx() 方法
    @property
    def name(self):
        return self.__name

    """
    通过"被 propety 装饰的方法名.setter"的语法来对成员方法进行装饰，
    实现 set_xx() 方法的代码逻辑
    """
    @name.setter
    def name(self, value):
        self.__name = value

alaska = Alaska("Lana")
"""
在使用 name.setter 的语法装饰以后，通过 name() 方法来对属性 __name 进行赋值，
简化为直接对 name 属性的赋值形式
"""
alaska.name = "Lohan"

print(alaska.name)
```

输出结果

Lohan

13.4.3 技术总结

本节主要包含以下3个重要知识点。

① 类装饰器与函数装饰器的区别：函数装饰器将代码的扩展逻辑转移到装饰器函数中，而类装饰器将代码的扩展逻辑转移到装饰器类中。

② 类装饰器的核心在于通过构造方法和__call__()方法来实现装饰器逻辑。

③ Python通过property装饰器来简化对私有属性的读/写操作。

13.4.4 课后习题

（1）说明类装饰器与函数装饰器的区别。

（2）相比使用函数装饰器，使用类装饰器有什么优点？

（3）为什么Python提供了对属性进行访问的装饰器？

（4）定义一个类装饰器，实现参数校验的功能。

（5）定义一个类装饰器，输出被装饰函数的调用过程。

13.5 Python 中的反射函数

在理解程序设计语言中的反射概念之前，先看一下关于反射的名词解释：反射（reflex）是指机体对内在或外在刺激有规律的反应。映射到面向对象程序设计的语境中，机体指的是类或类实例，类或实例对象在程序运行时，根据客户端对自身的操作所作出的反应。客户端对类或实例对象的操作可分为以下3种类型。

（1）获取类或实例对象的属性。
（2）设置类或实例对象的属性。
（3）执行类或实例对象的方法。

反射是一种动态的概念，是在类或实例对象的状态信息未知的情况下，查询是否具备相关的属性、方法，然后进行相应的操作。

Python提供了4个反射函数：hasattr()、getattr()、setattr()和delattr()，分别用来查询类/对象的成员（包括属性及方法）、获取类/对象的成员、设置类/对象的属性和删除类/对象的属性。

13.5.1 反射函数"四剑客"

4个反射函数的具体解释如表13-1所示。

表13-1 4个反射函数的解释

反射函数	使用说明
hasattr(obj,name)	参数：obj 表示类或对象名；name 是字符串类型，表示 obj 中的属性或方法名。 描述：查询 obj 是否具备某属性或方法，返回值为布尔类型
getattr(obj,name[,default])	参数：obj 表示类或对象名；name 是字符串类型，表示 obj 中的属性或方法名。default 为可选参数，表示属性或方法不存在时的默认值，如果不指定该值，在属性或方法不存在时会引发异常。 描述：获取 obj 中的属性值或方法
setattr(obj, name, value)	参数：obj 表示类或对象名；name 是字符串类型，表示 obj 中的属性名；value 是属性的值。 描述：设置 obj 中的属性值
delattr(obj, name)	参数：obj 表示类或对象名；name 是字符串类型，表示 obj 中的属性名。 描述：删除 obj 中的属性值，name 属性必须存在，否则会抛出异常

13.5.2 技术总结

本节主要包含以下两个重要知识点。

① 反射是一种动态的概念，在类或实例对象的状态信息未知的情况下，可以查询是否具备相关的属性、方法，然后进行相应的操作。

② Python提供了4个反射函数：hasattr()、getattr()、setattr()、delattr()，分别用来查询类/对象的成员（包括属性及方法）、获取类/对象的成员、设置类/对象的属性和删除类/对象的属性。

13.5.3 课后习题

（1）什么是反射？
（2）根据"13.4.1 类装饰器"小节中的单例代码逻辑定义一个类，在类方法中利用反射函数来实现单例类的代码逻辑。

13.6 程序实战：正义联盟

在本程序实战中，通过单例模式及工厂模式来组建包括蝙蝠侠、超人、海王、神奇女侠和闪电侠等在内的正义联盟，并使用装饰器模式来为各类英雄装饰不同的技能。

13.6.1 设计模式

这里的设计模式指的是软件中的设计模式，是针对面向对象程序设计的一套设计范式。设计模式对面向对象设计中反复出现的问题提供了一套可靠的解决方案。利用设计模式，程序员可以规避许多程序设计上的问题，提高软件的可重用性、可维护性和可扩展性。

设计模式是前人在软件工程实践中的经验总结，学习设计模式，学习的是前人解决问题的思路，学习前人们如何对知识进行系统的归纳总结，这对提高个人的程序设计能力也是大有裨益的。

对于初学者来说，学习设计模式很有必要，学好设计模式可以充分理解面向对象的设计思想。所以本节以设计模式中的经典模式为引，以期读者能在面向对象这条漫漫长路上走得更远。

- **单例模式**

单例模式指的是，通过单例模式创建的类，不论对其实例化多少次，都只存在一个实例。单例模式解决了这样的问题：当实例化一个类的时候，可以实例化多个不同的对象，而每个实例对象都会在计算机中分配一块内存，但在实际问题中，仅需要一个实例化的对象，同时存在多个实例无疑是对内存空间的浪费。13.4.1小节使用装饰器来实现了一个单例类，下面通过类方法的形式来实现一个单例类。

实例代码

```python
# 定义一个单例类 Singleton
class Singleton:
    def __init__(self, *args, **kwargs):
        pass

    @classmethod
    def instance(cls, *args, **kwargs):
        # 如果该类不具备 _instance 属性，就动态地创建 _instance 属性
        # _instance 属性保存的是 Singleton 的实例对象
        if not hasattr(Singleton, "_instance"):
            Singleton._instance = Singleton(*args, **kwargs)
        return Singleton._instance
```

- **工厂模式**

工厂模式，从其命名就可以对这种设计模式的功能窥知一二，就是负责对象的创建。封装是面向对象的重要特性之一，工厂模式的核心就在于封装了对象的创建过程，对外提供一致的对象创建接口。应用程序的业务逻辑发生变化时，只需要在工厂类中进行修改，降低了维护成本。

实例代码

```python
#-*-coding:utf-8-*-

# 定义 Dog 类，作为基类
class Dog:
    # 定义类属性 species，表示狗所属的物种
    species = "Canidae"

    @classmethod
    def gnaw(cls):
        print("now starting gnaw the bone!")

    def __init__(self, name):
        self.__name = name

    # 定义对象方法 cry()
    def cry(self):
        print("{} never cry!".format(self.__name))


class Alaska(Dog):
    def __init__(self, name):
        # 执行从父类继承的 __init__() 方法
        super().__init__(name)


class Samoyed(Dog):
    def __init__(self, name):
        # 执行从父类继承的 __init__ 方法
        super().__init__(name)


# 定义一个狗场类，狗场类即为工厂模式中的工厂
class Kennels:
    __dogs = {}

    @classmethod
    def add_dogs(cls, tp, dog):
        """
        :param cls: cls 表示 Kennels 类型
        :param tp: tp 表示各类狗的类型，用唯一的数字码进行标识
        :param dog: 各类狗的类型名
        :return:
        """
        cls.__dogs[tp] = dog


    # 定义 breed_dog() 方法，表示对狗进行繁殖，根据不同的类型来繁殖不同的狗
    @classmethod
    def breed_dog(cls, tp, *args, **kwargs):
        # 执行狗类型的构造方法
```

```
        if tp in cls.__dogs:
            return cls.__dogs[tp](*args, **kwargs)
        else:
            return None


if __name__ == "__main__":

    # 0 表示阿拉斯加犬，1 表示萨摩耶犬
    Kennels.add_dogs(0, Alaska)
    Kennels.add_dogs(1,Samoyed)

    # 繁殖一条阿拉斯加犬
    dog = Kennels.breed_dog(0, "Alaska")
    dog.cry()
    # 繁殖一条萨摩耶犬
    dog = Kennels.breed_dog(1, "Samoyed")
    dog.cry()
```

输出结果

```
Alaska never cry!
Samoyed never cry!
```

13.6.2 代码编写

01 进入D盘的python-learning目录，创建chapter13目录，在chapter13目录中创建justice_league.py文件，并输入以下代码。

实例代码

```
# 定义装饰器函数，用来生成各种英雄类型的单例
def singleton(cls):
    # 定义 __instances 来保存类的实例
    __instances = {}
    def __singleton(*args, **kwargs):
        if cls not in __instances:
            __instance[cls] = cls(*args, **kwargs)
        return __instances[cls]

    return __singleton


# 定义装饰器函数，用来装备英雄的技能
def power(powers):
    """
    :param powers: 集合类型，存储了英雄的技能
    :return:
    """
    def arm(func):
```

```python
        def arm_the_hero(*args, **kwargs):
            func(*args, **kwargs)
            print("with all my powers:" +",".join(list(powers)))
            print("-"*55)
        return arm_the_hero
    return arm


# 定义 Hero 类，作为各类英雄类型的基类
class Hero:
    def __init__(self, name):
        self._name = name

    def guard(self):
        print("I am {}, I will defend the earth to the death!".format(self._name))


# 定义英雄的类型
class HeroType:
    BAT_MAN = 0
    SUPER_MAN = 1
    AQUA_MAN = 2
    WONDER_WOMAN = 3
    FLASH_MAN = 4


@singleton
class BatMan(Hero):
    def __init__(self, name):
        super().__init__(name)

    # 使用 power 装饰器，为蝙蝠侠武装富可敌国、领导力的能力
    @power({"Super rich", "Leadership"})
    def guard(self):
        super().guard()

@singleton
class SuperMan(Hero):
    def __init__(self, name):
        super().__init__(name)

    # 使用 power 装饰器，为超人武装超光速飞行、超强智力的能力
    @power({"Superluminal flight", "Intelligence"})
    def guard(self):
        super().guard()

@singleton
class AquaMan(Hero):
    def __init__(self, name):
```

```python
        super().__init__(name)

    # 使用 power 装饰器，为海王武装控制大海的能力
    @power({"Control the sea"})
    def guard(self):
        super().guard()

@singleton
class WonderWoman(Hero):
    def __init__(self, name):
        super().__init__(name)

    # 使用 power 装饰器，为神奇女侠武装超强格斗、知识渊博的能力
    @power({"Super fighting", "Great Knowledge"})
    def guard(self):
        super().guard()

@singleton
class FlashMan(Hero):
    def __init__(self, name):
        super().__init__(name)

    # 使用 power 装饰器，为闪电侠武装神速的能力
    @power({"Speed Force"})
    def guard(self):
        super().guard()


# 定义 DC 的漫画家类型，相当于工厂模式中的工厂类
class CartoonsOfDC:
    __heros = {}

    @classmethod
    def add_hero(cls, tp, hero):
        """
        :param cls: cls 表示英雄类型
        :param tp: tp 表示各类英雄的类型，用唯一的数字码进行标识
        :param hero: 各类英雄的类型名
        :return:
        """
        cls.__heros[tp] = hero

    # 定义 create_hero() 方法，表示根据英雄类型来创造不同的英雄
    @classmethod
    def create_hero(cls, tp, *args, **kwargs):
        # 执行英雄类型的构造方法
        if tp in cls.__heros:
            return cls.__heros[tp](*args, **kwargs)
```

```python
        else:
            return None


if __name__ == "__main__":

    # 实际开发中会将类型添加的逻辑分离到其他模块中
    # 只给客户端暴露工厂模式中的对象创建接口

    CartoonsOfDC.add_hero(HeroType.BAT_MAN, BatMan)
    CartoonsOfDC.add_hero(HeroType.SUPER_MAN, SuperMan)
    CartoonsOfDC.add_hero(HeroType.AQUA_MAN, AquaMan)
    CartoonsOfDC.add_hero(HeroType.WONDER_WOMAN, WonderWoman)
    CartoonsOfDC.add_hero(HeroType.FLASH_MAN, FlashMan)


    # 定义集合类型变量:justice_league, 表示 DC 的正义联盟
    justice_league = {
        CartoonsOfDC.create_hero(HeroType.BAT_MAN, "bat man"),
        CartoonsOfDC.create_hero(HeroType.SUPER_MAN, "super man"),
        CartoonsOfDC.create_hero(HeroType.AQUA_MAN, "aqua man"),
        CartoonsOfDC.create_hero(HeroType.WONDER_WOMAN, "wonder woman"),
        CartoonsOfDC.create_hero(HeroType.FLASH_MAN, "flash man"),
    }

    for hero in justice_league:
        hero.guard()
```

02 进入Windows命令行,切换到目录D:\python-learning\chapter13中,执行python justice_league.py命令。

输出结果

```
I am aqua man, I will defend the earth to the death!
with all my powers:Control the sea
----------------------------------------------------
I am wonder woman, I will defend the earth to the death!
with all my powers:Super fighting,Great Knowledge
----------------------------------------------------
I am flash man, I will defend the earth to the death!
with all my powers:Speed Force
----------------------------------------------------
I am bat man, I will defend the earth to the death!
with all my powers:Super rich,Leadership
----------------------------------------------------
I am super man, I will defend the earth to the death!
with all my powers:Superluminal flight,Intelligence
----------------------------------------------------
```

第 14 章

教学视频 4个 9分钟

Python 异常处理

- Python 异常处理
  - 认识异常
    - 什么是异常
    - 异常的输出
  - 异常的类型
    - 语法异常
    - 逻辑异常
    - 运行时异常
  - 异常的处理
    - try、except 语句
    - 抛出指定异常
    - finally 语句
    - with 语句
    - 自定义异常

14.1 Python 中的异常

Python中的异常叫作exception,指超出一般规则、规定之外的特殊情况。Python有自身的语法规则,计算机程序在执行过程中有特定的运行规则。除此之外,程序员还可以自行定义一系列规则,以保障程序的正常运行。超出这些规则,在Python中就被视为异常。

Python中的异常是一种数据类型,可以理解为将各种异常事件进行了抽象。

扫码看视频

> **笔者有话说**
> 程序员往往因为一些低级错误或编写的程序不符合运行逻辑,使得程序在运行时抛出各种异常。在Python的世界中,一旦发生了异常,就需要仔细分析为什么会发生这样的异常,以及怎样对异常进行处理。

14.1.1 异常的输出

进入Python的交互模式,直接在交互模式中输入一个未定义的变量,然后按回车键。

实例代码

```
>>> numbers
Traceback (most recent call last):
  File "<stdin>", line 1, in <module>
NameError: name 'numbers' is not defined
```

在交互模式中输入未定义变量,解释器立即抛出了异常。在异常的输出中,Traceback表示对异常的发生情况进行了追踪,这里的发生情况指的是引起异常的具体位置、异常的类型及原因。例如,在该异常输出中,File "<stdin>", line 1, in <module>表示在标准输入中的第一行发生了异常,<stdin> 指的是标准输入,在计算机中,一切皆文件;NameError: name 'numbers' is not defined,表示发生的是NameError异常,异常的原因为变量numbers未定义。NameError异常通常是由程序员不熟悉编程规则所致,在Python中使用变量前必须先定义,先定义后使用,就不会发生NameError异常。

实例代码

```
>>> numbers = [1,2,3,4,5]
>>> numbers
```

输出结果

```
[1,2,3,4,5]
```

在程序的执行过程中还会发生其他各种异常,Python预定义了一系列异常类型。14.2 节会对Python中的标准异常类型进行介绍。

14.1.2 技术总结

本节只需掌握一个"异常"概念。

① 计算机中的异常,是指程序在执行过程中出现的异常情况。

② Python中的异常是一种数据类型,将各种异常事件进行了抽象。

14.1.3 课后习题

（1）什么是异常？
（2）什么错误会导致语法错误异常？尝试在交互模式中重现语法错误异常。

14.2 Python 中的异常类型

本节主要对Python中的异常进行归类，并对常见异常进行解释，以便后续有方向地去解决。

14.2.1 对异常进行归类

计算机由硬件系统和软件系统组成，所以从总体上来说，可以把异常分为硬件异常和软件异常。

在发生硬件错误时，通常由操作系统进行处理，程序员能做的十分有限。程序员要处理的主要是软件方面的异常。软件方面的异常主要包含下面3种类型。

（1）语法异常：编程语言都有特定的语法规则，如函数的定义语法、控制结构的定义语法和类类型的定义语法等，不按照语法规则来编写程序，会产生语法异常。

（2）逻辑错误：这里的逻辑主要是程序中的逻辑，这样的错误通常在程序运行前就能检测出来。例如在调用函数时，传递一个超出有效范围的参数。

（3）运行时异常：这类异常通常在程序运行过程中才能检测出来，如常见的算术运算中的溢出问题、内存问题。

14.2.2 Python 中的常见异常

Python预定义了一系列标准异常，表14-1所示为Python中常见的异常类型。

表 14-1 Python 中常见的异常类型

异常类型	异常描述
SyntaxError	程序中出现语法错误时，会抛出 SyntaxError 异常
IndentationError	代码不符合缩进规则时，会抛出 IndentationError 异常，该错误也属于语法错误
ZeroDivisionError	在算术运算中以0为除数时，会抛出 ZeroDivisionError 异常，该异常严格上来说属于逻辑错误
IndexError	下标索引超出序列边界时，会发生 IndexError 异常，通常在对序列结构进行索引访问时会发生该异常，例如列表a的长度为1，索引的最大值为0，使用大于0的索引下标进行访问时，会抛出该异常
TypeError	程序中使用与数据类型不符的操作时，会抛出 TypeError 异常，例如 Python 限定了不能对字符串类型进行修改，尝试修改时会抛出该异常
ValueError	传入无效的值时，会抛出 ValueError 异常。与 TypeError 的区别是，TypeError 针对的是这种数据类型不支持这样的操作或语法，而 ValueError 在语法层面是没问题的，但是值无效
KeyError	访问不存在的键时，会抛出 KeyError 异常，例如访问字典或集合中不存在的键名
AttributeError	访问不存在的属性时，会抛出该异常。这里的属性指的是数据类型内部的属性，例如访问对象内部的属性
IOError	在进行 I/O 操作时出现错误，系统会抛出该异常。例如，发生硬件错误或无法打开文件
ImportError	无法引入模块或包时会抛出 ImportError 异常，通常是名称错误或路径问题引发该异常
FileNotFoundError	找不到指定的文件时，会抛出 FileNotFoundError 异常，通常是文件不存在或文件的引用路径出现问题
RuntimeError	通用的运行时错误异常，程序员如果不明确程序运行过程中出现的具体异常类型，可以处理该异常

对于其他更多的异常类型,读者可以参考Python的官方文档。Python中预定义的这一系列异常,是为方便程序员对异常进行处理。在程序中对可能出现的异常进行处理,可以增强程序的健壮性。通过Python的try、except语句可以对程序抛出的异常进行处理。14.3节会对异常处理进行讲解。

> **笔者有话说**
>
> 健壮性:又称鲁棒性(robustness的音译),主要是针对系统的输入,在输入存在干扰或数据不合理的情况下,系统仍能进行正常的工作。

14.2.3 技术总结

本节主要包含以下两个重要知识点。
① 计算机异常分为硬件异常和软件异常,软件方面的异常主要包含语法异常、逻辑错误和运行时异常。
② 在Python中通过try、except语句,可以对程序抛出的异常进行处理。

14.3 Python 中的异常处理

本节主要介绍异常处理的常用语句。

14.3.1 try、except 语句

在Python中使用try语句来包裹可能会产生异常的代码块,使用except语句来捕获异常,并对异常进行处理。Python将Exception作为所有异常类型的基类,在使用except语句对异常进行捕捉时,如未确定具体的异常类型,可以使用Exception类型来代替。except语句后面不带任何异常类型时,表示捕捉所有异常类型。

Python中的异常捕获结构同控制结构一样,也可以加一个可选的else语句,表示不发生异常时才执行的代码块。else语句必须放在所有except语句的后面。

- **try、except 的基本语法**

观察以下代码。在程序执行过程中,会先执行try子句,如果没有抛出异常,所有except子句都会被忽略。

```
try:
    # 可能发生异常的代码块
    # 读者须注意代码的缩进规则
    pass
except Exception:
    # except 语句负责捕获异常,语句下方的代码块用来对异常进行处理
    pass
except:
    # 此时的 except 语句表示捕捉任何异常类型
    pass
else:
    # else 语句不是必需的
    pass
```

如果在执行try子句的过程中发生了异常,那么try子句余下的部分将被忽略,抛出的异常类型一旦与

except语句后面的异常类型匹配，对应的except子句将被执行。如果抛出的异常类型不与任何的except子句匹配，那么这个异常将会沿着调用链不断上传，直到异常被处理，否则会异常终止程序。

实例代码

```python
# -*- encoding:utf-8 -*-

# 定义累加函数
def accumulate(*args):
    sum_ = 0
    for number in args:
        try:
            # 由于传递的参数中有字符串，整型与字符串不能直接相加
            # 故在这里会抛出 TypeError 的异常
            sum_ += number
        # TypeError 与 except 中的 ValueError 不匹配，会上传给该方法的调用者
        except ValueError:
            pass

    return sum_


if __name__ == "__main__":
    # 调用 accumulate() 函数，如果函数内部抛出异常，会上传至调用方
    try:
        sum_of_numbers = accumulate(1, "2")
    except TypeError:
        print(" 调用 accumulate 函数时，发生了 TypeError 异常 ")
```

输出结果

```
调用 accumulate 函数时，发生了 TypeError 异常
```

- **使用 as 对异常类型取别名**

    使用except捕捉异常时，可以使用as语法对异常取别名，语法如下。

```python
try:
    # 可能发生异常的代码块
    # 读者须注意代码的缩进规则
    pass
except Exception as e:
    # except 语句负责捕获异常，语句下方的代码块用来对异常进行处理
    pass
```

这里将Exception使用别名e来代替，在代码块中可以直接通过别名e来表示对应的异常类型。使用多个except语句对异常进行捕获，语法如下。

```python
try:
    # 可能发生异常的代码块
    # 读者须注意代码的缩进规则
```

```
    pass
except NameError:
    # except 语句负责捕获异常，语句下方的代码块用来对异常进行处理
    pass
except TypeError:
    # except 语句负责捕获异常，语句下方的代码块用来对异常进行处理
    pass
except ValueError:
    # except 语句负责捕获异常，语句下方的代码块用来对异常进行处理
    pass
```

Python是顺序执行这些语句的，先判断第一个except语句，如果异常类型匹配，会直接在except语句的代码块中对异常进行处理；如果异常类型不匹配，则转而判断接下来的except语句。由于这种顺序式地判断，在程序设计时，应当把异常类型中的子类放在前面，将父类放在后面，否则程序永远不会对except子句中的异常子类型进行判断。例如以下写法。

```
try:
    # 可能发生异常的代码块
    pass
except Exception:
    # except 语句负责捕获异常，语句下方的代码块用来对异常进行处理
    pass
except ValueError:
    pass
```

假设try语句下面的代码块中抛出了ValueError的异常，由于先执行except Exception，Exception是ValueError的基类，故只会处理except Exception内的代码块。合乎逻辑的写法如下。

```
try:
    # 可能发生异常的代码块
    pass
except ValueError:
    # except 语句负责捕获异常，语句下方的代码块用来对异常进行处理
    pass
except Exception:
    pass
```

这样当抛出ValueError异常时，会进入except ValueError的代码块；如果抛出了其他异常，才会转而进入except Exception下面的代码块，这才是合乎逻辑的。

Python提供了简化写法，可以将多个异常作为元组类型，使得在except语句中可以同时对多个异常进行捕获，对元组类型也可以取别名，语法如下。

```
try:
    # 可能发生异常的代码块
    pass

# 将待捕获的异常组成元组
except (NameError, ValueError, Exception) as e:
    # except 语句负责捕获异常，语句下方的代码块用来对异常进行处理
    pass
```

注意，Python解释器在进行异常类型匹配时，在括号中是从左到右进行匹配的。

14.3.2 抛出指定异常

通过Python中的raise语句，可以在程序中强制抛出指定的异常。raise语句后面带一个异常类型，表示抛出的具体异常。该异常类型既可以是一个异常对象，也可以是一个异常类。如果是异常类，Python解释器会自动执行异常类的无参构造函数，返回一个异常类型。

实例代码

```
# 强制抛出 NamError 的异常
raise NameError
```

输出结果

```
Traceback (most recent call last):
  File "<stdin>", line 1, in <module>
NameError
```

raise NameError等价于raise NameError()。raise语句后面不带任何异常类型时，表示重新抛出当前的异常。

实例代码

```python
# -*- coding:utf-8 -*-

# 定义累加函数
def accumulate(*args):
    sum_ = 0
    for number in args:
        try:
            # 由于传递的参数中有字符串，整型与字符串不能直接相加
            # 故这里会抛出 TypeError 的异常
            sum_ += number
        except TypeError:
            # 使用 raise 语句重新抛出 TypeError 异常
            raise

    return sum_


if __name__ == "__main__":
    # 调用 accumulate() 函数，如果函数内部抛出异常，会上传至调用方
    try:
        sum_of_numbers = accumulate(1, "2")
    except TypeError:
        print(" 调用 accumulate 函数时，发生了 TypeError 的异常 ")
```

输出结果

调用 accumulate 函数时，发生了 TypeError 的异常

在这段代码中，传递的字符串类型不能直接与整型相加，所以抛出了TypeError异常，在except语句中没有对异常进行处理，而是再次抛出当前的TypeError异常。accumulate()函数的调用者捕捉到了该异常。

14.3.3 finally 语句

使用finally语句可以定义异常的清理操作，同else子句一样，finally语句也是可选的。finally语句必须放在所有except子句的后面，否则会产生语法错误，写法如下。

```
try:
    # 可能发生异常的代码块
    pass
except Exception:
    # except 语句负责捕获异常，语句下方的代码块用来对异常进行处理
    pass
except ValueError:
    pass
finally:
    # 在这里执行清理操作
    pass
```

之所以可以使用finally语句定义异常的清理操作，是因为不论是否发生异常，都会执行finally子句中的代码块。读者考虑这样的场景：在try子句中打开了文件对象，在关闭文件对象之前发生了异常，这时可以借助finally子句在代码中将文件关闭。

实例代码

```
# -*- coding:utf-8 -*-

# 定义文件解析函数
def parse_file_content(file_path):
    """
    :param file_path: 文件的路径
    :return: 无返回值
    """

    try:
        file_obj = open(file_path)
        file_content = file_obj.read()
        # 对文件内容进行解析
        pass
    except IOError as e:
        # 直接将异常对象输出
        print(e)

    finally:
```

```python
    """
    使用内置函数 locals() 判断 file_obj 是否为一个局部变量，如果文件路径
    错误，那么 file_obj 将是未定义的。locals() 函数返回一个字典类型，
    局部变量名作为字典的键名
    """
    if "file_obj" in locals():
        """
         open() 函数返回的文件流对象不一定有效，所以还得判断
        文件流对象是否有效，有效才能执行关闭操作
        """
        if file_obj:
            file_obj.close()
if __name__ == "__main__":
    parse_file_content("test.txt")
```

输出结果

[Errno 2] No such file or directory: 'test.txt'

　　该示例代码以文件对象为例，演示了如何在代码中对资源进行清理，这样的做法有一个很大的缺点：需要对资源本身的有效性进行判断，假设文件对象无效，直接将其关闭，那么程序会再次抛出异常。在实际开发过程中，遇到更复杂的场景，需要更多的判断逻辑。为解决这样的问题，Python提供了with语句，通过with语句可以自动进行资源的清理工作。

14.3.4　with 语句

　　Python中的with语句是一种上下文管理协议，适用于对资源进行访问的场合，确保使用过程中不论是否发生异常，都会执行对资源的清理操作，如文件对象的自动关闭、互斥锁的自动获取和释放等。语法如下。

```
with expression [as target]:
    # with 语句中的代码块
    pass
```

　　expression是一个获取资源对象的表达式，如打开文件；as target是可选的，表示将表达式返回的资源对象使用target来进行引用，target相当于资源对象的别名。

　　使用with语句可以大大简化try-except-finally的处理流程，以14.3.3小节中的文件关闭为例。

实例代码

```python
# -*- coding:utf-8 -*-

# 定义文件解析函数
def parse_file_content(file_path):
    """
    :param file_path: 文件的路径
    :return: 无返回值
```

```python
    """
    # 使用 with 语句大大简化了异常处理流程
    with open(file_path) as file_obj:
        file_content = file_obj.read()
        # 对文件内容进行解析的代码
        pass

if __name__ == "__main__":
    parse_file_content("test.txt")
```

在代码中使用with语句打开文件，仅使用一行代码，就对资源访问过程中可能发生的各种异常进行了处理。

14.3.5 自定义异常

自定义异常是通过继承的方式，从Python预定义的异常类型中派生出一个子类。Exception是所有异常的基类，在交互模式中输入dir(Exception)，以查看Exception类型的属性与操作方法。

```
>>> dir(Exception)
输 出 为：['__cause__', '__class__', '__context__', '__delattr__', '__dict__', '__dir__', '__doc__', '__eq__', '__format__', '__ge__', '__getattribute__', '__gt__', '__hash__', '__init__', '__init_subclass__', '__le__', '__lt__', '__ne__', '__new__', '__reduce__', '__reduce_ex__', '__repr__', '__setattr__', '__setstate__', '__sizeof__', '__str__', '__subclasshook__', '__suppress_context__', '__traceback__', 'args', 'with_traceback']
```

从输出可知，Exception类向客户端提供的公共属性为args与with_traceback。args是一个元组类型，保存了异常发生的原因。with_traceback是一个公共的操作方法，会重置异常的回溯信息并返回该异常对象。

Exception类型提供的可访问属性十分有限，程序员可以从Exception类型中派生出一个子类，对异常类型进行扩展，以满足实际开发需求。同标准异常类型一样，程序员应该参照Python的命名规范，自定义的异常类型名以Error字符串结尾。

实例代码

```python
# -*- coding:utf-8 -*-

"""
自定义 NumberError 的错误异常，从 TypeError 中派生
"""
class NumberError(TypeError):
    def __init__(self, expression, message):
        self.expression = expression
        self.message = message

# 定义累加函数
def accumulate(*args):
    sum = 0
    for number in args:
```

```python
    """
    判断 number 的类型，如果不为 int 或 float 类型，就抛出 NumberError 的异常
    """
    if not isinstance(number, (int, float)):
        raise  NumberError("sum += number", "argument must be integer or float")
    sum += number

    return sum


if __name__ == "__main__":
    # 调用 accumulate() 函数，如果函数内部抛出异常，会上传至调用方
    try:
        sum_of_numbers = accumulate(1, "2")
    except NumberError as e:
        print("{}\n{}".format(e.expression, e.message))
```

14.3.6 技术总结

本节主要包含以下3个重要知识点。

① 在Python中使用try语句来包裹可能会产生异常的代码块，使用except语句来捕获异常，并对异常进行处理。

② 在异常处理中，finally表示不论是否发生异常，都会执行的代码块。

③ Python中的with语句是一种上下文管理协议，适用于对资源进行访问的场合，确保使用过程中不论是否发生异常，都会执行对资源的清理操作。

14.3.7 课后习题

（1）为什么需要在程序中进行异常处理？
（2）在try-except语句中为什么需要把子类放在父类的前面？
（3）写一个嵌套3层的函数调用，在最里层中抛出一个ValueError异常，并分析异常的传递过程。

14.4 程序实战：决战荒原狼

在13.6节中，利用单例模式和工厂模式组建了正义联盟。本节的程序实战对13.6节中的代码进行扩充，定义一个CartoonCharacter类，作为英雄类型Hero和反派类型Boss的基类。在CartoonCharacter类中定义attack()方法，attack()方法使用随机数来模拟攻击时产生的伤害值，并在英雄或反派的血量小于等于0时，抛出运行时异常。

01 进入D盘的python-learning目录，创建chapter14目录，在chapter14目录中创建beat_the_wolf.py文件，并输入以下代码。

实例代码

```python
# __author__ = 薯条老师

import random

# 定义装饰器函数，用来生成各种英雄类型的单例
def singleton(cls):
    # 定义 __instances 来保存类的实例
    __instances = {}
    def __singleton(*args, **kwargs):
        if cls not in __instances:
            __instance[cls] = cls(*args, **kwargs)
        return __instances[cls]

    return __singleton


# 定义装饰器函数，用来装备英雄的技能
def power(powers):
    """
    :param powers: 集合类型，存储了英雄的技能
    :return:
    """
    def arm(func):
        def arm_the_hero(*args, **kwargs):
            func(*args, **kwargs)
            print("with all my powers:" +",".join(list(powers)))
        return arm_the_hero
    return arm


# 定义 CartoonCharacter 类，作为英雄和反派类型的基类
class CartoonCharacter:
    def __init__(self, name, blood, min_harm, max_harm):
        self.__name = name
        self.__blood = blood
        self.__min_harm = min_harm
        self.__max_harm = max_harm

    def attack(self):
        # 如果血量小于 0，则抛出运行时异常
        if self.__blood <=0:
            raise RuntimeError
```

```python
        return random.randint(self.__min_harm, self.__max_harm)

    @property
    def blood(self):
        return self.__blood

    @blood.setter
    def blood(self, blood):
        self.__blood = blood


# 定义 Hero 类，继承自 CartoonCharacter 类，并作为各类英雄类型的基类
class Hero(CartoonCharacter):
    def __init__(self, name, blood = 100, min_harm = 0, max_harm = 20):
        self.__name = name
        super().__init__(name, blood, min_harm, max_harm)

    def guard(self):
        print("I am {}, I will defend the earth to the death!".format(self.__name))


# 定义英雄的类型
class HeroType:
    BAT_MAN = 0
    SUPER_MAN = 1
    AQUA_MAN = 2
    WONDER_WOMAN = 3
    FLASH_MAN = 4


@singleton
class BatMan(Hero):
    def __init__(self, name):
        super().__init__(name)

    # 使用 power 装饰器，为蝙蝠侠武装富可敌国、领导力的能力
    @power({"Super rich", "Leadership"})
    def guard(self):
        super().guard()


@singleton
```

```python
class SuperMan(Hero):
    def __init__(self, name,  blood = 200, max_harm = 50):
        super().__init__(name, blood = blood, max_harm = max_harm)

    # 使用 power 装饰器,为超人武装超光速飞行、超强智力的能力
    @power({"Superluminal flight", "Intelligence"})
    def guard(self):
        super().guard()

@singleton
class AquaMan(Hero):
    def __init__(self, name):
        super().__init__(name)

    # 使用 power 装饰器,为海王武装控制大海的能力
    @power({"Control the sea"})
    def guard(self):
        super().guard()

@singleton
class WonderWoman(Hero):
    def __init__(self, name):
        super().__init__(name)

    # 使用 power 装饰器,为神奇女侠武装超强格斗、知识渊博的能力
    @power({"Super fighting", "Great Knowledge"})
    def guard(self):
        super().guard()

@singleton
class FlashMan(Hero):
    def __init__(self, name):
        super().__init__(name)

    # 使用 power 装饰器,为闪电侠武装神速的能力
    @power({"Speed Force"})
    def guard(self):
        super().guard()

# 定义 Boss 类,继承自 CartoonCharacter 类,并作为各类反派类型的基类
class Boss(CartoonCharacter):
    def __init__(self, name, blood=100, min_harm=0, max_harm=50):
```

```python
        self.__name = name
        super().__init__(name, blood, min_harm, max_harm)

    def destroy(self):
        print("I am {}, I will destroy the earth to the death!".format(self.__name))


# 定义反派的类型
class BossType:
    STEPPEN_WOLF = 0


@singleton
class SteppenWolf(Boss):
    def __init__(self, name, blood = 200):
        super().__init__(name, blood = blood)


# 定义 DC 的漫画家类型，相当于工厂模式中的工厂类
class CartoonsOfDC:
    __heros = {}
    __bosses = {}

    @classmethod
    def add_hero(cls, tp, hero):
        """
        :param cls: cls 表示 CartoonsOfDC 类型
        :param tp: tp 表示各类英雄的类型，用唯一的数字码进行标识
        :param hero: 各类英雄的类型名
        :return:
        """
        cls.__heros[tp] = hero


    # 定义 create_hero 方法，表示根据英雄类型来创造不同的英雄
    @classmethod
    def create_hero(cls, tp, *args, **kwargs):
        # 执行英雄类型的构造方法
        if tp in cls.__heros:
            return cls.__heros[tp](*args, **kwargs)
        else:
            return None
```

```python
    @classmethod
    def add_boss(cls, tp, boss):
        """
        :param cls: cls 表示 CartoonsOfDC 类型
        :param tp: tp 表示各类反派的类型，用唯一的数字码进行标识
        :param boss: 各类反派的类型名
        :return:
        """
        cls.__bosses[tp] = boss

    # 定义 create_boss() 方法，表示根据反派类型来创造不同的反派
    @classmethod
    def create_boss(cls, tp, *args, **kwargs):

        # 执行反派类型的构造方法
        if tp in cls.__bosses:
            return cls.__bosses[tp](*args, **kwargs)
        else:
            return None


if __name__ == "__main__":

    # 实际开发中会将类型添加的逻辑分离到其他模块中
    # 只给客户端暴露工厂模式中的对象创建接口

    CartoonsOfDC.add_hero(HeroType.BAT_MAN, BatMan)
    CartoonsOfDC.add_hero(HeroType.SUPER_MAN, SuperMan)
    CartoonsOfDC.add_hero(HeroType.AQUA_MAN, AquaMan)
    CartoonsOfDC.add_hero(HeroType.WONDER_WOMAN, WonderWoman)
    CartoonsOfDC.add_hero(HeroType.FLASH_MAN, FlashMan)
    CartoonsOfDC.add_boss(BossType.STEPPEN_WOLF, SteppenWolf)

    # 定义集合类型变量：justice_league，表示 DC 的正义联盟
    justice_league = {
        CartoonsOfDC.create_hero(HeroType.BAT_MAN, "bat man"),
        CartoonsOfDC.create_hero(HeroType.SUPER_MAN, "super man"),
        CartoonsOfDC.create_hero(HeroType.AQUA_MAN, "aqua man"),
        CartoonsOfDC.create_hero(HeroType.WONDER_WOMAN, "wonder woman"),
```

```python
    CartoonsOfDC.create_hero(HeroType.FLASH_MAN, "flash man"),
}

boss = CartoonsOfDC.create_boss(BossType.STEPPEN_WOLF, "Steppen Wolf")

while True:
    # 定义 heros 变量，表示参与战斗的英雄数
    heros = 0

    for hero in justice_league:
        hero.guard()
        boss.destroy()
        print("_"*55)

        try:
            harm = hero.attack() - boss.attack()
        except RuntimeError:
            # 如果发生了运行时异常，说明英雄或反派的血量为 0
            if boss.blood <= 0:
                # 如果反派的血量为 0，直接退出循环
                break
            else:
                continue

        if harm > 0:
            boss.blood -= harm
        else:
            hero.blood += harm

        heros += 1

    # 如果反派或所有英雄的血量为 0，则退出循环
    if boss.blood <= 0 or heros <= 0:
        break

if boss.blood > 0:
    print(" 荒原狼打败了正义联盟，摧毁了地球 ")
else:
    print(" 正义联盟打败了荒原狼，守护了地球 ")
```

02 进入Windows命令行,切换到目录D:\python-learning\chapter14中,执行python beat_the_wolf.py命令。

输出结果

```
I am bat man, I will defend the earth to the death!
with all my powers:Leadership,Super rich
I am Steppen Wolf, I will destroy the earth to the death!
------------------------------------------------------

I am super man, I will defend the earth to the death!
with all my powers:Intelligence,Superluminal flight
I am Steppen Wolf, I will destroy the earth to the death!
------------------------------------------------------

I am aqua man, I will defend the earth to the death!
with all my powers:Control the sea
I am Steppen Wolf, I will destroy the earth to the death!
------------------------------------------------------

I am wonder woman, I will defend the earth to the death!
with all my powers:Great Knowledge,Super fighting
I am Steppen Wolf, I will destroy the earth to the death!
------------------------------------------------------

I am flash man, I will defend the earth to the death!
with all my powers:Speed Force
I am Steppen Wolf, I will destroy the earth to the death!
------------------------------------------------------
..........................................

正义联盟打败了荒原狼,守护了地球
```

第 15 章

教学视频 7 个 12 分钟

Python 中的并发编程

Python 并发编程
- 理解并发
  - 并发与并行
  - 生活中的并发与并行
  - 计算机中的并发与并行
- Python 多进程编程
  - Process 模块
  - 进程通信
  - 进程同步
  - 进程池
- Python 多线程编程
  - threading 模块
  - 线程通信
  - 全局变量
  - 线程同步
  - 线程池
- Python 中的协程
  - 什么是协程?
  - 生成器与协程?
- 同步 I/O 与异步 I/O
  - 阻塞 I/O
  - 非阻塞 I/O
  - 异步 I/O
  - Python 中的 asyncio

15.1 并发编程

本节主要介绍并发与并行的关系，以及Python中的并发编程的原理。

15.1.1 理解并发

本节主要介绍并发的概念，以及生活中的并发和计算机中的并发。

- **并发的概念**

并发为不同的事物在同一个时间段内交替发生。交替是指多个事件在一个时间段内轮流出现。假设有3个事件，分别为A、B和C，时间段为9点到10点，那么并发就是指事件A、事件B和事件C在9点到10点这个时间段内轮流发生。事件发生的顺序既可以是有序的，也可以是随机的，事件之间的间隔长短不一。如图15-1所示，9点到10点这个时间段内，事件A、B、C交替发生，这就是所谓的并发。

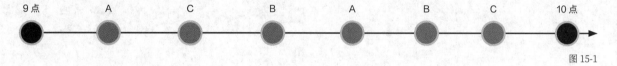

图 15-1

- **生活中的并发**

生活中的并发很常见，只要满足"交替地发生"这样一个条件，就是并发。以人来举例，人可以专心地做一件事，但在做事的过程中可能会被其他事情打断，例如电话铃响了，需要拿起电话与人交谈，挂完电话又继续做被打断的事。

这个简单的例子与计算机执行程序的过程是类似的，计算机在执行当前程序的过程中会被中断，转而运行优先级高的程序。

读者在初学编程的过程中，要逐渐学会将抽象的编程概念生活化，化难为易，这样更容易理解，也会对编程产生更多兴趣。

> **笔者有话说**
> 编程初学者应当持续专注地学习计算机知识，学习的过程中可能因为种种原因被中断，但勿要中途放弃。始终保持积极的学习心态，克服自身的懒惰和畏难情绪，亦不要被生活中并发出现的随机事件影响。

- **计算机中的并发**

计算机中的并发概念，可以从CPU执行程序指令的角度去理解。假设程序员在代码中编写了3个模块，计算机中的并发就是让CPU在一个时间段内交替地运行这3个模块，每个模块被分配了一定的CPU时间，时间一旦耗尽，CPU的控制权就转交给下一个模块。

程序中的模块对应于计算机中的指令块。在计算机中让CPU在一个时间段内交替地运行这些程序指令，是由操作系统来进行调度的。

注意，计算机中的并发指的是CPU只存在一个核心的情况，单核CPU很难做到同一时间内同时运行多个模块，所以只能交替地运行。但由于计算机的切换速度很快，所以给用户（人）的感觉是多个程序在同时运行。图15-2所示为程序之间的切换过程。

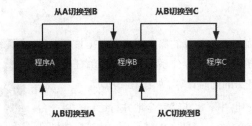

图 15-2

计算机中的并发,本质是让出CPU时间给多个程序,每个程序被分配了少量的时间片。程序在所属时间片内独占CPU,其他程序都处于休眠状态。程序执行完毕,操作系统会执行一次调度,从处于休眠状态的程序中,按照一定的规则选出一个程序继续运行。

从硬件的角度来看,因为CPU只有一个核心,所以多个程序只能交替运行。随着计算机技术的发展,出现了多核CPU,多核CPU意味着计算机能同时运行多个程序,这就是下面要讲解的并行的概念。

15.1.2 理解并行

本节主要介绍并行的概念以及生活中的并行和计算机中的并行。

- **并行的概念**

成语"分身乏术"就包含了并行的概念。倘若真的存在分身术,那么人就可以给自己制造多个分身,并同时委派每一个分身去做不同的事。

> **笔者有话说**
>
> 这里讲个小故事。《西游记》中的孙悟空曾笑道:"我身上有八万四千毫毛,以一化十,以十化百,百千万亿之变化,皆身外身之法也。"他只要拔一根毫毛,就能变化出无数个分身,1个孙悟空已经让天庭毫无招架之力,如果无数个孙悟空并行地大闹天宫,如来佛祖也未必能招架得住,这就是并行的威力。

- **生活中的并行**

生活中的并行情况很常见,例如,运动会上参赛选手赛跑,就是一种典型的并行情况。只要符合同时运行的语义,就可以称之为并行。生活中其他与并行有关的例子如:班级里的合唱,班上的同学们同时唱一首歌;每年的高考或公务员考试,也是一种并行,多人同时参加考试;公司里的任务分派,销售主管将一个销售任务分解成多个,每个子任务指定一个负责人,并同时执行。

- **计算机中的并行**

计算机中的并行是指在计算机中同时运行多个计算任务。

并行的核心在于同时运行。早期受限于当时的硬件技术条件,计算机中的CPU只有一个核心,工程师们为了最大限度地提高计算机硬件的利用率和性能,利用操作系统来进行多个程序的分时调度,实现了程序的并发运行。

随着技术的发展,工程师们开发了多核CPU芯片,芯片内部集成了多个核心,多核时代的到来也正式宣告了并行计算的到来。

> **编程小知识**
>
> 任何技术的诞生都离不开实际需求的推进。早期工程师们认识到,仅提高单核芯片的速度会产生过多热量,且无法带来实质的性能改善。为了突破这样的技术瓶颈,进一步提高性能,工程师们转而研究在芯片内部进行多核集成的技术。

多核时代的到来满足了工程师对并行计算的需求。每个CPU核心对于操作系统来说，就是一个逻辑上的处理器。操作系统将多个计算任务分派给多个逻辑处理器，实现了多个任务的同时计算，如图15-3所示。

即使计算机安装了多核CPU，也并不定能够完全地并行运行。以一台8核CPU的计算机为例，在最多存在8个计算任务的情况下，计算机能做到完全地并行运行，一旦任务数超过CPU的核心数，仍需要操作系统来进行分时调度，并发地执行其他任务。

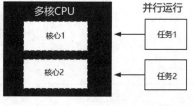

图 15-3

15.1.3 并发与并行的区别

在15.1.1与15.1.2小节的基础上分析一下并发与并行的区别。

并发是指多个任务在一个时间段内交替运行，而并行是指多个任务同时运行。从字面上就能很容易理解它们的区别：一个是交替运行，一个是同时运行。但进一步分析，两者并不是互斥的，如果将并发中交替运行的时间间隔设定为一个极小值，那么此时的并发也就变成了并行，如图15-4所示。

因此，可以说并行计算是一种广义的并发计算，但并发计算不一定是并行计算。

图 15-4

15.1.4 Python 中的并发编程

扫 码 看 视 频

Python内置了多个并发编程模块，利用这些模块可以快速地实现程序的并发设计。在实践并发编程之前，要先掌握通用的并发编程方法。首先要理解什么是并发编程，利用其并发机制来同时或交替地运行多个程序任务；其次在进行程序的并发设计前，需要先将任务分解成多个子任务，然后将每个子任务指派给一个进程或线程来进行处理。对任务进行分解，可以按各种维度来进行划分，如读/写维度和功能维度。

Python提供了一个内置模块multiprocessing，multiprocessing就是"多进程"的意思。利用这个模块，Python程序员可以进行多进程的并发编程。

实例代码

```
#-*- coding:utf-8 -*-
# 需要在代码中导入 multiprocessing 模块
import multiprocessing
import time

# 定义一个 sing() 函数，表示唱歌的子任务
def sing():
    name = multiprocessing.current_process().name
    while True:
        print(' 正在执行 <{}> 子任务 -{}'.format(name, time.ctime()))

# 定义一个 dance() 函数，表示跳舞的子任务
def dance():
```

```
    name = multiprocessing.current_process().name
    while True:
        print(' 正在执行 <{}> 子任务 -{}'.format(name, time.ctime()))

if __name__ == '__main__':
    workers = []
    worker = multiprocessing.Process(name='sing', target=sing)
    workers.append(worker)
    worker = multiprocessing.Process(name='dance',target=dance)
    workers.append(worker)
    for worker in workers:
        worker.start()
    [worker.join() for worker in workers]
```

程序会不断地输出以下内容。读者在Windows中运行多进程程序时，按Ctrl+C组合键可以终止程序的运行。

```
正在执行 <sing> 子任务 -Wed Sep 18 14:22:05 2019
正在执行 <dance> 子任务 -Wed Sep 18 14:22:05 2019
正在执行 <sing> 子任务 -Wed Sep 18 14:22:05 2019
正在执行 <dance> 子任务 -Wed Sep 18 14:22:05 2019
正在执行 <sing> 子任务 -Wed Sep 18 14:22:05 2019
正在执行 <dance> 子任务 -Wed Sep 18 14:22:05 2019
正在执行 <sing> 子任务 -Wed Sep 18 14:22:05 2019
正在执行 <dance> 子任务 -Wed Sep 18 14:22:05 2019
正在执行 <sing> 子任务 -Wed Sep 18 14:22:05 2019
正在执行 <dance> 子任务 -Wed Sep 18 14:22:05 2019
```

15.1.5 技术总结

本节主要包含以下3个重要知识点。

① 并发是指不同的事物在同一个时间段内交替发生，而并行指的是同时发生。

② 单核CPU很难做到同一时间内同时运行多个模块，所以只能交替运行。当存在多核CPU时，多个模块可以同时运行。

③ 在进行程序的并发设计前，需要先将任务分解成多个子任务，然后将每个子任务指派给一个进程或线程来进行处理。

15.1.6 课后习题

（1）描述并发与并行的区别。
（2）如何对程序进行并发设计？
（3）生活中的哪些场景类似于计算机中的并发与并行，请举出3个例子。

15.2 进程

扫码看视频

在讲解进程的概念之前，请读者先看一个示例，以理解何谓进程。编写一个简单的程序，文件名为helloworld.py，程序的功能为在终端中输出hello world。

实例代码

```
# __date__ = 2019-09-19
# __author__ = 薯条老师

def main():
    print("hello world")

if __name__ == "__main__":
    main()
```

在执行程序helloworld.py之前，它只是保存在磁盘中的一个Python文件，此时可以称其为一个脚本程序，但不能称之为进程。

按Windows键，输入cmd命令进入命令行，切换到helloworld.py文件所在的目录，直接在命令行中输入python helloworld.py执行该脚本，程序在命令行中输出hello world，在程序执行过程中，helloworld.py就是一个进程。

因此，进程是一个动态的概念，而程序是一个静态的概念。这里的动态是指程序在系统中的执行过程，静态对应的是存放在磁盘中的源代码文件。读者可以把进程理解为源代码文件在操作系统内部的执行实体。

> **编程小知识**
>
> 进程的概念是20世纪60年代初由麻省理工学院的MULTICS系统和IBM公司的CTSS/360系统引入的。

进程是操作系统进行资源分配的基本单位。程序运行的过程中需要占用系统资源，这里的系统资源主要是CPU、内存和磁盘。读者可以把运行中的程序看作指令和数据的集合。指令与数据存放在内存中，需要占用内存的资源；程序要在系统中运行起来，还要借助CPU来执行程序指令；如果程序还需要读取磁盘文件中的数据，那么它也会占用磁盘的资源。

在Windows系统中，可以进入任务管理器来查看某个进程的资源占用情况。图15-5所示为笔者计算机中Windows系统的进程资源占用情况。在Linux系统中，在终端中输入top命令，可以查看进程的资源占用情况，如图15-6所示。

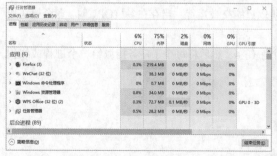

图 15-5　　　　　　　　　　　　　　　　　　图 15-6

15.2.1 进程的状态

进程在系统中作为独立运行的基本单位。按进程运行过程中的不同情况，可以定义3种不同的进程状态。

（1）运行态：此时的进程正占用CPU，处于运行的状态。

（2）就绪态：进程已具备运行的条件，但其他进程正占用CPU，此时的进程正在等待系统分配CPU以便运行。

（3）休眠态：也称阻塞态，此时的进程不具备任何运行条件，正等待特定事件的发生。若事件发生，进程会由休眠态转为就绪态。

进程创建以后会先进入就绪态，然后等待系统分配CPU。例如，在前面的helloworld程序运行过程中，系统会首先创建一个helloworld进程，进程创建完毕直接进入就绪态，一旦系统分配了CPU给helloworld进程，进程就进入了运行态。进入运行态以后，开始执行helloworld程序中的指令。

系统中会存在多个进程，每个进程都处于这3种状态之一。进程在执行过程中会发生状态的转换，例如helloworld进程从就绪态转为运行态。

总的来说，进程在执行过程中会发生如下4种状态转换。

（1）运行态→休眠态：等待资源分配或特定事件发生，如等待用户从键盘输入指令。

（2）运行态→就绪态：进程的CPU时间片已结束，或CPU被更高优先级的进程抢占。

（3）休眠态→就绪态：资源被分配给当前进程或特定事件已经发生。

（4）就绪态→运行态：进程具备运行条件后，系统分配了CPU给当前进程。

图15-7所示为进程的状态转换过程。

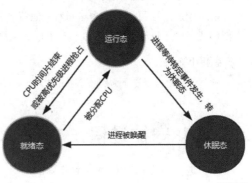

图 15-7

15.2.2 进程的地址空间

进程是操作系统进行资源分配的基本单位，系统会为每一个进程分配一个地址空间。这里的地址空间是一种逻辑概念，而非物理上的地址空间。什么是物理地址空间？

进程的实质是指令与数据的集合，进程中的"指令+数据"都驻留在系统的内存中，进程的物理地址空间就对应于这块物理内存，如图15-8所示。

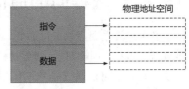

图 15-8

地址空间通常指进程的虚拟地址空间。操作系统在实际实现中将主存与I/O设备抽象为虚拟内存，同时为进程提供了一层抽象，使得每个进程都在独占地使用这块虚拟内存，这块虚拟内存就是进程的虚拟地址空间。

> **编程小知识**
>
> 虚拟内存是计算机系统内存管理的一种技术，使得进程认为它在独占这块内存空间。而实际上，这块虚拟内存被分割成多块物理内存碎片，部分数据暂存在磁盘中，在需要时会进行磁盘与内存间的数据交换。

在32位的操作系统中，虚拟地址空间的大小最多为2^{32}字节，也就是4GB大小，那么进程的虚拟地址空间就为4GB。

对于64位操作系统来说，则最多为2^{64}字节大小的地址空间，但实际并不需要这么长的地址。例如，Linux系统仅以48位来进行寻址，最多可以寻址256TB的地址空间。

进程的地址空间从总体上来说主要分为4个部分。

（1）代码段：存储源程序中的指令。

（2）数据段：存储未初始化或初始化为0的全局变量。

（3）堆区：用于存放程序运行中动态分配的内存，其大小不固定，可动态扩张或缩减。

(4) 栈区：存储函数中的局部变量，以及在函数被调用时，存储参数和返回值。

> **编程小知识**
> Python会自动进行内存管理，Python程序员不需要手动进行内存分配。在C/C++中，程序员可以调用相应方法来动态分配内存。

图15-9所示为简化后的进程虚拟地址空间。

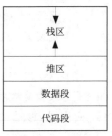

图 15-9

15.2.3 进程的父子关系

进程之间也存在逻辑上的父子关系，假设在进程A内部创建了多个进程，进程A就是这多个进程的父进程。操作系统内部并发运行了多个进程，但进程之间不一定存在逻辑上的父子关系。例如，在Windows系统中先后运行Word程序和IE浏览器，这两个进程毫无关联，并不存在逻辑上的创建关系，所以不是父子进程。

系统中的进程可以有多个子进程，但每个进程最多只能有一个父进程。通常说的多进程编程，是指在进程内部创建多个子进程，然后将每一个子任务指派给一个子进程来进行处理。

> **编程小知识**
> 在UNIX系统中，子进程继承了父进程的大部分属性，如环境变量、工作目录、资源限制和堆栈等。

15.2.4 守护进程

守护进程（daemon）是一种特殊的进程，一直在后台运行，通常作为一种特定的服务进程出现，如系统守护进程、网络守护进程、对其他进程进行监控的进程。守护进程有别于普通后台进程的很重要的一点是，守护进程不受任何终端的控制。

15.2.5 进程间的通信

多个进程之间可以进行通信。这里的通信可以形象地理解为进程之间的对话，进程是程序的执行实体，程序在执行过程中可以通过特定的形式与其他进程对话。为什么需要在进程间通信？

在实际的系统设计中，多个进程需要进行协同工作，系统中提供一套通信机制是很有必要的。例如，在实际的并发设计中，父进程负责接收请求，子进程负责对请求进行处理，要让子进程收到任务请求，父进程必须通过系统的通信机制对请求进行转发，如图15-10所示。

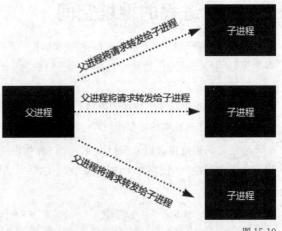

图 15-10

Windows系统和类UNIX系统都提供了进程的通信机制，对此感兴趣的读者可以继续学习相关内容。

> **笔者有话说**
> 本书不打算对各种系统的进程通信机制进行讲解，感兴趣的读者可以深入学习UNIX系统中的进程通信机制。UNIX系统提供了管道、消息队列、共享内存等机制来进行进程之间的通信。Python对各系统（Windows、UNIX）的进程通信机制进行了封装，读者在使用相应的模块来进行进程通信时，无须关心各系统的差异。

一个进程与另一个进程进行通信，本质上是进行数据传输。传输的数据可能是一些任务信息，例如，父进程将任务指派给某一个子进程；传输的数据也可能是一些信令，通过信令信息对其他进程进行管理和监控，或者是一些通知信息，通知其他进程发生了某种事件。

15.2.6 进程间的同步

多个进程在进行协同工作或数据共享的过程中可能会发生冲突，这时引入了一系列机制来对进程间的操作进行协调和制约。进程之间可以通过系统提供的通信机制对数据进行共享，当多个进程共享同一份数据资源的时候，在读/写过程中会引发数据安全或顺序混乱问题，这时需要进行进程同步。

这里的共享资源可以是物理设备，如打印机，也可以是计算机中的文件、程序中的变量和数据等。以打印机为例，任意时刻只能被一个进程独占，如不进行进程同步控制，会造成文件打印的错乱。

Windows和UNIX系统都提供了进程的同步机制，如互斥锁和信号量，下一小节通过Python中的multiprocessing包来分别对这些概念进行讲解。

> **编程小知识**
> 程序中的多个进程同时对共享资源进行访问时，进程间的同步机制能保证对资源进行安全的访问，不会出现数据不一致的情况，这就是所谓进程安全。

15.2.7 multiprocessing 包

multiprocessing是Python中的一个包（package），读者可以把包理解为模块的集合。Python的multiprocessing包中提供了一个叫Process的模块，通过Process模块，可以进行进程的创建和管理。

读者可以在交互模式中查看Process模块的定义及用法，从multiprocessing包中导出Proces模块的语句为from multiprocess import Process。

15.2.8 Process 模块

Process模块是一个类，封装了进程操作的常用属性和方法。

- **Process 模块构造函数**

函数语法为Process(group=None, target=None, name=None, args=(), kwargs={}, daemon=None)。

参数介绍

（1）group参数未使用，值始终为None。
（2）target参数传递的是子进程执行的任务，通常以函数名的形式进行传递。
（3）name参数传递的是子进程的名称。
（4）args参数是一个元组，传递的是target中的函数名所对应的位置参数。
（5）kwargs参数是一个字典，传递的是target中的函数所对应的关键字函数。
（6）daemon参数默认值为None，设置为True时表示以守护进程的方式运行，子进程以守护进程运行时，不再受父进程控制，必须在Process对象的start()方法之前调用。

- **Process 模块常用属性**

（1）name：存储进程的名称。
（2）pid：存储进程的ID，这个ID是系统分配的唯一的数字编号。
（3）daemon：布尔类型，True表示当前进程以守护进程的方式运行。

- **Process 模块常用方法**

（1）Process.start()：启动一个子进程，并调用该子进程的run()方法，每个Process对象最多只调用一次。

（2）Process.run()：子进程启动时运行的方法，它会执行在构造函数中传递的方法。

（3）Process.terminate()：强制终止子进程，不会进行任何资源清理。

（4）Process.join(timeout=None)：父进程等待子进程结束，子进程结束以后，父进程会回收子进程的系统资源。timeout表示超时时间，单位为秒。timeout默认值为None，表示该方法会一直阻塞，直到调用join()方法的进程终止。timeout如果传递的是一个正数，表示最多阻塞timeout秒。

（5）Process.is_alive()：返回Process对象是否处于存活状态，返回值为布尔类型。实际上，Process对象从start()方法返回到子进程终止之前，该进程对象都处于存活状态。

编程小知识

Process模块中的start()、terminate()、join()、is_alive()方法只能由创建子进程的对象调用。

编程实例：使用 Process 定义两个子进程

定义两个子进程，一个子进程负责执行唱歌的任务，另一个子进程负责执行跳舞的任务。

实例代码

```python
# -*- coding:utf-8 -*-
# 从 multiprocessing 包中导出 Process 模块
from multiprocessing import Process

# 导出 time 模块，执行 time 模块下的 sleep() 方法，休眠一段时间
import time

# 定义一个任务函数
def task(task_type):
    '''
    :param task_type: 表示任务的类型，值为偶数时表示唱歌的任务，奇数表示跳舞的任务
    :return: void，无返回值
    '''
    if task_type % 2 == 0:
        print("sing task")
        # 如果是唱歌的任务，就休眠 2 秒
        time.sleep(2)
    else:
        print("dance task")
        # 如果是跳舞的任务，就休眠 3 秒
        time.sleep(3)


if __name__ == '__main__':
    # 定义列表变量 child_processes，保存所有的子进程对象
    child_processes = []

    for index in range(2):
        '''
```

通过 Process 类的构造函数创建子对象，一个子进程对象执行一类任务
args 是一个元组类型，传递的是 target 中的函数所对应的位置参数
例如这里的 index 对应的是 task() 函数中的 task_type 参数
"""
child_process = Process(target=task, args=(index,))

child_processes.append(child_process)

"""
启动子进程，使用 start() 方法启动子进程时，会在内部调用子进程对象的 run() 方法
在 run() 方法内部，执行的是构造函数中 target 指定的函数
"""
child_process.start()
# 输出子进程的常用属性：name、pid、daemon
print("child process name:{},pid:{},daemon:{}".format(child_process.name,
                                    child_process.pid, child_process.daemon))
在列表推导式中逐一等待子进程结束
[child_process.join() for child_process in child_processes]

"""
上述代码中使用了 JOIN 方法来等待子进程结束，等待的所有子进程结束前，
会一直阻塞，不会执行下一行代码
"""
print("all child processes done.")
```

**输出结果**

```
child process name:Process-1,pid:72332,daemon:False
child process name:Process-2,pid:72340,daemon:False
dance task
sing task
all child processes done.
```

需要注意的是，子进程的运行顺序及子进程运行在 CPU 的哪个核心中都是由操作系统来进行分配和调度的。

15.2.9 Pipe 模块

multiprocessing 包提供了 Pipe 和 Queue 模块来实现进程间的通信，Pipe 对应的是管道，Queue 对应的是队列，这两种方式都是使用消息传递来进行通信的。

> **编程小知识**
>
> 消息传递：计算机中的消息传递是一种通信的形式，例如在进程间的通信中，进程通过发送及接收消息的方式来实现同步。
> 管道：管道是计算机系统进行进程通信最原始的方式，管道又分为匿名管道和命名管道，匿名管道只能用于父子进程或兄弟进程之间的通信，命名管道可用于无亲缘关系的进程。
> 队列：Python 中的 Queue 是一种先进先出的队列结构，在这种队列结构中，消息的生产者将消息存入队列中，消息的消费者从队列中取出消息。
```

Pipe模块是对进程管道通信机制的封装,在这种通信机制中,数据只能向一个方向流动。假设有进程A和B,进程A只能通过管道传输消息给进程B,或只能接收从进程B发送过来的消息。进程间需要进行双方通信时,需要建立两个管道。

管道的实质是一个文件系统。数据只能向一个方向流动,意味着只能对管道进行读或写。使用管道来进行通信,可以理解为,一个进程将数据写入管道,另一个进程从管道中读取数据,这样就实现了进程间的通信,如图15-11所示。

图 15-11

Pipe模块是multiprocessing包提供的一个方法,可以返回两个连接对象。方法语法为multiprocessing.Pipe([duplex]),返回值为元组类型,存储了两个Connection对象 (conn1, conn2),分别表示管道的两端。

duplex的值默认为True,表示该管道是双向的,这里的双向是指返回的Connection对象既可以接收消息,又可以发送消息。如果duplex被置为 False,那么该管道是单向的,即 conn1 只能用于接收消息,而conn2 仅能用于发送消息。

Connection对象的操作方法如下。
(1) Connection.send(value)方法用来发送消息,value可以为任意数据类型。
(2) Connection.recv(value)方法用来从管道中接收消息。
(3) Connection.close() 关闭管道的读或写。

编程实例:使用管道进行进程间通信

使用Pipe让一个子进程从另一个子进程收取随机数。

实例代码

```python
# __author__= 薯条老师

'''
导入 Process 模块和 Pipe 模块,从包或模块导入多个模块时,
模块之间以逗号进行分隔
'''
from multiprocessing import Process,Pipe

# 导入 time 模块,执行 time 模块的 sleep() 方法来让进程处于休眠状态
import time

# 导入 random 模块,执行 random 模块中的 randint() 方法来获取某个区间的随机数
import random

# 导入 os 模块,执行 os 模块中的 getpid() 方法来获取当前进程的 ID
import os

# 定义生产者函数,届时将生产者任务指派给子进程来进行处理
def producer(conn1):
    '''
    :param conn1:Connection 对象,执行 send() 方法发送消息给消费者进程
    :return: void,无返回值
```

```python
    # 执行os模块中的getpid()方法来获取生产者进程的ID
    current_pid = os.getpid()

    # 循环5次，发送5个随机的数值给消费者进程
    for _ in range(5):
        conn1.send({"process_id":current_pid, "number":random.randint(0, 1000)})
        time.sleep(0.5)

    # 发送一个None值给消费者进程，表示已停止发送消息
    conn1.send(None)
    # 在子进程中关闭Connection对象
    conn1.close()


# 定义消费者函数，届时将消费任务指派给子进程来进行处理
def consumer(conn2):
    '''
    :param conn2:Connection对象，执行recv()方法来接收从生产者进程发送的消息
    :return: void, 无返回值
    '''
    current_pid = os.getpid()
    while True:
    # 执行recv()方法来接收从生产者进程发送的消息
        message = conn2.recv()
        time.sleep(0.5)
        if message:
            print(u' 子进程 {} 收到了来自子进程 {} 的随机数据 :{}'.format(current_pid,
                            message["process_id"], message["number"]))
        else:
            break

    # 在子进程中关闭Connection对象
    conn2.close()

if __name__ == '__main__':
    '''
    执行Pipe()方法来返回一对Connection对象，
    此时的Connection对象是在父进程中创建的
    '''
    conn1, conn2 = Pipe()

    # 创建生产者子进程，同时将conn1对象传递给生产者子进程
    producer_process = Process(target=producer,args=(conn1,))

    # 创建消费者子进程，同时将conn2对象传递给消费者子进程
```

```
consumer_process = Process(target=consumer,args=(conn2,))

'''
分别启动生产者与消费者子进程,
执行 Process 对象的 start() 方法以后，Process 对象会在内部执行 run() 方法,
在 run() 方法中会运行在 target 中指定的函数
'''
producer_process.start()
consumer_process.start()

'''
在父进程中关闭这一对 Connection 对象
管道的实质是文件，子进程引用了从父进程传递的文件对象，所以需要同时
在父子进程之间进行关闭
'''
# 分别等待生产者进程和消费者进程结束
producer_process.join()
consumer_process.join()
conn1.close()
conn2.close()
```

输出结果

子进程 30912 收到了来自子进程 64392 的随机数据 :729
子进程 30912 收到了来自子进程 64392 的随机数据 :123
子进程 30912 收到了来自子进程 64392 的随机数据 :59
子进程 30912 收到了来自子进程 64392 的随机数据 :182
子进程 30912 收到了来自子进程 64392 的随机数据 :589

（1）在以上实例代码中，通过Pipe()方法返回的Connection对象是在父进程中创建的。父进程就是执行了Process构造函数的进程。

（2）管道的实质是一个文件，将Connection对象传递给子进程，子进程也同时引用了这个管道文件，所以在父进程中关闭Connection对象的同时，也需要在子进程中关闭 Connection对象。

（3）该程序中一共有3个进程：执行Process方法的父进程、生产者进程和消费者进程。生产者进程和消费者进程都是子进程，子进程内部执行的是在Process构造函数中target指定的方法。

（4）Pipe()方法的参数值默认为True，所以返回的Connection对象既可以发送消息又可以接收消息，如果给Pipe()方法传递的参数为False，那么返回的第一个Connection对象只能接收消息，第2个对象只能发送消息，读者可以自行改写代码，进行测试验证。

15.2.10 Queue 模块

Queue模块是multiprocessing包下面的一个方法，返回的是一个queue对象。queue对象是一种先进先出的队列结构。先进先出的数据结构可以简单地理解为在商场中排队结账。在队列中一定是排在前面的先结

账，后来者排在队列的最后，排在队首的人结完账以后，就轮到下一位。在计算机中，后来者排到队列的尾部，叫作入队，排在队首的人结账以后离开，叫作出队，队列的人数对应的是这个队列的长度，如图15-12所示。

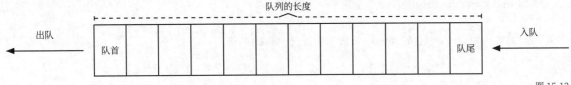

图 15-12

Python中的queue对象就是通过一个进程将消息插到队尾，另一个进程从队列的头部进行数据读取，以此实现进程间的通信。queue对象的方法为multiprocessing.Queue([maxsize])，返回一个被进程共享的queue对象，maxsize是一个可选参数，表示这个队列的大小。

> **编程小知识**
>
> Python在queue的内部实现中，使用了管道和一些同步机制（互斥锁、信号量），queue对象为进程共享，进程向队列中写入数据时，queue对象会启动一个feeder线程，feeder线程将缓存中的数据写入管道中。关于线程的概念会在15.3节中进行讲解。

queue对象的常用操作方法如下。

(1) queue.qsize()：返回队列的长度。

(2) queue.empty()：返回值为布尔类型，True表示队列是空的，否则表示非空。

(3) queue.full()：返回值为布尔类型，True表示队列是满的，否则表示不满。

(4) queue.put(obj[,block[, timeout]])：[]中的都为可选参数，obj表示要写入队列的数据。block的默认值为True，表示会进行阻塞，阻塞的时间由timeout决定，timeout默认值为None，表示一直进行阻塞，当timeout指定了一个正数值时，会阻塞timeout秒，如果超时会引发异常；block的值为False时，表示不会进行阻塞，仅当有可用空间时才写入数据（程序员在编写代码时需要添加一个判断逻辑，判断是否有可用空间），否则抛出异常，此时的timeout值会被忽略。

> **编程小知识**
>
> 这里的阻塞是一个等待的过程，等待队列有可用的空间来写入数据。

(5) queue.put_nowait(obj)：相当于queue.put(obj, False)。

(6) queue.get([block[, timeout]])：从队列中读数据，block与timeout的意义同put()方法中的block与timeout。

(7) queue.get_nowait()：相当于queue.get(False)。

(8) queue.close()：关闭queue对象，当前进程将不会再向队列中写入数据。

编程实例：使用队列进行进程间通信

扫码看视频

使用Queue让一个子进程从另一个子进程收取随机数。

实例代码

```
# __author__ = 薯条老师

'''
导入 Process 模块和 Queue 模块，从包或模块导入多个模块时，
```

```python
模块之间以逗号进行分隔
'''
from multiprocessing import Process,Queue

# 导入 time 模块，执行 time 模块的 sleep() 方法让进程处于休眠状态
import time

# 导入 random 模块，执行 random 模块中的 randint() 方法来获取某个区间的随机数
import random

# 导入 os 模块，执行 os 模块中的 getpid() 方法来获取当前进程的 ID
import os

# 定义生产者函数，将生产者任务指派给子进程来进行处理
def producer(Q):
    '''
    :param Q:queue 对象，执行 put() 方法将数据写入队列
    :return: void, 无返回值
    '''
    # 执行 os 模块中的 getpid() 方法来获取生产者进程的 ID
    current_pid = os.getpid()

    # 循环 5 次，发送 5 个随机的数值给消费者进程
    for _ in range(5):
        Q.put({"process_id":current_pid, "number":random.randint(0, 1000)})
        time.sleep(0.5)

    Q.put(None)
    Q.close()


# 定义消费者函数，将消费任务指派给子进程来进行处理
def consumer(Q):
    '''
    :param Q:queue 对象，执行 get() 方法来接收从生产者进程发送的消息
    :return: void, 无返回值
    '''
    current_pid = os.getpid()
    while True:
        # 执行 recv() 方法来接收从生产者进程发送的消息
        message = Q.get()
        time.sleep(0.5)
        if message:
            print(u' 子进程 {} 收到了来自子进程 {} 的随机数据 :{}'.format(current_pid,
                    message["process_id"], message["number"]))
```

```python
        else:
            break
    Q.close()

if __name__ == '__main__':
    '''
    执行 Queue() 方法来返回一个 queue 对象
    '''
    # 设置队列的最大长度为 5
    Q = Queue(5)

    # 创建生产者子进程，同时将 queue 对象传递给生产者子进程
    producer_process = Process(target=producer,args=(Q,))

    # 创建消费者子进程，同时将 queue 对象传递给消费者子进程
    consumer_process = Process(target=consumer,args=(Q,))

    '''
    分别启动生产者与消费者子进程，
    执行 Process 对象的 start() 方法以后，Process 对象会在内部执行 run() 方法，
    在 run() 方法中会运行在 target 中指定的函数
    '''
    producer_process.start()
    consumer_process.start()

    # 分别等待生产者进程和消费者进程结束
    producer_process.join()
    consumer_process.join()

    Q.close()
```

输出结果

```
子进程 83484 收到了来自子进程 90740 的随机数据 :697
子进程 83484 收到了来自子进程 90740 的随机数据 :261
子进程 83484 收到了来自子进程 90740 的随机数据 :471
子进程 83484 收到了来自子进程 90740 的随机数据 :878
子进程 83484 收到了来自子进程 90740 的随机数据 :784
```

15.2.11 互斥锁

多个进程同时对共享数据进行操作时，会带来数据错乱问题。为保证对共享数据操作的完整性，引入了互斥锁和信号量的概念。在编程中可以使用互斥锁和信号量来进行同步控制，使得任意时刻只有一个进程访问该共享数据对象。

multiprocessing中的Lock模块和RLock模块是对互斥锁机制的封装，使用这两个模块可以对共享资源的操作进行同步控制。

> **编程小知识**
>
> 互斥锁有两种状态：加锁状态和解锁状态。进程对共享数据进行操作时会先对资源加锁，如果其他进程已加锁，那么加锁会失败。加锁成功以后，其他进程对共享资源的操作都会被阻塞。其他进程想要对共享资源进行操作，必须等待已获得锁的进程解锁。
> multiprocessing包中的队列是基于管道和锁实现的，Python在内部实现中对队列的操作进行了同步控制，队列是进程安全的。

● 数据不一致问题

文件是一种共享资源，在多个进程同时对文件进行读/写时，若不进行同步控制会带来数据不一致的问题。请读者考虑这样的一种简单情况：共享的JSON文件中保存了一个初始值1000，表示银行卡中的余额，程序中有两个子进程不断进行消费，并更新这个初始值。

（1）子进程A读取JSON文件的内容，获得初始值1000。
（2）子进程A从银行卡中取出200，用来缴纳水电费，缴纳完以后准备更新卡中的余额。
（3）子进程B读取JSON文件的内容，由于子进程A尚未更新卡中的余额，同样获得初始值1000。
（4）子进程B立即消费了100元用来缴纳电话费，并抢在子进程A之前更新完卡中的余额，此时余额为900。
（5）子进程A更新银行卡的余额，最终余额变为800。实际一共消费了300，卡中的余额应为1000-300 = 700。

现在通过Python代码模拟上述银行卡余额不一致的情况，JSON文件deposit.json的内容为{"balance": 1000}。

实例代码

```python
# __author__= 薯条老师

from multiprocessing import Process
import json
import time

def consume(index):
    '''
    :param index:index 为偶数时表示进程 A，为奇数时表示进程 B
    :param lock：互斥锁对象
    '''
    # 在执行消费逻辑时，首先进行加锁
    lock.acquire()
    with open("deposit.json") as f:
        deposit = json.loads(f.read())
        if index % 2 == 0:
            # 进程 A 消费 200 元
            deposit["balance"] -= 200
            # 进程 A 先休眠 5 秒，用于模拟在进程 B 之后再更新 JSON 的内容
            time.sleep(5)
        else:
```

```python
        # 进程 B 消费 100 元
        deposit["balance"] -= 100

    with open("deposit.json", "w") as f:
        f.write(json.dumps(deposit))
    # 消费完毕后，释放锁，以让其他进程获得锁
    lock.release()

if __name__ == '__main__':
    processes = []
    '''
    创建两个子进程，传递 index 值给子进程的执行函数，
    index 为偶数表示进程 A，为奇数表示进程 B
    '''
    for index in range(2):
        process = Process(target=consume, args=(index,))
        processes.append(process)

    [process.start() for process in processes]
    [process.join() for process in processes]
```

运行完程序以后，打开文件deposit.json，会发现文件中balance的值为800。为避免出现不一致问题，可以在对共享资源的操作过程中，使用互斥锁来进行同步控制。

- **Lock 模块**

multiprocessing中的Lock模块是对互斥锁的封装，是一个类，一个进程拿到了锁，后续的任何其他进程的数据访问请求都会被阻塞，直到锁被释放。Lock对象的常用操作方法如下。

（1）Lock.acquire(block=True, timeout=None)：block的值默认为True，表示以阻塞的方式来调用该方法，在解锁之前，其他进程对该方法的调用都会被阻塞。timeout的值表示阻塞的时间，默认为None值，表示会一直阻塞。block的值为False时，表示方法的调用将不会阻塞，如果当前处于加锁状态，将返回 False；否则将锁设置成加锁状态，并返回 True 。

（2）Lock.release()：释放锁，可以被其他任何进程调用。使用该方法时，锁必须处于加锁状态，否则系统会抛出ValueError的异常。

现在使用Lock类来对以上程序进行同步控制，注意子进程拥有的是独立的地址空间，所以必须将Lock对象传递至各子进程的执行方法中。JSON文件deposit.json的内容为{"balance": 1000}。

实例代码

```python
# -*- coding:utf-8 -*-

from multiprocessing import Process,Lock
import json
```

```python
def consume(index, lock):
    '''
    :param index: index 为偶数时表示进程 A，为奇数时表示进程 B
    :param lock: 互斥锁对象
    '''
    # 在执行消费逻辑时，首先进行加锁
    lock.acquire()
    with open("deposit.json") as f:
        deposit = json.loads(f.read())
        if index % 2 == 0:
            # 进程 A 消费 200 元
            deposit["balance"] -= 200
        else:
            # 进程 B 消费 100 元
            deposit["balance"] -= 100

    with open("deposit.json", "w") as f:
        f.write(json.dumps(deposit))

    # 消费完毕以后，释放锁，以让其他进程获得锁
    lock.release()

if __name__ == '__main__':
    processes = []
    '''
    创建两个子进程，传递 index 值给子进程的执行函数，
    index 为偶数表示进程 A，为奇数表示进程 B
    '''
    # 构造一个 Lock 对象
    lock = Lock()
    for index in range(2):
        # 将锁对象传递至子进程中
        process = Process(target=consume, args=(index, lock, ))
        processes.append(process)

    [process.start() for process in processes]
    [process.join() for process in processes]
```

运行完程序以后，打开deposit.json文件，会发现文件中balance的值为700，这个余额是正确的。进行同步控制以后，解决了数据不一致的问题。

• RLock 模块

multiprocessing中的RLock模块是对递归互斥锁的封装。与普通的互斥锁相比，递归锁内部维护着一个Lock对象和一个计数器，计数器记录了资源被申请加锁的次数，从而使得资源可以被多次申请加锁。普通的互斥锁在对共享资源进行加锁后，再次申请加锁时，会一直处于等待的状态，变成死锁。

> **编程小知识**
> 死锁是指由于两个或者多个进程互相持有对方所需要的资源，导致进程一直陷于等待状态。

实例代码

```python
# -*- coding:utf-8 -*-

from multiprocessing import Lock

if __name__ == '__main__':
    lock = Lock()
    print(" 在父进程中第一次加锁 ")
    lock.acquire()
    print(" 尝试第二次加锁 ")
    lock.acquire()
    print(" 第二次加锁成功 ")
    lock.release()
    lock.release()
```

输出结果

```
在父进程中第一次加锁
尝试第二次加锁
```

程序在输出"尝试第二次加锁"以后，一直处于等待状态。为什么会一直等待？因为在第一次申请加锁时，进程已获得了锁，第二次申请加锁时，由于锁尚未释放，所以会陷入等待状态。

RLock模块提供的方法与Lock的方法是一样的，下面将以上死锁代码中的Lock换成RLock。要注意的是，RLock模块内部使用了计数器记录资源被申请加锁的次数，acquire()方法与release()方法必须成对出现。

实例代码

```python
# -*- encoding:utf-8 -*-

from multiprocessing import RLock

if __name__ == '__main__':
    # 构造一个递归锁对象
    lock = RLock()
    print(" 在父进程中第一次加锁 ")
    # 对资源的使用次数加 1，此时计数器的值为 2
    lock.acquire()
    print(" 尝试第二次加锁 ")
```

```
# 对资源的使用次数加 1，此时计数器的值为 2
lock.acquire()
print(" 第二次加锁成功 ")

# 对资源的使用次数减 1，此时计数器的值为 1
lock.release()
# 对资源的使用次数减 1，此时计数器的值为 0，计数器为 0 时会释放内部的 Lock 对象
lock.release()
```

输出结果

```
在父进程中第一次加锁
尝试第二次加锁
第二次加锁成功
```

> **编程小知识**
>
> 程序中出现对锁资源循环依赖的情况时，也会变成死锁。假设有两个互斥锁对象A、B，进程1先对互斥锁对象A进行加锁，然后等待互斥锁B，同一时间，进程2对互斥锁对象B加锁成功，然后等待互斥锁A，这时产生了循环依赖，变成了死锁。

15.2.12 信号量

multiprocessing包提供了Semaphore模块来对共享资源的访问进行同步控制，Semaphore模块的实质是对系统的信号量机制进行了封装。

> **编程小知识**
>
> 信号量的基本原理：信号量实质是一个非负整数，使用了信号量的进程会将该整数减一，当该整数值为零时，所有其他试图使用信号量的进程都将处于等待状态。
> 信号量的两种基本操作：P操作和V操作。
> P操作的实质是对信号量做减法运算，信号量的值大于等于1时，进程获得信号量资源，然后将值减1，信号量的值小于1时，进程会一直等待。
> V操作是对信号量做加法运算，每释放一次，就将信号量的值加1。

Semaphore类的构造函数为Semaphore(value=1)，value的值默认为1，返回一个信号量对象。Semaphore类的常用操作方法如下。

（1）Semaphore.acquire(block=True, timeout=None)：对信号量执行P操作。block的值默认为True，表示以阻塞的方式来调用该方法，在信号量的值小于1时，其他进程对该方法的调用都会被阻塞。timeout的值表示阻塞的时间，默认为None值，表示会一直阻塞。block的值为False时，表示方法的调用不会阻塞。

（2）Semaphore.release()：对信号量执行V操作。

下面使用Semaphore类对银行卡余额的程序进行同步控制，JSON文件deposit.json的内容为{"balance": 1000}。

实例代码

```
# __author__= 薯条老师

from multiprocessing import Process, Semaphore
import json
```

```python
def consume(index, semaphore):
    """
    :param index: index 为偶数时表示进程 A，为奇数时表示进程 B
    :param semaphore: 信号量对象
    :return: void
    """
    # 在执行消费逻辑时，首先对信号量对象进行 P 操作
    semaphore.acquire()
    with open("deposit.json") as f:
        deposit = json.loads(f.read())
        if index % 2 == 0:
            # 进程 A 消费 200 元
            deposit["balance"] -= 200
        else:
            # 进程 B 消费 100 元
            deposit["balance"] -= 100

    with open("deposit.json", "w") as f:
        f.write(json.dumps(deposit))

    # 消费完毕以后，对信号量对象进行 V 操作
    semaphore.release()

if __name__ == '__main__':
    processes = []
    """
    创建两个子进程，传递 index 值给子进程的执行函数，
    index 为偶数表示进程 A，为奇数表示进程 B
    """

    """
    构造一个信号量对象，信号量的初始值为 1，可以实现互斥的效果
    例如进程 A 首先获得信号量对象，信号量的值变为 0
    进程 B 尝试获取信号量对象时，由于信号量的值为 0，所以会一直等待
    进程 A 运行完毕以后，执行 V 操作，信号量的值变为 1
    此时进程 B 就能获取到信号量对象
    """
    semaphore = Semaphore(1)
    for index in range(2):
        # 将信号量对象传递至子进程中
```

```
        process = Process(target=consume, args=(index, semaphore, ))
        processes.append(process)

[process.start() for process in processes]
[process.join() for process in processes]
```

运行完程序以后，打开deposit.json文件，发现文件中balance的值为700。

15.2.13 进程池

进程池是指在进行任务处理之前，预先创建好的空闲进程组。进程池中存在一个管理进程，负责将任务分派给空闲的进程来进行处理。进程池中无可用的空闲进程时，对任务的处理请求会等待。

在传统的多进程并发模式中，每执行一个任务就动态地创建一个进程，执行完毕以后再将进程销毁，频繁地创建和销毁会占用较多系统资源，降低系统的性能。使用进程池可以避免这样的情况，通过multiprocessing.pool模块中的Pool类可以创建一个进程池对象。

Pool类的构造函数为Pool([processes[, initializer[, initargs[, maxtasksperchild[, context]]]]])。

（1）processes为可选参数，表示工作进程数目，如果processes为None，系统会根据机器的CPU情况设置一个默认值。

（2）initializer为可选参数，表示进程池启动时执行的方法，initargs是传递给该方法的参数。

（3）maxtasksperchild为可选参数，表示工作进程退出前可以完成的任务数，完成后用一个新的工作进程来替代，同时释放资源。maxtasksperchild默认值为None，表示只要进程池存在，工作进程就一直存活。

（4）context为可选参数，很少使用，用于指定工作进程启动时的上下文。

Pool类的常用操作方法如下。

（1）Pool.apply(func[,args[,kwargs]])：一个阻塞方法，表示在func代表的函数返回前会一直等待，args与kwargs是传递给func函数的位置参数及命名参数。apply()函数的返回值为func函数的返回值。

（2）Pool.apply_async(func[, args[, kwargs[, callback[, error_callback]]]])：apply()方法的非阻塞版本，无需等待func函数结束，会立即返回一个结果对象，通过结果对象的get()方法可以获取任务函数的返回值；func,args,kwargs同Pool.apply()方法中的参数；callback表示func函数执行成功以后执行的回调函数，必须是一个接收单个参数的可调用对象；系统会将任务处理函数的返回值以参数的形式传递给callback函数；error_callback表示任务执行失败以后执行的回调函数，必须是一个接收单个参数的可调用对象，func函数执行失败时，系统会将抛出的异常对象作为参数传递给 error_callback。

（3）Pool.map(func, iterable[, chunksize])：一个阻塞方法，在func表示的任务处理函数返回前会一直阻塞；map()方法会将iterable表示的可迭代对象分割为许多块，然后提交给进程池，可迭代对象中的元素作为参数被传递给func代表的任务处理函数；chunksize 参数可以指定每个块的大小，默认为1；返回值为一个列表类型，其中按序保存了任务处理函数中的返回值。

（4）Pool.map_async(func, iterable[, chunksize[, callback[, error_callback]]])：map()方法的非阻塞版本，func、iterable、chunksize参数同map()中的参数；callback、error_callback同apply_async()中的参数。

（5）Pool.imap(func, iterable[, chunksize])：map()方法的优化版本，很长的迭代对象可能会消耗较多的内存，这时将chunksize设置为一个很大的值，可以加快程序的执行速度。

（6）Pool.close()：关闭进程池的入口，以阻止新任务提交到进程池。

（7）Pool.terminate()：表示无须等待未完成的任务，立即终止所有工作进程。

（8）Pool.join()：等待工作进程结束，以回收系统资源。调用join()方法前必须先调用close()方法或者terminate()方法。

下面通过进程池来实现一个简单的多任务并发处理：计算数字的平方。

Pool.apply() 方法的实例代码

```python
#-*- coding:utf-8 -*-

import multiprocessing

def worker(number):
    return number * number

if __name__ == '__main__':
    # 通过 with 语句来获取进程池对象，自动进行资源清理
    with multiprocessing.Pool() as pool:
        for number in range(3):
            # 返回值为 worker() 函数的返回值
            result = pool.apply(worker, args=(number,))
            print(result)
        # 关闭进程池入口，阻止提交新的任务
        pool.close()
        # 等待所有子进程结束，以回收系统资源
        pool.join()
```

输出结果

```
0
1
4
```

Pool.apply_async() 方法的实例代码

```python
#-*- coding:utf-8 -*-

import multiprocessing

def worker(number):
    return number * number

def success(arg):
    """
    :param arg: 回调时系统将任务处理函数的返回结果作为参数进行传递
    :return:
    """
    print(arg)
```

```python
def failed(error):
    """
    :param error: 回调时系统传递的异常对象
    :return:
    """
    print("error occured:{}".format(error))

if __name__ == '__main__':
    # 通过 with 语句来获取进程池对象，自动进行资源清理
    with  multiprocessing.Pool() as pool:
        results = []
        for number in range(3):
            """
            (1)apply_async 返回一个结果对象，通过结果对象的 get() 方法可以获取任务处理函数的返回值
            (2)callback 指定任务函数执行成功后的回调函数
            (3)error_callback 指定任务函数执行失败后的回调函数
            """
            result_obj = pool.apply_async(worker, args=(number,),callback=success, error_callback = failed)
            results.append(result_obj)

        # 关闭进程池入口，阻止提交新的任务
        pool.close()
        # 等待所有子进程结束，以回收系统资源
        pool.join()
        """
        # 通过结果对象的 get() 方法可以获取任务处理函数的返回值
        for result in results:
            print(result.get())
        """
```

输出结果

```
0
1
4
```

Pool.map() 方法的实例代码

```python
#-*- coding:utf-8 -*-

import multiprocessing

def worker(number):
    return number * number
```

```python
if __name__ == '__main__':
    # 通过 with 语句来获取进程池对象，自动进行资源清理
    with multiprocessing.Pool() as pool:
        numbers = [number for number in range(3)]
        # map() 函数的返回值是一个列表类型，按序保存了任务处理函数的返回值
        results = pool.map(worker, numbers)
        print(results)
        # 关闭进程池入口，阻止提交新的任务
        pool.close()
        # 等待所有子进程结束，以回收系统资源
        pool.join()
```

输出结果

[0,1,4]

Pool.map_async() 方法的实例代码

```python
#-*- coding:utf-8 -*-

import multiprocessing

def worker(number):
    return number * number

# 任务处理函数执行成功以后执行的回调函数
def success(args):
    """
    :param arg: 是一个列表类型，按序保存了任务处理函数的返回值
    :return:
    """
    print(args)

def failed(error):
    """
    :param error: 任务执行失败后的异常信息
    :return:
    """
    print("error occurred:{}".format(error))

if __name__ == '__main__':
    # 通过 with 语句来获取进程池对象，自动进行资源清理
    with multiprocessing.Pool() as pool:
        numbers = [number for number in range(3)]
        pool.map_async(worker, numbers, callback = success, error_callback = failed)
```

```
# 关闭进程池入口，阻止提交新的任务
pool.close()
# 等待所有子进程结束，以回收系统资源
pool.join()
```

输出结果

[0,1,4]

15.3 线程

在15.2节介绍进程的概念时，讲到进程是操作系统进行资源分配和调度的基本单位。读者可以把操作系统理解为一个容器，进程运行在操作系统这个容器中，并占用着操作系统的各种资源：CPU、内存和磁盘等，如图15-13所示。

线程则是运行在进程内部的执行实体，一个线程对应一个单一顺序的控制流。从这个角度来说，进程是线程的容器，如图15-14所示。线程运行在进程这个容器中，共享着进程内部的资源，这表现为所有线程共享进程的虚拟地址空间、全局变量和打开的文件等。

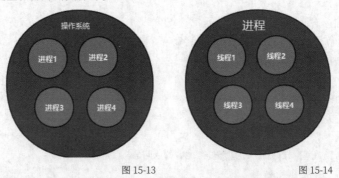

图 15-13　　　　　　　　　图 15-14

> **编程小知识**
>
> 20世纪60年代，系统进行资源和独立运行的基本单位是进程。随着计算机技术的发展，进程出现了诸多弊端。进程是系统资源的拥有者，进程的创建、销毁与切换存在较大的开销。由于对称多处理机出现，可以同时执行多个运行单位，因此80年代出现了能独立运行的基本单位——线程（Thread）。

在支持多线程的操作系统中，线程是能独立运行的基本单位，一个进程中的多个线程可以并发执行，线程的执行也是由操作系统进行调度的，系统会根据实际情况，将线程指定给特定的CPU核心，以此进行并发计算。

15.3.1 进程与线程的区别

在程序设计中，使用进程与线程都可以进行并发编程。在实际使用时，需要注意两者的区别。进程和线程主要有以下区别。

（1）系统中的每一个进程都会分配虚拟地址空间。线程运行在进程内部，所有线程共享进程的虚拟地址空间。

（2）进程是操作系统进行资源分配和调度的基本单位，线程是进程内部的任务调度和执行的基本单位。

（3）进程占用较多的系统资源，进程间的切换需要较大的开销；线程只占用少量的系统资源，是一种很轻量的执行实体，切换速度很快。
(4) 进程本身就是一个线程，相对于进程内部的线程来说，进程是一个主线程。

15.3.2 线程间的通信与同步

所有线程都运行在进程这个容器中，所以线程间的通信是很简单的，通过进程内部的全局变量就能实现线程间的通信。线程间的同步与进程间的同步是类似的概念，也需要借助系统提供的同步机制（互斥锁、信号量、条件变量等）来保证在对共享资源的安全访问。

> **编程小知识**
> 子进程无法通过父进程的全局变量来实现通信，因为每个进程分配的都是独立的虚拟地址空间。

15.3.3 线程安全

线程安全是指在多线程并行执行的程序中，对共享数据进行读/写操作时，不会出现数据不一致的情况。若每个线程对共享资源只有读操作，而无写操作，那么该共享资源就是线程安全的；若多个线程同时执行写操作，可能造成数据不一致，影响线程安全，这时需要通过线程同步机制来保证线程安全。

15.3.4 Thread 类

Python提供了threading模块，利用threading模块可以进行线程级的并发编程。通过threading模块下的Thread类，可以创建线程对象。

- **Thread 类的构造函数**

函数语法为Thread(group=None, target=None, name=None, args=(), kwargs={}, *, daemon=None)，下面介绍具体参数的含义。
(1) group参数未使用，值始终为None。
(2) target参数传递的是一个可调用对象，默认值为None。
(3) name参数传递的是线程的名称，线程名称的默认格式为Thread-N，其中N表示的是线程编号。
(4) args参数是一个元组，传递的是target参数中的可调用对象所对应的位置参数。
(5) kwargs参数是一个字典，传递的是target参数中的可调用对象所对应的关键字函数。
(6) daemon默认值为None，设置为True时表示以守护的方式运行，如果是 None，线程将继承当前线程的守护模式属性。

> **编程小知识**
> 守护线程：线程是否为守护线程取决于程序设计人员。如果决定将某一个线程作为一种特定服务线程，例如在程序中进行垃圾回收，就可以将线程设置为守护线程。

- **Thread 类常用属性**

(1) name：存储了线程的名称。
(2) ident：存储了线程的ID，这个ID是系统分配的唯一的数字编号。
(3) daemon：布尔类型，表示这个线程是否为守护线程。

> **编程小知识**
> threading模块中的get_ident()方法可以返回线程的ID。

- **Thread 类常用方法**

（1）Thread.start()：启动一个线程，并调用线程对象的run()方法，每个线程对象最多只调用一次该方法，否则抛出RuntimeError异常。

（2）Thread.run()：线程启动时运行的方法，它会执行在构造函数中传递的可调用对象。

（3）Thread.join(timeout=None)：等待该线程结束，返回值为None，该方法会阻塞调用这个方法的线程，直到被调用 join() 的线程终结；timeout参数的默认值为 None，表示会一直阻塞直到线程结束；timeout 参数不是 None 时，表示阻塞等待多少秒。程序员可以在 join()方法后调用 is_alive()方法来判断是否发生超时。一个线程可以调用 join()很多次。

（4）Thread.is_alive()：返回Thread对象是否处于存活状态，返回值为布尔类型。

编程实例：使用 Thread 定义两个线程

定义两个线程，一个线程负责执行唱歌的任务，另一个线程负责执行跳舞的任务。

实例代码

```
# 从 threading 模块中导入 Thread 模块
from threading import Thread

# 导入 time 模块，执行 time 模块下的 sleep() 方法，休眠一段时间
import time

# 定义一个任务函数
def task(task_type):
    '''
    :param task_type: 表示任务的类型，值为偶数时表示唱歌的任务，奇数表示跳舞的任务
    :return: void，无返回值
    '''
    if task_type % 2 == 0:
        print("sing task")
        # 如果是唱歌的任务，就休眠 2 秒
        time.sleep(2)
    else:
        print("dance task")
        # 如果是跳舞的任务，就休眠 3 秒
        time.sleep(3)


if __name__ == '__main__':
    # 定义列表变量 threads，来保存进程内部的线程对象
    threads = []

    for index in range(2):
        '''
        通过 Thread 类的构造函数来创建线程对象，一个线程对象执行一类任务
```

```
        args 是一个元组类型，传递的是 target 中的函数所对应的位置参数
        例如这里的 index 对应的是 task() 函数中的 task_type 参数
        '''
        thread = Thread(target=task, args=(index,))
        threads.append(thread)

        '''
        启动线程，使用 start() 启动线程对象时，会在内部调用线程对象的 run() 方法
        在 run() 方法内部，执行的是构造函数中 target 指定的可调用对象
        '''
        thread.start()

        # 输出线程对象的常用属性：name，ident，daemon
        print("thread name:{},ident:{},daemon:{}".format(thread.name, thread.ident, thread.daemon))

    # 在列表推导式中逐一等待子进程结束
    [thread.join()for thread in threads]

    '''
    以上代码中使用了 join() 方法来等待线程对象结束，所有线程对象结束前，
    会一直阻塞，不会执行下一行代码
    '''
    print("all threads done.")
```

输出结果

```
sing task
thread name:Thread-1,ident:26740,daemon:False
dance task
thread name:Thread-2,ident:26744,daemon:False
all threads done.
```

读者要注意的是，同进程一样，线程对象的运行顺序及线程运行在CPU的哪个核心内都是由操作系统来进行分配和调度的。

15.3.5 线程通信

进程内部的所有线程共享进程的虚拟地址空间，通过进程内部的全局变量就能实现线程之间的通信。

实例代码

```python
# __author__= 薯条老师

from threading import Thread
import random
```

```python
# 定义全局变量 NUMBERS,保存随机数值,全局变量被所有线程共享
NUMBERS = []

# 定义消费线程
def consumer():
    '''
    :return: void
    '''
    while True:
        if len(NUMBERS) > 0:
            number = NUMBERS.pop()
            if number:
                print("receive number {} from producer thread".format(number))
            else:
                break
# 定义生产者线程
def producer():
    '''
    :return: void
    '''
    count = 0
    while True:
        count += 1
        if count <= 10000:
            NUMBERS.append(random.randint(0, 10000))
        else:
            NUMBERS.append(None)
            break

if __name__ == '__main__':
    producer_thread = Thread(target=producer)
    consumer_thread = Thread(target=consumer)
    producer_thread.start()
    consumer_thread.start()
    producer_thread.join()
    consumer_thread.join()
```

输出结果

```
receive number 204 from producer thread
receive number 889 from producer thread
receive number 37 from producer thread
receive number 699 from producer thread
```

```
receive number 767 from producer thread
receive number 237 from producer thread
receive number 62 from producer thread
```

该实例代码中定义了一个全局的列表变量NUMBERS，用来实现生产者线程与消费者线程之间的通信，当程序中存在多个消费者或多个生产者对应多个消费者的情况时，会产生数据不一致问题。为解决数据的不一致问题，需要进行线程的同步。

15.3.6 互斥锁与信号量

同进程同步一样，Python在threading模块中也对互斥锁与信号量进行了封装，同时还提供了条件变量的实现来进行线程间的同步。线程中的互斥锁与信号量与进程中的同步是一样的原理，笔者不再赘述。

threading模块中同样提供了Lock、RLock和Semaphore模块来进行同步，用法与multiprocessing包中的Lock、RLock和Semaphore是相同的。

> **知识超链接**
> 对Lock、RLock和Semaphore的原理及用法不是很熟悉的读者，可以返回15.2节进行复习。

请读者考虑这样的场景：程序中多个线程同时对全局变量进行更新，在不进行同步控制的情况下，会出现数据不一致的问题。下面以threading模块中的Lock模块为例，介绍在多线程中使用互斥锁进行同步的方法。

实例代码

```python
# __author__= 薯条老师
import threading
from threading import Thread,Lock
import random

# 全局的互斥锁对象也是为线程共享的
LOCK = Lock()

# 定义全局变量 NUMBERS，保存随机数值，全局变量被所有线程共享
NUMBERS = []

# 定义消费线程
def consumer():
    while True:
        '''
        判断 NUMBERS 的长度时，可能会发生数据不一致问题
        假设 NUMBERS 的长度为1，线程 A 与线程 B 同时获取 NUMBERS 的长度，返回值为1
        线程 A 执行列表的 pop() 方法，NUMBERS 此时已为空的列表，长度为 0
        线程 B 再次执行 pop() 方法时就会产生异常，故需要加锁，以保证同步
```

```python
        '''
        LOCK.acquire()
        if len(NUMBERS)> 0:
            number = NUMBERS.pop()
            if number:
                print("thread {} receive number {} from producer thread".
                    format(threading.get_ident(), number))
        LOCK.release()


# 定义生产者线程
def producer():
    while True:
        '''
        由于对消费者线程进行了同步，相当于同一时间只有一个消费者线程在访问 NUMBERS
        生产者线程无须加锁
        '''
        NUMBERS.append(random.randint(0, 1000))

if __name__ == '__main__':
    producer_thread = Thread(target=producer)
    producer_thread.start()
    consumers = []
    # 创建 50 个消费者线程
    for _ in range(50):
        consumer_thread = Thread(target=consumer)
        consumer_thread.start()
        consumers.append(consumer_thread)

    # 等待生产者线程结束
    producer_thread.join()
    # 等待所有消费者线程结束
    [consumer_thread.join() for consumer_thread in consumers]
```

输出结果

```
thread 26560 receive number 621 from producer thread
thread 29100 receive number 501 from producer thread
thread 29100 receive number 32 from producer thread
thread 27776 receive number 253 from producer thread
thread 29384 receive number 367 from producer thread
thread 29384 receive number 85 from producer thread
thread 29280 receive number 575 from producer thread
```

15.3.7 条件变量：Condition 模块

条件变量是线程中的概念，通过条件变量可以进行线程间的同步，但条件变量本身并不是锁。读者可以把条件变量理解为程序中的线程等待条件变量的状态发生变化，如果条件不成立，线程就进入休眠状态，处于休眠状态的线程不会占用CPU。

> **编程小知识**
>
> 条件变量的基本原理：条件变量是利用线程间共享的全局变量进行同步的一种机制，主要包括两个动作：线程等待条件变量的条件成立，如果条件不成立就陷入休眠状态；另一个线程使得条件成立，然后发出条件成立的信号，唤醒等待中的线程。为了防止竞争，条件变量的使用总是和一个互斥锁结合在一起。

读者在理解条件变量时，重点放在线程的等待和线程的唤醒这两方面。
（1）线程在等待中进入休眠状态，不占用CPU，提高了程序的效率。
（2）条件满足后，获得锁资源的线程唤醒其他等待中的线程。

- **Condition 类构造函数**

threading模块提供了Condition类，对条件变量的机制进行了封装，程序员可以利用Condition类对多线程程序进行同步控制。

Condition类的构造函数为Condition(lock=None)。lock的值默认为None，返回一个条件变量对象。lock的值为None时，Condition内部使用的是threading中的RLock来对条件变量进行同步控制；如果lock传递的不是None值，那么必须是Lock 或 RLock 对象。

> **编程小知识**
>
> Condition中使用了互斥锁，用于对条件变量的访问进行同步控制，因为条件变量为所有线程共享。

- **Condition 类的常用操作方法**

（1）Condition.acquire()：实际执行的是Condition内部的互斥锁对象的acquire()方法。
（2）Condition.release()：实际执行的是Condition内部的互斥锁对象的release()方法。
（3）Condition.wait(timeout=None)：执行wait()方法时，Condition对象会释放底层的互斥锁，然后处于等待状态，直到在另外一个线程中调用同一个条件变量的 notify() 或 notify_all() 唤醒它，一旦被唤醒，它重新获得锁并返回。timeout 表示一个浮点类型的超时时间，以秒为单位，timeout为None时会一直等待，不为None时，表示等待特定的时间，然后返回。
（4）Condition.wait_for(predicate,timeout=None)：predicate是一个可调用对象，而且它的返回值可被解释为一个布尔值。此方法会重复地调用 wait() 方法，直到满足条件表达式或者发生超时。

实例代码

```
while not predicate():
    condition.wait()
```

（5）Condition.notify(n=1)：n的默认值为1，表示默认唤醒一个等待这个条件的线程。调用线程在没有获得锁的情况下调用这个方法，会引发 RuntimeError 异常。该方法最多唤醒 n 个正在等待这个条件变量的线程。如果没有线程等待，这将是一个空操作。
（6）Condition.notify_all()：该方法会唤醒所有正在等待这个条件的线程。

编程实例：协调生产者和消费者

定义一个生产者线程，不断向列表中添加随机值，列表长度达到1000时停止添加。定义50个消费者线程，不断从列表中读取数据，列表长度为0时，就等待生产者线程。

实例代码

```python
# __author__ = 薯条老师
import threading
from threading import Thread, Lock, Condition
import random

# 定义全局变量 NUMBERS，保存随机数值，全局变量被所有线程共享
NUMBERS = []

# 定义全局变量 Lock 对象，为所有线程共享
LOCK = Lock()

'''
（1）定义全局的条件变量对象，为所有线程共享
（2）NUMBERS_NOT_FULL 条件变量表示列表 NUMBERS 的长度不足 1000，生产者进程可以继续添加数据
（3）NUMBERS_NOT_EMPTY 条件变量表示已向列表中添加数据，消费者线程可以继续读取
'''
# 表示列表不满这个条件
NUMBERS_NOT_FULL = Condition(LOCK)
# 表示列表非空这个条件
NUMBERS_NOT_EMPTY = Condition(LOCK)

# 消费线程
def consumer():
    '''
    :return: void
    '''
    while True:
        LOCK.acquire()
        '''
        如果列表为空，就等待生产者线程添加数据
        消费者线程在等待过程中，进入休眠状态
        '''
        # 为什么这里要使用 while 而不使用 if? 留给读者思考
        while len(NUMBERS) < 1:
            '''
            执行 wait() 方法时，条件变量会先对 Lock 对象进行解锁，
            如果条件不满足，会陷入休眠状态，线程被唤醒以后，会重新对互斥锁加锁
            '''
            NUMBERS_NOT_EMPTY.wait()

        number = NUMBERS.pop()
        print("thread {} receive number {} from producer thread".format(threading.get_ident(), number))
```

```python
        # 读取数据以后，向生产者线程发送信号，指示生产者线程可以继续添加数据
        NUMBERS_NOT_FULL.notify()
        LOCK.release()

# 定义生产者线程
def producer():
    '''
    :return: void
    '''
    while True:
        LOCK.acquire()

        # 如果列表长度大于 1000，就等待消费者线程读取列表数据
        # 为什么这里要使用 while 而不使用 if? 留给读者思考
        while len(NUMBERS) > 1000:
            '''
            执行 wait() 方法时，条件变量会先对 Lock 对象进行解锁，
            如果条件不满足，会陷入休眠状态，
            线程被唤醒以后，会重新对互斥锁进行加锁
            '''
            NUMBERS_NOT_FULL.wait()

        NUMBERS.append(random.randint(0, 1000))
        # 生产者线程已向列表中添加数据，唤醒所有等待的消费者线程
        NUMBERS_NOT_EMPTY.notify_all()

        LOCK.release()


if __name__ == '__main__':
    producer_thread = Thread(target=producer)
    producer_thread.start()
    consumers = []

    # 创建 50 个消费者线程
    for _ in range(50):
        consumer_thread = Thread(target=consumer)
        consumer_thread.start()
        consumers.append(consumer_thread)

    # 等待生产者线程结束
    producer_thread.join()
    # 等待所有消费者线程结束
    [consumer_thread.join() for consumer_thread in consumers]
```

输出结果

```
thread 28560 receive number 121 from producer thread
thread 22100 receive number 201 from producer thread
thread 23100 receive number 324 from producer thread
thread 27576 receive number 353 from producer thread
thread 25384 receive number 67 from producer thread
thread 23384 receive number 285 from producer thread
thread 29289 receive number 75 from producer thread
```

15.3.8 线程池

线程池与进程池是类似的概念，都是为了解决并发数过多，以及频繁创建、销毁执行实体所带来的性能问题。Python中的concurrent.futures模块对threading 和 multiprocessing 进行了高级别的抽象，对外提供了统一的接口，方便开发者使用。本节通过concurrent.futures模块下的ThreadPoolExecutor类来讲解如何在Python中使用线程池。

ThreadPoolExecutor类的构造函数为ThreadPoolExecutor(max_workers=None, thread_name_prefix='', initializer=None, initargs=())。

（1）max_workers：表示线程数，值为None时表示设置为机器中的CPU核心数。

（2）thread_name_prefix：为线程名加一个字符前缀，以方便调试。

（3）initializer：线程池启动时执行的初始化函数。

（4）initargs：元组类型，传递给initializer函数的参数。

ThreadPoolExecutor对象的常用操作方法如下。

（1）ThreadPoolExecutor.submit(fn, *args, **kwargs)：将 fn代表的执行实体提交给线程池。args表示传递给fn的位置参数，kwargs表示传递给fn的关键字参数。submit()方法会返回一个Future对象，通过Future对象的result()方法可以获取fn函数的返回值。

（2）ThreadPoolExecutor.map(fn, *iterables, timeout=None, chunksize=1)：map()方法会异步执行fn方法，将 iterables 拆分为多个独立的子任务并提交到线程池中。timeout 表示超时值，可以为整数或浮点数，如果 timeout 没有指定或为 None，则没有超时限制；chunksize参数对ThreadPoolExecutor没有效果。

（3）ThreadPoolExecutor.shutdown(wait=True)：wait 默认为 True，会阻塞等待所有执行实体运行结束并且释放已分配的资源后才返回。如果wait 为 False，该方法会立即返回，执行实体完成执行后会释放已分配的资源；不论wait 的值是什么，Python 程序都将等待所有执行实体执行完毕后才退出。

编程实例：计算数字的平方

现在通过线程池来实现一个简单的多任务并发处理：计算数字的平方。

实例代码

```
#-*- coding:utf-8 -*-

import multiprocessing
```

```python
from concurrent.futures import ThreadPoolExecutor

def compute(number):
    return number * number

if __name__ == "__main__":
    with ThreadPoolExecutor() as executor:
        for number in range(3):
            # submit() 方法返回一个 future 对象
            future = executor.submit(compute, number)
            # 执行 future 对象的 result() 方法来获取任务处理函数的返回值
            print(future.result())
        executor.shutdown()
```

输出结果

```
0
1
4
```

在concurrent.futures模块中，进程池对应的是ProcessPoolExecutor对象，与ThreadPoolExecutor对象使用的是同样的接口，感兴趣的读者可以将15.2.3小节中的代码改成进程池的实现。

15.3.9 Python 中的 GIL

Python是一种解释型语言，Python解释器有多种实现方式，使用最广泛的是CPython。CPython的首字母C表示C语言，即CPython是用C语言实现的Python解释器。

> **编程小知识**
>
> Python是一种解释型的脚本语言，这类脚本语言通常使用已有的编程语言来实现。

CPython环境的内存管理不是线程安全的，为了保障线程安全性，通常的做法是加锁。Python程序的执行过程主要分为两步，先将源代码编译为字节码，然后线性地执行字节码，在执行字节码的过程中，CPython使用了GIL机制来保证线程安全。

GIL的全称是global interpreter lock，即全局解释器锁。这种锁是全局的互斥锁，对应于解释器级别的全局互斥锁，线程在执行字节码时需要先获取GIL，这样即便在多核的情况下，Python中的多线程仍是串行执行的。

GIL的存在使得CPython中的多线程并不能有效地利用多核的优势，在实际开发中使用较多的是以多进程和协程的方式来进行程序的并发设计。

> **编程小知识**
>
> Python中的多线程也并非一无是处。CPython解释器中的GIL保护的是字节码执行的线程安全性，线程执行字节码是在CPU中进行的，当应用程序为I/O密集型时，利用多线程仍然可以提升部分性能，因为在等待I/O操作的过程中，CPU处于空闲状态，此时GIL会被释放，其他线程可以继续进行相应的I/O操作。后续会对I/O密集型和CPU密集型进行介绍。

15.4 协程

协程从字面意思理解为协同运行的程序。程序员编写的多进程、多线程也是协同运行的，那为什么进程或线程不叫协程？协程与它们很重要的区别在于，协程之间的切换和调度是由开发者进行设计的，而非操作系统。

一个协程对应一个特定的处理任务，在协程的运行过程中，程序员可以根据情况对协程进行切换和调度。例如，当前协程处于等待状态，那就可以切换到其他协程，继续处理其他任务，这样就提高了资源的利用率和程序的性能。

协程与进程、线程之间的区别还在于，协程占用极少的资源（比线程还要轻盈），调度的开销非常小，利用协程可以轻松地编写高并发程序。在Python中利用生成器，可以编写协程。

> **编程小知识**
> 协程又称为微线程，英文名为Coroutine。协程在执行过程中，可以随时被中断，转而执行其他协程。

15.4.1 生成器

生成器（generator）是Python内置的数据类型。如果在函数体中使用了yield关键字，执行该函数时，会返回一个生成器对象。

> **编程小知识**
> 通过将列表推导式的[]符号改成()，也可以获得一个生成器。

Python解释器在执行yield语句时会挂起当前程序，并返回yield表达式的值。对生成器执行全局的next()方法或生成器的send()方法，可以激活生成器的运行，直到遇到下一个yield。利用这样的机制可以在循环中迭代地获取元素。下面是一个简单的生成器例子：计算数值的累加和。

实例代码

```python
# -*- encoding: utf-8 -*-
# __author__ = 薯条老师

# 定义一个累加的生成器
def accumulate():
    total = 0
    while True:
        value = yield total
        total += value

if __name__ == "__main__":
    # 执行 accumulate 方法得到一个生成器对象
    accu = accumulate()

    '''
    执行 next() 方法来启动生成器，生成器内部会返回 yield 表达式的值，并挂起
    total 的值为 0
    '''
    total = next(accu)
    print(total)
```

```
'''
(1) 执行生成器的 send() 方法，生成器被激活，传递数据到生成器内部，send() 方法中的值
被赋值给 yield 左边的操作数 value，此时 value 的值为 5
(2) 继续运行下面的代码：total+=value，total 的值为 5
(3) 在循环中再次遇到 yield，程序挂起，将 yield 表达式的值返回给调用方
'''
print(accu.send(5))

# 继续调用 send() 方法
print(accu.send(10))
```

输出结果

```
0
5
15
```

生成器可以处于以下4个状态之一。

(1) GEN_CREATED：生成器被创建。
(2) GEN_RUNNING：生成器正在执行（只有在多线程应用中才能看到这个状态）。
(3) GEN_SUSPENDED：生成器被挂起，即挂起在yield表达式位置。
(4) GEN_CLOSED：生成器执行结束。

通过inspect模块下的getgeneratorstate()方法可以获取生成器的状态。

实例代码

```
# -*- encoding: utf-8 -*-
# __author__ = 薯条老师

# 从 inspect 模块中导入 getgeneratorstate() 方法
from inspect import getgeneratorstate

# 定义一个累加的生成器，累加两次
def accumulate():
    total = 0
    for _ in range(2):
        value = yield total
        total += value

if __name__ == "__main__":
    accu = accumulate()
    print(getgeneratorstate(accu))
    next(accu)
    print(getgeneratorstate(accu))
    accu.send(5)
    accu.send(10)
    print(getgeneratorstate(accu))
```

输出结果

```
GEN_CREATED
GEN_SUSPENDED
Traceback (most recent call last):
  File "class.py", line 23, in <module>
    accu.send(10)
StopIteration
```

程序在执行过程中抛出了StopIteration异常。为什么会抛出这个异常呢？下面一步步地分析代码。

（1）生成器内部一共迭代两次。
（2）执行accumulate()方法获取生成器对象，获取生成器的状态，返回值为GEN_CREATED。
（3）执行next()方法后，生成器挂起至循环的yield处，获取生成器的状态，返回值为GEN_SUSPENDED。
（4）执行生成器的send()方法，生成器恢复运行，运行至第二遍循环的yield处，同样挂起。
（5）再次执行生成器的send()方法，协程恢复运行，由于生成器内部一共只迭代两次，所以生成器结束，此时抛出StopIteration的异常。

由此可知，生成器在结束时会抛出StopIteration异常。

15.4.2 生成器的异常处理

协程中未处理的异常会向上冒泡，会传给 next()方法或 send()方法的调用方。在上一小节的代码中，程序结束时抛出了StopIteration的异常。我们可以在调用send()方法时捕捉这个异常。

实例代码

```
# -*- encoding: utf-8 -*-
# __author__ = 薯条老师

# 从 inspect 模块中导入 getgeneratorstate() 方法
from inspect import getgeneratorstate

# 定义一个累加的生成器，累加两次
def accumulate():
    total = 0
    for _ in range(2):
        value = yield total
        total += value

if __name__ == "__main__":
    accu = accumulate()
    print(getgeneratorstate(accu))
    next(accu)
    print(getgeneratorstate(accu))
    accu.send(5)
    try:
        accu.send(10)
```

```
except StopIteration:
    pass
print(getgeneratorstate(accu))
```

输出结果

```
GEN_CREATED
GEN_SUSPENDED
GEN_CLOSED
```

从程序的输出结果可知，生成器结束时对应的状态为GEN_CLOSED。

通过生成器的throw()方法和close()方法可以显式地将异常发送给生成器。throw()方法传递的参数类型为异常类型，执行生成器的send()方法后，生成器在yield表达式位置挂起，并抛出客户端传递的异常。如果对异常进行了处理，生成器会执行到下一个yield表达式处，同时将yield表达式的值传递给调用方；如果未对异常进行处理，异常会向上冒泡，传到调用方的上下文中。

如果生成器收到GeneratorExit异常，生成器一定不能有输出，否则解释器会抛出RuntimeError 异常。执行生成器的close()方法以后，协程在yield 表达式处挂起，并抛出 GeneratorExit异常。如果生成器没有处理这个异常，或者抛出了 StopIteration异常，调用方不会报错。

实例代码

```python
# -*- encoding: utf-8 -*-
# __author__ = 薯条老师

# 定义一个累加的生成器，累加两次
def accumulate():
    total = 0
    for _ in range(3):
        try:
            value = yield total
            total += value
        except Exception:
            pass


if __name__ == "__main__":
    accu = accumulate()

    # 启动生成器
    next(accu)
    accu.send(5)
    output_of_corutine = accu.throw(Exception)
    print(output_of_corutine)
    accu.send(10)
    accu.close()
```

输出结果

```
5
Traceback (most recent call last):
  File "class.py", line 27, in <module>
    accu.send(10)
StopIteration
```

在第1次执行send()方法时，生成器已运行至第2次循环中的yield处，执行throw()方法以后，生成器内部对异常进行了处理，执行到第3次循环中的yield处，此时再次执行生成器对象的send()方法，由于生成器已结束，故抛出了StopIteration异常。

15.4.3 生成器与协程

Python中的协程核心在于利用生成器的send()方法，使生成器的调用方可以与生成器进行交互。通过yield语法可以让函数在特定位置处挂起，转而执行其他函数，以此实现协程的切换效果。Python中的协程运行在单线程环境，不需要进行同步控制（加锁、信号量等），这也意味着协程无法利用多核优势。

协程的实现方法如下。

（1）使用生成器函数来定义协程。

（2）对生成器对象执行next()方法，此时生成器会执行到第一个yield表达式处，输出yield表达式的值，并挂起。

（3）调用方执行生成器的send()方法，将值发送给生成器，生成器被激活，继续执行下面的代码，直到遇到下一个yield。

在本节的协程并发设计中，使用多个协程来处理多个任务，任务类型分为I/O密集型任务与CPU密集型任务。生产者协程发送任务给消费者协程，消费者协程对任务进行处理。

实例代码

```python
# __author__ = 薯条老师

import random
import time

def consumer():
    while True:
        task = yield
        if task["type"] == 0:
            print("io task, handle file:{}".format(task["file"]))
            # 定义相关的 I/O 操作
            yield
            # 执行 time.sleep() 函数，用来模拟 I/O 耗时操作
            time.sleep(2)
        else:
            print("CPU task, computing data:{}".format(task["data"]))


def producer(tasks, consumers):
    """
    :param tasks: 列表类型，保存了待处理的任务
```

```python
    :param consumers: 列表类型，保存了所有消费者协程
    """
    [next(consumer) for consumer in consumers]

    while True:
        # 随机获取一个任务
        task = random.choice(tasks)
        # 随机获取一个消费者协程
        consumer = random.choice(consumers)
        consumer.send(task)


if __name__ == "__main__":
    tasks = [
        {"type": 0, "file": "1.txt"},
        {"type": 0, "file": "2.txt"},
        {"type": 1, "data": [1, 2, 3, 4, 5]}
    ]
    consumers = []
    # 创建 5 个消费者协程
    for _ in range(5):
        consumers.append(consumer())
    producer(tasks, consumers)
```

输出结果

```
GEN_CREATED
GEN_SUSPENDED
GEN_CLOSED
```

> **笔者有话说**
>
> 协程的运行环境为单线程环境，不能有效利用CPU的多核优势。协程的优势是非常轻量，在进程内部可以生成大量协程。Python程序员通过yield表达式与send()方法能实现协程间的切换，但单纯地切换并不能提升性能，通常的做法是遇到I/O阻塞的时候就进行切换。感兴趣的读者可以深入学习I/O多路复用机制。后面将要讲述的asyncio是一个高性能的协程库，利用asyncio模块可以轻松地编写高并发程序。

15.4.4 技术总结

进程、线程、协程是互相关联的，为了方便读者学习，这里将三者放在一起总结。

① 进程是一个动态的概念，表示正在运行的程序。
② 进程是系统进行资源分配的基本单位，线程是进程内部的执行实体，是系统进行任务调度的基本单位。
③ 系统会为每一个进程分配一个虚拟地址空间，进程中的线程共享进程的地址空间。
④ 进程通过管道、队列等特殊方式来实现通信，线程通过进程中的全局变量来实现通信。
⑤ 进程/线程的运行顺序，以及运行在CPU的哪个核心内，都是由操作系统来进行分配和调度的。
⑥ 死锁是指进程互相持有对方所需要的资源，导致进程一直陷于等待状态。
⑦ Python中协程运行环境为单线程环境，不能有效利用CPU的多核优势。

15.4.5 课后习题

（1）什么是进程？简述你对进程的理解。
（2）什么是线程？简述你对线程的理解。
（3）阐述进程与线程的联系及区别。
（4）什么是协程？在什么情况下应该使用协程？
（5）为什么需要进行进程或线程间的同步？通过哪些方法可以进行进程/线程间的同步？
（6）什么是死锁？什么情况下会造成死锁？请在代码中对死锁的发生情况进行模拟。
（7）在多线程环境中线程间如何进行通信？
（8）通过os模块下的walk()方法可以遍历目录中的文件，请分别使用多进程和多线程来并发读取目录中的文件内容，然后将文件内容整合为一个大的文件。

15.5 同步 I/O 与异步 I/O

本节主要介绍同步I/O和异步I/O的特点和区别。

15.5.1 同步 I/O

同步I/O是指在进行I/O操作时，会一直处于等待状态。同步I/O主要分为阻塞I/O和非阻塞I/O。

- **阻塞 I/O**

阻塞I/O指的是进程/线程在执行I/O操作时，一直处于等待状态。在理解阻塞I/O之前，先看一个简单的例子。按照以下步骤进行操作。
（1）在D盘创建文本文件helloworld.txt，并输入内容"你好，世界"。
（2）在D盘创建Python脚本文件helloworld.py，输入以下代码。

实例代码

```python
# __author__ = 薯条老师

if __name__ == "__main__":
    with open("helloworld.txt") as f:
        content = f.read()
    '''
    其他操作
    '''
```

进入Windows命令行，切换到D盘，执行helloworld.py：Python helloworld.py命令，程序在命令行中输出：你好世界。

下面针对以上代码，来一步步地分析。
（1）程序中哪些是I/O操作？
程序中对文件helloworld.txt进行读操作：content = f.read()，就是I/O操作。

> **知识超链接**
>
> 对I/O概念不是很熟悉的读者，可以先回顾下12.1.3小节中的内容。

(2) 谁在等待，等待什么？

程序员编程对文件进行读/写时，利用的是系统提供的函数来对文件进行操作。对文件的读写实质是操作系统负责的，程序员只是调用了系统提供的接口。

那么谁在等待？调用系统I/O函数的在等待，也就是当前进程/线程，进程/线程在等待过程中不能执行其他操作。

等待什么？等待的是系统对I/O请求进行处理，系统处理完毕以后，进程/线程才解除阻塞状态，如图15-15所示。

以读操作为例，系统I/O主要分为两个阶段。

(1) 系统查看数据是否就绪。
(2) 将数据复制到进程的地址空间。

如果是执行写操作，系统会查看是否可以对设备进行写操作，如果满足写的条件，就将用户空间的数据复制到系统的缓冲区中。

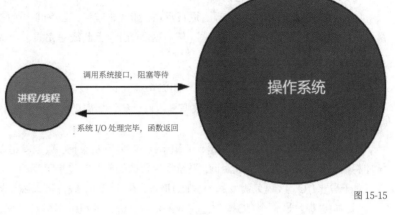

图 15-15

> **编程小知识**
>
> 进程/线程向系统发出I/O请求后，系统会查看是否就绪，即是否满足I/O操作的条件，如果没有就绪就会等待，导致进程/线程陷入阻塞状态。就绪以后，系统执行完I/O操作，并返回结果，至此进程/线程才解除阻塞状态。

- **非阻塞 I/O**

相比于阻塞I/O，非阻塞I/O在发起I/O请求以后，不需要等待，会立即得到系统的反馈。系统向线程返回一个状态码，线程通过这个状态码来判断是否可以进行I/O操作。在这一过程中，线程会不断轮询，直到读/写就绪，然后返回。

当然，在轮询过程中也会出现其他错误，读者可以先忽略。什么是轮询？读者可以把轮询理解为不断地调用系统接口，所以事实上在非阻塞I/O模型中，线程需要不断地询问系统读/写是否就绪，轮询的过程中会一直占用CPU，如图15-16所示。

之所以把非阻塞I/O归类为同步I/O，是因为非阻塞I/O虽然立即返回，但实际上在系统的数据复制过程中仍需等待。

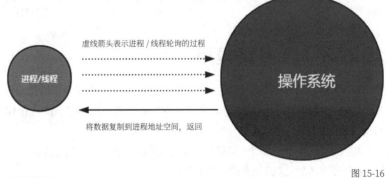

图 15-16

15.5.2 异步 I/O

在理解非阻塞I/O的基础上，很容易理解异步I/O。异步I/O本质上也是一种非阻塞I/O，即进程在调用系统接口时无须等待，立即返回。下面简述非阻塞I/O和异步I/O的过程，然后对两者进行对比。为方便描述，下面提到的I/O过程指的都是对设备的读操作。

非阻塞 I/O 过程

（1）线程向系统发起I/O请求后，立即返回。

（2）系统收到I/O请求后，查询设备是否已就绪，如果就绪，会将设备中的数据复制到系统缓冲区。

（3）线程不断向系统发起请求。

（4）系统对每一次I/O请求都会进行反馈，如果未就绪，会返回一个错误的状态码；如果已就绪，会将系统缓冲区的数据复制到进程的地址空间，然后返回结果，至此线程完成了一次读操作。

异步 I/O 过程

（1）线程向系统发起I/O请求后，立即返回。

（2）系统收到I/O请求后，查询数据是否已就绪。如果就绪，会直接将数据复制到进程的地址空间，然后给用户进程发送读操作已完成的信号。

异步I/O与非阻塞I/O的区别是：非阻塞I/O需要不断轮询，数据就绪以后，会再执行一次系统调用，然后系统才将数据复制到进程的地址空间，系统在执行数据复制时也是阻塞的。

对于异步I/O，线程只需发起一次I/O请求，在这期间，线程可以继续处理其他的任务，系统在执行完I/O操作以后，向进程发送一个I/O操作已完成的信号，这一过程中不会对进程进行任何阻塞。进程收到这个信号以后，直接在进程的地址空间中对数据进行处理。

> **笔者有话说**
>
> 举个通俗的例子。非阻塞I/O好比煮饭，每隔一段时间去看看饭熟了没有，如果熟了，还要自己盛饭。异步I/O就是一个煮饭机器人，只要给它发送一个指令即可，饭熟了以后，机器人会自动把饭端到餐桌上。

利用非阻塞I/O与异步I/O，可以实现程序的并发设计。异步I/O天然地支持并发，因为所有I/O操作都由系统进行处理。在系统处理期间，进程/线程可以继续处理其他任务。

在非阻塞I/O中，进程在执行I/O请求后，立即返回。那么有没有一种机制使得系统直接对读/写事件进行监控，以减少一些无意义的轮询，在事件触发前，进程可以执行其他I/O操作？下节将要介绍的I/O多路复用，可以同时对多个I/O事件进行监控，这样就实现了并发。

> **笔者有话说**
>
> 由于各系统对异步I/O的支持并不是很完善，实际中，大多是利用非阻塞I/O与I/O的多路复用来实现异步设计。

15.5.3 I/O 多路复用

I/O多路复用是系统提供的一种机制，在线程内部可以同时监控多个I/O事件，这里的I/O事件指的是读或写。为什么使用I/O多路复用可以实现并发？举个简单的例子，假设在程序中打开了3个文件，分别为A、B、C，对文件A和文件B进行读操作，对文件C进行写操作。

现在系统中一共有3个I/O事件：文件A的读事件，文件B的读事件，文件C的写事件。下面通过系统提供的I/O多路复用函数对这3个事件进行监控。

伪代码

```
# 假设代码中的 epoll 是系统提供的 I/O 多路复用函数

events = ["文件 A 的读事件", "文件 B 的读事件", "文件 C 的写事件"]
while True:
  # 使用 epoll 同时对多个事件进行监控，返回已就绪的事件
```

```
event = epoll(events)
if event == " 文件 A 的读事件 ":
    # 对文件 A 进行读操作
    pass
elif event == " 文件 B 的读事件 ":
    # 对文件 B 进行读操作
    pass
else:
    # 对文件 C 进行写操作
    pass
```

这样就在单进程或单线程内部实现了并发，可以并发地对多个I/O事件进行处理。只要其中一个I/O事件就绪，就可以立即处理。如果没有I/O多路复用，系统会一直阻塞在第一个I/O操作上，直到事件就绪，然后再线性地执行其他I/O操作。

> **编程小知识**
>
> 感兴趣的读者可以深入学习系统的I/O多路复用机制，Windows系统提供了IOCP模型，Linux系统的select、epoll模型也是对 I/O 多路复用的实现。

15.5.4 I/O 密集型与计算密集型

I/O密集型是指应用程序主要进行的是I/O操作，如磁盘文件读/写、网络数据收发等操作；而计算密集型指的是应用程序需要进行大量的CPU计算。

I/O的速度远低于CPU和内存读/写的速度，在实际开发中需要先分析应用程序进行的是哪种密集型的操作，再针对性地使用基于多进程、多线程或是针对I/O密集型任务的并发设计模型。下面分别对单核与多核情况下的并发模型选型进行分析。

- **单核情况下**

如果应用为计算密集型，此时即便使用多进程或多线程模型，依然是串行地执行，而且由于进程或线程间的切换所带来的时间损耗，反而会引起性能的下降。如果应用为I/O密集型，应用大部分时间都在等待I/O操作完成，此时可以利用以下机制来提升应用程序的并发性能。

（1）非阻塞I/O模型和I/O多路复用。

（2）协程。

- **多核情况下**

如果应用为计算密集型，为减少进程、线程切换带来的开销，可以将进程或线程数设置为CPU的核心数。如果应用为I/O密集型，在已使用I/O多路复用或协程的情况下，为提高CPU的利用率，需要对任务进行分解，再辅以多进程、多线程的手段来最大限度地提升并发性能。

15.5.5 高性能 asyncio

asyncio模块是从Python 3.4版本才引入的标准库。作为一个高性能的协程库，其底层实现基于I/O多路复用，适合用来开发I/O密集型的应用。利用asyncio可以轻松编写高并发程序。

协程对象（coroutine）通过async/await语法来声明一个协程对象（注意async与await是Python 3.5版本才支持的语法）。

实例代码

```python
import asyncio

# 使用 async/await 语法定义一个协程对象
async def helloworld():
    print("hello")
    await asyncio.sleep(1)
    print("world")

# 通过 asyncio 模块下的 run() 方法来运行一个协程
asyncio.run(helloworld())
```

输出结果

```
hello
world
```

(1)可等待对象：asyncio使用await关键字来修饰一个可等待对象，asyncio中的协程、任务对象等都是可等待对象。使用await来进行修饰时，表示等待协程或任务结束。

(2)任务对象（Task）：任务对象是对协程对象执行asyncio.create_task()方法以后返回的对象，协程被打包为任务对象以后，会被添加至准备立即运行的任务队列中。任务执行完毕以后，可通过任务对象的result()方法来返回协程的结果。

实例代码

```python
import asyncio

# 定义执行 I/O 处理的协程
async def io_coroutine():
    return "io"

# 定义执行 CPU 处理的协程
async def CPU_coroutine():
    return "CPU"

async def main():
    io_task = asyncio.create_task(io_coroutine())
    CPU_task = asyncio.create_task(CPU_coroutine())

    # 使用 await 等待任务结束
    await io_task
    # 任务结束以后，执行任务对象的 result() 方法，返回协程的结果
    print(io_task.result())
    await CPU_task
    print(CPU_task.result())

asyncio.run(main())
```

输出结果

```
io
CPU
```

（3）Future对象：Future对象是任务对象的父类，是一个可等待对象，保存了一个异步操作的最终结果。当一个 Future 对象被await时，意味着协程将保持等待，直到该 Future 对象在其他地方操作完毕。Future对象作为一种特殊的底层对象，通常没有必要在应用层的代码中使用。

（4）事件循环：事件循环是每个 asyncio 应用的核心，每一个事件都绑定了特定的处理函数（协程），事件触发时执行相应的处理函数。读者可以把事件循环理解为一个事件容器，在这个事件容器中不断对事件进行处理。事件循环作为asyncio的底层实现机制，在asyncio应用开发过程中，通常使用高层的asyncio API来进行程序的并发设计。

下面介绍asyncio常用的操作方法。

- **运行协程对象：asyncio.run(coroutine, debug=False)**

  此函数是在Python 3.7版本加入的函数。coroutine表示传递的协程对象，debug表示是否以调试模式运行。

实例代码

```python
import asyncio

async def helloworld():
    print("hello world")

# 通过 asyncio 模块下的 run() 方法来运行一个协程
asyncio.run(helloworld())
```

输出结果

```
hello world
```

- **创建任务对象：asyncio.create_task(coroutine)**

  此函数是在Python 3.7版本才加入的函数。coroutine表示传递一个协程对象，返回一个将协程打包后的任务对象。在Python 3.7版本以前，自Python 3.5版本开始，可以使用asyncio.ensure_future(coroutine)来代替。

实例代码

```python
import asyncio

async def helloworld():
    print("hello world")

# 返回一个任务对象
helloworld_task = asyncio.create_task(helloworld())
```

- **挂起当前任务：asyncio.sleep(delay, result=None)**

  delay参数表示休眠的时间，单位为秒；result的默认值为None，如果指定了result，协程完成时会将其返回给调用者。执行sleep()函数时，应该在前面加上await关键字。

实例代码

```python
import asyncio

async def helloworld():
    # 休眠 3 秒，然后输出 hello world，5 作为返回值，返回给调用方
    # result 的值为 5
    result = await asyncio.sleep(3, 5)
    print(result)
    print("hello world")

# 通过 asyncio 模块下的 run() 方法来运行一个协程
asyncio.run(helloworld())
```

输出结果

```
5
hello world
```

- **并发运行任务：asyncio.gather(*aws,return_exceptions=False)**

aws是一个可变参数，表示可等待对象，如果aws传递的是一个协程对象，该协程将自动作为一个任务被加入执行日程中。如果所有可等待对象都成功完成，结果将是一个由所有返回值聚合而成的列表，结果的顺序与aws中可等待对象的顺序一致。例如asyncio.gather(coroutine1, coroutine2, coroutine3)表示并发地运行这3个协程任务，如果所有协程都执行成功，返回值是一个列表类型，列表中的元素分别保存了coroutine1、coroutine2、coroutine3的返回值，结果的顺序与gather()函数中参数的顺序一致。

return_exceptions 默认值为False，表示在执行过程中所引发的首个异常会立即传递给等待 gather()的任务对象，而任务序列中的其他可等待对象不会被取消，并将继续运行。如果return_exceptions值为True，异常会和成功的结果一样处理，并聚合至结果列表。

如果gather()被取消，所有被提交的可等待对象也会被取消。如果aws序列中的任意任务或可等待对象被取消，它将被当作引发了CancelledError异常来进行处理，在这种情况下gather()调用不会被取消。

实例代码

```python
import asyncio

async def helloworld():
    return "hello world"

async def just_sleep():
    await asyncio.sleep(3)
    return 1314

async def main():
    # 并发的执行 just_sleep 协程，helloworld 协程
    results = await asyncio.gather(just_sleep(), helloworld())
    print(results)

asyncio.run(main())
```

输出结果

[1314, 'hello world']

- **并发可等待对象：asyncio.wait(aws, timeout=None, return_when=ALL_COMPLETED)**

并发运行aws指定的可等待对象，同时阻塞线程直到满足 return_when 指定的条件，可以为aws指定序列结构类型（列表、元组）或集合类型，aws中保存了可等待对象，return_when 必须为表15-1中的一个。

表 15-1 return_when 的值及说明

return_when 的值	描述
FIRST_COMPLETED	函数将在任意可等待对象结束或取消时返回
FIRST_EXCEPTION	函数将在任意可等待对象因引发异常而结束时返回。当没有引发任何异常时它就相当于 ALL_COMPLETED
ALL_COMPLETED	函数将在所有可等待对象结束或取消时才返回

timeout (float 或 int 类型)表示超时时间，单位为秒，用于控制返回之前等待的最长秒数，当超时发生时，该函数不会引发 asyncio.TimeoutError异常，未完成的可等待对象或任务将在超时后被返回。

asyncio.wait()的返回值为一个元组类型，格式为(done, pending)，done与pending都是集合类型，done中保存已完成的任务对象，pending中保存了未完成的任务对象。

实例代码

```
# -*- coding:utf-8 -*-
import asyncio

async def helloworld():
    return "hello world"

async def just_sleep():
    await asyncio.sleep(3)
    return 1314

async def main():
    # 并发执行 just_sleep 协程、helloworld 协程
    done,pending= await asyncio.wait({helloworld(), just_sleep()})
    for element in done:
        # 获取任务的返回值
        print(element.result())

asyncio.run(main())
```

输出结果

hello world
1314

- **防止被取消：asyncio.shield(aw)**

防止可等待对象aw被取消，如果 aw是一个协程，它将自动作为任务被加入执行日程中。如果aw是一个协程，包含aw的协程被取消时，aw中运行的任务不会被取消，但await表达式仍会引发一个CancelledError异常。以其他方式取消 aw（如在其内部操作）时，shield()也会被取消。

编程实例：asyncio 并发

现在通过asyncio来编写一个简单的并发实例，通过os模块下的walk()方法遍历文件夹下的所有文件，然后利用asyncio进行并发读取。

实例代码

```
# __author__ = 薯条老师

import asyncio
import os

async def calc_max(file_path):
    """
    :param file_path: 文件的路径
    :return: 文件中的最大的数
    """

    max_ = None
    with open(file_path, "r") as f:
        for line in f:
            number = int(line)
            if max_ is None:
                max_ = number
            elif number > max_:
                max_ = number
    return max_

async def main(dir_path):
    """
    :param dir_path: 某目录的路径
    :return:
    """

    files = get_files(dir_path)
    coroutines = [calc_max(f) for f in files]
    done, pending = await asyncio.wait(coroutines)
    max_ = None
    for task in done:
        # 获取子任务的返回值
        number = task.result()
        if max_ is None:
            max_ = number
        elif number > max_:
            max_ = number
    return max_

def get_files(dir_path):
    """
    :param dir_path: 文件夹的路径
    :return: 文件名列表
    """

    files = []
    for root, dirs, _files in os.walk(dir_path, topdown=False):
        for f in _files:
            # 通过 os.path.join() 方法拼接该文件的绝对路径
```

```
            files.append(os.path.join(root, f))
    return files


if __name__ == "__main__":
    """
    (1) dir_path 指定文件夹的路径，读者在测试时可以先在 D 盘中创建 test 目录，
        目录中保存一批待测试的 .txt 文件
    (2) 文件中的每一行为一个单独的整数或浮点数
    """
    dir_path = r"D:\test"
    max_ = asyncio.run(main(dir_path))
    print(" 所有文件最大的数为 :{}".format(max_))
```

15.5.6 技术总结

本节主要包含以下5个重要知识点。

① 同步I/O主要分为阻塞I/O和非阻塞I/O。

② 阻塞I/O在发起I/O请求后，会一直等待I/O操作完成，非阻塞I/O在发起I/O请求以后，则立即返回。

③ 异步I/O与非阻塞I/O的区别是，非阻塞I/O需要不断轮询，数据就绪以后，会再次执行系统调用，异步I/O的读/写操作由系统完成，在I/O操作期间不会对进程进行任何阻塞。

④ I/O多路复用是系统提供的一种机制，利用I/O多路复用可以同时监控多个I/O事件，在实际开发中使用非阻塞I/O和I/O多路复用函数来进行程序的并发设计。

⑤ I/O密集型是指应用程序主要进行的是I/O操作，计算密集型则指的是应用程序需要进行大量的CPU计算。

15.5.7 课后习题

（1）简述同步I/O与异步I/O的区别。
（2）为什么使用I/O多路复用可以实现并发？
（3）将15.5.5小节中的asyncio代码实例分别改成多进程、多线程的版本。
（4）如何使用多进程的方式将15.5.5小节中的asyncio代码实例进行改进？

15.6 程序实战：KO 街霸（升级版）

4.5节的程序实战中写了一个简单的程序，模拟春丽如何挑战街霸维加。在本节程序实战中，通过多进程的方式来模拟。

01 在D盘的python-learning目录中创建chapter15目录，然后在chapter15目录中创建ko_street_fighters.py文件，并输入以下代码。

实例代码

```
# __author__ = 薯条老师
from multiprocessing import Lock,Process,Queue
import queue
import random
```

```python
class Fighter:
    def __init__(self, name, blood = 100, justice = True, kungfu = None, enemies = 1):
        """
        :param name: 表示该 fighter 的姓名
        :param blood: 表示该 fighter 的血量
        :param justice: 布尔类型，表示该 fighter 是否代表正义的一方
        :param kungfu: 表示该 fighter 的格斗技能
        :param enemies: 表示该 fighter 对抗的敌人数
        """
        self.__name = name
        self.__blood = blood
        self.__justice = justice
        self.__kungfu = kungfu
        self.__enemies = enemies

    def attack(self):
        kungfu, harm = None, 0
        if self.__blood > 0:
            kungfu = random.choice(list(self.__kungfu.keys()))
            harm = self.__kungfu[kungfu]
        return kungfu, harm

    @property
    def name(self):
        return self.__name

    @property
    def blood(self):
        return self.__blood

    @blood.setter
    def blood(self, value):
        self.__blood = value

    @property
    def enemies(self):
        return self.__enemies

    @enemies.setter
    def enemies(self, value):
        self.__enemies = value

    @property
    def justice(self):
        return self.__justice


def fight(fighter, justice_attacks, injustice_attacks):
    """
    :param fighter: Fighter 对象
    :param justice_attacks: 队列类型，用来表示春丽的攻击
    :param injustice_attacks: 队列类型，用来表示巴洛克等杀手的攻击
    :return:
    """
```

```python
while True:
    kungfu, harm = fighter.attack()
    attack = {"name": fighter.name, "kungfu": kungfu, "harm": harm, "blood": fighter.blood}

    if fighter.justice:
        # 通过 justice_attacks 代表的消息队列，向以巴洛克为首的杀手们发起一个攻击
        justice_attacks.put(attack)
        if fighter.blood == 0:
            break
        # 从 justice_attacks 代表的消息队列中，接收对方的一个攻击
        attack = injustice_attacks.get()

        # 如果对方攻击时的 blood 值为 0，表示对方已被击败
        if attack["blood"] == 0:
            # 减去敌人数
            fighter.enemies -= 1
            if fighter.enemies == 0:
                # 敌人已全部被击败，退出战斗！
                break
            else:
                continue
    else:
        # 通过 justice_attacks 代表的消息队列，向春丽发起一个攻击
        injustice_attacks.put(attack)
        if fighter.blood == 0:
            break

        # 从 justice_attacks 队列中接收春丽发起的攻击
        attack = justice_attacks.get()

        # 如果春丽攻击时的血量为 0，说明春丽已经被击败
        if attack["blood"] == 0:
            """
            春丽已经战败，通过 justice_attacks 队列向己方的杀手们进行消息转发，
            同时退出战斗
            """
            justice_attacks.put({"blood": 0})
            break


    kungfu, harm = fighter.attack()

    """
    如果在回击的过程中反击的伤害大于对方的伤害值，
    则加上已有的血量值来实现回血的功能，否则将血量减去对应的伤害值
    """
    fighter.blood += harm - attack["harm"]
    if fighter.blood <= 0:
        fighter.blood = 0
    elif fighter.blood > 100:
        fighter.blood = 100

if fighter.blood > 0:
    print("{} 获得了胜利 !!!".format(fighter.name))
```

```python
if __name__ == "__main__":
    # 定义 chunli_kungfu 来保存春丽的招式及对应的伤害值
    chunli_kungfu = {
        "失误": 0,
        "原地蹲防": 5,
        "龙星落": 10,
        "气功拳": 15,
        "旋转踢": 20,
        "百裂脚": 20,
        "霸山天升脚": 20,
        "超必杀 - 千翼气功掌": 25
    }

    # 定义 baroque_kungfu 来保存杀手巴洛克的招式及对应的伤害值
    baroque_kungfu = {
        "失误": 0,
        "伤疤之恨": 15,
        "闪光漩涡": 20,
        "飞翔巴塞罗那": 20,
        "红色冲击": 20
    }

    # 定义 shadow_kungfu 保存影子杀手的攻击策略及对应的伤害值
    shadow_kungfu = {
        "失误": 0,
        "暗器": 10,
        "毒药": 15,
        "炸弹": 20
    }

    processes = []
    fighters = [
        Fighter(name="春丽", kungfu=chunli_kungfu, enemies=5),
        Fighter(name="巴洛克", kungfu=baroque_kungfu, justice=False),
        Fighter(name="影子杀手 1", kungfu=shadow_kungfu, justice=False),
        Fighter(name="影子杀手 2", kungfu=shadow_kungfu, justice=False),
        Fighter(name="影子杀手 3", kungfu=shadow_kungfu, justice=False),
        Fighter(name="影子杀手 4", kungfu=shadow_kungfu, justice=False)
    ]

    justice_attacks = Queue()
    injustice_attacks = Queue()

    for fighter in fighters:
        process = Process(target=fight, args=(fighter, justice_attacks, injustice_attacks))
        processes.append(process)

    [process.start() for process in processes]
    [process.join() for process in processes]
```

02 进入Windows命令行，切换到目录D:\python-learning\chapter15，然后在命令行中执行Python ko_street_fighters.py命令。

第 16 章

教学视频 4 个 8 分钟

Python 模块详解

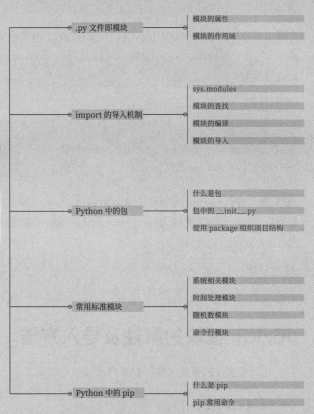

16.1 模块 / 属性 / 作用域

本节主要介绍模块、属性和作用域的作用和用法。

16.1.1 .py 文件就是一个模块

前面对模块进行了简单介绍，一个.py文件就是一个模块。将模块导入给其他模块使用时，模块名是对应的文件名（不包含.py），例如helloworld.py，模块名就是helloworld。直接执行该模块时，__name__中保存的模块名是__main__。请读者按照以下步骤操作，以理解__name__中值的变化过程。

01 在D盘python-learning目录下的chapter16目录中创建helloworld.py文件，并输入以下代码。

实例代码

```
module_name = __name__
print(module_name)
```

02 进入Windows命令行，切换到chapter16目录，执行python helloworld.py命令。直接执行helloworld模块时，__name__中保存的名称是__main__。

输出结果

```
__main__
```

03 在D盘python-learning目录下的chapter16目录中创建test_modulename.py文件，并输入以下代码。在test_modulename.py中导入同目录的helloworld模块，然后直接访问helloworld模块中的module_name变量。

实例代码

```
import helloworld
# 打印 helloworld 模块中的 module_name 变量
print(helloworld.module_name)
```

04 进入Windows命令行，切换到chapter16目录，执行python test_modulename.py命令。当helloworld模块被导入test_modulename模块时，__name__中保存的值为helloworld，故输出helloworld。

输出结果

```
helloworld
```

16.1.2 模块的属性及导入方法

本节主要介绍模块属性的相关概念及导入方法。

- **模块的属性**

在模块内部定义的任何对象（全局变量、函数、类等）都作为模块的属性，只导入模块时，模块的属性可以通过成员操作符"."来进行访问。例如，在helloworld.py中定义了module_name变量，则在其他模块中可以直接通过helloworld.module_name的形式来进行访问。

- **使用 from-import 导入模块的属性**

from-import的基本语法为from module_name import property1,property2。module_name 表示具体的模块名；property表示模块内部的属性，导入多个属性时，属性之间以逗号进行分隔。例如，helloworld.py中分别定义了全局变量GREETING和函数accumulate()，则属性导入的语法为from helloworld import GREETING,accumulate。

> **知识超链接**
>
> 1.12节"初识Python模块"对模块的基本导入语法进行了介绍。

16.1.3 模块的作用域

模块的作用域指的是模块属性的作用范围。一个模块文件对应一个命名空间。导入模块（语法为import module_name）实质上导入的是模块的命名空间，其他模块想要访问该模块的属性，必须使用module_name.property的写法，以成员操作符的形式来访问模块内部的属性。只导入命名空间的优点在于，可最大限度地减少与其他模块的命名冲突。

将模块的属性导入其他模块，实质是将模块的属性导入其他模块的命名空间中，如果存在同名的属性，后面导入的属性会将前面的属性覆盖。模块中的属性对其他模块来说是默认可见的，要控制属性对外不可见，可以在模块属性前加上英文的双下画线。

实例代码

```
__GREETING = "hello world"

def __accumulate(*args):
    pass
```

在这段代码中，通过在变量名与函数名前加英文的双下画线，可以控制模块属性对其他模块不可见。

16.1.4 技术总结

本节主要包含以下4个重要知识点。

① 在Python中，一个.py文件就是一个模块，将模块导入给其他模块使用时，模块名是对应的文件名（不包含.py）。

② 模块内部定义的任何对象（全局变量、函数、类等）都作为模块的属性。

③ 模块的作用域指的是模块属性的作用范围，一个模块文件对应一个命名空间，将模块的属性导入其他模块，实质是将模块的属性导入其他模块的命名空间中。

④ 在模块的属性名前加上双下画线可以控制属性对外不可见。

16.1.5 课后习题

（1）简述__name__值的变化过程。

（2）访问模块中的属性有两种方式，一是只导入模块的命名空间，然后以成员操作符的形式来访问；二是直接导入模块中的属性，请比较这两种方式的优缺点。

16.2 import 的导入机制

本节主要介绍import的用法和注意事项。

16.2.1 sys.modules

Python提供了许多内置模块，使用内置模块时可以使用import语句导入。导入的模块转译成字节码以后，被加载至内存中。

> **知识超链接**
>
> 使用import可以同时导入多个模块，模块之间以逗号进行分隔。对此内容还不是很熟悉的读者，可以复习1.12节 "初识Python模块" 的内容。

例如，导入random模块的语句如下。

```
>>> import random
```

Python在进行模块导入时，会首先确定模块是否已被导入。如果模块已被导入，那么在执行import语句时，Python解释器会忽略此操作，这样就避免了模块的重复导入。通过内置模块sys中的modules属性，可以查看系统已导入的模块。sys模块中的modules属性是一个字典对象，字典中的键名对应的是已导入的模块名（字符串类型）。

输出 modules 的类型

```
>>> import sys
>>> type(sys.modules)
<class 'dict'>
```

查看模块是否被导入

```
>>> import sys
>>> random in sys.modules
False
>>> import random
>>> "random" in sys.modules
True
```

在这段代码中，由于random开始并没有导入，所以在sys.modules中查找时返回False，这时Python会先进行模块的查找。

16.2.2 模块的查找

本节主要介绍模块查找的过程和方法。

- **查找的过程**

如果模块不在sys.modules中，表示第一次导入模块，首次导入模块时Python解释器会在系统中对模块进行查找。Python解释器会按以下步骤进行查找。

（1）在程序的当前目录查找。

(2) 在环境变量PYTHONPATH保存的路径中查找。
(3) 在系统目录中查找，如Python中的库目录。

如果执行完上述查找步骤以后，查找不到对应的模块，系统会抛出ModuleNotFoundError异常。例如，在交互模式中导入一个不存在的A模块。

导入不存在的模块

```
>>> import A
Traceback (most recent call last):
  File "<stdin>", line 1, in <module>
ModuleNotFoundError: No module named 'A'
```

从输出可知，系统抛出了ModuleNotFoundError异常。

- **添加查找路径**

模块的查找路径被保存在sys模块下的path属性中，sys.path是一个列表对象。

输出 path 的类型

```
>>> import sys
>>> type(sys.path)
<class 'list'>
```

列表中的第一个元素是空字符串，表示程序的当前目录。其他元素分别保存了环境变量PYTHONPATH和系统目录的路径。添加查找路径有两种方法：一是修改环境变量PYTHONPATH，二是程序运行时在sys.path中动态添加查找路径。

下面介绍在Windows中修改PYTHONPATH的方法。

01 按Windows键，输入sysdm.cpl，会弹出图16-1所示的对话框。

02 切换至"高级"选项卡，会看到右下角有一个"环境变量"按钮，如图16-2所示。单击"环境变量"按钮，打开"环境变量"对话框，如图16-3所示。

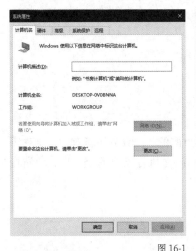
图 16-1

图 16-2

图 16-3

编程小知识

Windows中的环境变量分为用户变量和系统变量，用户变量只对当前用户起作用，系统变量对所有用户起作用。

03 读者可以根据实际需求来选择要设置的环境变量类型。以用户变量为例，在用户变量选项组中单击"新建"按钮，会弹出图16-4所示的对话框。

04 在"变量名"文本框中输入PYTHONPATH；在"变量值"文本框中输入模块的查找路径，查找路径以英文的分号;结尾，方便后续添加。假设查找路径为D盘的python-modules，则变量值为D:\python-modules。经过以上步骤以后就完成了环境变量PYTHONPATH的设置，如图16-5所示。后续需要添加查找路径时，直接编辑环境变量PYTHONPATH即可。单击"编辑"按钮，可以对查找路径进行添加，如图16-6所示。

图 16-4　　　　　　　　　图 16-5　　　　　　　　　图 16-6

当然，在Linux中也可以修改PYTHONPATH。在Linux系统中使用export关键字来添加查找路径，查找路径以英文冒号:分隔。语法为export PYTHONPATH=$PYTHONPATH:Python模块的查找路径。

假如模块a.py的所在目录为/usr/local/python-modules，模块b.py的所在目录为/home/shadow/python-modules，那么使用export关键字添加查找路径的命令为export PYTHONPATH=$PYTHONPATH:/usr/local/python-modules:/home/shadow/python-modules。

> **编程小知识**
> 在Linux系统中，对环境变量的修改时，通常是将命令写在系统启动脚本或特定的配置文件中。

读者也可以在运行时修改sys.path属性。Python程序员可以通过修改sys.path属性来添加模块的查找路径，sys.path属性是一个列表类型的值，通过列表类型的append()或insert()方法可以添加新的查找路径。以Windows系统为例，假设模块a.py在D盘的python-modules下。

实例代码

```
>>> import sys
>>> sys.path.append('D:\\python-modules')
>>> 'D:\\python-modules' in sys.path
>>> True
```

这两种修改方法的区别为，通过sys.path属性来添加查找路径只对当前的Python环境有效，而对环境变量PYTHONPATH的修改对后续的所有Python会话都有效，Python在执行模块的查找时，会先将PYTHONPATH保存的值添加到sys.path属性中。

16.2.3 模块的编译

Python查找到对应的模块后，会对源代码文件进行一次编译，这里的编译是将模块中的代码转译成Python字节码，然后将Python字节码载入内存。

如果查找到的模块是转译后的字节码，则无须进行编译，而直接将字节码载入内存。

> **编程小知识**
> Python是一种解释型语言，Python源文件会先进行一次编译，编译成Python字节码，然后逐行解释执行字节码中的指令。

16.2.4 模块的运行

Python解释器将模块转译成字节码以后，会从上至下线性地执行模块文件中的字节码指令，生成对应的属性。

> **编程小知识**
> 程序运行结束后，在Windows系统中，模块的目录下会生成一个__pycache__目录，该目录下的PYC文件即Python字节码。在Linux系统中，会直接在模块的目录中生成PYC文件。如果未对模块进行修改，Python下次进行模块导入时，会直接导入字节码文件，这样就提升了程序的执行效率。

16.2.5 模块的导入

经过前面几小节的介绍，读者已对import的导入机制有了大概的了解。import的导入过程主要包含以下5点。

(1) 查找模块是否已被导入内存。
(2) 如果模块已被导入，则忽略import操作，否则在系统中进行模块的查找。
(3) 模块的查找路径保存在sys.path中。如果查找不到模块，系统抛出ModuleNotFoundError异常。
(4) 将查找到的模块编译成Python字节码，并载入内存。
(5) 执行内存中的字节码，生成模块中的属性。

下面通过一个简单的实例来加深对import导入过程的理解。

01 在E盘的python-modules目录中创建algorithm.py文件，并输入以下代码。

实例代码

```python
def accumulate(*args):
    value = 0
    for arg in args:
        if isinstance(arg, (int, float, )):
            value += arg
    return value
```

02 在D盘python-learning目录下的chapter16目录中创建import_module.py文件，并输入以下代码。

实例代码

```python
#-*- coding:utf-8 -*-
import algorithm

if __name__ == "__main__":
    """
    accumulate() 方法是 algorithm 模块的属性，可以直接使用成员操作符进行访问
    也可以直接从 algorithm 模块中导入 accumulate() 方法：
    from algorithm import accumulate
```

```
"""
value = algorithm.accumulate(1,2,"3",4.0,5)
print(value)
```

03 进入Windows命令行，切换到D盘python-learning目录下的chapter16目录，然后执行python import_module.py命令，程序异常终止，抛出异常：ModuleNotFoundError: No module named 'algorithm'。对出错原因进行分析可知，Python在模块查找过程中，没有找到algorithm模块。解决办法之一是将E盘的Python-modules目录添加至环境变量PYTHONPATH中，如图16-7所示。

04 对环境变量PYTHONPATH进行保存以后，在命令行中重新进入import_module.py所在的目录中，执行python import_module.py命令。此时进入E盘的python-modules目录，会发现目录下多了一个__pycache__目录，__pycache__目录中保存的是模块algorithm.py的字节码文件。

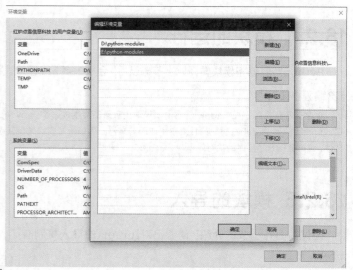

图 16-7

输出结果

12.0

16.2.6 技术总结

本节主要包含以下两个重要知识点。

① Python在进行模块导入时，会首先确定模块是否已被导入，如果模块已被导入，那么在执行import语句时，Python解释器会忽略此操作，这样就避免了模块的重复导入。

② Python在进行模块查找时会先在当前目录中进行查找，如果查找不到，会在sys.path保存的路径中进行查找。

16.2.7 课后习题

（1）简述Python模块的查找过程。
（2）简述使用PYTHONPATH环境变量与sys.path属性来添加模块查找路径的区别。

16.3 Python 中的包

Python中的package即俗称的包结构。包结构的实质是一种特殊的目录结构，这种目录结构中存放了多个Python模块文件，从这个角度来看，读者可以把Python中的package理解为模块的集合或仓库。下面看一个简单的包结构。

```
└── utils
    ├── accumulate.py
    ├── sum.py
    └── average.py
```

这里中的utils目录就是一种包结构，utils目录中存放了多个Python模块。Python的包中可以有多个子包，以这样的形式可以组合成任意复杂的包结构。下面为一个复杂的包结构。

```
└── utils
    ├── arithmetic
    │   ├── add.py
    │   └── sub.py
    ├── image
    │   ├── gray.py
    │   └── binary.py
```

在该包结构中，最顶层的包为utils，arithmetic与image作为utils的子包。

16.3.1 __init__.py

在Python中可以直接导入包。假设存在这样一种项目结构：

```
└── main.py
└── utils
    ├── accumulate.py
```

main.py与utils包处于同一目录下，在main.py中可以导入utils包。main.py中的代码如下。

实例代码

```
# 在 main.py 中导入 utils 包
import utils
```

在导入utils包的过程中，Python如果扫描到utils目录下的__init__.py文件，会先执行__init__.py中的代码。读者可以把__init__.py理解为包的构造函数，在这个文件里可以定义包的属性和方法。

> **编程小知识**
>
> 读者会发现包中的__init__.py非常类似于类中的__init__()方法。在Python的世界中，一切皆对象。直接导入包时，如 import utils，导入的只是一个包对象，无法通过成员操作符来访问包中的模块。通过成员操作符访问的是在__init__.py中定义的属性和方法。要导入包中特定的模块，应该使用from关键字，如from utils import accumulate，即从utils包中导入accumulate模块。

请读者按照以下步骤进行操作，以理解__init__.py的工作机制。

01 在D盘python-learning目录下的chapter16目录中创建main.py文件及utils目录，utils目录中包含__init__.py文件及accumulate.py文件。目录结构如下。

```
└── python-learning
    ├── chapter16
    │   ├── main.py
    │   └── utils
    │       ├── __init__.py
    │       └── accumulate.py
```

__init__.py 中的代码

```
print(" 导入 utils 包时，会先执行目录下面 __init__.py 中的代码 ")

# 定义公共的 NAME 属性，控制其对外不可见，可以在属性名前加上双下画线
NAME = "utils"
```

accumulate.py 中的代码

```
def accumulate(*args):
    value = 0
    for arg in args:
        if isinstance(arg, (int, float, )):
            value += arg
    return value
```

main.py 中的代码

```
"""
在 main.py 中导入 utils 包时，会先执行 utils 目录下的 __init__.py 中的代码
直接导入 utils 包时，导入的是这个包对象
"""
import utils

"""
导入包中的模块需要使用 from 关键字
"""
from utils import accumulate

if __name__ == "__main__":
    # 访问 utils 包对象中 NAME 属性
    print(utils.NAME)
    print(accumulate.accumulate(1,2,3,4,5))
```

02 在Windows命令行中切换到D盘python-learning目录下的chapter16目录，然后执行main.py：Python main.py命令。

输出结果

```
导入 utils 包时，会先执行目录下面 __init__.py 中的代码
utils
15
```

03 在当前目录中输入python并按回车键，进入交互模式，导入utils包，并使用dir()方法查看包对象的属性。

```
>>> import utils
导入 utils 包时，会先执行目录下面 __init__.py 中的代码
```

```
>>> dir(utils)
['NAME', '__builtins__', '__cached__', '__doc__', '__file__', '__loader__', '__name__', '__package__', '__path__',
'__spec__']
```

dir()的输出中包含了在__init__.py中定义的NAME属性，其中包对象的__package__保存了包对象的名称，__path__保存了包的绝对路径。感兴趣的读者可以分别将它们打印出来。

16.3.2 绝对导入与相对导入

本节主要介绍模块的绝对导入和相对导入的方法。

- **模块的绝对导入**

绝对导入是指从当前顶层的包位置处开始导入。请看下面的目录结构。

```
├── main.py
└── utils
    ├── __init__.py
    ├── log.py
    ├── arithmetic
    │   ├── __init__.py
    │   └── add.py
```

在该目录结构中，main.py与utils处于同一目录，utils是顶层的包，utils下面的arithmetic是子级的包。例如，需要在main.py中导入arithmetic包中的add模块时，则当前顶层的包是utils，绝对导入的语法为from utils.arithmetic import add；需要在log.py中导入arithmetic包中的add模块时，当前顶层的包就是arithmetic，绝对导入的语法为from arithmetic import add。

> **编程小知识**
>
> 访问包下面的子包时，使用"."符号。假设顶层的包为A，A下面的子包为B，B下面的子包为C，则导入B中模块的语法为from A.B import module，导入C中模块的语法为 from A.B.C import module，以此类推。

- **模块的相对导入**

（1）前缀点号。

模块的相对导入是指在包内部，相对于当前位置的模块导入。在相对导入语法中需要使用前缀"."。单个点号（.）表示当前目录，两个点号（..）表示父目录，3个点号（...）表示父目录的父目录，以此类推。点号可以加在名称前面，例如，.A表示当前目录中的A目录或A模块，..B表示父目录中的B目录或B模块。请看下面的目录结构。

```
├── main.py
└── utils
    ├── __init__.py
    ├── log.py
    ├── accumulate.py
    ├── arithmetic
    │   ├── __init__.py
    │   └── add.py
```

在该目录结构中，假设要在log.py中导入arithmetic包中的add.py模块，则语法为from.arithmetic import add，表示从当前目录中的arithmetic包中导入add.py模块。假设要在arithmetic包中的add.py中导入utils包中的accumulate.py模块，则语法为from .. import accumulate，表示从父目录中导入accumulate.py模块。读者需注意，以上仅为相对导入的基本语法，在实际相对导入相关模块时，还需注意模块的顶层作用域。

（2）顶层作用域。

在进行相对导入时不能超出当前包的顶层作用域，否则会抛出ValueError的异常，指示超出了顶层包的作用域。请看下面的目录结构。

```
└── dal
    ├── __init__.py
    ├── conn.py
└── utils
    ├── __init__.py
    ├── log.py
```

该目录结构中一共有两个包，分别是dal与utils。对于log.py来说，utils包就是其顶层包；对于conn.py来说，dal包就是其顶层包。直接运行模块时，Python会将该模块所在的目录作为当前目录下的包和所有子包的顶层作用域。继续看以下的目录结构。

```
└── main.py
└── utils
    ├── __init__.py
    ├── log.py
    ├── accumulate.py
    ├── arithmetic
    │   ├── __init__.py
    │   └── add.py
```

直接运行main.py时，main.py所在的目录就作为包结构的顶层作用域，此时在utils包和arithmetic包中的模块执行相对导入都会正常运行。如果在arithmetic目录中运行add.py，则arithmetic目录就作为顶层作用域，此时在add模块中相对导入utils包中的log模块，会抛出ValueError异常，指示超出了包结构的顶层作用域。

- **选择导入方式**

究竟使用什么方式导入，需分析这两种导入方式的优缺点。从实例入手，请看下面的多层嵌套的目录结构。

```
└── main.py
└── utils
    ├── __init__.py
    ├── arithmetic
    │   ├── __init__.py
    │   └── common
    │       ├── __init__.py
    │       └── add.py
```

在main.py中使用绝对导入的方式导入common中的add模块，语法为from utils.arithmetic.common import add。这种写法的优点在于，只需查看导入语句，就能清晰地知道add模块的具体位置。但如果嵌套的目录过深，那么绝对导入语句会变得非常冗长，而且在其中任何一个包名发生更改的情况下，使用了绝对导入的源程序都要修改，例如将common修改为simple，则在代码文件中必须同步地将from utils.arithmetic.common import add修改为from utils.arithmetic.simple import add。

> **笔者有话说**
>
> 在企业开发中，嵌套的目录过深属于在程序设计上应该规避的问题。在无特殊情况时，目录不应该超过3层，所以在大部分情况下，使用绝对导入并不会带来语句冗长的问题。程序员要注意的是包名的变动，一旦包名发生变动，那么所有使用了绝对导入的文件都要进行修改。

相对导入是基于当前位置来进行模块导入的，所以即使模块名发生变动，也无须修改源代码。例如下面的目录结构。

```
├── main.py
└── utils
    ├── __init__.py
    ├── log.py
    ├── accumulate.py
    ├── arithmetic
    │   ├── __init__.py
    │   └── add.py
```

在add.py中使用相对导入的形式来导入utils包中的accumulate模块时，语法形式为from .. import accumulate。即使utils包名或arithmetic包名发生了更改，accumulate模块也能正常导入。

> **编程小知识**
>
> 将main.py所在的目录保存在PYTHONPATH或sys.path中，此后在add.py中也可以通过绝对导入的方式导入utils包中的accumulate模块。

相对导入的缺点是容易造成代码的混乱和可读性变差，例如下面的导入语句。

```
from .. import A.function
from ... import B.function
from ..C import D.function
```

> **编程小知识**
>
> Python中的默认导入方式为绝对导入，因为其语法清晰、直接，企业开发中也通常将绝对导入作为首选。PEP8规范中也明确建议采用绝对导入的方式来进行模块导入。

16.3.3 使用包组织项目结构

本节主要介绍包组织项目中的结构组成。

- **软件的三层架构**

软件的三层架构是指将整个应用程序按功能来划分的三层逻辑结构：表示层、业务逻辑层和数据访问层。表示层的功能是接收用户输入的数据，以及进行数据显示；业务逻辑层对应于具体的业务规则，将其封装成一个个基本的处理模块；数据访问层则是把数据的读/写操作进行了封装。

使用分层架构使得项目的逻辑结构变得清晰可读，分工明确，开发人员只需关注整个结构中的某一层，降低了维护成本。

- **使用包来组织三层架构**

  使用包来组织三层架构，其形式为下面的一种目录结构。

  ```
  ├── main.py
  ├── uil
  │   ├── __init__.py
  ├── bll
  │   ├── __init__.py
  └── dal
      ├── __init__.py
  ```

  其中main.py是整个应用程序的入口，uil指的是数据表示层，bll指的是业务逻辑层，而dal代表数据访问层。三层结构并不是单纯将每个包进行命名，按这种逻辑形式进行项目的组织，程序员在实际设计过程中，应遵循模块化设计原则，同时多考虑代码的复用性以及减少层与层之间的相互依赖，以最大限度地发挥三层架构的功效。

16.3.4 技术总结

本节主要包含下面两个重要知识点。

① Python中的package是一种包结构，这种目录结构中存放了多个Python模块文件。
② 使用Python中的包来组织分层架构，分层架构使得项目的逻辑结构变得清晰可读且分工明确，开发人员只需关注整个结构中的其中某一层，降低了维护成本。

16.3.5 课后习题

（1）什么是相对导入？
（2）什么是绝对导入？
（3）分别阐述相对导入与绝对导入的优缺点。

16.4 Python 中的常用标准模块

Python提供了一系列标准的模块，使用这些标准模块时，无须安装，直接使用import语句来导入即可。

16.4.1 系统相关模块

本节主要介绍常用的系统模块。

- **os 模块**

  os模块提供了与操作系统相关的功能函数，用户在使用该模块时，无须关心各操作系统间的差异。os模块常用函数如表16-1所示。

表 16-1 os 模块常用函数

函数	使用说明
os.getcwd()	返回当前的工作目录
os.listdir(path=None)	参数：path 表示目录的路径 描述：返回值为列表类型，保存了 path 中的所有文件名和目录
os.chdir(path)	参数：path 表示目录的路径 描述：切换当前的工作目录到 path 指定的路径
os.walk(top,topdown=True)	参数： top 表示待遍历的目录路径 topdown 为可选参数，默认值为 True，表示首先返回根目录下的文件，然后遍历根目录下的子目录；值设为 False 时，则表示优先遍历根目录下的子目录，返回子目录下的文件，最后返回根目录下的文件 描述：walk() 函数会对目录中的文件进行逐层遍历，返回值为一个三元组，格式为 (root, dirs, files)，root 表示当前正在遍历的目录的路径，dirs 是当前目录下的所有目录，files 是当前目录下的所有文件名，可以使用 root 来拼接出文件的绝对路径
os.getpid()	返回当前进程的 ID
os.getppid()	返回父进程的 ID
os.path.join(path,*args)	参数： path 表示待拼接的目录的起始路径 args 为可变参数，表示拼接的目录名 描述：将 path 与 args 参数表示的所有目录名拼接为一个完整的路径
os.path.dirname(path)	参数：path 表示文件或目录的路径名 描述：返回 path 中的目录部分
os.path.basename(path)	参数：path 表示文件或目录的路径名 描述：返回 path 中的文件名部分
os.path.isdir(path)	返回值为布尔类型，指示 path 是否为一个目录
os.path.isfile(path)	返回值为布尔类型，指示 path 是否为一个文件
os.path.exists(path)	返回值为布尔类型，指示 path 代表的文件或目录是否存在
os.path.splitext(path)	返回值为元组类型，格式为 (root, ext)，ext 表示文件扩展名，没有扩展名时为空，root 是不包括文件扩展名的路径 例如，对于路径 D:\python-learning\chapter16\main.py，root 为 D:\python-learning\chapter16\main，ext 为 .py

- **sys 模块**

该模块用来获取系统或解释器的配置信息，以及对系统或解释器进行相关的配置和操作。sys模块常用属性及方法如表16-2所示。

表 16-2 sys 模块常用属性及方法

属性 / 方法	使用说明
sys.argv	列表类型，保存了传递给 Python 脚本的命令行参数，列表中的第一个元素为脚本的名称
sys.path	列表类型，存储了 Python 模块的所有查找路径
sys.exc_info()	返回值为一个三元组，表示与系统异常相关的信息，格式为 (type, value, traceback)，type 表示异常的类型，value 表示异常的值，traceback 表示异常的堆栈信息
sys.exit(status=0)	参数：status 表示状态码，默认值为 0，0 为正常状态，非 0 为不正常状态 描述：退出解释器，同时抛出 SystemExit 异常
sys.getsizeof(object)	参数：object 表示 Python 中的数据对象 描述：返回 object 在内存中所占的字节数

16.4.2 时间处理模块

本节主要介绍处理时间的相关模块。

- **time 模块**

该模块提供了各种与时间处理相关的函数。time模块常用函数如表16-3所示。

表 16-3 time 模块常用函数

函数	使用说明
time.time()	返回当前的时间戳，单位为秒
time.localtime(seconds)	参数：seconds 为秒数，默认为当前的时间戳 描述：返回 seconds 对应的时间元组，元组格式为 (tm_year,tm_mon,tm_mday,tm_hour,tm_min,tm_sec,tm_wday,tm_yday,tm_isdst)，元组中的元素表示"年、月、日、时、分、秒、本周的第几天、本年的第多少天、是否为夏令时"
time.strftime(format[, tuple])	参数： format 表示常用的时间格式化符号：%Y、%m、%d、%H、%M 和 %S，分别表示年、月、日、时、分、秒，format 是字符串类型，使用格式化符号来组合成一个特定的时间格式 描述：将时间元组格式化为特定的时间格式，返回值为字符串类型 tuple 表示时间元组，是可选参数
time.strptime(string, format)	参数： string 是字符串类型，表示特定格式的时间 format 是字符串类型，同 strftime 中的 format 描述：将 string 按 format 中的格式符解析为一个时间元组，string 的格式与 format 中的格式需一一对应，返回值为解析后的元组
time.sleep(seconds)	参数：seconds 为秒数，整型或浮点类型 描述：挂起当前调用线程，休眠 seconds 指定的秒数后，再恢复调用线程的运行

- **datetime 模块**

datetime模块提供了可以通过多种方式操作日期和时间的类，该模块中的主要类有下面4个。

（1）date：该类假设当今的公历在过去和未来永远有效。
（2）time：该类代表某个日期内的本地时间，独立于任何特定日期，假设每天一共有 24×60×60 秒。
（3）datetime：日期和时间的结合。
（4）timedelta：表示两个 date 对象，或者 time 对象，或者 datetime 对象之间的时间间隔，精确到微秒。
datetime模块常用属性及方法如表16-4所示。

表 16-4 datetime 模块常用属性及方法

属性 / 方法	使用说明
datetime.date.today()	返回一个表示本地时间的 date 对象，表示今天的日期。date 对象的属性为 year、month、day，分别表示年、月、日
datetime.time(hour=0,minute=0, second=0,microsecond=0, tzinfo=None, fold=0)	构造一个表示本地时间的 time 对象，参数 hour、minute、second、microsecond 分别表示时、分、秒、微秒。tzinfo 表示 tzinfo 子类的实例，fold 取值范围是 [0,1]，该参数用于在重复的时间段中消除边界时间歧义
datetime.datetime(year, month, day, hour=0,minute=0,second=0, microsecond=0, tzinfo=None)	构造一个表示本地时间的 datetime 对象，参数 year、month、day 为必填参数，表示年、月、日。hour、minute、second、microsecond 的默认值为 0，分别表示时、分、秒、微秒。tzinfo 表示 tzinfo 子类的实例，默认值为 None 对两个 datetime 对象进行减法运算，可以计算出时间差
datetime.datetime.today()	返回一个 datetime 对象，表示今天的日期和时间。datetime 对象常用的属性为 year、month、day、hour、minute、second、microsecond、tzinfo，分别表示年、月、日、时、分、秒、微秒、tzinfo 的子类对象
datetime.datetime.now(tz=None)	参数：tz 参数表示 tzinfo 子类的一个实例，默认值为 None 描述：tz 默认为 None 时与 datetime.datetime.today() 方法是类似的

续表

属性/方法	使用说明
datetime.timedelta(days=0, seconds=0, microseconds=0, milliseconds=0, minutes=0, hours=0, weeks=0)	参数： days 表示间隔的天数 weeks 表示间隔的星期 hours 表示间隔的小时数 minutes 表示间隔的分钟数 seconds 表示间隔的秒数 milliseconds 表示间隔的毫秒数 microseconds 表示间隔的微秒数 描述：返回一个时间间隔对象，通过 date 对象、time 对象或 datetime 对象与该间隔对象做加减法运算，可以算出一个间隔多少时间的日期。例如，计算前天的日期 datetime.datetime.today()-datetime.timedelta(days=2)

16.4.3 随机数模块

random模块实现了各种分布的伪随机数生成器。伪随机数并不是真正的随机，而是在计算机中按一定的计算规则生成的数，并且具有类似于随机数的统计特征，如均匀性、独立性等。random模块常用方法如表16-5所示。

表16-5 random 模块常用的方法

方法	使用说明
random.random()	返回 0 到 1 范围内的小数
random.randint(a,b)	返回一个 [a,b] 区间的整数，即返回的整数大于等于 a 且小于等于 b
random.uniform(a,b)	返回一个随机浮点数 N，当 a≤b 时，a≤N≤b。当 b<a 时，b≤N≤a
random.choice(seq)	seq 表示序列类型，返回 seq 中的任意元素
random.shuffle(x[, random])	参数： x 为列表类型 random 为可选参数，表示一个不带任何参数，返回 [0.0, 1.0) 区间的值的函数，默认为 random.random() 函数 描述：将 random() 函数的返回值作为依据，将 x 中的元素顺序打乱

16.4.4 命令行模块

argparse模块是Python标准库中用来处理命令行参数的模块，该模块会自动生成帮助和使用手册，并在用户传入无效参数时报出错误信息。argparse模块常用方法如表16-6所示。

表16-6 argparse 模块常用方法

方法	使用说明
argparse.ArgumentParser(description=None)	返回一个 ArgumentParser 对象，description 参数表示在命令行中输出的描述信息
ArgumentParser.add_argument(name or flags [,type][, default][, help])	name or flags 为字符串类型，表示命令行中的短参数或长参数，短参数以 - 符号为前缀，长参数以 -- 符号为前缀，在对 name or flags 传值时，可以传短参数或长参数，两者都传时只能使用长参数名来进行引用。例如，只传短参数为 add_argument("-f")，只传长参数为 add_argument("--flag")，两个都传为 add_argument("-f","--flag") type 表示参数被解析后的数据类型 default 表示该命令行参数的默认值 help 表示对该参数的描述信息

续表

方法	使用说明
ArgumentParser.parse_args()	返回值为argparse中的命名对象namespace，命令行中的参数值被保存在该命名对象中，该方法要求命令行中的参数必须与add_argument()中添加的参数一致 通过该namespace对象，可以以成员操作符的方式访问命令行中的参数值，例如add_argument("-f")，则可以通过Namespace.f的语法来访问参数-f的值；add_argument("-f", "--flag")，可以通过Namespace.flag的语法来访问参数--flag中的值
ArgumentParser.parse_known_args()	返回值为一个元组类型，格式为(namespace,unknowns)，namespace为argparse中的命名对象，表示已解析的命令行参数；unknowns是一个列表类型，保存的是不在add_argument中设置的命令行参数

下面通过一段简单的代码来掌握argparse模块的用法。

实例代码

```
# -*- coding:utf-8 -*-
import argparse

if __name__ == "__main__":
    parser = argparse.ArgumentParser()
    parser.add_argument("--host", type=str, default = "localhost")
    parser.add_argument("--port", type=int, default= 8080)
    args = parser.parse_args()
    print(args.hostname, args.port)
```

假设Python脚本文件为a.py，则在命令行中执行a.py时，可以这样传递参数：python a.py --host "Chollenon"--port 80，则程序的输出结果如下。

输出结果

```
Chollenon
80
```

在参数设置了默认值的情况下，可以都不传。执行 python a.py命令，则程序的输出结果如下。

输出结果

```
localhost
8080
```

使用parse_args()方法解析命令行参数时，命令行中传递的参数必须与add_argument()中的一致，否则Python解释器会抛出异常，指示传递了非法参数。此时可以使用parse_known_args()函数进行代替，只解析相应的参数，然后在代码中进行判断。

16.4.5 技术总结

本节主要包含以下重要的知识点。
Python提供了一系列标准的模块，比如系统相关模块、时间处理模块、随机数模块。使用这些标准模块时，无须安装，直接使用import语句进行导入。

16.4.6 课后习题

（1）在os.walk()方法中，分别给topdown参数传递True和False，比较两者输出的不同。

(2) 如何在交互模式中查找模块的其他方法?

(3) 分别使用sys.argv属性与argparse模块来获取命令行中的参数值,并比较这两种方法的异同。

16.5 Python 中的 pip

16.4节对Python中的常用标准模块进行了介绍,使用标准模块能解决部分开发需求,当标准模块无法解决开发需求时,开发者要么自己实现,要么使用其他人编写的模块。

Python开发者有一个很大的特点:热衷于开源和分享。在Python社区中,不少开发者和组织贡献了他们的第三方包,这些包都是可以免费使用的。安装这些包有两种途径:源码安装和使用特定的包安装工具。本节介绍Python社区中很流行的包安装工具:pip。

> **编程小知识**
> 第三方包不是Python内置的包,需要开发者手动下载和安装。

pip是Python中的包管理工具。通过pip工具,可以方便地对Python中的第三方包进行查找、下载、安装和卸载。pip对Python包的安装采取的是先下载后安装的策略,如果安装失败,会自动将下载的包清理干净。

16.5.1 pip 常用命令

扫码看视频

在执行pip命令前,需要将pip加入环境变量。

- **查看 pip 版本信息**

  在命令行中输入pip -V命令,会输出pip工具的版本信息。

- **升级 pip**

  在命令行中输入pip install --upgrade pip命令,会自动对pip工具进行升级。

- **查看已安装的第三方包**

  (1) pip list

  在命令行中输入pip list命令,会输出系统中已安装的第三方Python包。

  (2) pip show packagename

  packagename表示已安装的第三方包,输入pip show命令可以查看该包的详细信息。

- **安装第三方包**

  (1) pip install packagename

  packagename表示包名,该命令会默认安装该包最新的版本。如需安装指定版本的包,则对应的命令格式为pip install packagename==version,version表示对应的版本号。当输入一个错误的版本号时,Python解释器会输出该包的所有版本信息。

  (2) pip install -r requirements

  此种方式一般用于对第三方包进行批量安装。requirements表示一个文本文件,文件中的每一行写入一个待安装的包,包名后面可以通过==、>=、<=(等关系运算符)来指定一个特定的版本号,以解决第三方包安装时的版本依赖问题。

requirements 文件的内容格式举例

```
tornado==6.0
django==2.2.6
elasticsearch>=7.0.0
redis>=3.3.6
```

- **升级第三方包**

在命令行中输入pip install -U packagename命令，可将packagename代表的第三方包更新为最新版本。

- **卸载第三方包**

在命令行中输入pip uninstall packagename命令，可将packagename代表的第三方包从系统中卸载。

16.5.2 技术总结

pip是Python中的包管理工具，通过pip工具可以方便地对Python中的第三方包进行查找、下载、安装和卸载。

16.5.3 课后习题

（1）Python内置了许多常用的包，为什么还需要安装第三方包？

（2）Python支持以源码的形式对包进行安装，请查找相关资料来学习如何对源码包进行安装。

（3）比较使用源码安装与使用pip安装的优缺点。

第 17 章

教学视频 4个 17分钟

Python 数据库与网络编程

Python 数据库与网络编程

- 数据库编程
  - 数据库的定义及分类
  - 简单文件存储与 DBMS
  - 关系型数据库与 NoSQL
- 网络编程
  - 什么是网络编程
  - 网络协议
  - socket 编程
  - HTTP 编程

17.1 数据库简介

数据库就是存储数据的仓库。按存储介质的不同，计算机中的数据库可分为硬盘数据库和内存数据库。硬盘数据库即数据存储在硬盘上，内存数据库是将数据存储在内存中。在硬盘中存储的优点是容量大，可以持久化存储，但是读/写速度相对较慢；在内存中进行数据存储，则读/写速度快，但容量小，且不能进行持久化存储，一旦关闭电源，内存中的数据就会消失。

> **编程小知识**
>
> 在内存数据库具体的实现中，可以定期将内存中的数据转存到文件中，以实现持久化存储。

图17-1 所示为数据库的定义及分类。

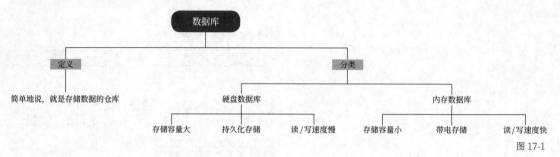

图 17-1

17.1.1 简单的文件存储

硬盘数据库的本质是通过文件来存储数据，以文件为单位来进行数据的存储和共享，使用简单的文件存储将程序和数据分离开来，使得程序和数据具备了一定的独立性。读者考虑一种场景，将程序中需要访问的数据以JSON的格式写入文件，假设最初的JSON文件为以下格式。

实例代码

```
[
  {
    "type": 0,
    "data": [{"author": " 小美 ", "price": 58, "publish_date": "2019-09-26"}]
  },
  {
    "type": 1,
    "data": [{"author": " 老王 ", "price": 68, "publish_date": "2019-09-26"}],
  },
  {
    "type": 2,
    "data": [{"author": " 贾平 ", "price": 39, "publish_date": "2019-09-26"}],
  }
]
```

以上JSON格式中定义了type字段来区分数据的类型，data字段保存了具体类型的数据，将程序中需访问的数据写入JSON文件，程序运行时再进行读取，实现了一定程度上的独立性。这样设计的不足在于，程序运行时需将文件中的内容全部读取到内存中，如果仅需要处理type为0的数据，那么就造成了资源的浪费。

为解决这样的问题，可以按type分类，将不同类型的数据存储到不同的文件中。根据type进行分类存储以后，JSON文件的逻辑结构也随之发生变化，演变为以下结构。

实例代码

```
{
  "data": [{"author": " 小美 ", "price": 58, "publish_date": "2019-09-26"}]
}
```

文件的逻辑结构发生变化以后，对应的程序也必须作出相应的修改，从这个角度来看，文件的逻辑结构与程序存在很强的耦合性。以文件为单位来进行数据存储，文件之间缺乏必要的关系，多个程序都有其对应的文件，有可能同一份数据会在多个文件中重复存在，容易造成数据的冗余。

此外，现在很难处理字段级别的查询，继续以上述JSON文件为例，要查出所有author为"小美"的人，在不改变现有文件结构的前提下，需要将所有目录中的文件逐一读取到内存中，然后逐一判断author是否等于"小美"。如果文件数量很大，那么这将是一个非常耗时的查询过程。

简单的文件存储存在诸多弊端，这种存储方式以文件为中心，尽管可以把数据组织成相互独立的文件，实现记录内的结构性，但整体却是无结构的，不能对文件进行结构化操作。

17.1.2 DBMS

DBMS是数据库管理系统的英文简写，是一种专门用来对数据进行管理和控制的系统软件，通过DBMS可以创建、使用和维护数据库。DBMS是在文件系统的基础上发展而来，同简单的文件存储一样，都是对数据进行组织与管理的技术。

用户直接使用文件进行数据共享时，利用的是操作系统提供的接口来进行文件的读/写。使用DBMS时，利用的是DBMS对外提供的用户接口来对数据进行处理。

> **笔者有话说**
> DBMS在内部实现中，也是以文件来进行存储的，同简单文件存储的区别在于，DBMS采用了复杂的数据模型来表示数据结构，真正实现了以数据为中心的数据共享。DBMS就是程序员编写的一个复杂软件，它对数据进行集中的管理和控制，以保证数据的安全性和完整性。

17.2 关系型数据库与NoSQL

对数据库进行分类，按数据组织方式的不同，可以分为关系型的数据库和非关系型的数据库。在计算机领域，用NoSQL来泛指非关系型的数据库。

17.2.1 关系型数据库

下面介绍关系型数据库的相关特点和概念。

- **关系模型**

关系型数据库是采用了关系模型来进行数据组织的数据库。在理解关系模型前，先看表17-1所示的数据表格，其中存储了多个程序员的基本信息。表17-1中的数据表格由行和列组成了一张二维表，这张二维表就是所谓的关系。

表 17-1 程序员基本信息表

编号	年龄	岗位
1	23	前端工程师
2	25	Python工程师
3	21	C++工程师
4	22	Java工程师

在关系模型的二维表结构中，每一行记录被称为一个元组。例如，表格数据的第1行(1,23,前端工程师)，这就是关系中的一个元组。读者可以把元组理解为表格中的一个完整的数据对象，表格中的列名构成了数据对象的属性，所有属性构成了该数据对象的描述。理解关系模型，其核心在于理解关系的结构、模式，以及关系的约束。关于约束，后面会进行讲解。

- **核心概念**

关系型数据库是所有关系的集合，关系型数据库通过关系模型来表示数据的逻辑模型。前面提及的关系、关系模型、元组和属性，都是关系型数据库的一些核心概念。关系型数据库的核心概念如表17-2所示。

表 17-2 关系型数据库的核心概念

核心概念	描述
table（表）	一种二维的数据结构，由行和列组成
relation（关系）	关系对应的是一张二维表格
row（行）	对应二维表中的一行记录，又称为元组
column（列）	对应二维表中的一列数据，又称为属性
key（键）	用来唯一标识表格中的每一行，或与其他表产生联系，可以用一行中的一个或多个属性来作为一个键。一张表中可以存在多个键，例如表17-1中的关系模型为(编号,姓名,年龄,职业)，则可以用编号来对表格中的记录进行标识
primary key（主键）	用来唯一地标识表格中的记录，一张表只能存在一个主键，在关系模型(编号,姓名,年龄,职业)中，同样可以将编号作为主键
foreign key（外键）	若一个关系中的键是另外一个关系中的主键，则称该键为外键
data type（数据类型）	表格中的每一列都有对应的数据类型，如整型或字符串类型

- **关系型数据库的事务**

事务是DBMS执行操作过程中的一个逻辑单位，由一个有限的操作序列构成，DBMS通过事务来保证对数据操作的安全性和完整性。事务包含了以下4个特性。

原子性（atomicity）

原子性是指将数据的一系列读/写操作视为一个操作集合，这个集合中的操作要么完全执行，要么完全不执行。例如对数据A进行修改，则包含如下3个读/写操作，这3个操作就构成一个操作集合，集合中的（1）（2）（3）操作要么全部成功，要么全部失败。

（1）读取A的值。

（2）对值进行修改。

（3）将值写回到A中。

一致性（consistency）

一致性是指事务执行的结果必须从一种一致性状态转换为另一种一致性状态，状态的转换过程对外不可见。这里以银行转账来举例：A账户余额1000元，B账户余额500元，从A账户转账500到B账户，最终A账户余额为500，B账户余额为1000。下面分析转账过程中存在的一致性状态。

（1）转账前的一致性状态：A账户余额1000元，B账户余额500元。

（2）转账成功后的一致性状态：A账户余额500元，B账户余额1000元。

那么，事务就是指必须由（1）中的一致性状态转换为（2）中的一致性状态，至于转账操作是否成功，则由事务的原子性来保证。

隔离性（isolation）

隔离性是指事务在执行过程中不能被其他事务干扰。假设数据库中同时存在对数据A的读事务和对数据A的写事务，则读事务在读取A的值的过程中不能被写事务干扰，解决办法是将读事务与写事务进行隔离，读事务要么先于写事务，要么在写事务完成以后再进行数据A的读取。

> **编程小知识**
>
> 数据库事务中定义了4种隔离级别，级别由低到高进行排序，分别为Read uncommitted、Read committed、Repeatable read、Serializable。事务隔离级别越高，越能有效保证对数据进行并发读/写的正确性，但随之而来的是性能下降。

持久性（durability）

持久性是指事务一旦提交，对数据库中数据的改变就应该是永久性的。

- **结构化查询语言**

结构化查询语言对应的英文为Structured Query Language，简称SQL，是一种数据库查询语言。在关系型数据库管理系统（RDBMS）中，SQL用来对数据进行查询、更新，以及对数据库进行管理。

> **编程小知识**
>
> SQL最早是在IBM的关系型数据库SystemR上实现的，由于其简洁易学、功能丰富，一经推出，便大受业界和用户的欢迎。

学习SQL，主要是学习SQL中的动词的用法及其主要组成部分。

（1）DDL：数据定义语言，其核心动词包括CREATE、DROP、ALTER，分别表示表格的创建、表格的删除和表格的修改。

（2）DQL：数据查询语言，核心动词为SELECT，表示从表格中查询数据。

（3）DML：数据操作语言，核心动词为INSERT、UPDATE、DELETE，分别表示在表格中插入数据、在表格中更新数据和在表格中删除数据。

（4）TCL：事务控制语言，用来对DML语句进行事务控制，核心动词为COMMIT、ROLLBACK，分别表示对事务进行提交和对事务进行回滚。

关系型数据库管理系统的代表是MySQL与Oracle，后面将演示如何在Python中使用MySQL。

17.2.2 NoSQL

NoSQL去掉了关系型数据库的关系特性，泛指一切非关系型的数据库。在早期的数据库系统中，用户更关注的是数据的安全性和完整性，于是诞生了关系型数据库，借助于关系型数据库的事务机制，有效地保证了这几类特性。

传统关系型数据库的关系模型成了"桎梏",关系模型需要在设计之初就确定,很难在运行时进行扩展。此外,由于关系型数据库的强一致性特性,在面对海量数据的高并发读/写请求时,性能较差。正是在这样的历史背景下,NoSQL诞生了。NoSQL摒除了关系模型,结构简单且数据之间无关系,这样就非常容易扩展,对数据采取的是弱一致性原则,大大提高了读/写性能。在当前市场中,NoSQL主要分为表17-3所示的四大类。

表17-3 NoSQL 的分类

NoSQL 分类	描述
key-value数据库	即键值数据库,此类数据库采用哈希表进行实现,表中由键和指针指向特定的数据
列式存储数据库	此类数据库键依然存在,但指向的是多个列的数据
文档型数据库	同键值存储类型,但存储的是版本化的文档、半结构化的文档数据,如JSON。文档型数据库允许键值嵌套
图形数据库	采用灵活的图形模型来构建的数据库

其中,key-value数据的代表是Redis,后面会对Redis数据库管理系统进行介绍。

17.3 MySQL 安装与使用

MySQL是比较流行的RDBMS之一,使用SQL可以对数据库进行查询、更新和管理。MySQL采用了双授权策略,分为社区免费版和商业版。由于其体积小、性能卓越、对外开放源代码的特点,许多中小型网站的开发都将MySQL作为数据库的首选。

17.3.1 安装 MySQL

要在Python中使用MySQL,需要先在本地安装一个MySQL服务器,然后在代码中进行连接。在安装MySQL时,选择社区免费版,即可满足大部分开发者的需求。

01 直接进入MySQL社区版官方下载页,如图17-2所示。

02 单击"Windows(x86, 32 & 64-bit), MySQL Installer MSI"对应的 Go to Download Page按钮,进入MySQL的MSI Installer下载页面,如图17-3所示。

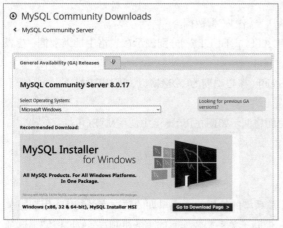

图 17-2

图 17-3

03 选择18.5M的下载器,单击Download按钮,进入下载页面,直接单击"No thanks, just start my download"链接进行下载,如图17-4所示。

04 双击下载的安装包，进行社区版MySQL的安装，如图17-5所示。

图 17-4

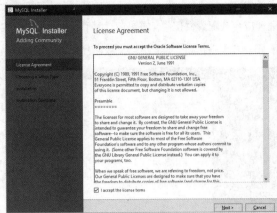

图 17-5

05 单击Next按钮，进入安装类型选择界面，选择默认的安装类型，如图17-6所示。

06 单击Next按钮，进入MySQL的路径配置界面，如图17-7所示。

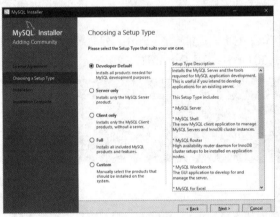

图 17-6

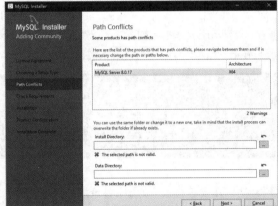

图 17-7

07 在Install Directory文本框中输入安装目录，在Data Directory文本框中输入MySQL数据的存储目录。输入完毕后单击Next按钮，如图17-8所示。

08 单击Execute按钮，开始安装MySQL，安装过程花费的时间较长，读者需要耐心等待。安装完毕后进入MySQL的配置界面，依次单击Next按钮，直到进入账户和密码的配置界面，如图17-9所示。

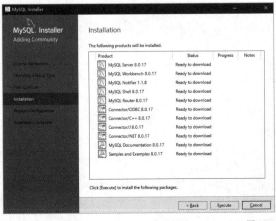

图 17-8

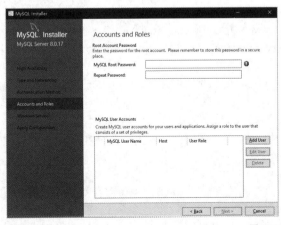

图 17-9

09 MySQL默认的账户名为Root，表示超级管理员用户，读者需要在文本框中输入对应的密码。输入完毕后，依次单击Next按钮，在Apply Configuration页面中单击Execute按钮，将安装过程中的路径配置、账号/密码的配置应用到配置文件中，如图17-10所示。

10 单击Finish按钮，继续单击Next按钮，进入图17-11所示的界面，测试是否能连接到本地的MySQL服务器。

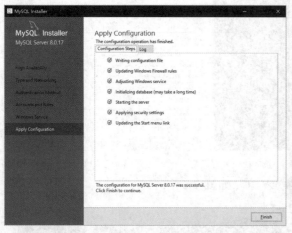

图 17-10

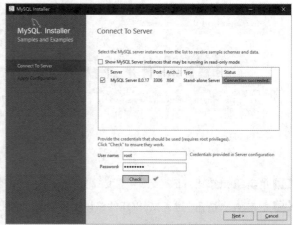

图 17-11

11 在Password文本框中输入密码，然后单击Check按钮。如果能正常连通，Status列会显示Connection succeeded，依次单击Next和Finish按钮，最后会弹出MySQL的Shell界面，如图17-12所示。

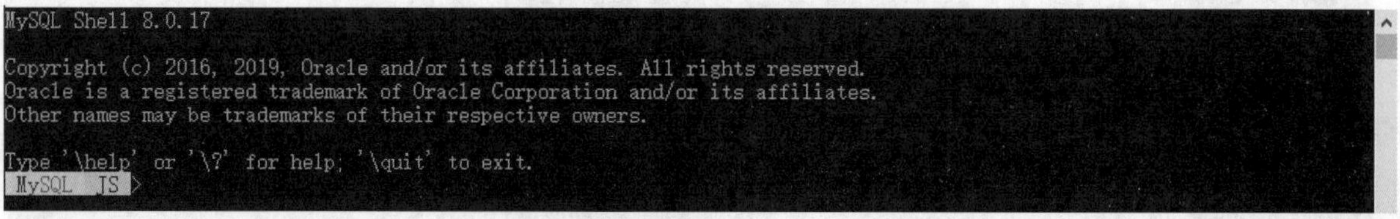

图 17-12

12 将MySQL安装目录下的bin目录添加到环境变量Path中，以后就可以直接在Windows命令行中使用MySQL命令了。MySQL的安装目录是在第07步中输入的安装路径，如D:\MySQL，则MySQL安装完毕后，会在该路径下创建一个名为MySQL Server ×××的目录（×××表示MySQL Server的版本号），然后需要将该目录下的bin目录的路径添加至Windows系统的环境变量Path中。

实例代码

```
Enter password: ********
Welcome to the MySQL monitor.  Commands end with ; or \g.
Your MySQL connection id is 15
Server version: 8.0.17 MySQL Community Server - GPL

Copyright (c) 2000, 2019, Oracle and/or its affiliates. All rights reserved.

Oracle is a registered trademark of Oracle Corporation and/or its
affiliates. Other names may be trademarks of their respective
owners.

Type 'help;' or '\h' for help. Type '\c' to clear the current input statement.

MySQL>
```

注意，交互模式中的命令以;结尾，输入exit;可退出MySQL的交互模式。安装好MySQL后，后面将学习MySQL基本用法：创建数据库、使用数据库、在数据库中创建数据表、增/查/改/删表格中的数据和对数据表进行管理。

17.3.2 创建数据库

创建数据库的基本语法为CREATE database database_name，其中database_name表示待创建的数据库名。在MySQL交互模式中，所有命令必须以;结尾。MySQL命令忽略大小写，即既可以使用CREATE，也可以使用create。

> **编程小知识**
> 可以在交互模式中输入show database;来查看所有的数据库。

17.3.3 使用数据库

使用数据库的命令为USE，基本语法为USE database_name。

17.3.4 在数据库中创建数据表

创建数据表的基本语法为CREATE table_name(column_name data_type column_constraint[, table_constraint(column)])。表名为table_name；column_name表示列名；data_type表示列名的数据类型；column_constraint表示对列的约束；例如键或主键就是一种约束；[, table_constraint]表示可以创建表级别的约束，在后面讲解MySQL的约束时会介绍如何创建表级别的约束。多个列之间以逗号进行分隔。

实例代码

CREATE table_name(column_name1 data_type1 column_constraint1, column_name2 datatype2 column_constraint2)。

- **MYSQL 的基本数据类型**

  MySQL的基本数据类型主要分为数值类型、日期时间类型和字符串类型，如表17-4～表17-6所示。

表 17-4 MySQL 中的数值类型

数值类型	大小	描述
TINYINT	1字节	小整数类型
SMALLINT	2字节	小整数类型
MEDIUMINT	3字节	小整数类型
INT	4字节	MySQL默认的整数类型
BIGINT	8字节	大整数类型
FLOAT	4字节	单精度浮点类型
DOUBLE	8字节	双精度浮点类型
DECIMAL	用来存储精确的数值，使用形式为DECIMAL(M,D)，M表示有效数字的精度，取值范围为1~65，D表示小数点后的位数，取值范围为0~30。在MySQL中，要求D≤M	

表 17-5 MySQL 中的日期时间管理

日期时间类型	大小	描述
DATE	3字节	格式为YYYY-MM-DD，表示年月日的日期值
TIME	3字节	格式为HH-MM-SS，表示时分秒的时间值
YEAR	1字节	格式为YYYY，表示年份
DATETIME	8字节	格式为YYYY-MM-DD HH:MM:SS，表示年月日、时分秒的日期与时间
TIMESTAMP	4字节	表示自1970-01-01 00:00:00开始，至2038年结束的时间戳值

表 17-6 MySQL 中的字符串类型

字符串类型	大小	描述
CHAR	0~255字符	表示定长的字符串
VARCHAR	0~65 535字符	表示长度可变的字符串
TINYBLOB	0~255字符	表示二进制字符串
TINYTEXT	0~255字符	表示短文本字符串
BLOB	0~65 535字符	表示二进制形式的长文本数据
TEXT	0~65 535字符	表示长文本数据
MEDIUMBLOB	0~16 777 215字符	表示二进制形式的中等长度长文本数据
MEDIUMTEXT	0~16 777 215字符	表示中等长度的文本数据
LONGBLOB	0~4 294 967 295字符	表示二进制形式的超长文本数据
LONGTEXT	0~4 294 967 295字符	表示超长文本数据

● MySQL 的约束

MySQL中的约束是指对属性值、属性的唯一性等进行约束，如表17-7所示。

表 17-7 MySQL 中的约束

约束类型	描述
NOT NULL	非空约束，约束属性值不能为空
UNIQUE	唯一性约束，约束该属性值必须唯一。使用唯一键约束时，会对该列创建唯一键索引
PRIMARY KEY	主键约束，约束该键的类型为主键，数据表中最多只存在一个主键。使用主键约束时，会对该列创建主键索引
AUTO_INCREMENT	对唯一键进行扩展的完整性约束，使用该约束时，字段上的值会自动生成唯一的ID，一个表中只能有一个字段设置该属性
FOREIGN KEY	外键约束，约束该键的类型为外键

下面以表17-8所示的简单表格为例，通过CREATE语法来创建一张数据表。

表 17-8 简单数据表

编号	姓名
1	小美
2	小丽
3	小花
4	小朵

01 进入Windows命令行，输入MySQL -uroot -p命令，进入MySQL的交互模式，创建company数据库，命令形式为create database company。

实例代码

```
MySQL> create database company;
Query OK, 1 row affected (0.56 sec)
```

02 创建完数据库以后，要先使用数据库，命令形式为use company。存在多个数据库时，可以通过use命令来进行数据库的切换。

实例代码

```
MySQL> use company;
Database changed
```

03 进入company数据库以后，使用create命令创建员工表，命令形式为create table employee(id int not null auto_increment primary key, name char(10) not null, unique(name))。

实例代码

```
MySQL> create table  employee(id int not null auto_increment primary key, name char(10) not null, unique(name));
Query OK, 0 rows affected (2.81 sec)
```

以上代码使用了create命令来创建员工表，表名为employee，关系模式为(id, name)。

id表示员工的编号。id的数据类型为int；约束为not null auto_increment primary key，表示将id约束为非空、自增和主键。

name表示员工的姓名。name的数据类型为char(10)，表示使用定长的10个字节来存储员工的姓名；约束为not null，表示员工的姓名必须非空；unique(name)表示设置表级别的约束，将name设置为唯一键。在设置表级别约束时，可以同时设置多个列，如unique(column1, column2)，此时创建的是复合索引。

- **增/查/改/删数据表中的数据**

增/查/改/删，分别对应于MySQL中的INSERT、SELECT、UPDATE和DELETE命令。

（1）使用INSERT命令在表格中插入数据，基本语法为insert into table_name (column) values (value)，表示在表格table_name的列column中插入值value，可以同时插入多个列值，此时列（值）之间以逗号进行分隔。在employee表中插入一行数据。

实例代码

```
MySQL> insert into employee(id,name) values(1, " 小美 ");
Query OK, 0 rows affected (0.21 sec)
```

由于id是自增的，在实际插入时可以省略，这时系统会自动插入一个自增的id值。

实例代码

```
MySQL> insert into employee(name) values(" 小丽 ");
Query OK, 0 rows affected (0.33 sec)
```

列名是可选的，此时严格按照定义的列的顺序来插入值。

实例代码

```
MySQL> insert into employee values(3, " 小花 ");
Query OK, 0 rows affected (0.17 sec)
```

（2）使用SELECT命令在表格中查询数据。基本语法1为select column from table_name，表示在表格table_name中查询column所对应的列的值。可以同时查询多个列，列之间以逗号进行分隔。

实例代码

```
MySQL> select id,name from employee;
+----+------+
| id | name |
+----+------+
|  1 | 小美  |
|  2 | 小丽  |
|  3 | 小花  |
+----+------+
3 rows in set (0.04 sec)
```

查询表格中的所有列时，以通配符"*"来表示查询所有列。

实例代码

```
MySQL> select * from employee;
+----+------+
| id | name |
+----+------+
|  1 | 小美  |
|  2 | 小丽  |
|  3 | 小花  |
+----+------+
3 rows in set (0.04 sec)
```

基本语法2为select column from table_name where column operator value。相对于基本语法1，基本语法2多了一个where子句，表示对查询到的列值进行过滤。where子句中的column表示列名，operator表示where子句中的运算符，value是具体的值，如表17-9所示。

表17-9 where 子句操作符

操作符	描述
=	等于
!=	不等于
>	大于
<	小于
>=	大于等于
<=	小于等于
BETWEEN … AND	在某个范围之内，例如在1与10之间，则是BETWEEN 1 AND 10
IN	在某个集合中，例如在集合(1,2,3)中：in (1,2,3)
LIKE	模糊查询，查询字段中可使用%和__符号以正则表达式来进行模糊匹配，%表示模糊匹配其中的0个或多个字符，__表示模糊匹配其中的单个字符

下面在emploee表中查询id大于3的数据。

实例代码

MySQL> select id,name from employee where id > 3;
Empty set (0.18 sec)

Empty set表示查询到的数据为空，此时可以再添加一行数据。

实例代码

MySQL> insert into employee(name) values(" 小朵 ");
Query OK, 0 rows affected (0.39 sec)

再次查询id大于3的数据时会查询到数据。

实例代码

MySQL> select id,name from employee where id > 3;
+----+------+
| id | name |
+----+------+
| 4 | 小朵 |
+----+------+
1 row in set (0.03 sec)

使用in关键字查询id为1、4的数据。

实例代码

MySQL> select id,name from employee where id in (1,4);
+----+------+
| id | name |
+----+------+
| 1 | 小美 |
| 4 | 小朵 |
+----+------+
2 rows in set (0.01 sec)

使用between关键字来查询id为1～3的数据。

实例代码

MySQL> select id,name from employee where id between 1 and 3;
+----+------+
| id | name |
+----+------+
1	小美
2	小丽
3	小花
+----+------+
3 rows in set (0.06 sec)

使用like关键字进行模糊查询，查询员工名字中有"花"字的员工。

实例代码

```
MySQL> select id,name from employee where name like '% 花 ';
+----+------+
| id | name |
+----+------+
|  3 | 小花 |
+----+------+
1 row in set (0.15 sec)
```

基本语法3为select column from table_name order by column asc。使用order by子句对查询到的值进行排序。order by子句后面可以存在多个列，列名之间以逗号进行分隔。使用ASC关键字表示按升序进行排序，使用DESC关键表示按降序进行排序，默认以升序进行排序。

对employee表中的数据，根据id值进行降序排序。

实例代码

```
MySQL> select id,name from employee order by id desc;
+----+------+
| id | name |
+----+------+
|  4 | 小朵 |
|  3 | 小花 |
|  2 | 小丽 |
|  1 | 小美 |
+----+------+
4 rows in set (0.01 sec)
```

order by子句可以与where子句结合，此时order by子句必须跟在where子句后面。

实例代码

```
MySQL> select id,name from employee where id between 1 and 3 order by id desc;
+----+------+
| id | name |
+----+------+
|  3 | 小花 |
|  2 | 小丽 |
|  1 | 小美 |
+----+------+
3 rows in set (0.00 sec)
```

> **笔者有话说**
>
> 对where子句和order by子句中的列建立索引，可以极大地提高查询性能。这需要在设计表格的时候对列名进行预判，即在实际应用中，哪些列会经常出现在where子句或order by子句中，此时可以对它们加上索引。根据实际的需要，将其设置为唯一索引、主键索引和复合索引（对至少两个列设置索引）。
>
> 创建索引后，在实际的查询过程中不一定用到索引，这就要求读者非常熟悉MySQL的查询规则。例如，MySQL中的索引类型默认为B+Tree类型，此时执行范围内的查询时就会用到索引，如>、<等操作；如果索引为哈希表类型，执行相等、非等操作时才会用到索引，规则很多，这里不再一一举例，感兴趣的读者可以系统地学习MySQL及其查询优化方法。

（3）使用UPDATE命令在表格中更新数据，基本语法为update table_name set column=value，表示更新列名为column的值为value。同select语句一样，update 语句后面也可以接where子句。下面将employee表中id为1的name修改为"小天"。

实例代码

```
MySQL> update employee set name=" 小天 " where id = 1;
Query OK, 1 row affected (0.21 sec)
Rows matched: 1  Changed: 1  Warnings: 0

MySQL> select name from employee where id=1;
+------+
| name |
+------+
| 小天 |
+------+
1 row in set (0.02 sec)
```

（4）使用DELETE命令在表格中删除数据，基本语法为delete from table_name，表示清空表格table_name中的所有数据。在只需删除指定的列时，需要加上where子句。下面在employee表中删除id为4的数据。

实例代码

```
MySQL> delete from employee where id = 4;
Query OK, 1 row affected (0.09 sec)

MySQL> select id,name from employee;
+----+------+
| id | name |
+----+------+
|  1 | 小天 |
|  2 | 小丽 |
|  3 | 小花 |
+----+------+
3 rows in set (0.01 sec)
```

（5）使用ALTER来管理数据表。基本语法1为alter table table_name add column data_type [constraint]，表示在表格table_name中新增字段column，constraint表示可选的约束。下面在employee表中新增一个cipher字段，表示员工的门禁密钥。

实例代码

```
MySQL> alter table employee add cipher varchar(36);
Query OK, 0 rows affected (2.06 sec)
Records: 0  Duplicates: 0  Warnings: 0

MySQL> desc employee;
+--------+-------------+------+-----+---------+----------------+
```

```
| Field  | Type        | Null | Key | Default | Extra          |
+--------+-------------+------+-----+---------+----------------+
| id     | int(11)     | NO   | PRI | NULL    | auto_increment |
| name   | char(10)    | NO   |     | NULL    |                |
| cipher | varchar(36) | YES  |     | NULL    |                |
+--------+-------------+------+-----+---------+----------------+
3 rows in set (0.23 sec)
```

> **编程小知识**
> 使用desc table_name可以查看表格的结构。

基本语法2为alter table table_name drop column，表示在表格table_name中删除字段column。

基本语法3为alter table table_name modify/change column。通过modify或change关键字来对表格中的列进行修改。使用modify关键字可以修改字段类型，但是不可以更改字段名；使用change关键字可以修改字段名，此时必须在列名后面加上一个新的列名。

下面将employee表中的name字段类型修改为char(6)。

实例代码

```
MySQL> alter table employee modify name char(6);
Query OK, 3 rows affected (2.19 sec)
Records: 3  Duplicates: 0  Warnings: 0
```

将employee表中的cipher字段类型修改为varchar(46)，同时更名为code。

实例代码

```
MySQL> alter table employee change cipher code varchar(46);
Query OK, 0 rows affected (0.25 sec)
Records: 0  Duplicates: 0  Warnings: 0
```

17.3.5 MySQL中的函数

MySQL内置了大量标准函数，在进行SQL操作时，可以直接对数据列进行处理。对内置函数按功能进行分类，可分为数学函数、字符串处理函数、日期时间函数、加密函数、系统函数和控制流函数。使用MySQL函数时，直接将参数传递给函数即可。下面以MD5函数为例，演示如何在SQL中使用MySQL的函数。

在employee表中，将id为1的记录的code更新为name的MD5值。在代码中直接将列名name传递给md5()函数，然后更新code的值。

实例代码

```
MySQL> update employee set code=md5(name) where id=1;
Query OK, 1 row affected (0.20 sec)
Rows matched: 1  Changed: 1  Warnings: 0

MySQL> select * from employee where id=1;
```

```
+----+------+----------------------------------+
| id | name | code                             |
+----+------+----------------------------------+
|  1 | 小天 | e53e39b91408bcc7f8b3990c230f8633 |
+----+------+----------------------------------+
1 row in set (0.02 sec)
```

17.3.6 MySQL 中的事务

MySQL中的事务在默认情况下是自动进行提交的。在MySQL中手动进行事务处理，需要使用3个关键字。
（1）BEGIN：开始一个事务。
（2）COMMIT：提交一个事务。
（3）ROLLBACK：回滚一个事务。

> **编程小知识**
> MySQL默认的事务隔离级别为Repeatable Read。在这一隔离级别下，不会出现数据的脏读，在进行读事务的时候，会对写事务进行阻塞，在进行写事务时，会对其他任何事务进行阻塞。

在窗口1中对id为1的数据进行更新，将name更新为"小草"。

实例代码

```
MySQL> begin;
Query OK, 0 rows affected (0.00 sec)

MySQL> update employee set name=" 小草 " where id=1;
Query OK, 1 row affected (0.04 sec)
Rows matched: 1  Changed: 1  Warnings: 0
```

打开另外一个Windows命令行，进入MySQL的交互界面，此时对id为1的数据进行更新，操作被阻塞。

实例代码

```
MySQL> use user;
Database changed
MySQL> begin;
Query OK, 0 rows affected (0.00 sec)

MySQL> update employee set name=" 小草 " where id=1;
```

在窗口1中输入commit命令，对事务进行提交，此时窗口2的更新操作被解除了阻塞。

实例代码

```
MySQL> update employee set name=" 小草 " where id=1;
Query OK, 0 rows affected (40.53 sec)
Rows matched: 1  Changed: 0  Warnings: 0
```

窗口2中的更新操作解除阻塞以后，可以再次输入commit命令，对当前的更新操作进行事务提交。

实例代码

```
MySQL>commit;
Query OK, 0 rows affected (0.23 sec)
Rows matched: 1  Changed: 0  Warnings: 0
```

> **编程小知识**
>
> MySQL中的事务是自动提交的，可以通过设置变量autocommit的值为0来关闭自动提交，在交互模式中的写法为set @@autocommit = 0。MySQL在进行自动提交时，会将每一个SQL语句都当成一个单独的事务来执行，关闭自动提交后，事务完全由程序员控制，程序员需结合实际的应用场景来选择自动提交或将其关闭。

17.4 在 Python 中使用 MySQL

使用MySQL的第三方模块MySQLdb，可以在Python脚本中对MySQL数据库进行操作。进入Windows命令行，执行pip install MySQL命令，即可进行MySQLdb模块的安装。

MySQLdb的用法简述为以下4点。

(1) 通过MySQLdb的connect()方法返回一个数据库连接对象。
(2) 执行数据库连接对象的cursor()方法返回一个游标对象。
(3) 在游标对象中执行execute()或executemany()方法对MySQL数据库进行增/查/改/删以及管理。
(4) 在游标对象中执行fetchone()或fetchall()方法来获取在execute()或executemany()方法中执行的结果。

17.4.1 MySQLdb 的 connect() 方法

connect()方法语法为MySQLdb.connect(host="localhost", user, passwd, db, charset="utf-8")。

host表示MySQL服务器的地址，默认值为localhost，表示本机；user为数据库的账号；passwd为数据库的密码；db为特定的数据库；charset为数据库的字符编码，chrset必须指定正确的数据库编码，否则会出现乱码。该方法返回一个数据库的连接对象。

17.4.2 数据库连接对象的 commit() 方法

通过数据库连接对象的commit()方法来可以对数据的插入、更新和删除等事务操作进行提交。

17.4.3 数据库连接对象的 cursor() 方法

直接通过数据库连接对象的cursor()方法可以返回一个游标对象。

17.4.4 游标对象的 execute() 方法

execute()方法语法为cursor.execute(query, args)。

query对应于数据库的SQL语句，可带参数，用%s来表示；args为可选参数，序列或映射类型。query带%s参数时，必须使用args来传递实参值。例如，在employee表中查询特定id的数据，query为select id,name from employee where id=%s，则args必须传递对应的实参值，execute的写法为execute(query,(1,))，表示查询id为1的数据。该方法会返回一个整型值，表示影响的行数。

17.4.5 游标对象的 executemany() 方法

该方法语法为cursor.executemany(query, args)。

query表示数据库的查询语句，可带参数，用%s来表示；args为序列类型，query带%s参数时，必须使用args来传递实参值。通常使用executemany()方法来执行数据的批量读/写。假设在employee表中进行数据的批量写，query为insert into employee(name) values(%s)，此时可以将多个实参值组合到一个列表中，args为[("小旭",),("小董",)]。该方法会返回一个整型值，表示影响的行数。

17.4.6 游标对象的 fetchone() 方法

该方法语法为cursor.fetchone()。返回值类型为元组，表示一个单行的记录，值为None时，表示没有数据。

17.4.7 游标对象的 fetchall() 方法

该方法语法为cursor.fetchall()。返回值类型为元组，表示多行的记录值，值为None时，表示没有数据。

17.4.8 游标对象的 close() 方法

该方法语法为cursor.close()，用于关闭游标对象和释放数据库的连接资源。

编程实例：员工信息管理系统

下面使用MySQL来制作一个员工信息管理系统。

在D盘python-learning目录中创建chapter17目录，在chapter17目录下创建simple_employee_ms.py文件。输入以下代码，对employee表中的数据进行增/查/改/删。

实例代码

```python
# __author__ = 薯条老师

# 导入 MySQLdb 模块
import MySQLdb

"""
所有回调函数都遵循相同的接口规范，读者在实际开发中，可以将回调函数作为业务层的代码
分离到其他文件
"""

def query_all_employee(table_name = None, cursor = None, db_handler=None, redis_handler = None):
    """
    :param table_name: 有效的 MySQL 数据表名
    数据表名的关系模型 (id, name)
    :param cursor: 数据库的游标对象
```

```python
    :param redis_handler: Redis 的连接对象
    :return:
    """

    sql = "select id, name from {}".format(table_name)
    cursor.execute(sql)
    for index, row in enumerate(cursor.fetchall()):
        print("{}. 员工编号 :{} 员工姓名 :{}".format(index+1, row[0], row[1]))


def add_employee(table_name = None, cursor = None, db_handler = None, redis_handler = None):
    """
    :param table_name: 有效的 MySQL 数据表名
    数据表名的关系模型 (id, name)
    :param cursor: 数据库的游标对象
    :param db_handler: 数据库连接对象
    :param redis_handler: Redis 的连接对象
    :return:
    """

    employee_name = input(" 请输入员工的姓名 :___\b\b\b")
    sql =  "insert into {}(name) values(%s)".format(table_name)

    affected_rows = cursor.execute(sql, (employee_name, ))
    if affected_rows < 1:
        print(" 数据库操作发生异常 ")
    else:
        db_handler.commit()
        print(" 员工 {} 已被添加至数据库 ".format(employee_name))

def delete_employee(table_name=None, cursor=None, db_handler = None, redis_handler=None):
    """
    :param table_name: 有效的 MySQL 数据表名
    数据表名的关系模型 (id, name)
    :param cursor: 数据库的游标对象
    :param db_handler: 数据库连接对象
    :param redis_handler: Redis 的连接对象
    :return:
    """
```

```python
try:
    employee_id = int(input(" 请输入员工的编号 :__\b\b"))
except ValueError:
    employee_id = -1
    print(" 你输入了无效的员工编号 ")

if employee_id > 0:
    sql = "delete from {} where id=%s".format(table_name)
    affected_rows = cursor.execute(sql, (employee_id, ))
    if affected_rows < 1:
        print(" 员工编号 {} 不存在 ".format(employee_id))
    else:
        db_handler.commit()
        print(" 编号为 {} 的员工已从数据库删除 ".format(employee_id))

class SimpleEmployeeMs:
    def __init__(self, table_name=None, cursor=None, db_handler=None, redis_handler=None):
        self.__db_handler = db_handler
        self.__table_name = table_name
        self.__cursor = cursor
        self.__redis_handler = redis_handler

        """
        定义命令字典结构 , 格式举例 :{
        1:callback_function
        }
        这样用户在输入指定的命令时 , 直接调用对应的回调函数
        回调函数由用户进行定义
        """
        self.__commands = {}
        self.__begin_prompt = " 输入 <> 中的指令来执行对应的操作 :\n"
        self.__quit_prompt = "<quit> 退出员工管理系统 \n"
        self.__prompts = []
        self.__command_index = 1

    def __obtain_user_command(self, prompt):
        command = "quit"
        valid = True
```

```python
        try:
            command = input(prompt)
            _ = self.__commands[int(command)]

        except (ValueError, KeyError):
            if command != "quit":
                command = None
                valid = False
        return command, valid

    def add_command(self, prompt, cb):
        self.__commands[self.__command_index] = cb
        self.__command_index +=1
        self.__prompts.append(prompt)

    def __generate_prompt(self):
        prompt = self.__begin_prompt
        for index, value in enumerate(self.__prompts):
            prompt += "<{}> {}\n".format(index+1, value)
        prompt += self.__quit_prompt
        return prompt

    def serve_forever(self):
        prompt =  self.__generate_prompt()
        while True:
            command, valid = self.__obtain_user_command(prompt)
            if not valid:
                print(" 你输入了非法的指令 !")
                continue

            if command == "quit":
                break

            self.__commands[int(command)](self.__table_name, self.__cursor,
                                          self.__db_handler, self.__redis_handler)
            print("------------------------------------------\n")
        self.__cursor.close()


if __name__ == "__main__":

    """
```

```python
(1) 数据库的配置信息
(2) 读者在实际开发中, 可以将配置信息单独写到配置文件中,
    将配置信息与具体的业务代码进行分离, 有助于提升代码的可维护性
"""
host = "localhost"
user = "root"

# 输入安装 MySQL 过程中配置的数据库密码
passwd = "qwert"
database = "company"
table_name = "employee"

"""
在连接数据库时, 需指定数据库的字符编码, 否则会出现乱码
MySQL 创建数据表时的默认编码为 UTF-8
"""
try:
    db = MySQLdb.connect(host, user, passwd, database, charset="utf8")
    mysql_cursor = db.cursor()
    # 如果 cursor 对象无效或表名 table_name 不存在, 则会产生异常
    mysql_cursor.execute("select 0 from {}".format(table_name))
    simple_employee_ms = SimpleEmployeeMs(table_name, mysql_cursor, db)

    # 员工管理系统的命令行选项, 以及处理逻辑都由用户来定义
    simple_employee_ms.add_command(" 查询所有员工 ", query_all_employee)
    simple_employee_ms.add_command(" 添加新员工 ",  add_employee)
    simple_employee_ms.add_command(" 删除老员工 ", delete_employee)
    simple_employee_ms.serve_forever()

except Exception as e:
    print(" 数据库连接或获取游标对象时产生异常! {}".format(e))
```

输出结果

```
输入 <> 中的指令来执行对应的操作:
<1> 查询所有员工
<2> 添加新员工
<3> 删除老员工
<quit> 退出员工管理系统

1. 编号:1 姓名:小草

2. 编号:2 姓名:小丽
```

3. 编号:3 姓名:小花

输入 <> 中的指令来执行对应的操作：
<1> 查询所有员工
<2> 添加新员工
<3> 删除老员工
<quit> 退出员工管理系统
2
请输入员工的姓名：小多
新员工小多已被添加至数据库

17.5 Redis 简介与使用

Redis 是一种高性能的非关系型数据库，基于内存存储，同时支持将数据进行持久化。Redis 对外完全开源免费，在企业开发中通常将 Redis 作为缓存数据库来使用。

> **编程小知识**
>
> 相对于硬盘数据库来说，Redis 将所有数据都读取到内存中，以最大限度地提升读/写性能，并通过异步的方式，将内存中的数据写到硬盘中。硬盘数据库的优势在于可以进行海量的数据存储，而 Redis 容量受限于物理内存的大小。

17.5.1 认识 Redis

在使用 Redis 之前，必须先安装、配置 Redis 服务器。在 Windows 系统中安装 Redis 服务器方法是，将文件下载下来以后，解压到指定的目录中，然后将该目录添加至环境变量 Path 中。例如，解压的目录为 D:\Redis，则将 D:\Redis 添加至环境变量 Path 中，这样方便在命令行中启动 Redis 服务器。

- **Redis 配置文件**

在启动 Redis 服务器时需要需要指定一个配置文件，解压的目录中有一个默认的配置文件 redis.Windows.conf。进入 Windows 命令行，切换到 Redis 的解压目录，输入命令 redis-server redis.Windows.conf，按回车键后出现如下画面时，表示已经启动 Redis 服务器。

启动信息

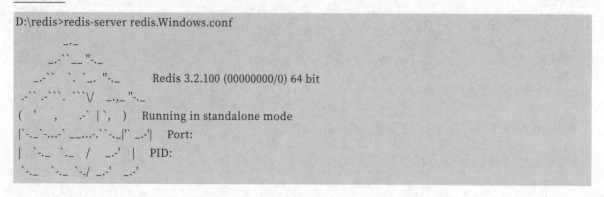

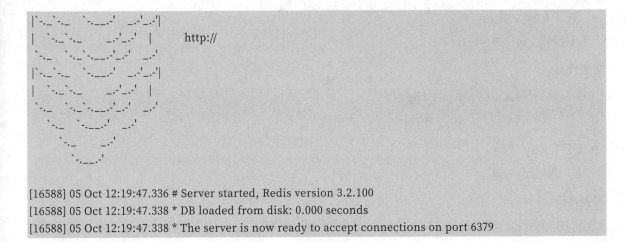

```
[16588] 05 Oct 12:19:47.336 # Server started, Redis version 3.2.100
[16588] 05 Oct 12:19:47.338 * DB loaded from disk: 0.000 seconds
[16588] 05 Oct 12:19:47.338 * The server is now ready to accept connections on port 6379
```

- **Redis 交互模式**

打开另外一个Windows命令行，使用redis-cli命令进入Redis的交互模式，命令形式为redis-cli -h -p，-h后面接Redis服务器的地址，-p后面接Redis的端口。redis的默认地址为本地，输入localhost即可，端口为6379，故写法为redis-cli -h localhost -p 6379。

输入redis-cli -h localhost -p 6379后，按回车键进入Redis的交互模式。

实例代码

```
localhost:6379> ping
PONG
localhost:6379>
```

输入ping命令后，若输出PONG，则表示连接成功。输入exit命令可退出交互模式。

实例代码

```
localhost:6379> ping
PONG
localhost:6379> exit
```

- **Redis 键的命名**

Redis是一款key-value的数据库，翻译过来就是键-值数据库，类似于Python中的字典类型。Redis中的键名并没有一套通用的命名规范，读者在使用Redis的过程中可以参照以下规则，以提高键名的可读性，同时使键名的层次结构看起来更清晰。

（1）键名必须有意义，在保证可读性的前提下，键名越短越好。
（2）键名中的单词以"："进行分隔，一般结构形式为type:id:tags，type表示业务类型，id表示业务或用户id，tags表示具体的描述性的标签，例如user:1:name，表示用户id为1的姓名。
（3）在项目开发中，务必使用统一的命名格式。

Redis支持5种基本数据类型：字符串、哈希、列表、集合和有序集合，后面逐一介绍。

17.5.2 字符串类型常用命令

字符串类型为String，是Redis中最基本的数据类型，二进制安全，可以存储任何类型的数据，如图片或序列化的对象。字符串类型中的键最大能存储512MB的数据。

- **SET key value**

  设置指定key的值为value。

实例代码

```
localhost:6379> set user:1:name "Backer"
OK
```

- **GET key**

  获取指定key的值。

实例代码

```
localhost:6379> get user:1:name
"Backer"
```

- **GETSET key value**

  设置key的值，同时返回key的旧值，如果是第一次赋值，则返回空值。

实例代码

```
localhost:6379> getset user:1:name "Green"
"Backer"
```

- **SETEX key seconds value**

  设置key的值为value，seconds表示key的有效期，有效期过后，key的值为空。

实例代码

```
localhost:6379> setex user:1:cookie 1 "#DFG56JKKddd12LPG"
OK
localhost:6379> get user:1:cookie
(nil)
```

在代码中，将user:1:cookie的有效期设置为1秒，1秒过后再获取它的值，值为空。

- **SETNX key value**

  只有key不存在时，才设置key的值。

实例代码

```
localhost:6379> setnx user:1:age 18
(integer) 1
```

- **MSET key1 value1 key2 value2…**

  同时设置多个键值。

实例代码

```
localhost:6379> mset user:2:name "kitty" user:3:name "Tom" user:4:name "lisa"
OK
```

- **MGET key1 key2…**

  同时获取多个key的值。

实例代码

```
localhost:6379> mget user:1:name user:2:name user:3:name user:4:name
1) "Green"
2) "kitty"
3) "Tom"
4) "lisa"
```

- **MSETNX key1 value1 key2 value2…**

  同时设置多个键值，仅当key不存在时才设置成功。

实例代码

```
localhost:6379> msetnx user:2:name "kitty" user:3:name "Tom" user:4:name "lisa"
OK
```

- **INCR key**

  将key中存储的数字值加1，key不存在时会将key的值初始化为0，然后递增1。

实例代码

```
localhost:6379> incr user:1:level
(integer) 1
```

- **INCRBY key increment**

  将key中存储的数字值加上一个指定的数值，key不存在时会将key的值初始化为0，然后相加。

实例代码

```
localhost:6379> incrby user:2:level 5
(integer) 5
localhost:6379> get user:2:level
"5"
```

- **DECR key**

  将key中存储的数字值减1，key不存在时会将key的值初始化为0，然后减1。

实例代码

```
localhost:6379> decr user:1:level
(integer) 0
```

- **DECRBY key decrement**

  将key中存储的数字值减一个指定的数值，key不存在时会将key的值初始化为0，然后相减。

实例代码

```
localhost:6379> decrby user:2:level 5
(integer) 0
```

- **STRLEN key**

  获取key存储的字符串数据的长度。

实例代码

```
localhost:6379> strlen user:2:level
(integer) 1
```

17.5.3 哈希类型常用命令

哈希类型为Hash。Redis中的哈希类型是一个键-值对的映射表，类似于Python中的字典类型，不过Redis哈希类型中的key与value都是字符串类型。

- **HSET key field value**

  设置哈希表key的属性为field，field对应的值为value。

实例代码

```
localhost:6379> hset blog:1:info author "Backer"
(integer) 1
```

- **HGET key field**

  获取哈希表key中的属性为field的值。

实例代码

```
localhost:6379> hget blog:1:info author
"Backer"
```

- **HEXISTS key field**

  查询哈希表key中是否存在某个字段。如果存在，则返回1，否则返回0。

实例代码

```
localhost:6379> hexists blog:1:info author
(integer) 1
```

- **HDEL key field**

  删除哈希表key中的字段，删除成功返回1，否则返回0。

实例代码

```
localhost:6379> hdel blog:1:info author
(integer) 1
```

- **HSETNX key field value**

  设置哈希表key中的字段值，仅当field不存在时才能设置成功，成功返回1，否则返回0。

实例代码

```
localhost:6379> hsetnx blog:1:info author "Backer"
(integer) 1
```

- **HMSET key field1 value1 field2 value2…**

  同时设置哈希表key中的多个属性。

实例代码

```
localhost:6379> hmset blog:1:info title "How to learn Python" viewers 1000
OK
```

- **HMGET key field1 field2…**

  同时获取哈希表key中的多个字段值。

实例代码

```
localhost:6379> hmget blog:1:info author title viewers
1) "Backer"
2) "How to learn Python"
3) "1000"
```

17.5.4 列表类型常用命令

列表类型为List。Redis中的列表与Python中的列表类型类似，都是按照元素插入的顺序排序，不同的是Redis中的列表存储的是字符串。

- **LPUSH key value1 value2…**

  将多个值添加至列表头部，返回已添加的元素数。

实例代码

```
localhost:6379> lpush blog:1:comments "good" "great!" "a little bad!"
(integer) 3
```

- **LPOP key**

  移除并返回列表头部的元素。

实例代码

```
localhost:6379> lpop blog:1:comments
"a little bad!"
```

- **RPOP key**

  移除并返回列表尾部的元素。

实例代码

```
localhost:6379> rpop blog:1:comments
"good"
```

- **BLPOP key1 timeout**

  移除并返回列表头部的元素,如果列表为空,会一直阻塞,直到列表中有元素为止。timeout表示超时时间,单位为秒,超时后会返回。

  先把列表中的元素清空。

实例代码

```
localhost:6379> lpop blog:1:comments
"great"
```

此时使用BLPOP获取列表元素时,会一直阻塞,直到过期或列表中有元素。

实例代码

```
localhost:6379> blpop blog:1:comments 5
(nil)
(5.04s)
```

- **BRPOP key timeout**

  移除并返回列表尾部的元素。如果列表为空,会一直阻塞,直到列表中有元素为止。timeout表示超时时间,单位为秒,超时后会返回。

实例代码

```
localhost:6379> brpop blog:1:comments 5
(nil)
(5.10s)
```

- **LLEN key**

  获取列表key的长度。

实例代码

```
localhost:6379> llen blog:1:comments
(integer) 0
```

- **LSET key index value**

  通过索引来设置列表的元素。index表示索引,索引从0开始,value表示待添加的值。索引可以为负值,表示从末尾开始数起,例如-1表示倒数第1个位置,-2表示倒数第2个,以此类推。列表key必须非空。

实例代码

```
localhost:6379> lpush blog:1:comments "good"
(integer) 1
localhost:6379> llen blog:1:comments
(integer) 1
```

```
localhost:6379> lset blog:1:comments 0 "great"
OK
```

- **LINDEX key index**

  通过索引来获取列表key中的元素。index表示索引，索引从0开始，可以为负值，表示从末尾开始数起。

实例代码

```
localhost:6379> lindex blog:1:comments 0
"great"
```

- **LTRIM key start stop**

  对列表key进行裁剪，即只保留start到stop区间的元素。start与stop同样可以使用负数索引。

实例代码

```
localhost:6379> lpush blog:1:comments "too great" "very good" "so great"
(integer) 4
localhost:6379> llen blog:1:comments
(integer) 4
localhost:6379> ltrim blog:1:comments 0 3
OK
localhost:6379> llen blog:1:comments
(integer) 4
localhost:6379> ltrim blog:1:comments 0 2
OK
localhost:6379> llen blog:1:comments
(integer) 3
```

17.5.5 集合类型常用命令

集合类型为Set，是Redis中的无序集合，集合中的成员是唯一的，且成员的值为字符串类型。Redis中的集合是通过哈希表实现的，添加、删除和查找的复杂度都是常数复杂度。

- **SADD key member1 [member2]**

  在集合中添加1个或多个元素。

实例代码

```
127.0.0.1:6379> sadd blog:1:viewers "Backer" "Green"
(integer) 2
```

- **SCARD key**

  获取集合key中的元素数。

实例代码

```
127.0.0.1:6379> scard blog:1:viewers
(integer) 2
```

- **SDIFF key1 [key2]**

  返回集合key1与其他集合的差集。

实例代码

```
127.0.0.1:6379> sadd blog:2:viewers "Green"
(integer) 1
127.0.0.1:6379> sdiff blog:1:viewers blog:2:viewers
1) "Backer"
```

- **SINTER key1 [key2]**

  返回集合key1与其他集合的交集。

实例代码

```
127.0.0.1:6379> sinter blog:1:viewers blog:2:viewers
1) "Green"
```

- **SUNION key1 [key2]**

  返回集合key1与其他集合的并集。

实例代码

```
127.0.0.1:6379> sunion blog:1:viewers blog:2:viewers
1) "Backer Green"
```

- **SISMEMBER key member**

  查询member是否为key的成员，如果是则返回1，否则返回0。

实例代码

```
127.0.0.1:6379> sismember blog:1:viewers "Backer"
(integer) 1
```

- **SMEMBERS key**

  返回key中的所有成员。

实例代码

```
127.0.0.1:6379> smembers blog:1:viewers
1) "Green"
2) "Backer"
```

- **SPOP key**

  随机删除并返回key中的成员。

实例代码

```
127.0.0.1:6379> spop blog:1:viewers
"Backer"
```

- **SREM key member1 [member2]**

  删除集合中的多个成员。

实例代码

```
127.0.0.1:6379> srem blog:1:viewers "Green"
(integer) 1
```

17.5.6 有序集合类型的常用命令

有序集合类型为Zset。Redis 的有序集合与集合类型相同，也是字符串类型元素的集合，集合中的成员是唯一的。有序集合中的每个元素都会关联一个double类型的分数。Redis通过分数来对有序集合中的成员进行从小到大的排序。同集合类型一样，有序集合是通过哈希表实现的，添加、删除和查找的复杂度都是常数复杂度。

- **ZADD key score1 member1 [score2 member2]**

  在有序集合中添加1个或多个元素，score表示成员的分数。

实例代码

```
127.0.0.1:6379> zadd class:1:students 100 "Backer" 80 "Green"
(integer) 2
```

- **ZCARD key**

  获取有序集合的成员数。

实例代码

```
127.0.0.1:6379> zcard class:1:students
(integer) 2
```

- **ZCOUNT key min max**

  在有序集合key中获取分数在min到max范围内的成员数。

实例代码

```
127.0.0.1:6379> zcount class:1:students 90 100
(integer) 1
127.0.0.1:6379> zcount class:1:students 50 100
(integer) 2
```

- **ZINCRBY key increment member**

  在有序集合key中对成员member的分数加上增量increment。

实例代码

```
127.0.0.1:6379> zincrby class:1:students 10 "Green"
"90"
```

- **ZRANGE key start stop [WITHSCORES]**

    返回有序集合中索引start到索引stop之间的成员，索引可以为负数，可选的WITHSCORES参数表示返回成员的分数。

实例代码

```
127.0.0.1:6379> zrange class:1:students 0 -1
1) "Green"
2) "Backer"
127.0.0.1:6379> zrange class:1:students 0 -1 withscores
1) "Green"
2) "90"
3) "Backer"
4) "100"
```

- **ZRANGEBYSCORE key min max [WITHSCORES] [LIMIT offset count]**

    返回分数在min与max之间的所有成员，可选的WITHSCORES参数表示返回成员的分数，可选的LIMIT参数表示从排名的offset位置开始，最多返回count个成员。

实例代码

```
127.0.0.1:6379> zrangebyscore class:1:students 50 100
1) "Green"
2) "Backer"
127.0.0.1:6379> zrangebyscore class:1:students 50 100 withscores
1) "Green"
2) "90"
3) "Backer"
4) "100"
127.0.0.1:6379> zrangebyscore class:1:students 50 100 withscores limit 0 1
1) "Green"
2) "90"
127.0.0.1:6379> zrangebyscore class:1:students 50 100 withscores limit 0 2
1) "Green"
2) "90"
3) "Backer"
4) "100"
127.0.0.1:6379> zrangebyscore class:1:students 50 100 withscores limit 1 1
1) "Backer"
2) "100"
```

- **ZSCORE key member**

    返回有序集合中成员member的分数。

实例代码

```
127.0.0.1:6379> zscore class:1:students "Green"
"90"
```

- **ZRANK key member**

  返回有序集合中成员member的排名，值越大，排名越高。

实例代码

```
127.0.0.1:6379> zrank class:1:students "Backer"
(integer) 1
127.0.0.1:6379> zrank class:1:students "Green"
(integer) 0
```

- **ZREM key member1,member2…**

  移除有序集合中的多个成员。

实例代码

```
127.0.0.1:6379> zrem class:1:students "Backer" "Green"
(integer) 2
```

> **笔者有话说**
>
> Redis数据类型的应用场景应从其本身的结构和特性入手。字符串类型是最简单的类型，适用于常规的key-value缓存；哈希类型类似于Python中的字典结构，适合存储结构化的对象；列表利用阻塞特性，可以实现消息队列；至于集合和有序集合，其成员都是唯一的，天然支持去重的功能，有序集合还有一个分数值的概念，利用分数值来进行排序，可以实现包含优先级属性的数据结构。

17.5.7 Redis 的数据库

Redis在单机环境中，默认支持16个数据库，从0到15进行编号，客户端与Redis服务器建立连接以后，会自动进入0号数据库。Redis的数据库之间是完全隔离的，不能进行数据共享。在交互模式中通过select命令可以进入其他的数据库。例如，输入select 1可以进入1号数据库。

> **编程小知识**
>
> Redis不支持自定义数据库名称，程序员在使用Redis进行多数据库存储时，需要提前设计好每个数据库的用途，并将其写入相应的开发文档中。

17.6 在 Python 中使用 Redis

在Python中使用Redis需要安装第三方模块Redis，直接进入Windows命令行，输入pip install redis，即可安装Redis模块。

对Redis模块的用法可总结为以下两点。

（1）连接到Redis。

（2）通过Redis实例的连接对象，对Redis数据库进行数据读/写。

17.6.1 连接到 Redis

连接到Redis的方法有以下两种。

- **创建单连接**

方法为redis.Redis(host="localhost", port=6379, db=0, connection_pool=None)。该方法返回一个redis数据库的连接对象。

（1）host表示Redis服务器的地址，默认为localhost。

（2）port表示Redis服务器的端口号，默认值为6379。

（3）db表示连接的Redis数据库编号，默认连接0号数据库。conenction_pool表示一个连接池对象，在使用连接池对象时，需要用到此参数。

- **创建连接池**

方法为redis.ConnectionPool(host, port, db)，返回一个Redis数据库的连接池对象。

（1）host表示Redis服务器的地址。

（2）port表示Redis服务器的端口号。

（3）db表示连接的Redis数据库编号，默认连接0号数据库。

Redis模块使用连接池对象来管理对Redis服务器的所有连接，以减少在运行时频繁建立、释放Redis连接的开销。使用连接池对象时，需将连接池对象传递至redis.Redis的构造方法中。

实例代码

```
connection_pool = redis.ConnectionPool("localhost", 6379, 0)
redis_handler = redis.Redis(conenction_pool = conenction_pool)
```

在获取到Redis的连接对象以后，可以通过Redis模块提供的方法对Redis数据库进行读/写操作，下面分类进行介绍。

17.6.2 字符串类型的常用操作方法

字符串类型的常用操作方法如表17-10所示，其中name表示Redis中的字符串key。

表17-10 字符串类型的常用操作方法

字符串类型常用方法	描述
set(name,value, ex=None, px=None, nx=False, xx=False)	value是设置的key值 ex是key的过期时间，单位为秒 px是key的过期时间，单位为毫秒 nx如果设置为True，则仅当key不存在时才执行该方法 xx如果设置为True，则仅当key存在时才执行该方法
setnx(name, value)	value表示key值，仅当key不存在时，才执行该方法
setex(name, time, value)	value表示key值 time表示key的有效期，单位为秒
psetex(name, time_ms, value)	value表示key值 time_ms表示key的有效期，单位为毫秒
mset(*args, **kwargs)	批量设置多个key，用法举例：mset(k1="v1", k2="v2")
get(name)	获取name的key值
mget(keys, *args)	批量获取多个key值，用法举例：mget('key1', 'key2')，r.mget(['key1', 'key2'])
getset(name, value)	value表示key的新值，用于设置新值和返回旧值
strlen(name)	获取name对应的key值的长度，每个汉字对应3个字节
incr(name,amount)	amount表示递增的值，必须为整型，key不存在时会初始化为amount对应的值
decr(name, amount)	amount表示递减的值，为整型 name对应的key不存在时会初始化为amount对应的值
incrbyfloat(name, amount=1.0)	amount表示递减的值，为浮点类型 name对应的key不存在时会初始化为amount对应的值
append(name, value)	将name对应的key值与value进行拼接

17.6.3 哈希类型的常用操作方法

哈希类型的常用操作方法如表17-11所示，其中name表示Redis中的哈希key名。

表 17-11 哈希类型的常用操作方法

哈希类型常用方法	描述
hset(name,key,value)	key为哈希表中的字段名 value为字段值 如果key存在则修改，否则创建新的key
hsetnx(name, key,value)	参数同hset()方法，仅当key不存在时，才进行字段的添加
hmset(name,mapping)	批量设置哈希表name中的多个字段 mapping是映射类型的对象，例如Python中的字典类型
hget(name, key)	获取哈希表name中key所对应的字段值
hmget(name, keys, *args)	批量获取哈希表中的多个字段值，keys为一个序列类型，用法举例：hmget('hash_name', ['k1', 'k2'])，hmget('hash_name', 'k1', 'k2')
hexists(name, key)	查询哈希表name中的字段名key是否存在
hdel(name, *keys)	*keys表示可变参数，可删除哈希表中的多个字段
hkeys(name)	返回哈希表name中的所有字段名
hvals(name)	返回哈希表name中的所有字段值
hincrby(name,key,amount=1)	将哈希表name中字段名key的字段值递增amount，amount为整型，如果字段不存在，则创建新的字段，并初始化为amount的值
hincrbyfloat(name,key,amount=1.0)	将哈希表name中字段名key的字段值递增amount，amount为浮点型，如果字段不存在，则创建新的字段，并初始化为amount的值
hscan(name,cursor=0,match=None, count=None)	切片获取哈希表name中的字段值，对于数据量大的数据读取，可以减少对内存的占用 name表示Redis中的哈希表名 cursor表示切片读取的位置 match用于匹配指定key，默认值None表示所有的key count表示每次切片获取的个数，默认值None表示采用Redis的默认切片个数

17.6.4 列表类型的常用操作方法

列表类型的常用操作方法如表17-12所示，其中name参数表示列表的key名。

表 17-12 列表类型的常用操作方法

列表类型常用方法	描述
lpush(name, *values)	*values表示可变参数，将多个元素逐一添加至列表的最左边
rpush(name, *values)	*values表示可变参数，将多个元素逐一添加至列表的最右边
llen(name)	获取列表的长度
lpop(name)	删除列表最左边的元素，并返回该元素
rpop(name)	删除列表最右边的元素，并返回该元素
lrange(name, start, end)	start与end都表示列表索引，切片获取列表从start到end的数据，索引可以为负值
ltrim(name, start, end)	start与end都表示列表索引，保留列表从start到end的数据，其他数据全删除，索引可以为负值
blpop(keys, timeout)	功能同lpop()列表中无元素时会进行阻塞，keys是一个集合类型，timeout表示超时时间，单位为秒，为0时表示一直阻塞
brpop(keys, timeout)	功能同rpop()，列表中无元素时会进行阻塞，keys是一个集合类型，timeout表示超时时间，单位为秒，为0时表示一直阻塞

17.6.5 集合类型的常用操作方法

集合类型的常用操作方法如表17-13所示，其中name参数表示集合的key名。

表 17-13 集合类型的常用操作方法

列表类型常用方法	描述
sadd(name, *values)	添加一个或多个元素到集合中
scard(name)	获取集合中元素的个数
sdiff(keys, *args)	获取keys中第一个集合与其他集合的差集
sinter(keys, *args)	获取keys中第一个集合与其他集合的交集
sunion(keys, *args)	获取keys中第一个集合与其他集合的并集
spop(name)	删除并返回集合最右边的成员
srem(name, *values)	*values为可变参数，传递成员名，表示删除集合中的一个或多个成员
sismember(name, value)	查询value是否在集合中
smembers(name)	返回集合中的所有成员
srandmember(name, numbers)	从集合中随机获取numbers个元素

17.6.6 有序集合类型的常用操作方法

有序集合类型的常用操作方法如表17-14所示，其中name参数表示有序集合的key名。

表 17-14 有序集合类型的常用操作方法

列表类型常用方法	描述
zadd(name, *args, *kwargs)	添加成员到有序集合 *args对应的是成员与分数的形式，如zadd('zset_key', 'member1', 1, 'member2', 2) *kwargs对应的是成员与分数的键-值对形式，如zadd('zset_key', member1=1, member2=2)
zcard(name)	获取有序集合中元素的个数
zcount(name, min, max)	在有序集合中获取分数从min到max的所有元素
zincrby(name, member, amount)	将有序集合中的member成员的分数值递增amount
zrank(name,member)	获取member在有序集合中的升序排名
zrevrank(name, member)	获取member在有序集合中的降序排名
zscore(name, member)	获取member在有序集合中的分数值
zrem(name, *values)	*values为可变参数，传递成员名，表示删除有序集合中的一个或多个成员
zrange(name, start, end, desc=False, withscores=False, score_cast_func=float)	按照从start到end的索引范围获取有序集合中的所有元素 desc表示排序规则，默认按照分数从小到大排序 withscores表示是否获取元素的分数，默认只获取元素的值 score_cast_func表示对分数进行数据转换的函数

编程实例：带数据缓存的员工信息管理系统

扫码看视频

在企业开发中，通常使用硬盘数据库做数据的海量存储，而将Redis作为缓存数据库。在本编程实例中，使用MySQL来存储员工的基本信息，使用Redis来缓存查询频率较高的员工，以提升查询效率。

在D盘python-learning中的chapter17目录中，创建simple_employee_ms_with_redis.py文件，并输入以下代码。

实例代码

```
# __author__ = 薯条老师


# 导入 MySQLdb 模块
```

```python
import MySQLdb

# 导入 Redis 模块
import redis

# 将从 MySQL 中读取的数据序列化
import json

"""
所有回调函数都遵循相同的接口规范，读者在实际开发中，可以将回调函数作为业务层的代码
分离到其他文件
"""

def query_all_employee(table_name = None, cursor = None, db_handler= None, redis_handler = None):
    """
    :param table_name: 有效的 MySQL 数据表名
    数据表名的关系模型 (id, name)
    :param cursor: 数据库的游标对象
    :param db_handler: 数据库连接对象
    :param redis_handler: Redis 的连接对象
    :return:
    """

    sql = "select id, name from {}".format(table_name)
    cursor.execute(sql)
    for index, row in enumerate(cursor.fetchall()):
        print("{}. 员工编号 :{} 员工姓名 :{}".format(index+1, row[0], row[1]))

def add_employee(table_name = None, cursor = None, db_handler = None, redis_handler = None):
    """
    :param table_name: 有效的 MySQL 数据表名
    数据表名的关系模型 (id, name)
    :param cursor: 数据库的游标对象
    :param db_handler: 数据库连接对象
    :param redis_handler: Redis 的连接对象
    :return:
    """

    employee_name = input(" 请输入员工的姓名 :___\b\b\b")
    sql =  "insert into {}(name) values(%s)".format(table_name)
    affected_rows = cursor.execute(sql, (employee_name, ))
    if affected_rows < 1:
        print(" 数据库操作发生异常 ")
```

```python
    else:
        db_handler.commit()
        print(" 员工 {} 已被添加至数据库 ".format(employee_name))

def delete_employee(table_name=None, cursor=None, db_handler= None, redis_handler=None):
    """
    :param table_name: 有效的 MySQL 数据表名
    数据表名的关系模型 (id, name)
    :param cursor: 数据库的游标对象
    :param db_handler: 数据库连接对象
    :param redis_handler: Redis 的连接对象
    :return:
    """

    try:
        employee_id = int(input(" 请输入员工的编号 :__\b\b"))
    except ValueError:
        employee_id = -1
        print(" 你输入了无效的员工编号 ")

    if employee_id > 0:
        sql = "delete from {} where id=%s".format(table_name)
        affected_rows = cursor.execute(sql, (employee_id, ))
        if affected_rows < 1:
            print(" 员工编号 {} 不存在 ".format(employee_id))
        else:
            db_handler.commit()
            print(" 编号为 {} 的员工已从数据库删除 ".format(employee_id))

def query_employee(table_name = None, cursor = None, db_handler = None, redis_handler = None):
    """
    :param table_name: 有效的 MySQL 数据表名
    数据表名的关系模型 (id, name)
    :param cursor: 数据库的游标对象
    :param db_handler: 数据库连接对象
    :param redis_handler: Redis 的连接对象
    :return:
    """

    """
    (1) 简单的缓存策略:在 Redis 中设置 key 的有效期
```

```python
    (2) 如果 key 存在 Redis 缓存中，则重置 key 的有效期
    """


    try:
        employee_id = int(input(" 请输入员工的编号 :__\b\b"))
    except ValueError:
        employee_id = -1
        print(" 你输入了无效的员工编号 ")


    # Redis key 的有效期默认为 3600 秒
    expire_time = 3600


    if employee_id > 0:
        redis_key = "user:{}:info".format(employee_id)
        cached_data = redis_handler.get(redis_key)
        if not cached_data:
            sql = "select id, name from {} where id=%s".format(table_name)
            affected_rows = cursor.execute(sql, (employee_id, ))
            if affected_rows > 0:
                row = cursor.fetchone()
                cached_data = json.dumps({"id": row[0], "name": row[1]}, ensure_ascii=False)
                redis_handler.setex(redis_key, expire_time, cached_data)
                print(" 数据从 MySQL 中获取，员工编号 :{} 员工姓名 :{}".format(row[0], row[1]))
            else:
                print(" 编号为 {} 的员工不存在 ".format(employee_id))
        else:
            redis_handler.setex(redis_key, expire_time, cached_data)
            employee = json.loads(cached_data)
            print(" 数据从 Redis 缓存中获取，员工编号 :{} 员工姓名 :{}".format(employee["id"], employee["name"]))


class SimpleEmployeeMs:

    def __init__(self, table_name=None, cursor=None, db_handler=None, redis_handler=None):
        self.__table_name = table_name
        self.__cursor = cursor
        self.__db_handler = db_handler
        self.__redis_handler = redis_handler

        """
        定义命令字典结构 , 格式举例 :{
        1:callback_function
```

```python
        }
        这样用户在输入指定的命令时，直接调用对应的回调函数
        回调函数由用户进行定义
        """
        self.__commands = {}
        self.__begin_prompt = " 输入 <> 中的指令来执行对应的操作 :\n"
        self.__quit_prompt = "<quit> 退出员工管理系统 \n 请输入你的命令 :__\b\b"
        self.__prompts = []
        self.__command_index = 1

    def __obtain_user_command(self, prompt):

        command = "quit"
        valid = True
        try:
            command = input(prompt)
            _ = self.__commands[int(command)]

        except (ValueError, KeyError):
            if command != "quit":
                command = None
                valid = False
        return command, valid

    def add_command(self, prompt, cb):
        self.__commands[self.__command_index] = cb
        self.__command_index +=1
        self.__prompts.append(prompt)

    def __generate_prompt(self):
        prompt = self.__begin_prompt
        for index, value in enumerate(self.__prompts):
            prompt += "<{}> {}\n".format(index+1, value)
        prompt += self.__quit_prompt
        return prompt


    def serve_forever(self):
        prompt =  self.__generate_prompt()
        while True:
            command, valid = self.__obtain_user_command(prompt)
```

```python
            if not valid:
                print(" 你输入了非法的指令 !")
                continue
            if command == "quit":
                break
            self.__commands[int(command)](self.__table_name, self.__cursor, self.__db_handler, self.__redis_handler)
            print("-------------------------------------------\n")
        self.__cursor.close()

if __name__ == "__main__":

    """
    (1) 数据库的配置信息
    (2) 读者在实际开发中，可以将配置信息单独写到配置文件中，
        将配置信息与具体的业务代码进行分离，有助于提升代码的可维护性
    """
    host = "localhost"
    user = "root"

    # 输入你在安装 MySQL 过程中配置的数据库密码
    passwd = "good5114"
    database = "company"
    table_name = "employee"

    """
    在连接数据库时，需指定数据库的字符编码，否则会出现乱码
    MySQL 创建数据表时的默认编码为 UTF-8
    """
    try:
        db = MySQLdb.connect(host, user, passwd, database, charset="utf8")
        mysql_cursor = db.cursor()

        # 如果 cursor 对象无效或表名 table_name 不存在，则会产生异常
        mysql_cursor.execute("select 0 from {}".format(table_name))

        redis_handler = redis.Redis()
        redis_handler.set("", "")
        simple_employee_ms = SimpleEmployeeMs(table_name, mysql_cursor, db, redis_handler)

        # 员工管理系统的命令行选项，以及处理逻辑都由用户来进行定义
        simple_employee_ms.add_command(" 查询所有员工 ", query_all_employee)
```

```
        simple_employee_ms.add_command(" 查询员工信息 ", query_employee)
        simple_employee_ms.add_command(" 添加新的员工 ", add_employee)
        simple_employee_ms.add_command(" 删除老的员工 ", delete_employee)
        simple_employee_ms.serve_forever()

except Exception as e:
        print(" 数据库连接或获取游标对象时产生异常！ {}".format(e))
```

输出结果

```
输入 <> 中的指令来执行对应的操作：
<1> 查询所有员工
<2> 查询员工信息
<3> 添加新的员工
<4> 删除老的员工
<quit> 退出员工管理系统
请输入你的命令 :2_
请输入员工的编号 :1_
数据从 Redis 缓存中获取，员工编号 :1 员工姓名 : 小草
---------------------------------------------
输入 <> 中的指令来执行对应的操作：
<1> 查询所有员工
<2> 查询员工信息
<3> 添加新的员工
<4> 删除老的员工
<quit> 退出员工管理系统
请输入你的命令 :__
```

17.6.7 技术总结

为了方便读者理解，这里将所有与数据库相关的重要知识点进行总结。

① 数据库，简单地理解，就是存储数据的仓库。按存储介质的不同，计算机中的数据库又可分为硬盘数据库和内存数据库。硬盘数据库即数据存储在硬盘上，内存数据库是将数据存储在内存中。

② DBMS是数据库管理系统的英文简写，在文件系统的基础上发展而来，都是对数据进行组织和管理的技术，通过DBMS可以创建、使用和维护数据库。

③ 对数据库进行分类，按数据组织方式的不同，可以分为关系型的数据库和非关系型的数据库。

④ 关系型数据库是采用关系模型来进行数据组织的数据库。在关系模型中，一个关系对应着一个二维表。

⑤ 数据库事务的4个基本特性：原子性、一致性、隔离性、持久性。

⑥ NoSQL去掉了关系型数据库的关系特性，泛指一切非关系型的数据库。

⑦ NoSQL摒除了关系模型，结构简单且数据之间无关系，非常容易扩展，对数据采取的是弱一致性原则。

17.6.8 课后习题

(1) 什么是数据库？
(2) 什么是关系型数据库？阐述你对关系型数据库的理解。
(3) 什么是NoSQL？解释NoSQL与关系型数据库的异同。
(4) MySQL中的基本数据类型和约束有哪些？
(5) 如何在MySQL中创建数据库与数据表？
(6) 简述你对数据库索引的理解。
(7) 简述Redis的基本数据类型及其应用场景。
(8) 如何对Redis中的键进行命名？

17.7 网络编程

单台计算机无法组成计算机网络，通过硬件设备可以将多台计算机进行物理上的连接，在进行物理连接以后，还需借助软件系统来实现计算机与计算机之间的通信。实现计算机间的通信，需要通信双方遵循特定的网络协议来进行数据交换。

网络编程就是通过计算机程序来实现网络的通信协议，或遵循已有的协议规范来进行计算机间的数据交换。

17.7.1 网络协议：TCP/IP

网络协议是为实现网络通信而制定的一系列规则。网络通信的过程是"请求+响应"的过程，数据请求方通过网络协议向数据提供方发起请求，数据提供方通过网络协议向请求方进行数据的响应。在这一过程中，通常将数据请求方称为客户端，将数据提供方称为服务端。

本书着重介绍互联网的基础协议：TCP/IP和建立在TCP/IP基础上的HTTP。

- **分层模型**

TCP/IP是一个分层的协议簇，由顶向下，一共分为4层。

(1) 应用层：直接面向应用程序的协议，最常见的莫过于HTTP（超文本传输协议）。大家常见的浏览器就是采用HTTP来进行网页内容的传输。

(2) 传输层：提供应用程序间的数据传输，这一层有两个非常重要的协议——TCP（传输控制协议）与UDP（用户数据报协议）。

(3) 网络层：网络层的核心协议是IP（网际互连协议），负责基本的数据传输和路由寻址，IP地址就是在IP中进行定义的。在计算机网络中，每台计算机都有一个逻辑IP地址。

(4) 网络接口层：负责将数据转换为数字信号，在物理设备之间进行数据传输。以太网是该层中使用最普遍的物理局域网。

在这种分层模型中，下层的协议为上层协议提供服务。例如，应用层需要使用传输层的传输服务，传输层需要使用网络层的服务来进行路由寻址。

- **TCP/IP 的通信过程**

在分层传输的过程中，数据发送方由上至下进行数据传输，上层协议使用下层的协议格式来进行数据封装，最终经由物理网络（如以太网）传输至接收方的主机。接收方主机会按照当前层的协议格式对数据进行解封装，再传输至上一层，最终将数据传输到应用层。

在数据的传输过程中，发送端的每一层与接收端的对等层进行逻辑上的通信，这种通信方式被称为对等通信。在对等通信过程中，每一层的协议与对等层之间进行信息交换，该信息成为协议数据单元（PDU）。例如，发送端的HTTP与接收端的HTTP之间进行对等通信，发送端在HTTP包含请求信息，接收端从HTTP协议中解析得到对应的请求，再做出响应。图17-13展示了这一传输过程。

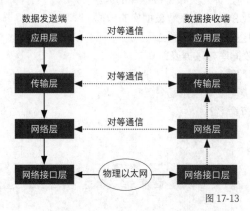

图 17-13

- **TCP/UDP 核心概念**

TCP和UDP是传输层的核心协议。

TCP的主要特性如下。

（1）流式传输：以字节流的形式进行传输，信息与信息之间没有边界，是一种持续的数据传输状态。

（2）有序传输：发送端给数据包分配一个序列号，接收方通过序列号对数据进行确认，以检测数据是否乱序。

（3）面向连接：通信双方在使用TCP进行通信前，必须先建立逻辑上的连接。

（4）可靠协议：TCP通过校验和、应答确认及超时重传等机制确保协议的可靠性。

> **编程小知识**
>
> TCP/UDP中提出了端口的概念，应用程序使用TCP/UDP进行通信时，服务端程序会监听一个数字端口号，通过端口号与本机中的其他网络程序进行区分。客户端程序发送请求时，数据包中会带上一个端口号，以将数据发送给指定的服务端程序。读者在安装MySQL的过程中，会对端口号进行配置，如果已有其他进程在监听相同的端口号，则会发生冲突。

UDP的主要特性如下。

（1）数据报式传输：这类传输的特点是数据传输不是连续的，信息与信息之间有明确的边界，发送端每次发送数据，接收端收到的都是一个完整独立的数据包。

（2）无连接/不可靠：通信双方在使用UDP进行通信前，无须建立逻辑上的连接，也无应答确认、超时重传等机制来保证数据传输的可靠性。

（3）速度快/实时性强：UDP的无连接特性，以及数据传输无须应答确认，使得其在数据传输的实时性方面优于TCP。

后面会介绍如何通过socket来进行TCP与UDP的编程。

- **IP 核心概念**

IP是网络层的核心协议，TCP/UDP在进行数据传输时需要使用IP提供的服务。应用程序的IP地址就是在IP中进行定义的。

> **编程小知识**
>
> 目前的IP版本分为4和6，前者称为IPv4，后者称为IPv6。IPv4使用4个字节来表示一个IP地址，而IPv6使用16个字节，当前使用最普遍的仍是IPv4，但由于IPv4的地址数量有限，IPv6会逐渐替代IPv4。IP地址的本质是数字，用户常见的IP地址是点分十进制形式的IPv4地址，通过点号将IPv4地址分成了4组，每组的取值范围为0~255，如192.168.1.1。

IP主要特性如下。

（1）不可靠/无状态传输：IP不检测数据分组在传输过程中是否丢失，以及无序。无状态传输是指每次发送的数据分组都是独立的，不会维护数据分组发送后的状态信息。

（2）路由寻址：当接收到IP分组时，协议栈的IP模块会解析出IP分组中的目标IP地址。如果目标IP地址是本机的IP地址或广播地址，则会将IP分组传递至协议栈的上一层，否则会检测本机是否支持分组转发。如果不支持转发，会将数据分组立即丢弃；如果支持转发，会在内存的路由表中查找特定的路由。查找路由就是将数据分组中的目标IP地址与路由表中的IP地址进行匹配，如果不匹配，则会选择一个默认的路由。

17.7.2 网络协议：HTTP

HTTP是应用层的协议，基于TCP来进行数据的可靠传输。在进行HTTP通信前，需要先建立TCP连接。所谓的应用层协议，是相对于系统层的协议模块来说的，如TCP，系统内部在协议栈中已经实现了TCP模块，对应用层提供了访问TCP的接口。

HTTP是一种"请求-响应"式协议，客户端发起一个HTTP请求，服务端对该请求作出响应。浏览器就是一种HTTP客户端。下面以用户通过浏览器访问网页为例，来讲解HTTP的"请求-响应"过程。

（1）打开浏览器，在浏览器中输入某网页的URL。

（2）浏览器对URL进行解析，会得到一个IP地址和端口号。如果URL中没有出现端口号，那么选择HTTP的默认端口号80。

（3）根据得到的IP地址与端口号，建立一个TCP连接。

（4）建立完TCP连接后，发起一个HTTP请求，请求中包含了想要访问的网页信息。

（5）HTTP服务端收到该请求，对请求进行解析，再将对应的网页内容发送给浏览器。

（6）浏览器对服务端返回的文本内容进行渲染，用户便看到了网页内容。

HTTP的主要特性如下。

（1）客户/服务器模式：在这种模式下，客户端只负责对资源发起请求，服务器对请求进行处理。

（2）无连接：无连接并不是没有建立连接，而是在服务器处理完客户端的请求后，会立即断开连接，可以说是短连接。

（3）无状态：客户端的每次请求都是独立的，服务器不会维护客户端的任何状态信息。

- **HTTP 中的 URL**

URL即统一资源定位符，HTTP使用URL来进行资源的定位。HTTP URL的形式为http://<host>:<port>/<path>?<query>。

（1）host表示主机的域名或IP地址，通过DNS（域名系统），可以将域名解析为对应的IP地址。

（2）port表示TCP连接的端口号，HTTP基于TCP来进行数据的可靠传输。端口号可以省略，此时会使用HTTP的默认端口号80。

（3）path是资源在目标主机上的路径，以"/"进行路径的连接。

（4）query是查询字符串。<path>、<query>和它前面的"?"都是可选的。如果<path>和<query>部分都没有，则"/"也可以省略。基本格式为name1=value1&name2=value2#anchor，query中的name=value，表示请求中携带的参数，name表示参数名，value为参数值，&用来对参数进行分隔。"#"后面的内容表示锚点，用来对页面中的特定位置进行定位。

> **编程小知识**
>
> HTTP中还存在URI与URN的概念，URI是统一资源标识符，URN表示统一资源命名，URI是对资源进行定位的一种规范，而URL和URN是对URI的具体实现。URL使用了类似地址的概念对资源进行定位，URN使用了唯一的名称标识来对资源进行定位。

● HTTP 中的请求方法

HTTP是一种"请求-响应"式的协议，在对资源进行请求时，需要使用特定的请求方法。HTTP常见的请求方法如表17-15所示。

表17-15 HTTP 常见的请求方法

HTTP 常见的请求方法	描述
GET	幂等请求，表示获取服务器上的资源，使用get请求时，请求参数会在URL中进行体现
POST	非幂等请求，表示向服务器提交资源，以让服务器进行处理，请求参数不会出现在URL中，而是出现在请求体中。从语义上来说，POST请求是作为一种写操作，而GET请求则作为读操作，读操作容易被浏览器缓存
PUT	幂等请求，与POST请求类似，表示对服务器的特定资源进行更新，如果服务器上无此资源，会先进行创建
DELETE	幂等请求，表示对服务器的特定资源进行删除

> **编程小知识**
>
> 幂等请求即执行任意多次的请求与只执行一次请求的影响是相同的。get请求是读操作，对同一份资源执行多次get请求都不会对服务器产生副作用。delete请求在语义上表示对资源进行删除，对同一份资源删除一次或删除多次的效果是一样的。post请求侧重于创建新资源，执行多次post请求会创建多个资源对象，而put请求只创建一次，然后每次都是对同一份资源进行更新。

● HTTP 中的"请求 – 响应"格式

HTTP采用了客户/服务器模式，客户端使用特定的HTTP请求方法，服务器针对性地做出响应，同时会返回一个状态码，客户端通过状态码来判断服务器的处理状态。

客户端在发起HTTP请求时，须遵循协议中规定的请求格式，服务器做出响应时也必须遵循协议中规定的响应格式。

（1）HTTP请求格式。

请求格式主要分为请求行、请求头和请求体。

请求行的格式为medhod URL http/version crlf。

medhod表示HTTP请求的方法，URL表示资源在服务器上的地址，GET方法的请求参数也包含在URL中。http/version表示HTTP的版本信息，HTTP的常用版本为1.1与2.0，crlf表示回车换行符。

实例代码

GET /index.html?key=Python http/1.1\r\n

请求头包含的是一系列字段名-字段值对，格式为"字段名:字段值"，字段名-字段值对以回车换行符进行分隔。HTTP中预定义了一系列标准请求字段，表17-16所示为常用的请求头字段。

表17-16 HTTP 协议常用的请求头字段

HTTP 请求头常用字段	描述
Host	表示HTTP服务器的地址和端口，地址与端口之间以":"进行分隔，如Host:www.****.com:8090，不填端口时表示默认的80端口
User-Agent	用户代理，简称UA，浏览器就是一种UA，例如火狐浏览器可能的User-Agent值为Mozilla/5.0 (Windows NT 10.0;Win 64; x64; rv:69.0) Gecko/20100101 Firefox/69.0
Content-Type	表示内容的媒体类型，也叫作MIME类型 text/html表示请求HTML格式的文件 text/plain表示纯文本格式的文件 image/[gif,jpeg, png]，[]表示任选其一，分别表示GIF格式、JPEG格式、PNG格式的图片文件，如image/gif application/json 表示JSON格式的文件
Accept	表示客户端可接受的MIME类型
Cookie	Cookie值是服务器返回给客户端的，客户端每次请求时携带一个cookie值，服务器通过该cookie值对用户进行识别

下面对请求头格式进行举例说明，最后一个字段名-字段值对后须接两个回车换行符，表示接下来的是请求体。

实例代码

Host:www.shuyishe.com
User-Agent:Mozilla/5.0 (Windows NT 10.0; Win64; x64; rv:69.0) Gecko/20100101 Firefox/69.0\r\n
Content-Type:text/html\r\n
\r\n

请求体中包含的通常是请求的参数信息，请求体中的内容由应用程序负责解析。由于GET请求的参数被包含在URL中，请求体一般为空。以POST登录请求为例，POST请求中包含登录所需的账号和密码。

实例代码

name=Lina&password=qwert

（2）HTTP响应格式。

响应格式主要分为状态行、响应头和响应体。

状态行的格式为http/version status reason crlf。http/version表示HTTP的版本信息，status表示服务端返回的状态码，reason是状态码的描述信息，crlf表示回车换行。状态码总体来说分为5个类别，同一类别下的状态码表示相同类型的状态信息。表17-17所示的1xx表示以1开头的数字编号，2xx表示以2开头的数字编号，以此类推。

表17-17 HTTP 状态码分类

状态码分类	描述
1xx	临时性的响应，并要求客户端继续执行操作
2xx	客户端的请求已被服务端成功处理
3xx	重定向代码，指示客户端发起一个重定向请求
4xx	客户端请求非法，如资源不存在，或无权限访问
5xx	服务器在处理过程中发生错误

HTTP常用的状态码及描述如表17-18所示。

表17-18 HTTP 常用的状态码及描述

常用状态码	状态码对应的 REASON	描述
200	OK	请求已成功，出现此状态码表示正常状态
301	Moved Permanently	永久重定向，资源被永久转移到其他URL，新URL值在响应体中的Location中指定
302	Move Temporarily	旧地址的资源还在，只是临时性的重定向
304	Not Modified	资源未被修改，客户端询问资源是否被修改时，服务端根据资源情况来选择是否响应该状态码
404	Not Found	资源不存在，客户端请求的资源不存在时，服务器会返回该状态码
500	Internal Server Error	服务器出现了内部错误，无法完成对该请求的处理

实例代码

http/1.1 200 OK\r\n
http/1.1 404 Not Found\r\n

响应头包含的是一系列字段名-字段值对，格式为"字段名:字段值"，字段名-字段值对以回车换行符进行分隔。HTTP中预定义了一系列标准的响应字段，表17-19所示为常用的响应字段。

表17-19 HTTP 响应头常用字段

HTTP 响应头常用字段	描述
Server	表示服务器的名称，如Server:nginx/1.6.3

续表

HTTP 响应头常用字段	描述
Set-Cookie	表示返回一个cookie值给客户端
Content-Type	表示响应内容的MIME类型
Content-Length	表示响应内容的长度
Content-Language	表示响应的内容所使用的语言，例如，Content-Language:zh-cn表示使用的是中文
Date	表示服务器响应时的日期
Location	用于资源重定向时，返回资源的新的URL
Allow	表示服务器允许的HTTP方法

下面对响应头格式进行举例说明，在最后一个字段名–字段值对以后须接两个回车换行，表示接下来的是响应体。

实例代码

```
Server:nginx/1.6.3\r\n
Date:Mon, 07 Oct 2019 10:51:06 GMT\r\n
Content-Type:text/html\r\n
Content-Length:20\r\n
\r\n
```

响应体表示响应的具体内容，下面结合状态行、响应头和响应的HTML格式的文件来举例。

实例代码

```
http/1.1 200 OK\r\n
Server:nginx/1.6.3\r\n
Date:Mon, 07 Oct 2019 10:51:06 GMT\r\n
Content-Type:text/html\r\n
Content-Length:20\r\n
\r\n
<h1>Hello World</h1>
```

以上HTTP服务器的响应结果如下。

状态行

```
http/1.1 200 OK\r\n
```

响应头

```
Server:nginx/1.6.3\r\n
Date:Mon, 07 Oct 2019 10:51:06 GMT\r\n
Content-Type:text/html\r\n
Content-Length:20\r\n
\r\n
```

响应体

```
<h1>Hello World</h1>
```

17.8 socket 编程

socket即套接字,应用程序在使用传输层进行数据通信时,可以通过套接字中的相关函数来完成数据通信。

> **编程小知识**
>
> 在TCP/IP网络应用中,通信的两个进程主要采取客户/服务器模式,客户端向服务器发出请求,服务器接收到请求后,再提供相应的服务。TCP/IP中的传输层为客户端进程和服务端进程提供端到端的通信,端到端是指逻辑上的连接。这里的"端",实质上是应用程序的端口号。

socket是IP地址与端口号的组合,形如(IP:PORT)的格式。服务端的socket与客户端的socket组成了唯一的套接字对。Python内置了一个基本的socket模块,通过socket模块可以访问底层操作系统套接字接口的全部方法。使用socket进行编程,可以实现网络的主机间或主机内部进程间的通信。

17.8.1 socket 模块常用方法

表17-20所示为socket模块的常用方法。

表 17-20 socket 模块的常用方法

方法	描述
socket.socket(family=-1, type=-1, proto=-1)	参数: family表示套接字使用的地址协议簇,UNIX系统支持的协议簇主要有AF_UNIX、AF_INET,Windows系统仅支持AF_INET type是套接字类型,主要有流式套接字和数据报套接字,分别对应于TCP服务、UDP服务。socket模块中的SOCK_STREAM表示流式套接字,SOCK_DGRAM表示数据报套接字 proto表示套接字使用的特定协议,默认为-1,一般省略,系统会使用默认的连接模式 描述:执行socket模块的socket()方法,返回一个socket对象
socket.gethostname()	获取本地的主机名

17.8.2 socket 对象常用方法

表17-21所示为socket对象的常用方法。

表 17-21 socket 对象的常用方法

socket 对象常用方法	使用说明
socket.bind(address)	参数:address是一个元组类型,以(host,port)的格式来唯一地标识当前的socket。host指的是服务器的主机名或ip,port是端口号 描述:这是服务端进程调用的方法,将(host,port)标识的唯一地址绑定到当前socket
socket.listen(backlog)	参数:backlog是一个可选的参数,表示客户端连接队列的最大数目,如果超出该数目,会拒绝后续的连接请求。指定该参数时,至少设置为0,如果未指定该参数,系统会设置一个默认值 描述:这是服务端进程调用的方法,表示开始监听一个TCP的连接请求
socket.connect(address)	参数:address参数同bind()方法的address,address中的host与port表示服务端的地址和端口 描述:这是客户端进程调用的方法,通过connect()方法向服务端进程发起一个连接请求

socket 对象常用方法	使用说明
socket.accept()	这是服务端进程调用的方法，等待客户端的连接（客户端通过connect()方法来发起连接），建立完连接以后，会返回一个元组。元组的格式为(socket_obj, address)，socket_obj表示已连接的socket对象，address表示客户端的地址
socket.recv(buffersize)	参数：buffersize参数表示数据接收的最大长度（字节） 描述：接收从对方发送过来的TCP数据，数据以字节类型返回，没有数据时，会一直阻塞
socket.send(data)	参数：data参数表示字节类型的数据 描述：发送TCP数据给对方，返回已发送的数据字节数
socket.recvfrom(buffersize)	参数：buffersize参数表示数据接收的最大长度（字节） 描述：接收从对方发送过来的UDP数据，返回值是一个元组类型(data,address)，data表示接收的UDP数据，address表示数据发送方的socket
socket.sendto(data)	参数：data参数表示字节类型的数据 描述：发送UDP数据给对方，返回已发送的数据字节数
socket.setblocking(flag)	参数：flag参数表示套接字对象的阻塞状态 描述：flag默认为True，表示设置套接字对象为阻塞状态，传False值时表示设置为非阻塞
socket.getsockname()	返回一个元组，元组的格式为(hostaddr, port)，表示本机的socket地址
socket.getpeername()	返回一个元组，元组的格式为(hostaddr, port)，表示已连接套接字的远程地址
socket.setsockopt(level,optname,value)	参数：level表示套接字的级别，可传的参数为socket.SOL_SOCKET、socket.IPPROTO_TCP、socket.IPPROTO_IP和socket.IPPROTO_IPV6 optname表示选项的名称，该选项的参数与level参数有关，在实际开发中常使用的套接字级别为SOL_SOCKET，该级别下常设置的optname参数为SO_REUSEADDR，该选项表示操作系统会在服务器socket被关闭或服务器进程终止后，可以立即重用该服务器的端口 value表示套接字选项对应的值 描述：设置套接字的选项
socket.close()	关闭当前的socket对象，释放资源

17.8.3　socket 编程的核心流程

下面介绍socket编程的核心流程。

- **服务端进程**

（1）通过socket模块的socket()方法初始化一个套接字对象，根据具体的需求，选择流式套接字还是数据报套接字。

（2）通过socket对象的bind()方法将套接字对象与套接字地址绑定。

（3）如果是流式套接字，需要执行listen()方法，以监听客户端的TCP连接请求，然后执行accept()方法来获取连接的socket对象。数据报套接字是无连接的，不需要listen()和accept()。

（4）流式套接字通过已连接的socket对象，执行recv()或send()方法与客户端进行数据的收发，数据报套接字直接通过socket对象与客户端进行数据的收发（执行recvfrom()和sendto()方法）。

（5）关闭套接字对象，释放资源。

- **客户端进程**

(1) 通过socket模块的socket()方法初始化一个套接字对象,根据具体的需求,选择流式套接字还是数据报套接字。

(2) 如果是流式套接字,需要先执行connect()方法,向服务端发起一个TCP连接,然后进行数据的收发。数据报套接字是无连接的,直接通过socket对象与服务端进行通信。

(3) 关闭套接字对象,释放资源。

编程实例:客户端与服务端的通信

本例主要使用socket模块来实现客户端与服务端的通信,即实现一个简单的客户/服务器通信模型。

01 在D盘python-learning中的chapter17目录中,创建simple_tcp_server.py命令,并输入以下代码。

实例代码

```python
import socket
import argparse


class SimpleTcpServer:
    """
    :desc: 简易的 TCP 服务器
    """

    def __init__(self, host_addr, port):
        """
        :param host_addr: 服务器的地址
        :param port: 服务器的端口号
        """
        self.__host_addr = host_addr
        self.__port = port
        self.__server_socket = self.__initial_socket()

    def __initial_socket(self):
        """
        :desc: 初始化一个套接字对象,进行绑定,并监听客户端的连接请求
        """
        try:
            # 创建流式套接字
            server_socket = socket.socket(socket.AF_INET, socket.SOCK_STREAM)
            # 设置端口重用
            server_socket.setsockopt(socket.SOL_SOCKET, socket.SO_REUSEADDR, 1)
            server_socket.bind((self.__host_addr, self.__port))
            server_socket.listen()
```

```python
        except:
            server_socket = None

        return server_socket

    def serve_forever(self):
        """
        :desc: 启动 TCP 服务器的处理循环
        """
        if not self.__server_socket:
            return

        print(" 服务器已启动，正在监听客户端的连接请求 ......")
        # socket 对象的 accept() 方法在获取已连接的 socket 对象前会一直等待
        conencted_socket, client_address = self.__server_socket.accept()
        print(" 客户端 {} 已建立连接 ".format(client_address))
        while True:
            message = conencted_socket.recv(1024)
            # recv() 返回的数据是字节类型，通过字节类型 decode() 方法，可以解码为字符串类型
            message = message.decode()
            if message:
                print(" 收到来自客户端 {} 的消息 :{}".format(client_address, message))
                # 如果客户端发送的消息为 quit，则退出通信过程
                if message.lower() == "quit":
                    break
                message = input(" 输入对客户端的回应 :{}{}".format("_"*10, "\b"*10))
                conencted_socket.send(message.encode())


if __name__ == "__main__":
    parser = argparse.ArgumentParser()
    parser.add_argument("-x", "--host", type=str, default="localhost")
    parser.add_argument("-p", "--port", type=int, default=8090)
    FLAGS, unknown = parser.parse_known_args()
    """
    (1) 服务器在本地运行，localhost 表示本地
    (2) 服务器监听的端口号为 8080
    """

    simpleTcpServer = SimpleTcpServer("localhost", 8080)
    simpleTcpServer.serve_forever()
```

02 在D盘python-learning中的chapter17目录中,创建simple_tcp_client.py命令,并输入以下代码。

实例代码

```python
import socket

class SimpleTcpClient:
    """
    :desc: 简易的 TCP 客户端程序
    """
    def __init__(self, server_addr, server_port):
        """
        :param server_addr: 服务器的地址
        :param port: 服务器的端口号
        """
        self.__server_addr = server_addr
        self.__server_port = server_port
        self.__local_socket = self.__initial_socket()

    def __initial_socket(self):
        """
        :desc: 初始化一个客户端的套接字对象
        """
        try:
            # 创建流式套接字
            local_socket = socket.socket(socket.AF_INET, socket.SOCK_STREAM)
        except:
            local_socket = None

        return local_socket


    def run(self):
        """
        :desc: 启动 TCP 服务器的处理循环
        """
        if not self.__local_socket:
            return

        # 在执行 connect() 方法的过程中,客户端会一直等待,直到与服务器建立连接
        self.__local_socket.connect((self.__server_addr, self.__server_port))
        print(" 已与服务器 {}:{} 建立连接 ".format(self.__server_addr, self.__server_port))
        while True:
```

```python
            message = input(" 输入发送给服务端的消息 :{}{}".format("_"*10, "\b"*10))
            self.__local_socket.send(message.encode())
            # recv() 返回的数据是字节类型
            message = self.__local_socket.recv(1024)

            # 通过字节类型 decode() 方法，可以解码为字符串类型
            message = message.decode()
            if message:
                print(" 收到来自服务端 {}:{} 的响应 :{}".format(self.__server_addr,self.__server_port,message))
                # 如果服务端发送的消息为 quit，则退出通信过程
                if message.lower() == "quit":
                    break


if __name__ == "__main__":
    """
    (1) 服务器在本地运行，localhost 表示本地
    (2) 服务器监听的端口号为 8080
    """

    server_addr = "localhost"
    simpleTcpClient = SimpleTcpClient(server_addr, 8080)
    simpleTcpClient.run()
```

03 进入Windows命令行，切换到D盘python-learning中的chapter17目录，输入python simple_tcp_server.py命令，执行TCP服务器程序。打开一个新的命令行窗口，切换到D盘python-learning中的chapter17目录，输入python simple_tcp_client.py命令，执行TCP客户端程序。此时就可以开始客户端与服务器的通信，以下分别为客户端与服务器的输出。

客户端输出结果

```
D:\python-learning\chapter17>python simple_tcp_client.py
已与服务器 localhost:8080 建立连接
输入发送给服务端的消息 :hello_____
```

服务器输出结果

```
D:\python-learning\chapter17>python simple_tcp_server.py
服务器已启动，正在监听客户端的连接请求 ……
客户端 ('127.0.0.1', 49386) 已建立连接
收到来自客户端 ('127.0.0.1', 49386) 的消息 :hello
输入对客户端的回应 :_____
```

笔者有话说

socket是Python中的一个底层的网络通信模块，读者在实际开发中，在掌握套接字编程的核心概念和方法的前提下，可以使用更高层的抽象模块，如内置的SocketServer或者其他第三方模块来简化应用程序的开发。

17.9 HTTP 编程

HTTP是一种应用层协议，通常的实现是基于TCP来实现数据的可靠传输。Python中的http包集合了多个用于处理HTTP的模块。http包的主要模块如表17-22所示。

表 17-22 http 包的主要模块

http 包的主要模块	描述
server	该模块定义了实现HTTP服务器的类
client	该模块是一个低层级的HTTP客户端模块，通常不直接使用
cookies	该模块定义了通过cookies来进行状态管理的工具
cookiejar	提供了对cookies进行持久化的功能
HTTPStatus	定义了一些HTTP状态码及相关状态消息的模块

本节的HTTP编程主要是介绍server模块下的HTTPServer和BaseHTTPRequestHandler类，通过它们来实现一个简单的HTTP服务器，以便读者更好地理解HTTP的通信过程。对于HTTP客户端，使用谷歌浏览器来进行测试。

17.9.1 HTTPServer 类

下面介绍HTTPServer类的构造函数、执行方法等内容。

- **HTTPServer 类的构造函数**

函数原型为HTTPServer(server_address, RequestHandlerClass)。
server_address：HTTP服务器的地址与端口，是一个元组类型。
RequestHandlerClass：对HTTP客户端请求进行处理的类。

- **HTTPServer 对象的执行方法**

方法原型为HTTPServer.serve_forever()，用于启动一个HTTP服务器的处理循环，即在循环中不断地对请求进行处理。

17.9.2 BaseHTTPRequestHandler 类

BaseHTTPRequestHandler是对HTTP请求进行处理的基类，在进行HTTP编程时，直接将BaseHTTPRequestHandler类实例化后的对象传递给HTTPServer的构造函数即可。BaseHTTPRequestHandler实例对象的常用属性如表17-23所示。

表 17-23 BaseHTTPRequestHandler 实例对象的常用属性

属性	描述
client_address	是一个元组类型，格式为(host,port)；host表示HTTP客户端的主机地址，port表示HTTP客户端的端口
requestline	HTTP的请求行
command	请求方法名，如GET、POST
path	HTTP客户端的请求路径
headers	保存了HTTP客户端的请求头部信息，通过headers的get()方法可以获取相应字段的值，例如获取字段Content-Length的值，Python语句为headers.get("content-length")
wfile	io模块下的BufferedIOBase 流对象，执行该对象的write()方法可以输出内容给客户端
rfile	io模块下的BufferedIOBase 流对象，执行该对象的read()方法可以读取请求体中的内容

BaseHTTPRequestHandler实例对象的常用方法如表17-24所示。

表17-24 BaseHTTPRequestHandler 实例对象的常用方法

方法	使用说明
send_error(code, message=None, explain=None)	参数：code表示HTTP错误码 message表示服务器响应的简短的错误消息 explain表示详细的错误描述 描述：对客户端响应一个错误信息
send_response(code, message=None)	参数：code表示HTTP状态码 message表示响应的状态消息 描述：把响应的状态行添加到内部的缓冲区中，同时记录该请求
send_header(keyword, value)	参数： keyword是响应头部中的字段名 value 是字段名所对应的值 描述：将HTTP响应头添加到内部缓冲区中，当执行end_headers()或flush_headers()方法时，会刷新该缓冲区
end_headers()	添加一个空白行到HTTP响应头对应的缓冲区中，然后执行flush_headers()方法
flush_headers()	刷新HTTP响应头所对应的缓冲区

编程实例：简易的 HTTP 服务器

扫 码 看 视 频

下面通过Python http包中的HTTPServer及 BaseHTTPRequestHandler类来实现一个简单的HTTP服务器，HTTP客户端使用谷歌浏览器进行测试。

01 在D盘python-learning中的chapter17目录中，创建simple_http_server.py文件，并输入以下代码。

实例代码

```
# __author__= 薯条老师

# 从 http 包中的 server 模块中导入 HTTPServer 类及 BaseHTTPRequestHandler 类
from http.server import HTTPServer, BaseHTTPRequestHandler

# 从 http 包中导入 HTTPStatus 类型，使用其定义的 HTTP 状态码
from http import HTTPStatus
import json
import argparse

"""
(1) 定义 index_html 字符串变量，存储的是 HTML 格式的内容
(2) 在 HTML 中的 form 标签中定义表单。在表单中提交的数据，以 POST 请求的方式发送给 HTTP 服务端
(3) HTML form 标签的主要格式：
<form action="", method="">
</form>
在 action 中填写 HTTP 服务器的 URL，在 method 中填写对应的 HTTP 请求方法
"""
```

```python
index_html = """
<html>
<head>
<meta http-equiv="Content-Type" content="text/html; charset=utf-8">
<title>HTTP GET & POST</title>
</head>
<body>
        <form action="http://localhost:8090/" method="post">
                用户名:<input type="text" name="username"><br>
                密码:<input type="password" name="password"><br>
                <input type="submit" value=" 提交 ">
        </form>
</body>
</html>
"""


"""
(1) 定义一个 HTTP 请求的处理类，从 BaseHTTPRequestHandler 中进行继承
(2) 在类内部自定义以 do 为前缀的 HTTP 方法，如 do_GET、do_POST 分别表示对 GET 请求、POST 请求进行处理
HTTP 服务器在收到客户端请求时会自动调用对应的 HTTP 请求的处理方法来进行处理
"""
response_html = """
<html>
<head>
<meta http-equiv="Content-Type" content="text/html; charset=utf-8">
<title>HTTP GET & POST</title>
</head>
<body>
  <p> 你请求的参数为：{}</p>
</body>
</html>
"""
class SimpleHttpRequest(BaseHTTPRequestHandler):
  # 收到客户端的 GET 请求时会自动调用该方法
  def do_GET(self):

    """
    如果请求的路径中只包含 / 符号或 index.html，则将 index.html 中的内容返回给 HTTP 客户端
    """
    if self.path == "/" or self.path.find("index.html") !=-1:
      self.send_response(httpStatus.OK)
      # 响应的内容为 HTML 格式的文本文件，mime 类型为 text/html
      self.send_header('Content-type', 'text/html')
```

```python
        # 刷新 HTTP 的 headers 缓冲区
        self.end_headers()
        # 将文本类型转换为字节流，再响应给 HTTP 客户端
        self.wfile.write(index_html.encode())

    """
    收到客户端的 POST 请求时会自动调用该方法，单击 HTML 页面中的提交按钮时会
    向服务器发起一个 POST 请求
    """
    def do_POST(self):
        # 从请求头部中的 Content-Length 字段中可以获取请求体的内容长度
        # HTTP 请求体中的字段保存在实例对象的 headers 属性中
        # 执行 headers 的 get() 方法，获取对应字段的值
        content_length = int(self.headers.get('content-length'))
        content=self.rfile.read(content_length)

        # 将请求参数返回给 HTTP 客户端
        self.send_response(HTTPStatus.OK)

        # 响应的内容为 JSON 格式，mime 类型为 application/json
        self.send_header('Content-type', 'application/json')
        self.end_headers()
        self.wfile.write(json.dumps(data).encode())

if __name__ == '__main__':
    parser = argparse.ArgumentParser()
    parser.add_argument("--host", type=str, default="localhost")
    parser.add_argument("--port", type=int, default=8090)
    FLAGS, unknown = parser.parse_known_args()

    host = (FLAGS.host, FLAGS.port)
    httpServer = HTTPServer(host, SimpleHttpRequest)
    httpServer.serve_forever()
```

02 进入 Windows，切换到 D 盘 python-learning 中的 chapter17 目录，输入 python simple_http_server.py 命令，运行 HTTP 服务器。服务器开始运行后，打开谷歌浏览器，在地址栏中输入 http://localhost:8090。

命令行输出结果

```
D:\python-learning\chapter17>python simple_http_server.py
127.0.0.1 - - [09/Oct/2019 08:05:11] "GET / http/1.1" 200 -
```

03 输出的是日志信息，从日志内容中得知，HTTP 服务器收到了一个 GET 请求，请求行为 GET / http/1.1。HTTP 服务器收到 GET 请求时会执行 do_GET() 方法，将 HTML 内容返回给浏览器，浏览器再对 HTML 进行渲染，渲染页面如图 17-14 所示。

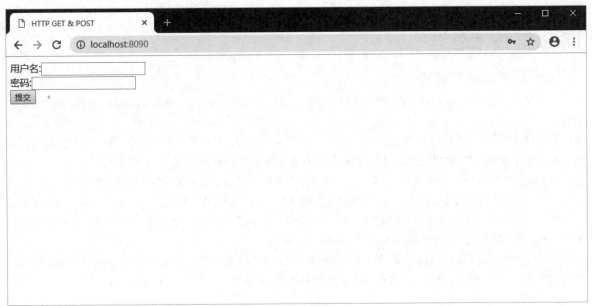

图 17-14

04 在网页中输入用户名和密码,然后提交表单。后台会执行HTML form表单中的post()方法,向HTTP服务器发起一个POST请求。

命令行输出结果

127.0.0.1 - - [09/Oct/2019 08:16:30] "POST / http/1.1" 200 -

该结果表示收到了一个POST请求,服务器会执行代码中定义的do_POST()方法,将用户填写的用户名和密码以JSON的格式返回给浏览器。服务器响应完毕后,浏览器中的页面内容如图17-15所示。

图 17-15

笔者有话说

http.server是一个底层的模块,学习其基本用法,可以更好地理解HTTP的通信过程,由于http.server只实现了基本的安全检查功能,并不适合在企业的生产环境中使用。

17.9.3 技术总结

网络编程的技术要点归纳如下。

① 网络编程是指通过计算机程序来实现网络的通信协议，或遵循已有的协议规范来进行计算机间的数据交换。

② 网络协议是为实现网络通信而制定的一系列规则。网络通信的过程是一个"请求+响应"的过程，数据请求方通过网络协议向数据提供方发起请求，数据提供方通过网络协议向请求方进行数据的响应。

③ TCP/IP是一个分层的协议簇，由顶向下，一共分为4层：应用层、传输层、网络层和网络接口层。

④ HTTP是应用层的协议，基于TCP来进行数据的可靠传输，在进行HTTP通信前，需要先建立TCP连接。

⑤ HTTP中的URI表示统一资源标识符，URN表示统一资源命名，URL表示统一资源定位符，URI是对资源进行定位的一种规范，而URL和URN是对URI的具体实现。

⑥ HTTP是一种"请求-响应"式的协议，协议的主要请求方法为GET、POST、HEAD、PUT和DELETE；HTTP请求格式主要分为请求行、请求头和请求体；响应格式主要分为状态行、响应头和响应体。

17.9.4 课后练习

（1）阐述你对网络协议的理解。
（2）简述TCP与UDP的异同。
（3）网络编程中的套接字是什么？
（4）什么叫无状态协议？如何让协议变得有状态？
（5）简单描述在使用浏览器上网时网络协议的处理过程。
（6）如何使用socket来编写一个服务端程序，请描述其基本流程。
（7）使用Python中的socket模块来编写一个基于UDP的客户/服务器程序。

第 18 章

教学视频 8个 12分钟

错误调试与单元测试

错误调试与单元测试
- 错误调试
  - 程序中的 bug 与 debug
  - debug 的方法
- 日志记录
  - 什么是日志
  - 日志的级别
  - Python 中的 logging 模块
- 单元测试
  - 什么是单元测试
  - Python 中的单元测试框架：unittest

18.1 错误调试（debug）

bug是计算机专业术语，指的是程序中出现的错误和漏洞。而debug指的是通过一些调试手段将程序中的错误、故障进行定位和排除。

> **编程小知识**
>
> bug的中文释义为昆虫，bug术语源于死在Harvard Mark II系统里面的一只飞蛾。1947年，技术人员在为Harvard Mark II系统调试设备时，突然出现故障，在尝试了很多办法以后，终于将错误定位在一个继电器设备上。计算机科学家Grace Hopper拆开设备以后，霍然发现有只飞蛾被夹扁在机器的触点中间，从而"卡"住了机器的运行。"罪魁祸首"竟然是一只bug，于是Grace Hopper诙谐地把程序故障称为bug，而把排除程序故障叫作debug，这些奇怪的称呼逐渐在业内传播开来，这只bug最终以这样的方式为程序员所铭记。

无论是初学者，还是有着丰富经验的程序员，都很难避免其编写的程序出现bug。程序出现bug的原因有很多，如主观上的粗心或各种逻辑错误，缺乏对项目的有效测试，对软件的需求不明，等等，不胜枚举。程序一旦出现bug，就要想方设法debug。在Python中进行程序debug主要有以下几种方法。

18.1.1 使用 print() 函数

在程序中可以直接将变量值或执行过程输出到控制台。

实例代码

```python
def accumulate(*args):
    """
    :param args:  variable arguments
    :return: accumulated value of arguments
    """
    value = 0

    print("for loop start, value:{}".format(value))
    for arg in args:
        print("value is:{} arg is:{}".format(value, arg))
        value += arg

    print("for loop end, value:{}".format(value))
    return value

result = accumulate(1,2,3,"4+")
```

输出结果

```
for loop start, value:0
value is:0 arg is:1
value is:1 arg is:2
value is:3 arg is:3
value is:6 arg is:4+
Traceback (most recent call last):
  File "class.py", line 16, in <module>
    result = accumulate(1,2,3,"4+")
  File "class.py", line 11, in accumulate
```

```
    value += arg
TypeError: unsupported operand type(s) for +=: 'int' and 'str'
```

从出错信息可知，在循环到第4次时发生了异常，发生异常前的value值为6，arg为4+，很显然是参数错误，整型与字符串不能直接相加。

使用print()函数的不足在于它会带来许多无必要的输出，而且对代码有很大的侵入性，在解决完bug后，需要同步清除代码中不必要的print语句。

18.1.2 输出异常信息

扫码看视频

先看下面一段代码。

实例代码

```python
def accumulate(*args):
    """
    :param args:  variable arguments
    :return: accumulated value of arguments
    """
    value = 0
    for arg in args:
        value += arg

    return value

result = accumulate(1,2,3,"4+")
```

这段代码中定义了一个accumulate()函数，对可变参数进行累加，然后返回，在执行accumulate()函数时发生了异常。此时可以在关键的代码位置加上异常处理，然后通过print()函数对异常信息进行详细输出。改进后的代码如下。

实例代码

```python
def accumulate(*args):
    """
    :param args:  variable arguments
    :return: accumulated value of arguments
    """
    value = 0
    for arg in args:
        try:
            value += arg
        except Exception as e:
            print("expression:value+=arg,value:{} arg:{},exception:{}".format(value,arg,e))

    return value

value = accumulate(1,2,3,"4")
print("value is:{}".format(result))
```

输出结果

expression:value+=arg, value:6 arg:4, exception:unsupported operand type(s) for +=: 'int' and 'str'
value is 6

通过异常输出可知，在进行"+="操作时发生了异常，整型不能与字符串类型相加。使用异常输出的目的是定位问题，对问题进行定位以后，需要解决问题，这才是debug。

为解决上述代码中的问题，可以将字符串类型参数进行类型转换，如果类型转换失败，说明字符串包含的不是有效的数字，此时可以将其忽略，最终代码如下。

实例代码

```
def accumulate(*args):
    """
    :param args:  variable arguments
    :return: accumulated value of arguments
    """
    value = 0
    for arg in args:
        try:
            value += int(arg)
        except Exception as e:
            print("expression:value+=int(arg),value:{} arg:{},exception:{}".format(value,arg,e))

    return value

value = accumulate(1,2,3,"4", "5+")
print("value is:{}".format(result))
```

输出结果

expression:value+=int(arg), value:10 arg:5+, exception:invalid literal for int() with base 10: '5+'
10

执行程序时，又发生了新的异常，在对arg进行类型转换时发生错误，参数5+属于非法的数字，程序员此时需要根据具体的业务需求来选择继续进行处理或者忽略此异常。

18.1.3 使用断言：assert

扫码看视频

利用assert语句可以对表达式的值进行判定，如果表达式的值为False，则Python抛出AssertionError异常；如果表达式为True，则继续执行程序中的指令。

assert语句基本语法为assert expression, expression表示程序中的表达式。

使用assert语句进行判断，相当于契约式编程的先验条件。所谓契约就是合约，规定了交互双方的权利和责任，以保护程序的正确性。以函数调用来举例，函数在一定的规则之下能正确运行，函数的使用者必须按照函数的运行规则来进行调用，否则就违反了契约。同样，如果函数的使用者按照正确的方法进行调用，没有得到正确的结果，那就是函数违反了契约。

实例代码

```
#-*- encoding:utf-8 -*-
```

```
def accumulate(*args):
    """
    :param args:  variable arguments
    :return: accumulated value of arguments
    """
    value = 0
    for arg in args:
        """
        使用 assert 进行先验判断，参数必须是整型或浮点类型
        程序如果发生 AssertionError 的错误异常，说明调用者违反了调用规则
        """
        assert isinstance(arg, (int, float))
        value += int(arg)
    return value

value = accumulate(1,2,3,"4")
print("value is:{}".format(result))
```

输出结果

```
Traceback (most recent call last):
  File "class.py", line 18, in <module>
    value = accumulate(1,2,3,"4")
  File "class.py", line 14, in accumulate
    assert isinstance(arg, (int, float))
AssertionError
```

在程序的执行过程中，客户端没有传递正确的参数类型，导致发生AssertionError异常。相比使用print()函数进行直接输出，assert语句的一个很大的优势在于，可以在命令行中通过-O参数来关闭assert。例如，脚本accumulate.py中包含许多assert语句，在代码中的问题修复完毕以后，在不修改代码的情况下，可以直接执行python -O accumulate.py命令来一键关闭代码中的assert语句，同时运行accumulate.py文件。

18.1.4 使用调试工具 PDB

Python提供了一款交互式的源码调试工具PDB，可以在源码中设置断点与单步执行的方式查看变量值、动态修改变量值及堆栈信息等来进行程序调试。

PDB的使用方法为在命令行中输入python -m pdb xxx.py，xxx.py表示要调试的Python程序。PDB的常用命令如表18-1所示，括号中的内容为命令的完整形式。

表 18-1 PDB 常用命令及说明

命令	说明
h (help)	获得 PDB 的帮助信息
l (list)	输出程序源码 l：输出当前行前后的 11 行代码 l lineno：输出程序中第 lineno 行前后的 11 行代码 l line_start line_end：输出程序中从第 line_start 行到第 line_end 行的代码
b (break)	设置断点 b：输出当前的所有断点 b lineno：表示在从当前行开始的第 lineno 行处设置断点 b filename：表示在脚本 filename 的第 lineno 行处设置断点 b function：在函数的第一条可执行语句处设置断点

续表

命令	说明
cl (clear)	清除断点 cl：清除所有断点 cl lineno：清除第 lineno 行的断点 cl filename:lineno：清除脚本 filename 第 lineno 行的断点 cl break1,break2：清除特定编号的断点，break1、break2 等表示断点的编号
disable	disable break1：停用断点，断点只是被停用，未被清除，break1 表示断点的编号
enable	enable break1：激活被停用的断点
s (step)	单步执行到下一条语句，如果当前是函数调用，则执行到函数的第 1 条语句
n (next)	单步执行到下一条语句，如果当前是函数调用，则执行到函数执行完毕后的第 1 条语句
c (continue)	执行到下一个断点
r (return)	执行完当前函数并返回
p (print)	p expression： 输出表达式 expression 的值，也可以使用 pp expression 来进行输出，后者对 p expression 的输出进行了美化
w (where)	输出当前的堆栈信息
run	重启 PDB 的调试模式
q (quit)	退出 PDB 的调试模式

按照以下步骤操作，以熟悉PDB的用法。

01 在D盘python-learning目录的chapter18目录中创建accumulate.py文件，并输入以下代码。

实例代码

```
#-*- encoding:utf-8 -*-

def accumulate(*args):
    """
    :param args: variable arguments
    :return: accumulated value of arguments
    """
    value = 0
    for arg in args:
        """
        使用 assert 进行先验判断，参数必须是整型或浮点类型
        程序如果发生 AssertionError 异常，说明调用者违反了调用规则
        """
        assert isinstance(arg, (int, float))
        value += int(arg)
    return value

if __name__ == "__main__":
    value = accumulate(1,2,3,"4")
    print("value is:{}".format(result))
```

02 进入Windows命令行，切换到D盘python-learning目录下的chapter18目录，在命令行中输入python -m pdb accumulate.py，然后按回车键，进入PDB的调试模式。

输出结果

```
> d:\python-learning\chapter18\accumulate.py(3)<module>()
-> def accumulate(*args):
(Pdb)
```

03 输入命令l，此时系统在调试模式下输出了从首行到第11行的代码。如果要输出更多的代码，可以在命令l后面加上相应的参数。

输出结果

```
(Pdb) l
  1     #-*- encoding:utf-8 -*-
  2
  3  -> def accumulate(*args):
  4         """
  5         :param args:  variable arguments
  6         :return: accumulated value of arguments
  7         """
  8         value = 0
  9         for arg in args:
 10             """
 11             使用 assert 进行先验判断，参数必须是整型或浮点类型
```

04 输入命令b 20，表示在程序的第20行加入断点，加上断点以后，可以开始进行单步调试，此时输入b，可以查看断点的详细信息。

输出结果

```
(Pdb) b
Num Type         Disp Enb  Where
1   breakpoint   keep yes  at d:\python-learning\chapter18\accumulate.py:20
```

05 从输出结果可知，断点的编号为1，类型为breakpoint，处于激活状态，断点的位置在源文件的第20行。后续需要对断点进行停用或删除时，可以通过断点编号来进行操作。输入s命令，开始单步执行。

输出结果

```
(Pdb) s
> d:\python-learning\chapter18\accumulate.py(19)<module>()
-> if __name__ == "__main__":
(Pdb) s
> d:\python-learning\chapter18\accumulate.py(20)<module>()
-> value = accumulate(1,2,3,"4")
(Pdb) s
--Call--
> d:\python-learning\chapter18\accumulate.py(3)accumulate()
-> def accumulate(*args):
(Pdb) s
> d:\python-learning\chapter18\accumulate.py(8)accumulate()
-> value = 0
(Pdb) p value
*** NameError: name 'value' is not defined
```

06 在输入4个s命令以后，进入了accumulate()函数内部，此时打印value的值时会抛出NameError异常，原因是程序还未执行value=0的语句，从这里也可以看出Python程序是解释执行的。继续输入s命令后，再打印value的值，就能正常输出0。

输出结果

```
(Pdb) s
> d:\python-learning\chapter18\accumulate.py(9)accumulate()
```

```
-> for arg in args:
(Pdb) p value
0
```

07 输入return命令,结束函数的运行。

输出结果

```
(Pdb) return
--Return--
> d:\python-learning\chapter18\accumulate.py(14)accumulate()->None
-> assert isinstance(arg, (int, float))
```

08 此时函数的调用结束,accumulate()->None表示函数返回的值为None,输出中的assert isinstance(arg, (int, float))表示运行到这一行代码后就结束运行了。输入w命令,查看详细的调用堆栈信息。所谓的调用堆栈,就是函数调用前后的执行过程。

输出结果

```
-> exec(cmd, globals, locals)
  <string>(1)<module>()
  d:\python-learning\chapter18\accumulate.py(20)<module>()
-> value = accumulate(1,2,3,"4")
> d:\Python-learning\chapter18\accumulate.py(14)accumulate()->None
-> assert isinstance(arg, (int, float))
```

09 从堆栈输出结果可知,程序对accumulate()函数进行了调用,传递的参数为1,2,3,"4",函数在执行到assert isinstance(arg, (int, float))这行代码时异常退出,输出None值。输入q命令,退出PDB的调试模式,回到Windows命令行。

输出结果

```
(Pdb) q
D:\python-learning\chapter18>
```

18.1.5 使用日志工具来进行调试

日志工具用于将关键性的过程记录到日志文件中,与以上4种方法相比,通过日志文件可以对程序的运行过程进行持久化记录。

程序中的某些隐含错误可能需要在长时间运行以后才会发生,通过常规的测试和调试方法很难发现这种错误。在项目上线到生产环境以后,需要借助日志文件,将程序的运行过程记录下来,一旦系统发生异常,可以通过日志文件对错误异常进行快速的排查。

使用日志文件不仅可以对程序中的故障进行分析和定位,在企业中,还可将用户与系统的交互行为进行埋点,然后上报给日志记录系统,这也极大地方便了企业对用户的行为进行分析。

18.1.6 技术总结

本节主要包含以下3个重要的知识点。

① bug是计算机专业术语,指的是程序中出现的错误和漏洞。而debug指的是通过一些调试手段将程序中的错误、故障进行定位和排除。

② 无论是初学者，还是有着丰富经验的程序员，都很难避免程序中出现bug，造成程序中出现bug的原因有很多，如主观上的粗心或各种逻辑错误、缺乏对项目进行有效的测试、对软件的需求不明等。

③ 在Python中进行程序debug，主要有通过print输出错误信息，通过assert进行断言，通过pdb进行源码调试，以及使用日志工具对故障进行分析和定位。

18.1.7 课后习题

（1）在Python中对程序进行调试的方法有哪些？
（2）使用日志文件来进行程序调试有何优点？

18.2 日志记录

这里的日志指的是狭义的日志文件。在计算机中，通过将程序运行过程中的操作事件记录到日志文件中，来进行历史数据的处理，以及故障的追踪与排查。

> **编程小知识**
> 根据日志文件记录的内容类型，可将其分为事件日志和消息日志。事件日志记录的是程序运行过程中发生的事件，可用于对程序的运行过程和出现的问题进行追踪。消息日志记录的是程序运行过程中生成的消息，如各类系统消息或即时通信软件的消息记录等。

在程序中进行日志处理时，可以通过设置日志级别来进行日志的分层输出，这样设计的优点是方便日志的筛选以及问题的快速定位。

18.2.1 日志的级别

日志文件存在5个标准级别，按由低到高进行排序分别为debug、info、warning、error和critical，如表18-2所示。

表18-2 日志文件的标准级别

日志级别	描述
debug	调试信息，级别最低，在这种级别下可以随意输出有利于程序调试的详细信息
info	在这种级别下输出的是程序运行过程中的正常状态信息
warning	程序的警告信息，表示程序运行过程中出现了可修复的错误，但是这类错误不影响系统的正常运行
error	程序的错误信息，一旦出现这类错误信息，表示系统出现了很难修复的错误，无法确定系统能否正常工作
critical	级别最高，程序中出现了无法修复的错误，系统如果继续运行下去，很大概率会崩溃

在程序中通常会设置一个基本级别，若日志级别小于该级别，则不会进行日志输出。例如，在程序中设置的基本级别为warning，那么warning级别以下（debug、info）的日志都不会写入文件。

Python提供了一个日志处理模块logging。通过logging模块，Python程序员可以方便地对程序中的日志进行处理。

18.2.2 日志的滚动

日志的滚动是指按照一定策略来产生新的日志文件，并对旧的日志文件进行备份和删除。在实际使用中，通常根据日志文件的大小或过期时间来决定是否产生一个新的日志文件。

> **编程小知识**
> 程序在持续运行过程中，会产生大量的日志信息，日志文件大小超过一定的阈值以后，会变得难以读取和维护。系统中存在大量的过期文件，会占用过多的系统资源，通过对日志文件施行滚动策略，可以解决这些问题。

18.2.3 logging 模块

扫码看视频

logging模块是Python的内置模块，可以直接导入程序中。logging模块实现了日志的5种级别，对应的方法分别为debug()、info()、warning()、error()和critical()。下面进入交互模式，来学习logging模块的基本用法。

- **将日志输出到控制台**

logging模块的默认日志级别为warning，所以执行debug()、info()方法时，都不会进行输出。

输出结果

```
>>> logging.debug("debug")
>>> logging.info("info")
```

级别大于或等于warning时，才会进行输出。

输出结果

```
>>> logging.warning("warning")
WARNING:root:warning
>>> logging.error("warning")
ERROR:root:warning
>>> logging.critical("warning")
CRITICAL:root:warning
```

logging的默认输出格式：日志级别名称:用户:日志消息。通过logging模块下的basicConfig()方法，可以配置日志的级别、输出格式和将日志内容写入文件。

- **basicConfig() 方法**

basicConfig()方法的常用参数如表18-3所示。

表18-3 basicConfig() 方法的常用参数

参数名	描述
filename	指定日志文件的路径
filemode	指定日志文件的打开方式，默认为追加模式为 "a"
format	指定内容的输出格式
datefmt	指定日期的输出格式
level	指定日志的基本级别 logging.DEBUG: debug 级别 logging.INFO: info 级别 logging.WARNING: warning 级别 logging.ERROR: error 级别 logging.CRITICAL: critical 级别
stream	指定一个输出流对象，输出流对象可以为标准输出、标准错误输出，也可以为文件输出。stream 参数与 filename 参数不能同时指定，否则会抛出 ValueError 异常

（1）通过baiscConfig()的format参数可以对日志输出的格式进行配置。format参数常用的格式符号如表18-4所示。

表18-4 format 参数常用的格式符号

format 格式符号	描述
%(levelname)s	输出日志级别名称
%(pathname)s	输出当前执行程序的路径
%(filename)s	输出当前的脚本文件名称
%(funcName)s	输出当前的函数名称
%(lineno)d	输出当前的文件行号

format 格式符号	描述
%(asctime)s	输出当前的时间
%(thread)d	输出线程的 ID
%(threadName)s	输出线程的名称
%(process)d	输出进程的 ID
%(message)s	输出日志的具体信息

使用format参数对输出格式进行配置时，传递的参数为字符串类型，例如"%(filename)s %(funcName)s %(lineno)d %(message)s"，则在日志文件中输出的格式如下。

输出结果

accumulate.py accumulate 5

在该日志输出中，文件名为accumulate.py，函数名为accumulate，输出行号为文件的第5行。

（2）baiscConfig()的datefmt参数对应于format参数中的%(asctime)s符号。datefmt参数常用的格式符号如表18-5所示。

表18-5 datefmt 参数常用的格式符号

datefmt 格式符号	描述
%y	两位数的年份（00～99）
%Y	四位数的年份（0000～9999）
%m	月份（01～12）
%d	月内中的一天（0～31）
%H	24 小时制的小时数（0～23）
%I	12 小时制的小时数（01～12）
%M	分钟数（00～59）
%S	秒数（00～59）

datefmt参数用于对输出的视觉格式进行配置。需要注意的是，在format参数中指定了%(asctime)s格式符时，此参数才有效。datefmt传递的参数为字符串类型，例如"%Y-%m-%d %H:%M:%S.%f"，则对应的输出格式为x年-x月-x日 x时:x分:x秒.x毫秒。

- **将日志输出到日志文件中**

下面通过一个简单的实例来演示如何使用logging模块将日志输出到日志文件中。

01 改写chapter18目录中的accumulate.py文件，输入以下代码。

实例代码

```
#-*- encoding:utf-8 -*-

# 导入 logging 模块，进行日志处理
import logging

"""
使用 basicConfig() 方法进行配置
先执行 basicConfig() 方法来配置，然后使用 debug()、info() 等日志输出方法
"""
logging.basicConfig(filename="accumulate.log",
            format="%(asctime)s--%(levelname)s--[%(filename)s:%(lineno)d %(funcName)s] %(message)s",
            datefmt="%Y-%m-%d %H:%M:%S",
            level = logging.DEBUG)
```

```python
def accumulate(*args):
    """
    :param args:  variable arguments
    :return: accumulated value of arguments
    """
    # 使用 debug() 方法来输出详细的信息，以方便调试
    logging.debug("args:{}".format(args))
    value = 0
    logging.debug("for loop start,value:{}".format(value))

    for arg in args:
        """
        判断参数是否属于 int 或 float 类型，如果不属于，则记录一个警告信息
        """
        if not isinstance(arg, (int, float)):
            logging.warning("arg:{} type:{} is not valid".format(arg, type(arg)))
            continue

        value += int(arg)

    logging.debug("for loop end,value:{}".format(value))
    return value

if __name__ == "__main__":
    value = accumulate(1,2,3,"4")
    print("value is:{}".format(value))
```

02 进入Windows命令行，切换到D盘python-learning\chapter18目录，执行该脚本程序。

输出结果

```
value is:6
```

03 程序执行完毕以后，打开日志文件accumulate.log，日志文件的内容如下。

```
2019-10-01 09:06:51--DEBUG--[accumulate.py :26 accumulate]  args:(1, 2, 3, '4')
2019-10-01 09:06:51--DEBUG--[accumulate.py :28 accumulate]  for loop start,value:0
2019-10-01 09:06:51--WARNING--[accumulate.py :35 accumulate]  arg:4 type:<class 'str'> is not valid
2019-10-01 09:06:51--DEBUG--[accumulate.py :40 accumulate]  for loop end,value:6
```

日志文件的WARNING那一行记录了传递过来的参数4（字符串类型）非法。

- **logging 模块的基本组件**

logging模块采用了模块化方法，提供了3类基本组件：记录器、处理器和格式化器。

记录器提供了暴露给应用程序代码直接使用的接口，处理器负责将日志内容（由记录器创建）发送到适当的目标，格式化器指定了日志文件的输出格式。本节介绍logging模块中比较常用的日志处理器：RotatingFileHandler及TimedRotatingFileHandler。

logging模块中的Formatter类是一种格式化器，用来定义日志文件的输出格式。Logger是logging中的记录器，负责实际的日志记录。

(1) 日志处理器：RotatingFileHandler。

logging模块中的handlers模块提供了RotatingFileHandler类，它可以根据文件大小来对日志文件进行滚动。RotatingFileHandler类构造函数的主要参数如表18-6所示。

表18-6 RotatingFileHandler 类构造函数的主要参数

参数名	描述
filename	指定日志文件的路径
mode	指定日志文件的打开方式，默认为追加模式 "a"
maxBytes	指定日志文件的最大字节大小，超出该大小会生成一个新的日志文件，生成新的日志文件后，旧的日志内容被删除。进行日志滚动时，backupCount 参数至少要设置为 1
backupCount	指定日志文件备份的数目，备份的文件会依次添加 .1,.2 的后缀，如备份数为 2，日志文件为 server.log，则备份的文件分别为 server.log.1,server.log.2
encoding	指定日志文件的编码

RotatingFileHandler类的常用方法如表18-7所示。

表18-7 RotatingFileHandler 类的常用方法

方法名	描述
setFormatter(formatter)	添加一个格式化对象

(2) 日志处理器：TimedRotatingFileHandler

logging模块中的handlers模块提供了TimedRotatingFileHandler类，它可以根据特定的时间间隔来对日志文件进行滚动，即每隔一段时间，就生成一个新的日志文件。TimedRotatingFileHandler类构造函数的主要参数如表18-8所示。

表18-8 TimedRotatingFileHandler 类构造函数的主要参数

参数名	描述
filename	用来指定日志文件的路径
when	指定间隔类型，与 interval 参数配合使用，when 可传递的参数如下。 'S'：秒 'M'：分钟 'H'：小时 'D'：天 'W0'-'W6'：W0 表示周一，使用该间隔类型时，interval 参数无效。使用 W0 表示到下周一时会生成新的日志文件，以此类推
interval	指定间隔的值，与 when 配合使用，比如 when 的值为 'S'，interval 的值为 60，表示每隔 60 秒就产生一个新的日志文件。产生新的日志文件时，旧的日志文件被删除
backupCount	指定日志文件备份的数目，表示最多备份 backupCount 个文件，备份文件会添加一个备份时间作为后缀。备份数多于 1 个时，在日志滚动过程中会删除最旧的文件，可以通过调整间隔的大小来保留更多的旧文件
encoding	指定日志文件的编码

TimedRotatingFileHandler类的常用方法如表18-9所示。

表18-9 TimedRotatingFileHandler 类的常用方法

方法名	描述
setFormatter(formatter)	添加一个格式化对象

(3) 日志格式化器：Formatter

logging模块提供了Formatter类来构造一个格式化对象，Formatter类构造函数的主要参数如表18-10所示。

表18-10 Formatter 类构造函数的主要参数

参数名	描述
fmt	同 basicConfig() 方法中的 format 参数，当 fmt 中指定了 %(asctime)s 的格式符时，必须给 datefmt 参数传递相应的值
datefmt	同 basicConfig() 方法中的 datefmt 参数

（4）日志记录器：Logger

Logger类的构造函数是无参的，Logger类的常用方法如表18-11所示。

表18-11 Logger 类的常用方法

方法名	描述
setLevel(level)	设置日志级别
addHandler(hdlr)	添加一个日志处理器
removeHandler(hdlr)	移除一个日志处理器
debug(msg, *args, **kwargs)	写入 debug 级别的日志
info(msg, *args, **kwargs)	写入 info 级别的日志
warning(msg, *args, **kwargs)	写入 warning 级别的日志
error(msg, *args, **kwargs)	写入 error 级别的日志
critical(msg, *args, **kwargs)	写入 critical 级别的日志

编程实例：日志滚动

扫码看视频

使用logging模块进行日志滚动的基本方法如下。

（1）构造RotatingFileHandler类或者TimedRotatingFileHandler类的一个日志处理器。
（2）通过Formatter类构造一个日志格式化器。
（3）执行日志处理器的setFormatter()方法，来添加一个日志格式化器。
（4）通过logging模块的getLogger()方法返回一个Logger对象，再通过Logger对象的addHandler()方法添加日志处理器。

- **根据文件大小滚动**

在D盘python-learning目录下的chapter18目录中创建rotating_file.py文件，并输入以下代码。

实例代码

```python
# 导入 logging 模块，进行日志处理
import logging

# 从 logging 模块中导入 RotatingFileHandler 类
from logging.handlers import RotatingFileHandler


"""
(1) 构造一个日志处理器
构造 RotatingFileHandler 对象，filename 设置为 rotating_file.log
为便于演示，设置日志文件超过 50 个字节就进行滚动
"""
rotating_file_handler = RotatingFileHandler(
filename="rotating_file.log",
maxBytes = 50,
backupCount = 1)
```

```
"""
(2) 构造一个日志格式化器
日志滚动对象是没有进行格式化的，需要借助 Formatter 类来构造一个格式化对象
"""
formatter=logging.Formatter("%(asctime)s--%(levelname)s-- [%(filename)s:"
                "%(lineno)d %(funcName)s] %(message)s", "%Y-%m-%d %H:%M:%S")

"""
(3) 添加日志格式化器
"""
rotating_file_handler.setFormatter(formatter)

"""
(4) 使用 logging 模块的 getLogger() 方法返回一个日志记录器
"""
logger = logging.getLogger()

"""
(5) 添加日志处理器
"""
logger.addHandler(rotating_file_handler)
logger.setLevel(logging.DEBUG)

def rotate():
    for _ in range(10):
        logger.debug(" 按日志文件大小进行滚动的实例代码 ")

if __name__ == "__main__":
    rotate()
```

- **根据过期时间进行滚动**

在D盘python-learning目录下的chapter18目录中创建timed_rotating_file.py文件，并输入以下代码。

实例代码

```
# 导入 logging 模块，进行日志处理
import logging

# 从 logging 中的 handlers 模块中导入 TimedRotatingFileHandler 类
from logging.handlers import TimedRotatingFileHandler

"""
(1) 构造一个日志处理器
构造 TimeRotatingFileHandler 对象，filename 设置为 timed_rotating_file.log
```

```python
为便于演示，设置每隔 1 秒就进行一次滚动
backupCount 参数至少得设置为 1
"""
timed_rotating_file_handler = TimedRotatingFileHandler(
filename="timed_rotating_file.log",
when = 'S',
interval = 1)



"""
(2) 构造一个日志格式化器
日志滚动对象是没有进行格式化的，需要借助 Formatter 类来构造一个格式化对象
"""
formatter=logging.Formatter("%(asctime)s--%(levelname)s-- [%(filename)s:"
                "%(lineno)d %(funcName)s] %(message)s", "%Y-%m-%d %H:%M:%S")


"""
(3) 添加日志格式化器
"""
timed_rotating_file_handler.setFormatter(formatter)

"""
(4) 使用 logging 模块的 getLogger() 方法返回一个日志记录器
"""
logger = logging.getLogger()
"""
(5) 添加日志处理器
"""
logger.addHandler(timed_rotating_file_handler)
logger.setLevel(logging.DEBUG)

def rotate():
    for _ in range(10000):
        logger.debug(" 按过期时间进行滚动的实例代码 ")

if __name__ == "__main__":
    rotate()
```

进入命令行，切换到当前目录，执行python timed_rotating_file.py命令，chapter18目录中会生成两个日志文件：timed_rotating_file.log和日志的备份文件。备份文件的后缀为日志备份前的时间。

18.2.4 技术总结

（1）计算机中的日志指的是狭义的日志文件，通过将程序运行过程中的操作事件记录到日志文件中，来进行历史数据的处理以及故障的追踪与排查。

（2）日志有5个标准级别，按由低到高进行排序分别为debug、info、warning、error和critical。在程序中通常会设置一个基本级别，若日志级别小于该级别，则不会进行日志输出。

（3）日志的滚动是指按照一定策略来产生新的日志文件，并将旧的日志文件进行备份和删除。

18.2.5 课后习题

（1）为什么需要设置日志级别？
（2）日志文件的滚动方式有哪些？

18.3 单元测试

单元测试是对软件中的每一个单元进行测试。Python中的单元是指模块中的函数和类；测试是指对它们的功能进行测试，测试它们的输入和输出，即在测试过程中输入特定的值，看能否得到正确的结果。在软件的分层架构中，通常会将单元测试独立开来，例如以下的目录结构。

```
└── main.py
└── uil
    ├── __init__.py
└── bll
    ├── __init__.py
└── dal
    ├── __init__.py
└── unit
    ├── __init__.py
    ├── test_dal.py
```

在该目录结构中，unit目录存放的是与其他模块相关的单元测试文件，脚本测试文件通常以test作为前缀，其命名需具备一定的可读性。在Python中，通过unittest模块，可以快速地编写单元测试程序。

18.3.1 unittest 简介

unittest是Python内置的单元测试框架，在使用unittest进行单元测试前，需要先了解它的几个核心组成部分。

- **unittest 的主要组成部分**

  unittest的主要组成部分如表18-12所示。

  表18-12 unittest 的主要组成部分

类	描述
TestCase	表示一个测试用例，在 unittest 中使用 TestCase 类的实例对象来表示一个逻辑测试单元，在应用中编写具体的测试用例时，通常将 TestCase 作为基类，然后在子类中使用 TestCase 类的断言方法来进行测试
TestSuite	用来将多个测试用例或测试套件进行聚合
TestLoader	该类用来在类或模块中创建测试套件，负责将 TestCase 加载到 TestSuite 中
TextTestRunner	执行测试用例，并将测试结果保存到 unittest 的 TextTestResult 实例中

  使用unittest编写单元测试，主要是利用TestCase类来编写测试用例。在编写测试用例时，将TestCase作为基类，再根据其断言方法来对输入/输出进行判断。

- **TestCase 的常用断言方法**

  TestCase.assertEqual(first,second, msg=None)：测试first与second的值是否相等，如果不相等表示测试失败。TestCase断言方法中的msg参数均表示错误的描述信息，不再赘述。

  TestCase.assertNotEqual(first, second, msg=None)：该方法与TestCase.assertEqual()相反，用来判断first与second是否不相等。

  TestCase.assertTrue(expr, msg=None)：用来判断expr代表的表达式的结果是否为真。

  TestCase.assertFalse(expr, msg=None)：用来判断expr代表的表达式的结果是否为假。

  TestCase.assertIn(first, second, msg=None)：用来判断first是否为second中的元素。

  TestCase.assertNotIn(first, second, msg=None)：用来判断first是否不是second中的元素。

  TestCase.assertRaises(exception, callable, *args, **kwargs, msg=None)：用来检测callable参数表示的可调用对象是否会抛出指定的异常，可以配合with语句对指定的异常进行测试。

- **unittest 流程介绍**

  （1）在单元测试中定义一个测试类型，从TestCase中进行继承。

  （2）在测试子类中编写测试方法，方法名以test_作为前缀。在测试方法中通过TestCase中的断言方法来对输入/输出进行检测。

  （3）执行unittest.main()，对测试用例进行测试。

  下面进行单元测试的简单练习。

实例代码

```python
# -*- coding:utf-8 -*-

import unittest

class TestDictMethods(unittest.TestCase):
    """ 对字典类型的方法进行测试 """
    def __init__(self, methodName='TestDictMethods'):
        super().__init__(methodName)
        self.__book = {"name": "shadows", "title": " 遇见 Python", "price": 0}

    def test_get(self):
        """ 测试字典的 get() 方法 """
```

```python
        self.assertEqual(self.__book["name"], "shadows")
        self.assertNotEqual(self.__book.get("name"), "shadow")

    def test_value(self):
        """ 测试字典的键值 """
        self.assertTrue(self.__book["name"] == "shadows")
        self.assertFalse(self.__book.get("name", None) == "shadow")

    def test_member(self):
        """ 测试字典的成员操作符 in"""
        self.assertIn("name", self.__book)
        self.assertNotIn("editor", self.__book)

    def test_key_error(self):
        """ 测试字典类型键名不存在的异常 """
        with self.assertRaises(KeyError):
            _ = self.__book["editor"]

if __name__ == '__main__':
    unittest.main()
```

输出结果

```
....
----------------------------------------------------------------
Ran 4 tests in 0.001s
OK
```

从输出结果可知，一共运行了4个测试，全部测试成功。

18.3.2 指定方法的执行顺序

执行unittest.main()进行用例测试时，默认根据测试用例中方法名的首字母在字母表中的升序来进行调用。例如，对于test_a和test_b，会先执行test_a方法，再执行test_b方法。通过TestSuite将多个测试用例进行聚合，可以指定特定的执行顺序。

实例代码

```python
# -*- coding:utf-8 -*-

import unittest


class TestDictMethods(unittest.TestCase):
    """ 对字典类型的方法进行测试 """

    def __init__(self, methodName='TestDictMethods'):
        super().__init__(methodName)
        self.__book = {"name": "shadows", "title": " 遇见 Python","price": 0}
```

```python
    def test_get(self):
        """ 测试字典的 get() 方法 """
        print("test_get")
        self.assertEqual(self.__book["name"], "shadows")
        self.assertNotEqual(self.__book.get("name"), "shadow")

    def test_value(self):
        """ 测试字典的键值 """
        print("test_value")
        self.assertTrue(self.__book["name"] == "shadows")
        self.assertFalse(self.__book.get("name", None) == "shadow")

    def test_member(self):
        """ 测试字典的成员操作符 in """
        print("test_member")
        self.assertIn("name", self.__book)
        self.assertNotIn("editor", self.__book)

    def test_key_error(self):
        """ 测试字典类型键名不存在的异常 """
        print("test_key_error")
        with self.assertRaises(KeyError,):
            _ = self.__book["editor"]


if __name__ == '__main__':
    # 在列表中指定方法执行的顺序
    tests = [
        TestDictMethods("test_value"),
        TestDictMethods("test_member"),
        TestDictMethods("test_get"),
        TestDictMethods("test_key_error"),
    ]

    # 构建测试用例套件
    suite = unittest.TestSuite()
    suite.addTests(tests)

    # 通过 TextTestRunner 对象来执行测试用例
    runner = unittest.TextTestRunner()
    runner.run(suite)
```

输出结果

```
test_value
.test_member
.test_get
.test_key_error
.
```

```
Ran 4 tests in 0.004s

OK
```

从程序的输出可知，unittest按指定的顺序执行了测试用例中的方法。

18.3.3 跳过用例方法的执行

扫 码 看 视 频

unittest在默认情况下会执行测试用例中的所有方法，通过unittest中的装饰器，可以跳过用例方法的执行。unittest中的装饰器有4个。

@unittest.skip(reason)：跳过被该装饰器装饰的测试，reason表示该用例方法需要被跳过的原因。

@unittest.skipIf(condition,reason)：condition表示一个条件表达式，当表达式的值为真时，跳过该用例方法。

@unittest.skipUnless(condition,reason)：参数同skipIf()，与skipIf()相反，从语义来说，skipUnless相当于skipIfNot。

@unittest.expectedFailure：把当前测试方法标记为预计失败。如果测试不通过，会被认为测试成功，反之则表示测试失败。

实例代码

```
# -*- coding:utf-8 -*-

import unittest

class TestDictMethods(unittest.TestCase):
    """ 对字典类型的方法进行测试 """

    def __init__(self, methodName='TestDictMethods'):
        super().__init__(methodName)
        self.__book = {"name": "shadows", "title": " 遇见 Python", "price": 0}

    @unittest.skip("just test the skip decorator")
    def test_get(self):
        """ 测试字典的 get() 方法 """
        self.assertEqual(self.__book["name"], "shadows")
        self.assertNotEqual(self.__book.get("name"), "shadow")

    @unittest.skipUnless(hasattr(dict, "get"), "dict must have get method")
    def test_value(self):
        """ 测试字典的键值 """
        self.assertTrue(self.__book["name"] == "shadows")
        self.assertFalse(self.__book.get("name", None) == "shadow")

    def test_member(self):
        """ 测试字典的成员操作符 in """
        self.assertIn("name", self.__book)
        self.assertNotIn("editor", self.__book)

    @unittest.expectedFailure
```

```python
    def test_key_error(self):
        """ 测试字典类型键名不存在的异常 """
        with self.assertRaises(KeyError,):
            _ = self.__book["editor"]


if __name__ == '__main__':

    # 在列表中指定方法执行的顺序
    tests = [
        TestDictMethods("test_value"),
        TestDictMethods("test_member"),
        TestDictMethods("test_get"),
        TestDictMethods("test_key_error"),
    ]

    # 构建测试用例套件
    suite = unittest.TestSuite()
    suite.addTests(tests)

    # 通过 TextTestRunner 对象来执行测试用例
    runner = unittest.TextTestRunner()
    runner.run(suite)
```

输出结果

```
..su
----------------------------------------------------------------------
Ran 4 tests in 0.001s

FAILED (skipped=1, unexpected successes=1)
```

从输出结果可知，运行了4个测试，有一个方法被跳过，有一个方法被标记为失败。在代码中，@unittest.skipUnless(hasattr(dict, "get"), "dict must have get method")表示如果dict类型中没有get()方法，就跳过该测试方法。dict类型中是存在get()方法的，所以没有跳过。

18.3.4 技术总结

单元测试是对软件中的每一个单元进行测试。Python中的单元是指模块中的函数和类；测试是指对它们的功能进行测试，测试它们的输入和输出，即测试对于特定的输入能否得到正确的结果。

18.3.5 课后习题

（1）简述使用unittest进行单元测试的基本流程。
（2）在项目中进行单元测试有哪些重要的意义？

第 19 章

版本控制工具——git

- 什么是版本控制
- 版本控制工具 git
  - git 的基本概念与用法
    - git 的基本概念
    - git 基本用法

19.1 版本控制

本节主要介绍版本控制工具的用法。

19.1.1 什么是版本控制

版本控制是一种文件管理工具,用于对文件的变更进行追踪,并忠实地记录文件内容的变更情况和变更时间。每一次变更,版本控制器都会记录一个版本号,程序员通过这个版本号可以立即将代码恢复到之前的某个快照状态。

程序员进行项目开发不是一蹴而就的,而是一个迭代的过程,在这一过程中需要反复地对代码进行修改,使用版本控制可以对每一次关键性的改动都进行提交,这样即使出现问题,也可以通过版本号立即回溯到之前的状态。

如果没有版本控制,程序员需要手动对每一次改动前的代码进行备份。如果忘记备份,一旦出现问题,需手动将代码复原,这是一个耗时、耗力又异常烦琐的过程。

> **编程小知识**
>
> 版本控制是一种自动化的文件追踪工具,程序员只需将每次的修改进行提交,版本控制工具即可为当前的提交记录一个版本号。版本控制工具使用了日志系统,以增量的方式将修改情况记录到日志文件中,所以也不会占用太多磁盘空间。

版本控制还有一个很重要的特性——支持多人协作,多人协作是通过分支来实现的。在理解分支之前,先看图19-1所示的项目版本迭代情况,在项目迭代到最新版本v5的时候,突然发现v4版本出现bug,v4版本是已上线的版本,v5的版本还未上线且正在开发新的功能。在未引入分支的情况下,团队人员需要停止当前的开发工作,将版本从v5回退到v4,再着手进行bug的修复。

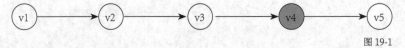

图 19-1

在引入分支后,就可以从团队中抽出部分人员来修复bug,再留出一部分人员继续进行新功能的开发工作,即在v4版本中开辟一个分支,此时分支的版本对应的是v6,如图19-2所示。一旦将bug修复完成,就可以将分支与主干进行合并,合并后的版本为v7,如图19-3所示。

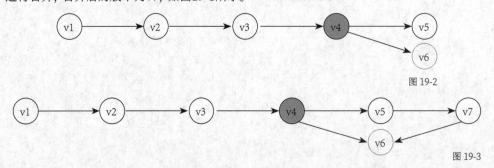

图 19-2

图 19-3

使用了分支以后,程序员可以在不同的分支上进行开发,且多个分支互不影响。在上述示例中,一条分支维护旧的版本,另一条分支开发新功能,等到旧版本不再需要维护时,删除该分支即可。

19.1.2 版本控制工具

版本控制工具按实现方式的不同,可以分为集中式和分布式两种方式。

集中式的版本控制对应一个中央服务器。在使用集中式的版本控制工具时,程序员需要先将被授权的代码下载到自己的计算机上,然后在本地进行修改。另外,代码的提交同样由中央服务器集中控制。这种方式有一个缺点,即过分依赖网络,网络一旦中断,就无法工作。

分布式的版本控制工具可以将项目分布到每个程序员的计算机中,这些计算机中都有一份项目的完全副本,程序员对项目的提交和管理都在本地进行。这种方式的优点是虽然有远端仓库,但那是最终提交时才用的,即每次拉取最新的代码时才必须联网。

> **编程小知识**
> SVN是集中式的版本控制工具的代表。另外,最初的版本控制工具都是集中式的,后面才出现了分布式的版本控制工具,这一类工具的代表是git,后面会着重介绍git。

19.2 git

git是为帮助管理Linux内核开发而开源的一个分布式版本控制软件。不论是小项目,还是非常大的项目,都可以通过git进行快速而高效的处理。在git诞生之前,通常使用集中式的版本控制工具,如SVN。与SVN相比,git有非常强大的分支功能,在对文件内容进行存储时,使用的是SHA-1,其内容的完整性优于传统的SVN。

> **编程小知识**
> SHA-1(Secure Hash Algorithm 1)是一种密码散列函数。使用该算法可以生成一个20字节的散列值(消息摘要),呈现形式为40个十六进制数。

19.2.1 认识 git

git主要有以下3个功能。

(1)将远程服务器上的文件完整地克隆到本地,以后每次修改提交、分支创建和合并都可以在本地进行,并在处理完毕后再进行远程提交。

(2)将远程服务器上的最新文件拉取到本地,与本地的主分支进行合并。

(3)生成补丁,并将补丁提交给主开发者。

当然,git的一个劣势就是安全性不足。一旦程序员把远程服务器上的文件克隆下来,就可以完全公开所有文件和版本信息。因此,使用git进行权限管理时,需要额外安装gitolite插件。

在学习git之前,请读者先了解其中的基本概念。

工作区:存放项目的目录,如创建了一个项目目录A,在A中存放了源代码、项目文档等,这个目录就是所谓的工作区。

版本库:版本库也叫仓库,是版本控制工具进行版本控制的一个目录。以git为例,在这个目录中的所有文件都被git管理。因此,进行版本控制时,需要将工作区变为版本库。版本库有本地仓库,也有远程仓库,在本地仓库的修改和提交最终都要提交到远程仓库,以便其他人拉取最新文件。

暂存区:其本质是一个索引文件,对所有添加后的文件进行跟踪,暂存区的文件为已跟踪文件。

19.2.2 安装 git

本节主要介绍在Windows系统中安装git的方法,读者可按照步骤对git进行安装和配置。

> **编程小知识**
> 在Linux系统中,使用一些命令、工具即可进行git的安装。在Fedora、RedHat和CentOS中,可以使用yum命令进行git的安装,命令为yum install git;在Debian和Ubuntu系统中,可以使用apt-get进行git的安装,命令为sudo apt-get install git。

01 打开浏览器，进入git官网，单击页面中的DownLoads（下载）链接，如图19-4所示。此时，会跳转至下载页面，单击页面中的Windows链接，如图19-5所示。

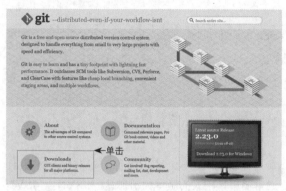
图 19-4

图 19-5

02 此时，会跳转到Downloading Git页面，且自动弹出一个下载对话框，读者可以将文件保存在计算机中，如图19-6所示。如果长时间没有弹出下载对话框，可以根据计算机配置手动选择合适的版本。

03 将文件下载到本地后，运行安装程序，通过单击Next和Install按钮进行安装，安装进度界面如图19-7和图19-8所示。

图 19-6

图 19-7

图 19-8

04 安装好git后，将git目录添加至Path环境变量中，就可以直接在命令行中使用git了。进入Windows命令行并输入git，可以查看git命令的用法，如图19-9所示；输入git-bash，可以进入git的命令行界面，如图19-10所示。

图 19-9

图 19-10

编程小知识

按Windows键，然后输入sysdm.cpl命令，并按Enter键，打开"系统属性"对话框，在"高级"选项卡中单击"环境变量"按钮，即可对Path环境变量进行配置。在编辑Path环境变量时，将git的安装路径添加至Path中即可。git在Windows系统中的默认安装路径一般为C:\Program Files\git。

19.2.3 git 的基本用法

本节主要介绍常用的git命令，如果读者想了解更多的git命令，可以参看git的官方文档。注意，< >中的内容表示可选参数。

- **git 的常用关键字**

git的常用关键字如表19-1所示。

表 19-1 git 的常用关键字

关键字	描述
origin	表示远程仓库
master	表示主分支
HEAD	表示指向当前工作分支的当前版本

- **git 的配置**

使用git前需要对环境进行配置，主要配置内容为开发者的姓名和邮件，如表19-2所示。

表 19-2 git 的配置命令

git 配置命令	描述
git config --global user.name	配置用户的姓名，假设配置的名称为 Backer，则写法为 git config --global user.name "Backer"
git config --global user.email	配置用户的邮件，假设配置的邮件为 1*****6@qq.com，则写法为 git config --global user.name "1*****6@qq.com"

- **项目管理**

配置好全局的姓名和邮件以后，需要将远程服务器的文件克隆到本地，如表19-3所示。

表 19-3 git 项目管理命令

项目管理命令	描述
git clone	在 git clone 后面填项目所在的服务器地址，假设地址为 http://www.*****.git，则写法为：git clone http://www.*****.git
git init	将工作区初始化为 git 版本库

- **文件管理**

将远程项目克隆到本地以后，可以在本地进行文件的添加、删除和提交工作。在进行文件添加时，仅将文件添加至一个暂存区，此时git不会记录版本号，而仅对当前文件进行跟踪，当对暂存区的文件进行提交时，git才会对变更情况进行记录，并写入日志。git文件管理命令如表19-4所示。

表 19-4 git 文件管理命令

文件管理命令	描述
git add	命令后面既可以是一个文件，也可以是一个目录，表示将文件或目录添加至暂存区。 git add . 表示将当前目录的所有修改添加至暂存区 git add -u 后面接一个路径名，表示将路径内的所有已跟踪文件修改添加到暂存区 git add -a 后面接一个路径名，表示将路径内的所有文件修改添加到暂存区
git rm	git rm 后面接文件名，表示删除仓库和本地的文件 git rm -r 后面接目录名，删除仓库和本地的目录 git rm --cached 删除仓库中的文件，保留本地的文件
git mv	git mv file path 表示将文件 file 移动至目录 path 中 git mv old_file new_file 表示将文件 old_file 修改为 new_file
git commit -m	将暂存区的文件提交至 git 中，-m 后面接文件变更说明，如 git commit -m "add login api"

- **分支管理**

通过分支管理命令可以对分支进行创建和删除操作,如表19-5所示,其中branch_name表示特定的分支名称。

表 19-5 git 分支管理命令

分支管理命令	描述
git branch	git branch:查看分支列表 git branch -a:查看本地和远程所有分支 git branch branch_name:新建一个分支 git branch -d branch_name:删除分支,被删除的分支不能在当前分支上 git push \<origin\> --delete branch_name:删除远程的分支
git merge	git merge branch_name:将其他分支与当前分支进行合并,并自动进行提交 git merge --no-commit branch_name:将其他分支与当前分支合并,不进行提交
git checkout	git checkout:切换到主分支 git checkout branch_name:切换到某一个分支 git checkout -b branch_name:创建新分支,同时切换到新分支 git checkout branch_name \<file\>:放弃某分支上的文件的修改,file 表示分支上的文件名称
git pull	git pull \<origin\> \<master\>:将远程分支与当前分支合并,默认将远程的主分支与本机的主分支合并
git push	git push \<origin\> \<master\>:将本地分支推送到远程分支,以进行合并,默认是将本地的主分支与远程的主分支合并

- **版本管理**

下面介绍版本管理命令。其中,git revert表示撤销到特定版本,会产生一次新的版本,此次操作之前的版本都会被保留;git reset表示直接删除指定的版本,如表19-6所示。

表 19-6 git 版本管理命令

版本管理命令	描述
git reset	git reset HEAD file:将文件 file 从暂存区回退到工作区 git reset HEAD~n:向前回退多个版本,如 git reset HEAD~1 表示向前回退 1 个版本 git reset commit_id:回退到指定版本,commit_id 表示提交的 ID git reset --soft commit_id:版本的软回退,表示将本地版本库的头指针全部重置到指定版本,同时将这次提交之后的所有变更都移动到暂存区 git reset --mixed commit_id:版本的硬回退,将本地版本库的头指针重置到指定版本,同时重置暂存区 git reset --hard commit_id:版本的硬回退,表示将本地版本库的头指针重置到指定版本,同时重置暂存区,并且会将工作区代码也回退到这个版本
git revert	git revert HEAD~n:撤销最近的 n 次提交 git revert commit_id:撤销指定的版本
git log	查看版本的提交历史,在提交历史中可以查看版本提交的 ID

19.2.4 git 工作流程

在介绍git的用法之前,读者应先掌握git的工作流程,具体如下。

(1)使用git clone命令将远程仓库克隆到本地。

(2)在本地可以对文件进行修改,使用git add 命令将修改后的文件添加至工作区。如果需对文件进行移动或删除,可以使用git mv和git rm命令。

(3)对文件进行修改、移动和删除等操作后,使用git commit 提交文件的变更信息。如果需要对已提交的内容进行回滚,可以使用git reset和git revert命令。

(4)在项目开发过程中,如果需要多人协作,可以使用git branch或git checkout命令对分支进行创建和切换操作,也可以使用git merge命令进行分支的合并操作。

(5)将本地文件的变更信息提交到远程仓库。在提交之前,需要使用git pull命令拉取最新的文件,然后使用git push命令将本地的修改提交到远程仓库。

接下来介绍GitHub的使用方法,这是一个使用git对软件项目进行托管的平台。在介绍完GitHub后,笔者会使用实例来演示git的用法。

19.3 GitHub

下面介绍GitHub的用法和发布项目的具体方法。

19.3.1 注册一个 GitHub 账号

按照以下步骤注册一个GitHub账号。

01 进入GitHub官网,如图19-11所示。

图 19-11

02 单击页面上的Sign up按钮,注册一个GitHub账号,如图19-12所示。

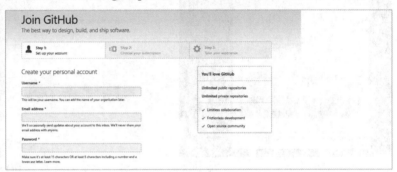

图 19-12

03 在Username文本框中填写你的用户名,在Email address文本框中填写你的邮箱地址,在Password文本框中填写你的注册密码。填写完成后,单击页面下方的Create an account,进入下一个页面,如图19-13所示。

图 19-13

图 19-14

04 进入这个页面以后,选中Free,然后直接单击Continue按钮,进入Step 2页面,如图19-14所示。

05 在页面中选择并且填写你的基本信息,然后单击Submit按钮提交,根据页面提示进行邮箱验证。验证完邮箱以后,注册成功,如图19-15所示。

图 19-15

19.3.2 为 GitHub 配置 SSH 密钥

在使用GitHub发布项目前,需要先配置一个SSH密钥。

> **编程小知识**
>
> SSH为Secure Shell的缩写,是一种建立在应用层基础上的安全协议。SSH专为远程登录会话和其他网络服务提供安全性的协议,利用 SSH 协议可以有效防止远程管理过程中的信息泄露问题。

按照以下步骤来生成一个SSH密钥，并在GitHub上进行密钥的配置。

01 按下Windows键，输入git-bash，进入git的命令行界面。

02 在进行此操作之前，读者须按照19.2节中的内容，将git目录添加至环境变量。

03 分别使用git config --global user.name和git config --global user.email命令来配置用户名和邮件地址，输入ssh-keygen -t rsa -C "你的邮箱地址"来生成SSH密钥，邮箱地址需加引号。

04 输入该命令后，一路按回车键即可，最后在命令的输出中找到这一行：Your public key has been saved in ...，省略号表示SSH的密钥文件在本地机器上的路径。

05 进入GitHub官网，如图19-16所示。

06 单击页面上的Sign in按钮登录到GitHub，进入登录页面后输入账号及密码，如图19-17所示。

07 进入个人中心页以后，单击页面右上角头像下拉按钮，会弹出一个属性菜单，如图19-18所示。

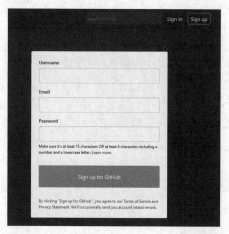

图 19-16　　　　　　　　　　　图 19-17　　　　　　　　　　　图 19-18

08 单击Settings命令，进入设置页面，进行SSH 密钥的配置，如图19-19所示。

09 在设置页面中，单击SSH and GPG keys按钮，如图19-20所示，单击New SSH key按钮，如图19-21所示。在Title文本框中填写关于这个SSH 密钥的描述性标题，在Key文本框中填写密钥。密钥填写步骤03操作中生成的id_rsa.pub文件的内容，最后单击Add SSH key按钮。配置完成以后，可以在GitHub上创建一个仓库，然后克隆到本地。

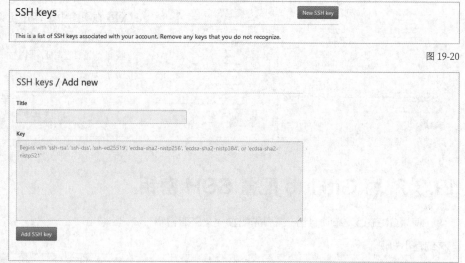

图 19-19　　　　　　　　　　　　　　　　　　　　　图 19-20

图 19-21

19.3.3 发布项目到 GitHub

下面介绍如何将项目发布到GitHub上，主要分为两个步骤。

- **创建 GitHub 仓库**

19.3.2节已经在GitHub上配置完成一个SSH密钥，现在可以创建一个远程仓库，并将仓库克隆到本地。按照以下步骤来创建一个GitHub仓库。

01 登录到GitHub以后，单击页面右上角头像下拉按钮，如图19-22所示。

02 单击Your repositories命令，进入仓库页面，如图19-23所示。

图 19-22　　　　　　　　　　　　　　　　　　　　　　　　图 19-23

03 单击New按钮创建一个新的仓库，默认创建的是对外公开的仓库，如图19-24所示。

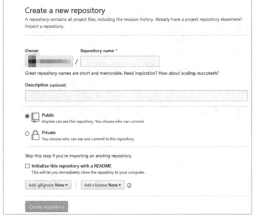

04 在Repository name下方的文本框中填写仓库名称，在Description文本框中填写仓库的描述信息，填写完毕后，直接单击Create repository按钮完成仓库的创建。此时，会弹出图19-25所示的页面，HTTPS右侧的https网址就是你的远程仓库的地址。

图 19-24　　　　　　　　　　　　　　　　　　　　　　　　图 19-25

- **发布项目**

下面以第4章中的KO街霸程序为例，来演示如何将项目发布到GitHub上。

01 在D盘中创建工作区。这里的工作区就是一个文件夹，读者也可以在其他磁盘或文件夹中创建工作区。

02 进入Windows命令行，切换到工作区目录。

03 在命令行中输入 git clone命令，将GitHub的远程仓库克隆到当前工作区，假设远程仓库的地址为https://****.com/python/python-learning.git，则命令的写法为git clone https://****.com/python/python-learning.git。执行git clone命令以后，当前工作区变成了git的本地仓库。

> **编程小知识**
>
> 可以在GitHub仓库地址中加上你的用户名和密码，这样就无须每次操作时都输入用户名和密码，例如git clone https://用户名:密码@****.com/python/python-learning.git，但这种写法会带来一定的安全隐患。

04 在桌面将ko_street_fighter.py文件复制到工作区中,然后在命令行中使用git add命令将其添加至暂存区:git add ko_street_fighter.py。

05 在命令行中输入git commit -m 命令,将暂存区中的文件提交到git仓库。

06 在命令行中输入git log命令查看版本的提交记录,以下输出结果为笔者本地机器上的输出结果。commit后面是提交的ID,后续可以通过这个ID进行版本的回退。带括号的内容(HEAD->master)表示当前指向的是主分支。

输出结果

```
commit aae25478785a7adab4e9c184f3538e2cb8425581 (HEAD -> master)
Author: chenzhengqiang <642346572@qq.com>
Date:   Tue Oct 1 21:28:15 2019 +0800
    add ko_street_fighter.py
```

07 输入git checkout -b bug命令,创建并切换到bug分支,再输入git log,此时会得到如下输出结果。

输出结果

```
commit aae25478785a7adab4e9c184f3538e2cb8425581 (HEAD -> bug, master)
Author: chenzhengqiang <642346572@qq.com>
Date: Tue Oct 1 21:28:15 2019 +0800
    add ko_street_fighter.py
```

此时的HEAD指向的是bug,说明分支已经从master分支切换到了bug分支。通常在bug分支中可以进行bug的修复,修复完毕以后,再与主分支进行合并。

①如需与主分支进行合并,则必须先切换到主分支:git checkout master。

②切换到主分支以后,再与bug分支进行合并:git merge bug。

③在合并过程中可能出现冲突,通常是因为多人同时对文件的相同地方进行修改。出现冲突时,要先与团队人员进行协商,然后删除引起冲突的代码,最后重新提交。

④在本地的修改都无误以后,可以将本地的变更推送到远程服务器。在推送到远程服务器之前,需要先执行git pull,从远程仓库拉取最新的文件,与本地合并。

> **编程小知识**
>
> git的核心流程,总体上就是:git add→git commit→git pull→git push。

第 20 章

教学视频 2个 10分钟

项目开发实训

20.1 基于 GitHub API 的爬虫项目

扫码看视频

狭义上的爬虫,其本质是一个HTTP客户端。爬虫程序向HTTP服务器发起请求,然后对服务器响应的内容进行解析并存储。广义上的爬虫指利用网络协议,在双方通信的过程中获得对方响应的数据,并按一定的格式进行存储。

20.1.1 爬虫程序的核心流程

向服务器发起请求

第一步需要分析如何发起请求,通过抓包工具可以分析出浏览器对服务器的请求过程,然后在程序中进行模拟。火狐、谷歌等浏览器集成了Web开发及调试的工具,通过这些工具也可以对HTTP请求进行分析。

在比较复杂的环境中,简单地发起请求并不能获取数据。例如,服务器使用cookie等措施对访问请求做了登录限制,这时需要先获取cookie值模拟登录,再发起请求。服务器端对数据进行了各类防护,需要程序员正确地分析出反爬规则。

> **笔者有话说**
>
> 数据爬取的过程,是一个攻与防的过程,如何抓包以及对HTTP请求进行分析,不在本书的讲述范围之内,感兴趣的读者可以深入学习网络爬虫的相关知识。

获取响应内容并解析

客户端向服务器发起HTTP请求以后,开始等待服务器的响应。按照MIME类型,服务器响应的资源类型主要为HTML、JSON和二进制数据。

对于文本类型的HTML数据,爬虫程序需要根据HTML的结构来进行解析。JSON格式的文本数据对爬虫程序是最友好的,先将其转换为结构化的数据类型,再取出所需的值。二进制数据包括图片、音视频等数据,可以将它们写入文件。

对解析后的内容进行存储

内容解析完毕以后,需要对它们进行持久化存储,以便进行数据的分析、统计及展示。

20.1.2 GitHub 开发者 API

本小节的项目实战为爬取GitHub中最受欢迎的项目。GitHub对外提供了一套查询API,通过查询API可以很方便地获取GitHub中的项目信息。

本节需要用到的是项目仓库的查询API,查询接口如下。

GET /search/repositories

查询参数如表20-1所示。

表 20-1 查询参数

参数名	类型	描述
q	string	必备参数,表示查询串,GitHub中预定义了许多查询字段,字段与值之间以":"进行分隔。例如,定义了language字段,表示编程语言类型,查询使用Python为主语言的项目,则查询写法为 q=language:Python
sort	string	可选参数,表示排序的方式,可以按项目的stars数或forks数来进行排序。stars数可以理解为项目的点赞数,forks数是项目被用户复制的数目

续表

参数名	类型	描述
order	string	可选参数，asc 表示按升序进行排序，desc 表示按降序进行排序，默认为降序排序
page	int	可选参数，该接口默认返回 30 条数据，page 表示页码，编号从 1 开始，使用 page 可以实现翻页

根据查询接口及查询参数，可以构造出查询的URL，假设查询使用Python为主语言、stars数最多的前30个项目，则写法为http://***.***.com/search/repositories?q=language:Python&sort=stars。打开浏览器，输入该URL，可以看到JSON格式的输出。

20.1.3 项目的目录组织

按三层架构对目录进行组织，由于该项目无须与用户进行交互，故三层结构中只需逻辑上的数据库访问层及业务逻辑层。项目的目录组织如下。

（1）main.py是应用程序的入口函数，负责将各层级的模块进行连接，以启动应用程序，对应于项目的控制层。

（2）core目录存储的是项目用到的核心库文件，本节的项目对任务池进行了抽象，任务池内部使用多进程架构来并发地执行处理任务。

（3）bll目录存放的是与具体的业务相关的模块，对应的是业务逻辑层，业务逻辑层的代码应遵循统一的接口规范。

（4）dal目录存放的是与数据库操作相关的模块，对应的是数据访问层。

（5）config目录中的__init__.py文件写入的是与应用程序相关的配置信息。

对项目的结构进行逻辑划分，各层级间的代码保持松耦合，有利于项目的维护。例如，项目中如需增加对其他数据库的支持，只需修改dal目录中的代码；数据库的配置信息发生变动，只需修改配置文件中的代码。

> **笔者有话说**
>
> 项目的目录结构并不是固定不变的，在实际开发中需要根据具体的需求来做出改变。

20.1.4 爬取 GitHub 点赞数最多的项目

按照以下步骤进行GitHub爬虫项目的实操。

01 在D盘python-learning目录中的chapter20目录中，按以下目录结构进行目录或文件的创建。

```
│       └── bll
│           └── github.py
├── dal
│   └── database.py
├── config
│   └── __init__.py
```

02 创建core目录下的task.py文件,并输入以下代码。

实例代码

```python
from concurrent.futures import ProcessPoolExecutor

class TaskPool:
    """
    定义一个任务池,任务池中的每一个 task 对应于一个具体的任务,任务逻辑由开发者在业务层中进行定义。
    任务池内部使用进程池来并发地执行任务
    """
    def __init__(self, processes = 1):
        """
        :param processes: 进程池的数目
        """
        self.__tasks = []
        self.__processes_pool = ProcessPoolExecutor(max_workers = processes)

    def add_task(self, task):
        """
        :param task: 元组类型,格式为 (function, args)
        function 表示具体的处理函数,args 为程序的参数
        """
        self.__tasks.append(task)

    def run(self):
        for task in self.__tasks:
            self.__processes_pool.submit(task[0], task[1])

        self.__processes_pool.shutdown(True)
```

task.py中定义了一个TaskPool类,基于ProcessPoolExecutor类型实现了一个任务池。任务池的使用方法为将业务逻辑层中的接口使用add_task()方法进行添加,再执行任务池的run()方法。

03 创建bll目录下的github.py文件,并输入以下代码。

实例代码

```python
import requests
from concurrent.futures import ThreadPoolExecutor
import json
```

```python
from dal.database import Database,DatabaseType

def __search_repository(url, db = None):
    """
    :param url: 表示爬取的 url
    :param db: 表示数据库的实例对象
    :return: void
    """

    response = json.loads(requests.get(url).text)
    if db:
        """
        (1) 在 GitHub API 的输出中,我们只关心以下 5 个字段。
            id: GitHub 仓库的 ID
            name: GitHub 仓库的名称
            description: 对该项目仓库的描述
            html_url: GitHub 仓库的页面地址
            language: 该项目使用的编程语言
            stars: 该仓库的点赞数
            forks: 该仓库的复制数
            author: 该项目仓库的作者
            avatar_url: 作者的头像

        (2) 将数据插入 MySQL 数据库前,需要先定义数据表: github_repos
        """
        sql = "insert ignore into github_repos(id, name, description, html_url, " \
              "language, stars, forks, author, avatar_url) values(%s, %s, %s, %s, %s, %s, %s, %s,%s)"

        args = [(item["id"], item["name"], item["description"],item["html_url"],
                 item["language"].lower(),item["watchers_count"], item["forks"],
                 item["owner"]["login"], item["owner"]["avatar_url"]) for item in response["items"]]

        db.batch_insert(sql, args)


def crawler(params):
    """
    :param params:
    所有爬虫函数都遵循统一的接口规范,参数名为 params,列表类型,
    列表中的元素为字典,字典格式为:
        {
            url: # 爬取的 URL
```

```
    }
:return: void
"""

# 获取一个数据库对象
db = Database.get_instance()
thread_pool = ThreadPoolExecutor(max_workers=5)

for param in params:
    thread_pool.submit(__search_repository, param["url"], db)
```

该脚本程序使用了第三方模块requests来发起HTTP请求，读者需要在Windows命令行中执行pip install requests 来安装requests模块。

04 创建dal目录下的database.py文件，并输入以下代码。

实例代码

```
# 导入 MySQLdb 模块
import MySQLdb
from config import DBConfig,DatabaseType


class Database:
    """
    对数据库操作进行简单的封装
    """

    # 类属性 __db__instances 是一个字典类型，用来保存数据库的实例
    __db_instances= {}

    @classmethod
    def get_instance(cls, db_type = DatabaseType.MYSQL):
        """
        定义 get_instance() 类方法，用来获取数据库对象的单例
        所谓单例就是一个类只有一个实例，调用该方法每次获取到
        的都是同一个数据库实例，db_type 默认为 MYSQL 类型，表示
        默认获取的是 MySQL 的数据库实例
        """

        if db_type not in cls.__db_instances:
            # 如果不存在，就构造一个 Database 的实例对象
            cls.__db_instances[db_type] = Database(db_type)
        return  cls.__db_instances[db_type]
```

```python
def __init__(self, db_type=DatabaseType.MYSQL):
    """
    :param db_type: 数据库的类型，数据库的类型在 DatabaseType 中进行了定义
        默认为 MYSQL 类型，表示创建 MYSQL 类型的数据库实例
    """
    self.__db_type = db_type
    self.__db = self.__get_database()
    self.__cursors = {}

def __get_database(self):
    db = None
    # 根据类型字段来创建对应的数据库实例
    if self.__db_type == DatabaseType.MYSQL:
        try:
            db = MySQLdb.connect(DBConfig[DatabaseType.MYSQL]["host"],
                                 DBConfig[DatabaseType.MYSQL]["user"],
                                 DBConfig[DatabaseType.MYSQL]["password"],
                                 DBConfig[DatabaseType.MYSQL]["database"],
                                 charset="utf8"
                                 )
        except IOError:
            db = None
    return db


def batch_insert(self, sql, args):
    """
    :param sql: 客户端传递的 SQL 语句
    :param args: SQL 语句对应的参数
    :return: True 表示批量写入成功，False 表示失败
    """

    status = False
    if not self.__db:
        return status

    if self.__db_type == DatabaseType.MYSQL:
        # 如果数据库的实例对象为 MySQLdb，则执行 executemany() 方法来进行批量写入
        if "mysql" not in self.__cursors:
            self.__cursors["mysql"] = self.__db.cursor()
        try:
            self.__cursors["mysql"].executemany(sql, args)
            self.__db.commit()
```

```
            status = True
        except:
            status = False

    return status
```

database.py对数据库的操作进行了封装，如需增加其他数据库的支持，可直接在该模块中进行扩展。

05 创建config目录下的__init__.py文件，并输入以下代码。

实例代码

```
class DatabaseType:
    """
    定义数据库类型的枚举变量
    """
    MYSQL = 1

# DBConfig 是一个字典类型，存储了数据库的配置信息
DBConfig = {
    DatabaseType.MYSQL:{
        "host": "localhost",
        "user": "root",
        "password": "good5114",
        "database": "crawler"
    }
}
```

__init__.py中定义了DatabaseType类，主要用来对数据库类型进行枚举。此外，定义了DBConfig属性，用来保存数据库的配置信息。

06 创建main.py文件，并输入以下代码。

实例代码

```
from core.task import TaskPool
from bll import github


if __name__ == "__main__":

    # 实例化一个任务池对象
    taskPool = TaskPool(4)


    github_api = "https://***.****.com/" \
                 "search/repositories?q=language:{}&sort=stars&page={}"
```

```
# 定义languages变量，表示爬取指定编程语言类型的GitHub项目信息
languages = ["PHP"]

pages = 5

"""
(1) 所有爬虫函数都遵循统一的接口规范，参数名为params，参数类型为列表类型，
列表中的元素类型为字典，字典格式为：
{
    url: # 爬取的URL
}

(2) 具体的爬虫逻辑被视为业务层的代码，当需要对爬虫逻辑进行修改时，只需修改
业务层的代码，而不会对其他模块造成影响，各层的模块始终保持松耦合的关系

(3) 项目整体的架构为多进程架构，单进程内部使用协程异步的方式，来高并发地
爬取多个URL中的数据
"""

for language in languages:
    params = []
    for page in range(pages):
        params.append({"url":github_api.format(language, page+1)})
    taskPool.add_task((github.crawler, params))

taskPool.run()
```

main.py作为项目的入口程序，负责将任务池与业务逻辑层的爬虫程序进行连接，以启动整个应用程序。在main.py中，通过执行任务池对象的add_task()方法添加爬虫任务，最后调用run()方法执行任务池中的爬虫任务。

07 创建crawler数据库及github_repos数据表，github_repos的表格定义如表20-2所示。

表20-2 github_repos的表格定义

字段名	描述
id	数据表的主键，写入的值为GitHub的仓库ID
name	GitHub的仓库名
description	该项目仓库的描述
html_url	GitHub仓库的页面地址
language	项目使用的编程语言
stars	项目的点赞数
forks	项目的复制数
author	该项目仓库的作者
avatar_url	该作者的头像

进入MySQL交互模式，分别输入以下命令。

实例代码

```
MySQL> create database crawler;
Query OK, 1 row affected (0.07 sec)

MySQL> use crawler;
Database changed
MySQL> CREATE TABLE github_repos(
    -> id int(11) NOT NULL AUTO_INCREMENT,
    -> name varchar(50) NOT NULL,
    -> description varchar(200),
    -> html_url varchar(100) NOT NULL,
    -> language char(10) NOT NULL,
    -> stars int(11) NOT NULL,
    -> forks int(11) NOT NULL,
    -> author varchar(20) NOT NULL,
    -> avatar_url varchar(100) NOT NULL,
    -> PRIMARY KEY (id),
    -> KEY INDEX_LANUAGE(language),
    -> KEY INDEX_STARS (stars)
    -> );Query OK, 0 rows affected (0.75 sec)
```

08 执行爬虫项目。进入Windows命令行，切换到项目所在目录，输入python main.py开始进行GitHub项目信息的爬取，程序运行结束以后，在MySQL的交互模式中查询前10位点赞数最多的Python项目。

输出结果

```
MySQL> use crawler;
Database changed
MySQL> select name,stars, forks from github_repos where language="Python" order by stars desc limit 10;
+---------------------+-------+-------+
| name                | stars | forks |
+---------------------+-------+-------+
| system-design-primer | 74508 | 11983 |
| awesome-Python      | 73919 | 14537 |
| public-apis         | 63391 |  7004 |
| models              | 58189 | 36630 |
| youtube-dl          | 56470 |  9807 |
| thefuck             | 48508 |  2377 |
| flask               | 46883 | 12976 |
| keras               | 44626 | 16977 |
| django              | 44540 | 19200 |
| httpie              | 43390 |  2842 |
+---------------------+-------+-------+
10 rows in set (0.00 sec)
```

20.2 基于 Tornado、Elasticsearch 的 Web 搜索系统

Tornado是使用Python编写的一款高性能、可扩展的Web服务器。使用Tornado框架可以快速地开发出高性能的Web应用。在命令行或终端执行pip install tornado，可以直接对Tornado框架进行安装。

> **编程小知识**
>
> 常见的网站系统就是一种Web应用，Web应用开发按岗位职责不同，可分为前端开发和后端开发。Python程序员主要做的是与后端相关的开发工作。

本节项目实战所需使用的Tornado子模块如表20-3所示。

表20-3 Tornado 子模块

Tornado 模块名	描述
web	Tornado 的基础 Web 框架，包含了 Tornado 的大多数重要的功能
template	基于 Python 的 Web 模板系统，这里的模板指的是 HTML 文件
ioloop	提供了核心的 I/O 事件循环

20.2.1 使用 Tornado 快速搭建 HTTP 服务器

通过Tornado下的web及ioloop模块，即可快速搭建HTTP服务器。请读者按照以下步骤进行操作。

01 在路径D:\python-learning\chapter20中创建20.2目录，在20.2目录中创建simple_http_server_with_tornado.py文件，并输入以下代码。

实例代码

```python
import tornado.ioloop
import tornado.web

class IndexHandler(tornado.web.RequestHandler):
    def get(self):
        self.write("Hello, Python")

application = tornado.web.Application([
    (r"/", IndexHandler),
])

if __name__ == "__main__":
    # 定义 server_port 变量，保存服务器的端口号
    server_port = 8090
    application.listen(server_port)

    # 启动事件循环
    tornado.ioloop.IOLoop.instance().start()
```

02 进入Windows命令行，切换到目录D:\python-learning\chapter20\20.2，执行simple_http_server_with_tornado.py：python simple_http_server_with_tornado.py。

03 打开浏览器，在地址栏中输入http://localhost:8090/，按回车键，页面中输出的内容为Hello,Python。

- 对 simple_http_server_with_tornado.py 进行解读

程序的核心流程如下。

(1) 使用Tornado web模块下的Application类构造应用对象。

(2) 在Application类的构造函数中，列表类型的参数用来定义请求路由表，列表中以二元元组的形式存储了Web请求的路由表。

列表参数的构造形式如下。

```
[
# 二元元组，即包含两个元素的元组
(path1, Request1Hadnler),
(path2, Request2Hadnler),
...
]
```

其中，path表示http客户端请求的路径。RequestHandler表示请求的处理对象，是tornado.web.RequestHandler的子类，例如simple_http_server_with_tornado.py中定义了(r"/", IndexHandler)的请求路由，表示客户端在访问服务器的根目录时，会执行IndexHandler类的操作方法。IndexHandler类中定义了get()方法，对应的是HTTP的GET请求，同样可以定义POST方法，那么客户端在发起POST请求时，会执行该post()方法。

- 启动 I/O 事件循环

对Application对象进行实例化后，通过Tornado的ioloop模块来启动一个IO事件循环：tornado.ioloop.IOLoop.instance().start()。Tornado内部会自动将已触发的读/写事件与在tornado.web.RequestHandler子类中定义的处理方法进行关联。

- 获取请求参数

在tornado.web.RequestHandler子类中执行以下方法，可以获取URL查询参数或请求体中的参数。

(1) self.get_query_argument(name, default,strip=True)。

name对应的是URL中的参数名，default表示查询参数的默认值，strip表示是否过滤掉左右两边的空白字符，默认为过滤。例如，在url:http://localhost:8090/index.html?language=Python中，请求参数为language，则在Tornado中获取URL查询参数的写法为self.get_query_argument("language")。

(2) self.get_body_argument(name, default, strip)。

参数同self.get_query_argument()，表示获取请求体中的参数。例如，请求体中的参数格式为username=backer&password=123456，则通过self.get_body_argument()获取username参数值的写法为self.get_body_argument("username")。

(3) self.get_argument(name, default, strip)。

参数同self.get_query_argument()，表示获取URL查询串或请求体中的参数。

self.request.body请求体中的参数存储在self.request.body内，通过JSON反序列化以后，也可以直接取值。例如，请求体中的参数格式为username=backer&password=123456，则先通过JSON模块进行反序列化arguments = json.loads(self.request.body)，再直接从arguments对象中获取对应的值arguments.get("username")。

- 配置项目的静态路径

静态路径是指静态文件的存储路径，静态文件通常指只读的文件，如HTML文件、图片等。在对Application

对象进行实例化时，可以在构造函数的static_path参数中指定服务器静态文件的路径。路径是相对于服务器的根目录的，Tornado默认将服务器运行的当前目录作为根目录。执行os.path.dirname(__file__)，可以获取服务器的当前目录。

例如，将服务器目录下的static作为静态目录，可以通过os.path模块下的join()方法对路径进行拼接，代码写法如下。

实例代码

```
os.path.join(os.path.dirname(__file__), "static")
```

- **Tornado 的模板系统**

Tornado 中的模板主要指HTML 文件。模板文件中包含了 Python 控制结构和表达式。控制结构是使用 {% 和 %} 包裹起来的，如 {% if len(items) > 2 %}。表达式则使用{{和}}包裹，如 {{ book["author"] }}。

模板中的控制语句与Python控制语句if和for等的格式基本相同。在模板文件中，这些语句逻辑结束的位置需要用 {% end %}来标记，表示语句块的结束。

模板文件中的 if 结构实例代码

```
{% if 2 > 1%}
<p>2 > 1</p>
{% end %}
```

模板文件中的 for 结构实例代码

```
<ul>
{% for index in range(5)%}
<li>{{index}}</li>
{% end %}
</ul>
```

在tornado.web.RequestHandler子类定义的处理方法中，通过执行self.render(template_file, **kwargs)方法，可以对模板文件进行渲染。template_file表示模板文件的路径，kwargs表示传递给模板文件的数据。

在进行文件渲染前，可以先在Application对象中配置模板文件的路径，这样在执行render()方法时，直接填写对应的文件名即可。在Application类的构造函数中，通过指定template_path参数的值，可以配置模板文件的路径。请读者按照以下步骤练习在Tornado中进行模板渲染。

01 更新simple_http_server_with_tornado.py文件，输入以下代码。

实例代码

```
import os
import tornado.ioloop
import tornado.web


class IndexHandler(tornado.web.RequestHandler):
    def get(self):
        greeting = "Hello, Python"
```

```
    self.render("index.html", greeting = greeting)


if __name__ == "__main__":
  server_port = 8090

  # 定义字典变量 settings，保存模板文件的路径
  settings = {
    # 在 template_path 中指定模板文件的路径
    "template_path": os.path.join(os.path.dirname(__file__), "templates")
  }

  application = tornado.web.Application(
    [(r"/", IndexHandler)],
    **settings
    )

  application.listen(server_port)
  tornado.ioloop.IOLoop.instance().start()
```

02 在D:\python-learning\chapter20\20.2目录中创建templates目录，在上一步操作中已将该目录配置为模板文件的目录。在D:\python-learning\chapter20\20.2\templates目录中创建index.html文件。

文件中的内容

```
<p>{{greeting}}</p>
```

需要注意的是模板文件中的模板变量需要与render()函数中的参数名一一对应。

03 打开浏览器，在地址栏中输入http://localhost:8090/，按回车键，页面中输出的内容为Hello,Python。

- **服务端的页面跳转**

这里的页面跳转指的是页面的重定向，在Tornado中可以通过self.redirect()方法来实现页面的跳转，self.redirect()方法的语法为self.redirect(url, permanent=False)。

url表示跳转的URL；permanent表示是否进行永久重定向，当permanent参数为True时，会激发一个301 Moved Permanently 的HTTP状态。

20.2.2 Elasticsearch 简介

Elasticsearch是一个高扩展、分布式的实时搜索和分析引擎，利用Elasticsearch可以快速实现一个搜索服务器。从数据管理的角度来看，Elasticsearch是一种面向文档的数据库，其存储的数据在Elasticsearch中被称为文档，文档使用JSON格式来进行序列化。在Elasticsearch中，需要先建立索引。这里的索引类似于MySQL中的数据表。

- **在 Windows 系统中安装 Elasticsearch**

01 进入Elasticsearch的官方下载页面，如图20-1所示。在页面中单击WINDOWS链接，开始进行Windows版本的Elasticsearch的下载。

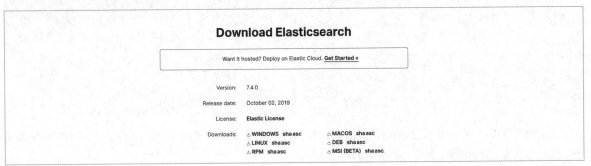

图 20-1

02 下载完毕以后，将压缩包解压到指定目录。执行bin目录下的elasticsearch.bat文件，以启动Elasticsearch服务器。启动过程中需要1~2分钟时间，读者需要耐心等待。

03 打开浏览器，在地址栏中输入http://localhost:9200/，按回车键，若看到JSON格式的输出，则说明安装成功。

- **Elasticsearch 的基本数据类型**

这里仅介绍该实时搜索项目中所需使用的数据类型，感兴趣的读者可以继续深入学习Elasticsearch的内容。

（1）字符串类型。

ext类型：表示该字段内容会被Elasticsearch中的分词器拆分成一个一个的词项。例如对于一个查询串，Elasticsearch中的分词器会对查询串进行分词，然后根据拆分出的词项在Elasticsearch中进行搜索，最后将搜索的结构进行聚合。

keyword：设置了keyword类型的字段不会被分词器进行词项的拆分，适合进行精确匹配的搜索场景。

（2）数值类型。

integer：表示该字段的数据类型是整型。

float：表示该字段的数据类型是单精度浮点类型。

double：表示该字段的数据类型是双精度浮点类型。

（3）Elasticsearch中的mapping。

Elasticsearch中的mapping类似于关系型数据库中的表结构定义，其主要用途为定义Elasticsearch索引中的字段名，以及字段的数据类型、相关属性。

（4）Elasticsearch中的查询SQL。

Elasticsearch使用基于JSON的查询DSL来定义查询语句，DSL表示领域特定的语言。下面的实例为Elasticsearch查询格式。

实例代码

```
github_query = {
    "query":
    {
        "bool": {
            "must": [{
```

```
                    "multi_match":
                        {
                            "query": "learn Python",
                            "fields": ["language", "description"]
                        }
                }]
            }
        },
        "from": from_,
        "size": 20
    }
```

在上述查询语句中，multi_match中的query字段用来定义待查询的内容，fields字段表示对文档中的哪些字段进行匹配。from用于分页，size表示每页的大小。

- **使用 Elasticsearch 的核心流程**

（1）在Elasticsearch中创建索引。
（2）在指定的Elasticsearch索引中插入数据。
（3）使用Elasticsearch的搜索API进行数据的搜索。

> **编程小知识**
>
> MySQL等关系型数据库适合存储结构化的数据，Elasticsearch存储的是非结构化的文档型（JSON格式）数据，在内部实现中，Elasticsearch对文档中的每一个关键字都建立了倒排索引，非常适合实时搜索类型的应用。在企业开发中，通常将在MySQL等数据库中存储的数据作为数据源，然后在Elasticsearch中建立索引，以实现数据的快速实时搜索。

20.2.3 前端开发快速入门

前端开发涉及的学习内容主要为HTML、CSS和JavaScript。

- **HTML：超文本标记语言**

（1）HTML中的标签。

HTML是一种简单易学的标记语言，通过一系列标签将内容组织成具备层次结构的文档。HTML中的标签使用<>符号括起来，<>中的为标签名，在最新的HTML规范中，标签名必须使用小写的形式。

HTML中的标签必须关闭，标签关闭有两种形式：单独成对的标签或在标签内部使用/符号来关闭。单独成对的标签是指<标签名></标签名>的形式，在标签内部关闭的形式则为<标签名 />。

HTML中的标签内部包含0个或多个属性值对，形式为name="value"，属性值对以空格符号进行分隔，以HTML中的<p>标签为例。

实例代码

<p id="Python" class="language">Python 是一种简单易学的语言 </p>

> **编程小知识**
>
> 在HTML中，id属性定义的是唯一值，文档中只能出现一个id值；而class定义的是与同一类的属性，页面中的标签可以出现多个相同的class。

HTML中的标签名、标签的关闭形式和标签的属性定义都有一套标准的规范，学习HTML主要是学习HTML中的标签及其语义。

(2) HTML的总体结构。

HTML文件最外围的标签为<html>。

实例代码

```
<html>
</html>
```

在<html>内部，按其组成结构又可分为html head、html body，分别对应于<head>标签、<body>标签，类似于人体的头部、身体结构。

实例代码

```
<html>
<head>
</head>

<body>
</body>

</html>
```

HTML在<head>标签中对文档的相关属性进行定义，在<body>标签中对网页的主体内容进行组织。<head>标签内的常用子标签如表20-4所示。

表20-4 <head>标签内的常用子标签

标签名	标签关闭形式	标签的常用属性	描述
title	<title></title>		定义 HTML 文件的标题
link	<link />	rel 用于设置对象和链接目的间的关系，常用的属性值为 "stylesheet"，表示一个样式表 href 指定外部文件的路径 type 指定外部样式文件的类型	定义当前 HTML 文件所需使用的外部文件，通常用来链接 CSS 文件，链接的文件在 href 属性中进行定义
meta	<meta />	http-equiv 定义 HTTP 的请求头部 content 指定 MIME 类型 charset 指定网页的字符编码	定义 HTML 文档的元信息，如网页的字符编码
script	<script></script>	src 指定外部脚本文件的路径	定义当前 HTML 文件使用的脚本，通常用来链接 JavaScript 文件。链接的文件在 src 属性中进行定义

<body>标签内的常用子标签如表20-5所示。HTML中的标签按其是否独占一行，又可分为块级标签和行级标签，块级标签会自动换行，行级标签与其他标签出现在同一行。

表20-5 <body>标签的常用子标签

标签名	标签关闭形式	标签的常用属性	描述
h	<h1></h1>		块级标签，HTML 定义了从 h1 到 h6 的标签，用来定义内容的标题，h 后面的数字越大，字体越小
p	<p></p>		块级标签，标记当前内容为一个段落
div	<div></div>		块级标签，用来将 HTML 文档分隔为多个分区
form	<form></form>	action 指定提交的服务器路径 method 指定 HTTP 请求方法，主要为 get 和 post	块级标签，定义 HTML 表单，用户在 HTML 表单中进行输入

续表

标签名	标签关闭形式	标签的常用属性	描述

ul	`<ul>`
	`<li></li>`
	`</ul>`
			块级标签,使用 ul 来定义一个无序的列表,ul 标签内部使用 li 标签来标记列表的内容

input	`<input/>`	type 表示输入框的类型,常用的类型为 text、password、button、submit,分别表示文本输入框、密码输入框、按钮、提交按钮 name 表示输入值的别名,在后端代码中通过 name 来对输入值进行引用	行级标签,对应于表单中的输入框
a	`<a/>`	href 指定页面的 url	行级标签,标记一个超链接,在 href 属性中指定其他页面的 URL
img	`<img/>`	src 指定图片文件的路径 width 指定图片的宽度 height 指定图片的高度	行级标签,标记一张图片,在 img 标签内的 src 属性中定义图片的路径
br	` `		行级标签,在当前位置处添加一个换行符

HTML中的标签可以相互嵌套,例如在div中嵌套div,在ul中嵌套div。

实例代码

```
<div>
  <div>
  </div>
</div>
```

标签的布局及嵌套应根据其常规语义来合理使用,而不是毫无逻辑地乱用。请读者按照以下步骤进行操作。图20-2所示为本例需要制作的效果。

图 20-2

从图20-2可知,网页包含一张logo图片,可以使用HTML中的img标签进行定义,以及一个文本框与一个提交框按钮,由于需要将请求发送给HTTP服务器,所以还需要使用`<form>`标签来定义一个HTML表单。

01 更新index.html。编辑D:\python-learning\chapter20\20.2\templates中的index.html文件,更新后的HTML代码如下。

实例代码

```
<html>
<head>
<meta http-equiv="Content-Type" content="text/html; charset=utf-8">
<title>Github 项目搜索 </title>
</head>

<body>
<div id="wrapper">
```

```html
            <div id="background"></div>
            <div class="search-container">
                    <div id="logo"><img width="271" height="106" src="{{static_url('images/logo.png')}}" alt="logo" /></div>
                        <div class="search-form">
                                <form action="" method="post">
                                        <input type="text" id="query" name="query"/>
                                        <input type="submit" id="submit" value=" 搜索 " />
                                </form>
                        </div>
            </div>
</div>
</body>
</html>
```

HTML文件中出现了{{static_url()}}形式的表达式，static_url是Tornado模板系统的函数，表示获取静态URL的路径。代码中的{{static_url('images/logo.png')}}表示获取静态文件夹下的images目录下的logo.png的路径。由于在模板文件中使用了静态文件，所以需要在tornado文件中配置静态文件的路径。

02 更新simple_http_server_with_tornado.py文件，配置静态文件的路径。在D:\python-learning\chapter20\20.2目录中创建static目录，用来存放项目使用的静态文件，同时在static文件夹下创建images目录，用来存放图片文件。读者需要准备一张图片文件，命名为logo.png，并且保存至images目录中。

实例代码

```python
import os
import tornado.ioloop
import tornado.web


class IndexHandler(tornado.web.RequestHandler):
    def get(self):
        self.render("index.html")


if __name__ == "__main__":
    server_port = 8090

    # 定义字典变量 settings，用来保存静态文件和模板文件的路径
    settings = {
    # 在 static_path 中指定静态文件的路径
        "static_path": os.path.join(os.path.dirname(__file__), "static"),

    # 在 template_path 中指定模板文件的路径
```

```
    "template_path": os.path.join(os.path.dirname(__file__), "templates")
}

application = tornado.web.Application(
    [(r"/", IndexHandler)],
    **settings
    )

application.listen(server_port)
tornado.ioloop.IOLoop.instance().start()
```

03 启动服务器，并在浏览器中进行测试。进入Windows命令行，切换到D:\python-learning\chapter20\20.2目录，执行 python simple_http_server_with_tornado.py 命令，然后在浏览器中访问 http://localhost:8090/，图20-3所示为笔者在火狐浏览器中测试的页面。

图 20-3

此时浏览器中的页面显示不够美观是正常的，因为没有对HTML文件定义样式，为HTML定义样式需要学习与CSS有关的知识。

- **CSS：层叠样式表**

HTML文件定义了网页的结构，借助CSS可以定义网页的字体、布局、颜色等样式。在HTML中使用CSS有两种方式：直接在HTML文件中定义CSS；将CSS分离到外部的样式文件，然后在<link>标签中引入。本书采用第2种方式，将HTML与CSS分离，以便对项目进行维护。

CSS的基本语法为如下。

实例代码

```
selector{
    property1: value1;
    property2: value2;
    ...
}
```

selector表示选择器，property: value表示属性-值对，属性-值对以分号进行分隔。CSS的核心只有两点。
①使用选择器选择HTML中的元素。
②对选择的HTML元素使用属性-值对来定义样式。

CSS常用的选择器如表20-6所示。

表20-6 CSS 常用的选择器

CSS 常用选择器	描述
元素选择器	语法形式为 tag_name，tag_name 表示 HTML 中的标签名，例如选择 HTML 中的所有 <div>，则写法为 div
ID 选择器	语法形式为 tag_name#id_name，tag_name 表示 HTML 中的标签名，可省略，id_name 表示 HTML 标签中定义的 ID 名。例如对于 HTML 标签 <div id="wrapper"> </div>，CSS 中的 ID 选择器写法为 div#wrapper 或 #wrapper。HTML 中的 ID 用来唯一地标识一个 HTML 元素
class 选择器	语法形式为 tag_name.class_name，tag_name 表示 HTML 中的标签，可省略，id_name 表示 HTML 标签中定义的 ID 名。例如对于 HTML 标签 <p class="article"> </p>，CSS 中的 class 选择器写法为 p.article 或 .article。HTML 中的 class 用来标识同一类型的 HTML 元素
属性选择器	语法形式为 [name=value]，name 表示 HTML 标签中的属性名，value 表示属性值。属性选择器中仅包含属性名时，表示选择具备该属性的所有 HTML 标签 例如，选择所有具备 href 属性的标签，写法为 [href]；选择 href 属性值为 www.shuyishe.com 的标签，写法为 [href=www.shuyishe.com]
派生选择器	语法形式为 tag_name1 tag_name2 …，派生选择器表示选择某一层级下的所有标签，例如 <div><ul><li><div></div></li></ul></div>，这是一种三层嵌套的 HTML 结构，顶级的标签为 <div>，<div> 下的标签为 <ul>，<ul> 下的标签为 <div>。如需选择 <div> 下的 <ul> 标签，则写法为 div ul；选择 <ul> 下的 <div> 标签，写法为 ul div；选择 <div> 下的所有 <div> 标签，写法为 div div，此时 <ul> 下的 <div> 也会被选中

各类选择器之间可以相互组合成为复杂的选择器，例如div#wrapper.article [href]，表示选择id为wrapper的div标签下的所有article类型标签下的具备href属性的标签。在实际开发中，应避免使用复杂难懂的选择器，以降低维护成本。

表20-7所示为CSS常用的属性。选中HTML中的元素以后，通过CSS中的属性对元素的样式进行定义，CSS中预定义了一系列标准的属性值。

表20-7 CSS 常用的属性

CSS 属性名	描述
color	设置文本颜色，颜色值有 3 种形式： （1）标准颜色名，如 red 表示红色，green 表示绿色，blue 表示蓝色 （2）十六进制颜色，在十六进制颜色前加 # 符号，如 color:#ffffff （3）RGB 颜色，例如 color:rgba(0,0,255,0.3)，4 个参数分别表示设置 RGB 颜色中的 R 值、G 值、B 值及透明度
line-height	设置行高，CSS 中常用的单位如下： （1）px 表示像素 （2）em 表示相对于当前字体的尺寸，例如，1em 表示当前的字体大小，2em 表示当前字体尺寸的两倍，以此类推 （3）cm 表示厘米 （4）% 表示相对于父标签的百分比
width	设置元素的宽度
height	设置元素的高度
text-align	设置文本的对齐方式，常用的属性值为 center,left,right，分别表示居中对齐、左对齐、右对齐
font	对字体的所有属性进行设置，例如 font:italic bold 36px 楷体，分别设置了字体的风格属性、粗细属性、大小属性、字体名属性；注意，顺序不可变，属性值可以从右到左进行省略 font-style 设置字体的风格，常用的属性值为 italic、normal，分别表示斜体、正常 font-weight 设置字体的粗细，常用的属性值为 bold，表示对字体加粗 font-size 设置字体的大小 font-family 设置字体的名称
border	对元素的所有边框属性进行设置，例如 border:1px solid green，分别设置了元素的边框大小、边框样式、边框颜色；顺序不可变，属性值可以从右到左进行省略 border-width 设置边框的宽度 border-style 设置边框的样式，常用的属性值为 solid,dotted,double,dashed，分别表示实线样式、点状样式、双线样式、虚线样式 border-color 设置边框的颜色

续表

CSS 属性名	描述
background	对页面的所有背景属性进行设置，例如 background:#00ff00 url(logo.png) no-repeat fixed top，分别对背景的颜色、背景图像的URL、背景图像的重复方式、背景图像的滚动方式、背景图像的位置进行了设置；顺序不可变，属性值可以从右到左进行省略 background-color 设置背景颜色 background-image 设置背景图片的URL，通过URL表达式进行设置，例如 background-image:url(logo.png) background-repeat 设置如何重复背景图像，默认为在水平和垂直方向进行平铺，常用的值为 repeat-x,repeat-y,no-repeat，分别表示在水平方向进行平铺、在垂直方向进行平铺、不平铺 background-attachment 设置背景图像的滚动方式，常用的值为 scroll,fixed，分别表示随页面的滚动进行滚动、对背景图像进行固定 background-position 设置背景图像的起始位置，可以通过表示方位的关键词来进行设置，例如 center 表示页面的中心位置，top 表示页面的正上方，left 表示页面的左方，right 表示页面的右方，bottom 表示页面的正下方。可以对位置关键词进行组合，例如 top left 表示左上角
padding	设置元素的内边距，内边距是指元素边框内部的间距。例如 padding:0px 5px 15px 20px，分别设置元素的上内边距、右内边距、下内边距、左内边距；顺序不可变，属性值可以从右到左进行省略，可以单独对内边距的某一个属性进行设置 padding-top 设置上内边距 padding-right 设置右内边距 padding-bottom 设置下内边距 padding-left 设置左内边距
margin	设置元素的外边距，外边距是指元素框与元素框之间的间距，例如 margin:0px 5px 15px 20px，分别设置元素的上外边距、右外边距、下外边距、左外边距；顺序不可变，属性值可以从右到左进行省略，可以单独对外边距的某一个属性进行设置 margin-top 设置上外边距 margin-right 设置右外边距 margin-bottom 设置下外边距 margin-left 设置左外边距
box-shadow	CSS3 的属性，设置边框的阴影属性，例如 box-shadow: 1px 1px 3px rgba(0, 0, 0, 0.25)，分别设置水平阴影的位置、垂直阴影的位置、阴影的模糊度、阴影的尺寸、阴影的颜色；顺序不可变，属性值可以从右到左进行省略

> **编程小知识**
> CSS至今一共迭代了3个版本，分别为CSS1、CSS2、CSS3，CSS3在CSS2的基础上新增了许多属性，支持更高级的特性。

下面利用CSS来定义搜索首页的样式，请读者按照以下步骤进行操作。

01 定义搜索首页的样式。在D:\python-learning\chapter20\20.2\static目录中创建CSS目录，用来存放CSS样式文件；在目录D:\python-learning\chapter20\20.2\static目录中创建index.css文件，并输入以下CSS代码（在/**/中的为注释内容）。

实例代码

```
/*
定义所有 div 标签的外边距为 0
*/
div{
    margin:0;
}

/*
(1) 定义 HTML 文件中 ID 为 logo 的 <div> 标签下的 <img> 标签的外边距样式
(2) margin:50px 0 5px 表示定义 <img> 标签上外边距为 50 个像素，
右外边距为 0 像素，下外边距为 5 像素。margin 的简写形式，可以从右至左进行省略，其他同理。
*/
div#logo img{margin:50px 0 5px;}
```

```
/*
(1) 定义 HTML 文件中 class 值为 search-container 的所有标签的样式
(2) text-align:center 设置文本对齐方式为居中
(3) font-size:14px 设置字体大小为 14px
*/
.search-container{
    text-align:center;
    font-size:14px;
}


/*
(1) 定义 HTML 文件中 id 值为 query 的 <input> 标签的样式
(2) width:615px 设置宽度为 615 像素
(3) border:0 设置边框的宽度为 0
(4) box-shadow 设置边框的阴影属性，这是 CSS3 中新增的属性
(5) line-height: 20px 设置元素的行高为 20 像素
(6) padding: 10px 5 px 10px 7px 设置元素上内边距为 10 像素，
右内边距为 5 像素，下内边距为 10 像素，左内边距为 7 像素
(7) margin-right:-2px 设置元素右外边距为 -2 像素
*/
input#query{
    width:615px;
    border:0;
    box-shadow: 1px 1px 3px rgba(0, 0, 0, 0.15);
    line-height: 20px;
    padding: 10px 5px 10px 7px;
    margin-right:-2px;
}



/*
(1) 定义 HTML 文件中 id 值为 submit 的 <input> 标签的样式
(2) background: #DDDDDD 设置背景颜色为 #DDDDDD，是一个十六进制的颜色值
(3) background:-moz-linear-gradient(top,#fffeff,#dddddd) 设置背景颜色渐变的属性，
    目前火狐 3.6 以上版本和 Google 浏览器支持这个属性
(4) background:linear-gradient:(top, #ffffff, #dddddd) 使用 linear-gradient() 函数设置
线性渐变的属性
(5) border:0 设置边框的宽度为 0
(6) font-size: 16px 设置字体的大小为 16 像素
(7) line-height:40px 设置元素的行高为 40 像素
(8) padding: 0 设置元素的所有内边距为 0
(9) width: 105px 设置元素所在边框的宽度为 105 像素
```

```
(10) box-shadow 设置元素的阴影属性
*/
input#submit{
background: #DDDDDD;
background:-moz-linear-gradient(top,#fffeff,#dddddd);
background:linear-gradient:(top, #ffffff, #dddddd);
border: 0;
font-size: 16px;
line-height:40px;
padding: 0;
width: 105px;
box-shadow: 1px 1px 3px rgba(0, 0, 0, 0.35);
}
```

02 在HTML文件中引用CSS样式。在HTML中的<link>标签中可以对外部的CSS样式文件进行引用。编辑D:\python-learning\chapter20\20.2\templates目录下的index.html文件,更新后的HTML代码如下。

实例代码

```
<html>
<head>
<link rel="stylesheet" type="text/CSS" href="{{static_url('CSS/index.css')}}" />
<meta http-equiv="Content-Type" content="text/html; charset=utf-8">
<title>Github 项目搜索 </title>
</head>

<body>
<div id="wrapper">
        <div id="background"></div>
        <div class="search-container">
                <div id="logo"><img width="271" height="106" src="{{static_url('images/logo.png')}}" alt="logo" /></div>
                <div class="search-form">
                        <form action="" method="post">
                                <input type="text" id="query" name="query"/>
                                <input type="submit" class="submit" value=" 搜索 " />
                        </form>
                </div>
        </div>
</div>
</body>
</html>
```

HTML代码中新增了<link>标签，在<link>标签的href属性中添加了属性值{{static_url('CSS/common.css')}，Tornado的模板系统会通过static_url()函数获取common.css文件的路径。

03 启动服务器，在浏览器中进行测试。进入Windows命令行，切换到D:\python-learning\chapter20\20.2目录，启动该目录下的HTTP服务器，执行python simple_http_server_with_tornado.py命令。服务器启动以后，在浏览器中访问http://localhost:8090/。图20-4为笔者在火狐浏览器中测试的页面。

图 20-4

浏览器已加载了CSS，页面看起来简洁美观，但单击"搜索"按钮时，无任何反应。此时需要前端与Python后端进行交互，前端向HTTP服务器发起请求，后端对请求进行处理，响应请求的数据。通过前端中的JavaScript语言可以向后端发起请求，让页面"动"起来。

- **JavaScript：让网页"动"起来**

HTML定义网页的结构，CSS定义网页的样式，而JavaScript则可以对网页的行为进行控制，使得用户与网页可以进行动态交互。

在HTML中使用JavaScript主要有两种方式。

（1）在HTML文件中嵌入JavaScript，脚本代码在HTML的<script>标签内部进行定义。

（2）将JavaScript分离到外部的脚本文件，然后在HTML中的<script>标签中引入。

本书会使用第2种方式。

> **编程小知识**
>
> JavaScript与Python一样，是一种动态类型的解释型语言。JavaScript语句末尾须加";"，Python无须加任何符号。

JavaScript 数据类型

在JavaScript中，使用关键字var来声明变量，使用typeof表达式来输出变量的类型，如表20-8所示。

表 20-8 JavaScript 变量类型

类型名	描述
number	数值类型，var number = 1; typeof(number) 输出值为 "number"
string	字符串类型，var language = "Python"; typeof(language) 输出值为 "string"
boolean	布尔类型，true 表示真值，false 表示假值。var ok = false; typeof(ok) 输出值为 "boolean"

object	对象类型，类似于 Python 中的字典类型，保存的是键 - 值对
	var book = {
	    title:" 遇见 Python"
	};
	typeof(book) 输出值为 "object"

array	数组对象，var students = [" 小美 "," 小丽 "]; typeof(students) 输出值为 "object"。JavaScript 中的 array 是一种对象类型
function	函数类型，在 JavaScript 中，一切皆对象
undefined	表示类型未定义，声明变量但没有赋值时，该变量为 undefiend 类 var name 和 typeof(name)，返回值为 undefined

JavaScript 控制结构

条件控制结构如下。expression表示条件表达式，语法形式与Python中的条件控制结构基本一致。JavaScript中的条件分支采用else if的形式，Python中使用elif。

```
if(expression){
  ;
}else if(expression){
  ;
}else{
  ;
}
```

for-in循环控制结构如下。element表示对象中的元素，object表示可迭代的对象类型。在JavaScript中，Object与数组对象都可以进行迭代。对于Object类型的对象，迭代的element为Object的键名；对于数组对象，迭代的element为数组中的元素。

```
for (element in object)
{
  ;
}
```

JavaScript 函数

在JavaScript中使用function关键字来定义函数。return语句可以携带返回值。

实例代码

```
function functionName(parameters) {
  return;
}
```

JavaScript 操作：DOM

DOM即文档对象模型，是基于浏览器的一套API。对于DOM，每种浏览器在具体实现中存在一些细微的差别。所谓的文档模型，是指浏览器在解析HTML文件时，按元素的层级结构将其构建为一种逻辑的树状结构，树结构中的节点对应于HTML中的标签。

注意，DOM属于浏览器，JavaScript通过DOM的API接口对HTML中的节点进行查找、创建和删除等操作。同时，DOM允许JavaScript在HTML文档元素中注册不同的事件处理程序，如鼠标事件、键盘事件等。通过JavaScript框架jQuery可以高效地对DOM进行操作，以及绑定特定的事件处理器。

JavaScript 框架：jQuery

（1）选择HTML元素。

jQuery同CSS一样，在操作HTML元素前，需要先选中HTML中的元素。jQuery支持CSS选择器来对HTML中的元素进行选择。例如，选择HTML中ID为wrapper的标签，则写法为$("div#wrapper")。

> **编程小知识**
>
> 在jQuery中使用$符号来作为jQuery的别名。

（2）获取HTML元素的值。

获取HTML元素内容的主要方法如表20-9所示。在获取元素内容前，要先选择HTML中的元素，再执行相应的方法。例如，获取ID为article的<p>标签的文本内容，则写法为$("p#article").text()。

表20-9 获取HTML元素内容的主要方法

方法	描述
text()	获取HTML元素的内容，不包括外围的HTML标签
html()	获取HTML元素的内容，包括外围的HTML标签
val()	获取表单组件的输入内容，如表单中的文本框

（3）绑定事件处理器。

常用的DOM事件如表20-10所示。

表20-10 常用的DOM事件

事件名	描述
click	鼠标的单击事件
dblclick	鼠标的双击事件
keydown	键盘中的键被按下时触发的事件
keyup	键盘中的键被释放时触发的事件
submit	表单的提交事件

对HTML元素绑定事件处理器，可以通过jQuery中的on()方法来实现。语法形式如下。

```
$(element).on(event,function(){
  ;
})
```

其中，element表示HTML中的元素，event表示DOM事件。

例如，在ID为article的<p>标签中绑定鼠标的单击事件，则写法如下。

```
$("p#article").on("click", function(){
  // 执行相关操作
  ;
})
```

（4）发送HTTP请求。

常用的jQuery请求方法如表20-11所示。

表20-11 常用的jQuery请求方法

请求方法	描述
get	向HTTP服务器发起GET请求，语法形式为 $.get(url, data, function(data, status)) url 表示请求的URL，必传 data 表示请求参数，可选 function 表示执行完GET请求后的回调函数，通过回调函数的data与status可以知道对请求响应的数据和状态
post	向HTTP服务器发起POST请求，语法形式为 $.post(url, data, function(data, status)) url 表示请求的URL，必传 data 表示请求参数，可选 function 表示执行完POST请求后的回调函数，通过回调函数的data与status可以知道对请求响应的数据和状态
ajax	向HTTP服务器发起异步的HTTP请求，语法形式为 $.ajax(settings)，settings是一个JavaScript对象，setting中常用属性： url 表示请求的URL type 表示请求类型，GET表示HTTP的GET请求，POST表示HTTP的POST请求 data 表示请求的参数 success 表示请求成功后的回调函数，回调函数中的参数表示服务端响应的数据 error 表示请求失败后的回调函数，回调函数中的参数表示服务端响应的数据

● JavaScript-jQuery 演练

现在利用JavaScript中的jQuery框架向HTTP服务器发起请求，请读者按照以下步骤进行操作。

01 安装jQuery。将下载的文件保存至目录D:\python-learning\chapter20\20.2\static\js中。在保存前，需要先创建js目录。

02 在HTML中引用JavaScript文件。编辑目录D:\python-learning\chapter20\20.2\templates中的index.html文件，在代码中新增<script>标签，以引用jQuery脚本文件和负责向服务器发送请求的JavaScript文件：search.js。更新后的HTML代码如下。

实例代码

```
<html>
<head>
<link rel="stylesheet" type="text/CSS" href="{{static_url('CSS/common.css')}}" />
<script type="text/javascript" src="{{static_url('js/jquery-3.4.1.min.js')}}"></script>
<script type="text/javascript" src="{{static_url('js/search.js')}}"></script>
<meta http-equiv="Content-Type" content="text/html; charset=utf-8">
<title>Github 项目搜索 </title>
</head>

<body>
<div id="wrapper">
        <div id="background"></div>
        <div class="search-container">
                <div id="logo"><img width="271" height="106" src="{{static_url('images/logo.png')}}" alt="logo" /></div>
                <div class="search-form">
                        <form action="/search/" method="get">
                                <input type="text" id="query" name="query"/>
                                <input type="submit" id="submit" value=" 搜索 " />
                        </form>
                </div>
        </div>
</div>
</body>
</html>
```

03 获取用户输入，发起请求。在目录D:\python-learning\chapter20\20.2\static中创建search.js脚本文件，并输入以下代码。

实例代码

```
$(function(){
        $('input#submit').on('submit',function(){
                /*
                获取 id 为 query 的输入框的值
```

```
                */
                var query = $("input#query").val();
                $.ajax({
                        url:'/search/',
                        type:'GET',
                        data:{query: query}
                })

        });
})
```

在JavaScript中，/**/之间的内容为注释。以上代码中使用$.ajax()方法发起了一个GET请求，服务端的请求URL为/search/，这需要在Tornado脚本中新增一个/search/的路由。

04 服务器处理客户端的查询请求。编辑D:\python-learning\chapter20\20.2\目录下的simple_http_server_with_tornado.py文件，更新后的代码如下。

实例代码

```python
import os
import tornado.ioloop
import tornado.web


class IndexHandler(tornado.web.RequestHandler):
    def get(self):
        # 执行 render() 方法，在服务端进行页面渲染
        self.render("index.html")


class SearchHandler(tornado.web.RequestHandler):
    def get(self):
        query = self.get_argument('query', '')
        # 执行 write() 方法，将数据响应给 HTTP 客户端
        self.write({"query": query})

if __name__ == "__main__":
    server_port = 8090

    # 定义字典变量 settings，保存静态文件和模板文件的路径
    settings = {
        # 在 static_path 中指定静态文件的路径
        "static_path": os.path.join(os.path.dirname(__file__), "static"),
        # 在 template_path 中指定模板文件的路径
        "template_path": os.path.join(os.path.dirname(__file__), "templates"),
        # debug 表示是否开启调试模式，在调试模式中，对项目文件的修改会立即生效
        "debug": True,
```

```
}

application = tornado.web.Application(
    [
        (r"/", IndexHandler),
        (r"/search/", SearchHandler),
    ],**settings)


application.listen(server_port)
tornado.ioloop.IOLoop.instance().start()
```

服务器脚本中新增了/search/路由,在SearchHandler中的get()方法中将客户端的请求参数响应给客户端。

05 启动服务器,在浏览器中进行测试。进入Windows命令行,切换到D:\python-learning\chapter20\20.2目录,启动该目录下的HTTP服务器: python simple_http_server_with_tornado.py。服务器启动以后,在浏览器中输入http://localhost:8090/,然后在文本框中输入Python,再单击"搜索"按钮,图20-5和图20-6所示为笔者在火狐浏览器中测试的页面。

图 20-5

图 20-6

从图20-6所示的页面可知,服务器接收到了浏览器的HTTP请求,并将用户的输入响应给了HTTP客户端。

20.2.4 项目的目录组织

前面已经分别介绍了Tornado框架、Elasticsearch及前端开发的基础知识。在掌握这些知识的基础上,可以着手开发一个基于Tornado、Elasticsearch的Web搜索系统。项目的目录组织如下。

```
├── app.py
├── templates
│   ├── index.html
│   └── result.html
├── static
│   ├── images
│   │   └── logo.png
│   ├── js
│   │   ├── jquery-3.4.1.min.js
│   │   └── search.js
│   └── CSS
│       ├── index.css
│       └── result.css
├── dal
│   └── database.py
├── utils
│   └── es.py
├── config
│   ├── __init__.py
```

下面对目录结构进行说明。

（1）app.py是应用程序的入口，负责启动Tornado服务器。

（2）templates目录下存放的是Tornado的模板文件，index.html对应的是搜索首页，result.html对应的是搜索的结果页。

（3）static表示项目的静态目录，images目录存放项目所需的图片文件，js目录存放JavaScript脚本文件，CSS目录存放样式文件。

（4）dal表示数据访问层，database.py对数据库的操作进行了封装。

（5）utils目录存放工具类的脚本程序，es.py负责创建Elasticsearch索引，以及将MySQL中的数据插入Elasticsearch中。

（6）config目录中的__init__.py中定义项目的配置信息。

20.2.5 制作 Web 搜索系统

请读者按照以下步骤来进行Web搜索系统项目的实操。

01 安装Python模块Elasticsearch。进入Windows命令行，执行pip install elasticsearch命令安装Elasticsearch模块。

02 编辑database.py文件及__init__.py文件。将D:\python-learning\chapter20\20.1\dal\目录下的database.py文件复制到D:\python-learning\chapter20\20.2\dal目录下，在database.py中封装与Elasticsearch相关的操作，更新后的代码如下。

实例代码

```python
# 导入 MySQLdb 模块
import MySQLdb
from config import DBConfig,DatabaseType
from elasticsearch import Elasticsearch
from elasticsearch import helpers

class Database:
    """
    对数据库操作进行简单的封装
    """

    # 类属性 __db__instances 是一个字典类型，用来保存数据库的实例
    __db_instances= {}

    @classmethod
    def get_instance(cls, db_type = DatabaseType.MYSQL):
        """
        定义 get_instance() 类方法，用来获取数据库对象的单例，
        所谓单例就是一个类只有一个实例，调用该方法每次获取到的都是同一个数据库实例，
        db_type 默认为 MYSQL 类型，表示默认获取的是 MySQL 的数据库实例
        """

        if db_type not in cls.__db_instances:
            # 如果不存在，就构造一个 Database 的实例对象
```

```python
        cls.__db_instances[db_type] = Database(db_type)
    return cls.__db_instances[db_type]

def __init__(self, db_type=DatabaseType.MYSQL):
    """
    :param db_type: 数据库的类型，数据库的类型在 DatabaseType 中进行了定义
    默认为 MYSQL 类型，表示创建 MySQL 类型的数据库实例
    """
    self.__db_type = db_type
    self.__db = self.__get_database()
    self.__cursors = {}

def __get_database(self):
    db = None
    # 根据类型字段来创建对应的数据库实例
    if self.__db_type == DatabaseType.MYSQL:
        try:
            db = MySQLdb.connect(DBConfig[DatabaseType.MYSQL]["host"],
                        DBConfig[DatabaseType.MYSQL]["user"],
                        DBConfig[DatabaseType.MYSQL]["password"],
                        DBConfig[DatabaseType.MYSQL]["database"],
                        charset="utf8"
                        )
        except IOError:
            db = None

    elif self.__db_type == DatabaseType.ELASTICSEARCH:
        db = Elasticsearch([{"host": DBConfig[DatabaseType.ELASTICSEARCH]["host"],
                    "port": DBConfig[DatabaseType.ELASTICSEARCH]["port"]}])
    return db


def batch_insert(self, sql = None, args = None, data=None):
    """
    :param sql: 客户端传递的查询语句
    :param args: 查询语句对应的参数
    :param data: 批量插入的数据
    :return: True 表示批量写入成功，False 表示失败
    """
    status = False
    if not self.__db:
        return status

    if self.__db_type == DatabaseType.MYSQL:
        # 如果数据库的实例对象为 MySQLdb，则执行 executemany() 方法来进行批量写入
```

```python
        if "mysql" not in self.__cursors:
            self.__cursors["mysql"] = self.__db.cursor()

        try:
            self.__cursors["mysql"].executemany(sql, args)
            self.__db.commit()
            status = True
        except:
            status = False

    elif self.__db_type == DatabaseType.ELASTICSEARCH:
        """
        如果数据库类型为ELASTICSEARCH，则通过helpers模块的bulk()
        方法来进行数据的批量插入
        """
        try:
            helpers.bulk(self.__db, data)
        except:
            status = False

    return status


def create_database(self, **params):
    """
    :params: 可变参数，params中的name表示数据库名，body表示创建数据库的额外参数
    :return: 返回一个状态信息，True表示创建成功，False表示创建失败
    """
    status = True
    if self.__db_type == DatabaseType.ELASTICSEARCH:
        es_index = params.get("name", None)
        mappings = params.get("body", None)

        if not self.__db.indices.exists(index = params["name"]):
            try:
                self.__db.index(index = es_index, body = mappings)
            except:
                status = False

    return status

def query(self, ql, *args):
    """
    :param ql: 表示查询语句
    :param args: 表示查询的参数
```

```python
        :return:
        """
        data = None
        if self.__db_type == DatabaseType.MYSQL:
            if "mysql" not in self.__cursors:
                self.__cursors["mysql"] = self.__db.cursor()

            if not args:
                self.__cursors["mysql"].execute(ql)
            else:
                self.__cursors["mysql"].execute(ql, args)
            data = self.__cursors["mysql"].fetchall()

        elif self.__db_type == DatabaseType.ELASTICSEARCH:
            try:
                # 如果数据库类型是 ELASTICSEARCH 就执行 Elasticsearch 模块的 search() 方法来查询
                data = self.__db.search(index=args[0], body=ql)
            except:
                data = None
        return data
```

03 database.py中的query()方法中新增了在Elasticsearch中的查询操作。将D:\python-learning\chapter20\20.1\config\目录下的__init__.py文件复制到D:\python-learning\chapter20\20.2\config目录下，在__init__.py中定义与Elasticsearch相关的配置信息，更新后的代码如下。

实例代码

```python
class DatabaseType:
    """
    定义数据库类型的枚举变量
    """
    MYSQL = 1
    ELASTICSEARCH = 2


# DBConfig 是一个字典类型，存储了数据库的配置信息
DBConfig = {
    DatabaseType.MYSQL:{
        "host": "localhost",
        # 填写安装 MySQL 时设置的登录账户名
        "user": "root",
        # 填写安装 MySQL 时设置的登录密码
        "password": "good5114",
        "database": "crawler"
    },
    DatabaseType.ELASTICSEARCH:{
        "host": "localhost",
```

```
        "port": 9200,
    },
}
```

04 将MySQL中的数据批量插入Elasticsearch。编写D:\python-learning\chapter20\20.2\utils目录中的es.py代码，查询MySQL中的数据，并将数据批量写入Elasticsearch中，创建的索引为github_repos，索引的类型为github。更新后的代码如下。

实例代码

```
"""
(1) 直接在当前目录执行 es.py 时，当前目录为最顶层目录，无法访问 dal 包以及 config 包下面的模块
(2) 可以将上层目录添加到 sys.path 中，这样 Python 解释器就能查询到对应的模块
"""
import sys
# 将上层目录添加到 sys.path 中
sys.path.append("..")

from dal.database import Database
from config import DatabaseType

if __name__ == "__main__":

    # 创建的 Elasticsearch 索引
    es_index = "github_repos"
    # Elasticsearch 的索引类型
    es_type = "github"

    """
    (1) mappings 变量用来定义 Elasticsearch 索引的类型与字段配置信息
    (2) Elasticsearch 中的索引字段与 MySQL 中的字段一一对应
    """

    mappings = {
        "mappings": {
            "github": {
                "name": {
                    "type": "text"
                },
                "author": {
                    "type": "keyword"
                },
                "description": {
                    "type": "text"
                },
                "html_url": {
                    "type": "text"
```

```
                },
                "language": {
                        "type": "keyword"
                },
                "stars": {
                        "type": "integer"
                },
                "forks": {
                        "type": "integer"
                },
                "avatar_url": {
                        "type": "text"
                }
            }
        }
}

# 执行 Database 的类方法 get_instance() 来获取 Elasticsearch 的一个实例对象
db_es = Database.get_instance(DatabaseType.ELASTICSEARCH)
# 创建 Elasticsearch 索引
db_es.create_database(name=es_index, body = mappings)

# 执行 Database 的类方法 get_instance() 来获取 MySQL 数据库的一个实例对象
db_mysql = Database.get_instance(DatabaseType.MYSQL)

languages = ["Python", "C++", "Java", "C", "PHP"]
records = []
for language in languages:
        sql = "select id, name, description, html_url, language, stars, forks, " \
                "author, avatar_url from github_repos where language=%s"
        items = db_MySQL.query(sql, language)
        for item in items:
                record = {
                        "_index": es_index,
                        "_id": item[0],
                        "_source": {
                                "name": item[1],
                                "description": item[2],
                                "html_url": item[3],
                                "language": item[4],
                                "stars": item[5],
                                "forks": item[6],
                                "author": item[7],
                                "avatar_url": item[8]
                        }
                }
                records.append(record)
```

```
# 将 MySQL 数据批量写入 Elasticsearch 中
db_es.batch_insert(data = records)
```

> **笔者有话说**
>
> 将数据写入Elasticsearch前,需要先启动Elasticsearch服务器。启动Elasticsearch服务器后,进入Windows命令行,切换到D:\python-learning\chapter20\20.2\utils目录,执行python es.py命令。程序执行完毕后,打开浏览器,在地址栏中输入http://localhost:9200/github_repos/_search?q=language:Python,按回车键后若看到GitHub项目信息的输出,则说明程序执行成功。

05 新增搜索结果页,并定义结果页面的样式。D:\python-learning\chapter20\20.2\templates目录中的index.html表示搜索首页,文件的内容如下。

实例代码

```
<html>
<head>
<link rel="stylesheet" type="text/CSS" href="{{static_url('CSS/index.css')}}" />
<script type="text/javascript" src="{{static_url('js/jquery-3.4.1.min.js')}}"></script>
<script type="text/javascript" src="{{static_url('js/search.js')}}"></script>
<meta http-equiv="Content-Type" content="text/html; charset=utf-8">
<title>Github 项目搜索 </title>
</head>

<body>
<div id="wrapper">
        <div class="search-container">
                <div id="logo"><img width="271" height="106" src="{{static_url('images/logo.png')}}" alt="logo" /></div>
                <div class="search-form">
                <form action="/search/" method="get">
                <input type="text" id="query" name="query"/>
                <input type="submit" id="submit" value=" 搜索 " />
                </form>
                </div>
        </div>
</div>

</body>
</html>
```

06 搜索结果页用于将从Elasticsearch服务器中查询的结果显示在HTML页面上。在D:\python-learning\chapter20\20.2\templates目录中创建result.html文件,文件的内容如下。

实例代码

```
<html>
<head>
<link rel="stylesheet" type="text/CSS" href="{{static_url('CSS/result.css')}}" />
<script type="text/javascript" src="{{static_url('js/jquery-3.4.1.min.js')}}"></script>
```

```html
<script type="text/javascript" src="{{static_url('js/search.js')}}"></script>
<meta http-equiv="Content-Type" content="text/html; charset=utf-8">
<title>Github 项目搜索 </title>
</head>

<body>
<div id="wrapper">
    <div class="search-form">
        <form action="/search/" method="get">
            <img width="140" height="45" src="{{static_url('images/logo.png')}}" alt="logo" />
            <input type="text" id="query" name="query"/>
            <input type="submit" id="submit" value=" 搜索 " />
        </form>
    </div>
    <div id="search-results">
        <p id="prompt"> 为您找到的相关结果约 {{hits['total']}} 个， 每次显示最匹配的前 20 条数据 </p>
        <p id="desc">
        基于 Tornado 与 Elasticsearch 的 Web 搜索系统。使用 GitHub API 从 GitHub 中爬取
        项目信息，然后存储到 MySQL 数据库中。再将 MySQL 中的数据写入 Elasticsearch,
        实现数据的实时搜索。
        </p>
        <ul id="results">
        {%for result in hits['hits']%}
        <li class="result">
        <div class="info">
            <img class="avatar" width="30" height="30" src="{{result['avatar_url']}}" />
            <a href="{{result['html_url']}}">{{result['description']}}</a>
            <p> 作者: {{result['author']}} · 项目名称: {{result['name']}} · {{result['stars']}} 人喜欢 </p>
        </div>
        </li>
        {%end%}
        </ul>
    </div>
</div>
</body>
</html>
```

模板文件中用到了模板变量hits，在第8步的操作中，会将hits变量传递至模板文件中。搜索结果页的显示页面如图20-7所示。

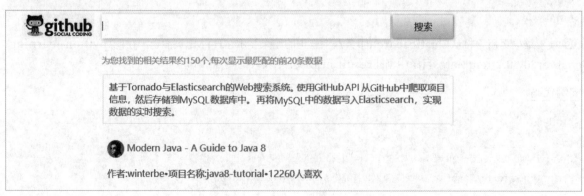

图 20-7

07 在D:\python-learning\chapter20\20.2\static\CSS目录中创建result.css文件,用于对搜索结果页定义样式,result.css中的CSS代码如下。CSS文件中使用了CSS3的属性border-radius来定义边框的圆角。

实例代码

```css
div#wrapper{
        margin-bottom:100px;
}
div.search-form{
        margin:0;
        padding-bottom:10px;
        border-bottom:1px solid #F5F5F5;
}
form{
        margin:0;
        padding:0;
}
input,img{vertical-align:middle;}
input{
        line-height:40px;
}
input#query{
        border:0;
        box-shadow: 2px 2px 5px rgba(0, 0, 0, 0.15);
        width:512px;
}
input#submit{
        background: #DDDDDD;
        background:-moz-linear-gradient(top,#fffeff,#dddddd);
        background:linear-gradient:(top, #ffffff, #dddddd);
        border: 0;
        font-size: 16px;
        line-height:40px;
        padding: 0;
        width: 105px;
        box-shadow: 1px 1px 3px rgba(0, 0, 0, 0.35);
}
div#search-results{
        padding:0;
        padding-left:145px;
}
p#prompt{
        color:#C0C0C0;
        font-size:15px;
}
p#desc{
        color:gray;
```

```css
        width:600px;
        padding:10px;
        border:1px solid #F5F5F5;
}
ul#results{
        padding:0;
        list-style:none;
}
div.info{
        width:600px;
        padding:10px;
        border-bottom:1px solid #F5F5F5;
        color:gray;
}
img.avatar{
        border-radius:20px;
}
a{
        text-decoration:none;
        color:#778899;
}
div#pages a{
        border:1px solid  #5F9EA0;
        padding:8px;
        padding-left:15px;
        padding-right:15px;
}
```

08 将查询结果渲染到HTML。将D:\python-learning\chapter20\20.2目录中的simple_http_server_with_tornado.py文件更名为app.py，在代码中修改请求路由/search/所对应的处理代码，更新后的代码如下。

实例代码

```python
import os
import tornado.ioloop
import tornado.web
from dal.database import Database,DatabaseType
class IndexHandler(tornado.web.RequestHandler):
    def get(self):
        self.render("index.html")

class SearchHandler(tornado.web.RequestHandler):
    def initialize(self, es):
        self.__es = es

    def get(self):
        query = self.get_argument('query', '')
```

```python
        # from 用于实现分页
        from_ = self.get_argument('from', 0)
        # 定义 Elasticsearch 的搜索语句
        github_query = {
            "query":
                {
                    "bool": {
                        "must": [{
                            "multi_match":
                                {
                                    "query": query,
                                    "fields": ["language", "description"]
                                }
                        }]
                    }
                },
            "from": from_,
            "size": 20
        }

        """
        (1) 执行 Database 实例对象的 query() 方法
        (2) 在 Database 类中，对 MySQL、Elasticsearch 的查询操作进行了封装
        """
        results = self.__es.query(github_query, "github_repos")
        hits = {"total": results["hits"]["total"]["value"], "hits":[]}
        for hit in results["hits"]["hits"]:
            if len(hit["_source"]["description"]) > 40:
                hit["_source"]["description"]=hit["_source"]["description"][:40]+"..."
            hits["hits"].append(hit["_source"])

        self.render("result.html", hits = hits)

if __name__ == "__main__":
    server_port = 8090

    # 定义字典变量 settings，保存静态文件和模板文件的路径
    settings = {
        # 在 static_path 中指定静态文件的路径
        "static_path": os.path.join(os.path.dirname(__file__), "static"),

        # 在 template_path 中指定模板文件的路径
        "template_path": os.path.join(os.path.dirname(__file__), "templates"),

        # debug 表示是否开启调试模式，在调试模式中，对项目文件的修改会立即生效
        "debug": True,
```

```
}

application = tornado.web.Application(
    [
        (r"/", IndexHandler),
        (r"/search/", SearchHandler, dict(es=Database.get_instance(DatabaseType.ELASTICSEARCH))),
    ],
    **settings
)

application.listen(server_port)
tornado.ioloop.IOLoop.instance().start()
```

app.py中定义了/search/路由，同时在/search/路由对应的处理方法中传递了Elasticsearch的实例对象，然后在get()方法中根据查询参数到Elasticsearch服务器中进行实时搜索，将查询的结果渲染给模板文件result.html。

09 在浏览器中进行测试。测试前，需要先启动Elasticsearch服务器。进入Windows命令行，切换到目录D:\python-learning\chapter20\20.2，然后执行python app.py命令。在浏览器的地址栏中输入http://localhost:8090/，按回车键后显示图20-8所示的页面。在文本框中输入Python，按回车键，显示图20-9所示的页面，说明实现了对GitHub项目的实时搜索。

图20-8

图20-9